Florian Fritzsche, Peter Karl Bode

Last Minute Pathologie

In der Reihe Last Minute erscheinen folgende Titel:

- Last Minute Anatomie
- Last Minute Biochemie
- Last Minute Chirurgie
- Last Minute Gynäkologie und Geburtshilfe
- Last Minute Innere Medizin
- Last Minute Mikrobiologie
- Last Minute Neurologie
- Last Minute Pädiatrie
- Last Minute Pathologie
- Last Minute Pharmakologie
- Last Minute Physiologie
- Last Minute Psychiatrie

Florian Fritzsche, Peter Karl Bode

Last Minute Pathologie

1. Auflage

URBAN & FISCHER München

Zuschriften und Kritik an:
Elsevier GmbH, Urban & Fischer Verlag, Hackerbrücke 6, 80335 München
E-Mail: medizinstudium@elsevier

Wichtiger Hinweis für den Benutzer

Die Erkenntnisse in der Medizin unterliegen laufendem Wandel durch Forschung und klinische Erfahrungen. Herausgeber und Autoren dieses Werkes haben große Sorgfalt darauf verwendet, dass die in diesem Werk gemachten therapeutischen Angaben (insbesondere hinsichtlich Indikation, Dosierung und unerwünschter Wirkungen) dem derzeitigen Wissensstand entsprechen. Das entbindet den Nutzer dieses Werkes aber nicht von der Verpflichtung, anhand weiterer schriftlicher Informationsquellen zu überprüfen, ob die dort gemachten Angaben von denen in diesem Buch abweichen und seine Verordnung in eigener Verantwortung zu treffen.
Für die Vollständigkeit und Auswahl der aufgeführten Medikamente übernimmt der Verlag keine Gewähr.
Geschützte Warennamen (Warenzeichen) werden in der Regel besonders kenntlich gemacht (®). Aus dem Fehlen eines solchen Hinweises kann jedoch nicht automatisch geschlossen werden, dass es sich um einen freien Warennamen handelt.

Bibliografische Information der Deutschen Nationalbibliothek
Die Deutsche Nationalbibliothek verzeichnet diese Publikation in der Deutschen Nationalbibliografie; detaillierte bibliografische Daten sind im Internet über http://www.d-nb.de abrufbar.

1. Auflage 2011

Der Urban & Fischer Verlag ist ein Imprint der Elsevier GmbH.

11 12 13 14 15 5 4 3 2 1

Um den Textfluss nicht zu stören, wurde bei Berufsbezeichnungen die grammatikalisch maskuline Form gewählt. Selbstverständlich sind in diesen Fällen immer Frauen und Männer gemeint.

Planung: Christina Nussbaum, Alexander Gattnarzik, Elsevier Deutschland, München
Lektorat: Martina Schramm, Prinz 5 GmbH, Augsburg
Herstellung: Peter Sutterlitte, München
Satz: abavo GmbH, Buchloe/Deutschland; TnQ, Chennai/Indien
Druck und Bindung: Printer Trento, Italien
Umschlaggestaltung: SpieszDesign, Neu-Ulm
Titelfotografie: © GettyImages/Kick Images/Tsoi Hoi Fung

ISBN 978-3-437-43009-1

Aktuelle Informationen finden Sie im Internet unter **www.elsevier.de** und **www.elsevier.com**

Vorwort

„Wenn man seltene Diagnosen nicht stellt,
werden sie noch seltener."

Danksagung

Für die wertvolle fachliche Unterstützung bei der Erstellung der Kapitel danken wir unseren Kolleginnen und Kollegen in der Pathologie des UniversitätsSpitals Zürich, besonders Frau Dr. Daniela Mihic-Probst, Herrn Prof. Dr. Achim Weber, Herrn Prof. Dr. Holger Moch, Frau Dr. Doreen Lemm, Frau Dr. Verena Tischler, Frau Dr. Ariana Gaspert, Frau PD Dr. Beata Bode, Frau Dr. Simone Schmid, Frau Dr. Tanja Reineke, Herr Thore Thiesler, Frau Dr. Simone Brand und Frau Lilian Müller, Herrn Norbert Wey und Herrn André Wethmar.
Ebenfalls gilt unser Dank dem Team des Elsevier Verlags und Prinz 5 für die sehr gute Betreuung, hier besonders Frau Katja Weimann und Frau Martina Schramm.

Weiterhin danke ich Herrn Dr. Reinhard Fritzsche und Frau Dr. Constanze Ramach für die aufbauende Beratung und Hilfe über den gesamten Zeitraum der Buchentstehung.
Ich danke von Herzen meiner Frau Salima, die mich mit ihren wertvollen Ratschlägen, aufmunternden Worten und ihrer liebevollen Art bei der Manuskripterstellung und weit darüber hinaus auf meinem Weg unterstützt.

Für Constanze, Ulla, Reiner und Marius.

Für Salima und meine Eltern.

Zürich, im Februar 2011
Florian Fritzsche und Peter Karl Bode

So nutzen Sie das Buch

Prüfungsrelevanz

Die Elsevier-Reihe Last Minute bietet Ihnen die Inhalte, zu denen in den Examina der letzten fünf Jahre Fragen gestellt wurden. Eine Farbkennung gibt an, wie häufig ein Thema gefragt wurde, d.h. wie prüfungsrelevant es ist:

- Kapitel in violett kennzeichnen die Inhalte, die in bisherigen Examina sehr häufig geprüft wurden.
- Kapitel in grün kennzeichnen die Inhalte, die in bisherigen Examina mittelmäßig häufig geprüft wurden.
- Kapitel in blau kennzeichnen die Inhalte, die in bisherigen Examina eher seltener, aber immer wieder mal geprüft wurden.

Lerneinheiten

1 Das gesamte Buch wird in Tages-Lerneinheiten unterteilt. Diese werden durch eine „Uhr" dargestellt: Die Ziffer gibt an, in welcher Tages-Lerneinheit man sich befindet.

2 Jede Tages-Lerneinheit ist in sechs Abschnitte unterteilt: Der ausgefüllte Bereich zeigt, wie weit Sie fortgeschritten sind.

Und online finden Sie zum Buch

- Original-IMPP-Fragen
- Zu jedem Kapitel typische Fragen und Antworten aus der mündlichen Prüfung.

CHECK-UP

Check-up-Kasten: Fragen zum Kapitel als Selbsttest.

Merkekasten: wichtige Fakten, Merkregeln.

Zusatzwissen zum Thema, z.B. zusätzliche klinische Informationen.

Adressen

PD Dr. med. Florian Fritzsche
Assistenzarzt
UniversitätsSpital Zürich, Institut für Klinische Pathologie
Schmelzbergstr. 12
8091 Zürich
Schweiz

Dr. med. Peter Karl Bode
Oberarzt
UniversitätsSpital Zürich, Institut für Klinische Pathologie
Schmelzbergstr. 12
8091 Zürich
Schweiz

Abkürzungen

°	Grad
a	als Präfix einer TNM-Klassifikation: autoptisch
A.	Arteria
Aa.	Arteriae (Mehrzahl)
AAH	Atypische adenomatöse Hyperplasie
ACTH	Adrenokortikotropes Hormon
ADH	Antidiuretisches Hormon
AFP	α-Fetoprotein
AGS	Adrenogenitales Syndrom
AIDS	Acquired immune deficiency syndrome
ALK	Anaplastische Lymphomkinase
ALL	Akute lymphatische Leukämie
α-HBDH	α-Hydroxybutyrat-Dehydrogenase
AMACR	α-Methylacyl-CoA-Racemase
AML	Akute myeloische Leukämie
ANCA	Antineutrophil cytoplasmic antibodies
APC	Adenomatöse Polyposis coli
ARDS	Acute respiratory distress syndrome
ASD	Atriumseptumdefekt, Vorhofseptumdefekt
ASH	Alkoholische Steatohepatitis
ASAT	Aspartataminotransferase
ATP	Adenosintriphosphat
ATT	α_1-Antitrypsin
AZ	Allgemeinzustand
BAC	Bronchoalveoläres Karzinom
BAL	Bronchoalveoläre Lavage
BCG	Bacille Calmette-Guérin, Tuberkuloseimpfstoff
Bcl-1	B-cell lymphoma 1 = Cyclin D1
Ber-EP4	1990 erstmals in Berlin charakterisierter Antikörper zur Epitheldetektion
BJ	Bence-Jones-Protein
BL	Burkitt-Lymphom
BPH	Benigne Prostatahyperplasie
BMI	Body-Mass-Index
c	als Präfix einer TNM-Klassifikation: klinisch
C	Celsius
CA	Kohlenhydrat-Antigen
Ca15-3	Cancer-antigen 15-3
cAMP	Cyclic adenosine monophosphate
CCC	Cholangiozelluläres Karzinom
CD	Cluster of differentiation
cDNA	copy-DNA
CDT	Carbodefizientes Transferrin
CEA	Karzinoembryonales Antigen
CIN	Zervikale intraepitheliale Neoplasie
CISH	Chromogen-in-situ-Hybridisierung
CK	Zytokeratin; im Zusammenhang mit Serummarkern auch Kreatinkinase (siehe CK-MB)
CK-MB	CK-herzspezifisches Isoenzym MB
CLL	Chronische lymphatische Leukämie
CML	Chronische myeloische Leukämie
CMV	Zytomegalievirus
COP	Kryptogene organisierende Pneumonie
DAD	Diffuser Alveolarwandschaden
DCIS	Duktales Carcinoma in situ
DES	Diethylstilboestrol
DIP	Desquamative interstitielle Pneumonie; distales Interphalangealgelenk
DJT	Dijodtyrosin
DNA	Desoxyribonukleinsäure, -acid
EBV	Epstein-Barr-Virus
EDTA	Ethylendiamintetraessigsäure
EGFR	Epithelial growth factor receptor
EHEC	Enterohämorrhagische Escherichia coli
EIEC	Enteroinvasive Escherichia coli
EMA	Epithelial membrane antigen
EPEC	Enteropathogene Escherichia coli
ETEC	Enterotoxische Escherichia coli
ER	Endoplasmatisches Retikulum
EvG	Elastica-van-Gieson
FACS	Fluorescence activated cell sorting, Durchflusszytometrie
FAP	Familiäre adenomatöse Polyposis coli
FGFR	Fibroblast growth factor Receptor
FIGO	Fédération Internationale de Gynécologie et Obstétrique
FMH	Federatio Medicorum Helveticorum, Schweizer Ärztegesellschaft
FIRS	Fetal inflammatory response syndrome
FISH	Fluoreszenz-in-situ-Hybridisierung
EKG	Elektrokardiogramm
FNH	Fokale noduläre Hyperplasie
FSGS	Fokal-segmentale Glomerulosklerose
FSH	Follikelstimulierendes Hormon
FUS	Fused in sarcoma protein

G als Präfix einer TNM-Klassifikation: Tumorgradierung
GAVE Gastric antral vascular ectasia
GFAP Gliafaserprotein
GIP Riesenzellhaltige interstitielle Pneumonie
GIT Gastrointestinaltrakt
GIST Gastrointestinaler Stromatumor
GSS Gerstmann-Sträussler-Scheinker-Syndrom
GvDH Graft-versus-Host-Disease
h Stunde
H&E Hämatoxylin-Eosin-Färbung
Hb Hämoglobin
HBc-Antigen Hepatitis-B-core(Kern)-Antigen
HBs-Antigen Hepatitis-B-surface(Oberflächen)-Antigen
HBV Hepatitis-B-Virus
HCC Hepatozelluläres Karzinom
HCV Hepatitis-C-Virus
HCG Humanes Choriongonadotropin
HELLP Hemolysis, Elevated Liver enzymes, Low Platelet count
HER2 Human epidermal growth factor receptor 2
HIT Heparininduzierte Thrombozytopenie
HIV Human immunodeficiency virus
HL Hodgkin-Lymphom
HLA Humanes Leukozyten-Antigen
HMB-45 Human Melanoma Black 45
HNPCC Hereditary nonpolyposis colorectal cancer
HOPE Hepes-glutamic acid buffer mediated organic solvent protection Effect
HPF High Power Field, Sichtfeld bei 400-facher Mikroskopvergrößerung
HPV Humanes Papillomavirus
HSV Herpes-simplex-Virus
HTT Hyalinisierender trabekulärer Tumor
HUS Hämolytisch-urämisches Syndrom
IDC Invasives duktales Karzinom
Ig Immunglobulin
IGCNU siehe ITKNU
IL Interleukin
ILC Invasives lobuläres Karzinom
IRDS Infant respiratory distress syndrome
IRS Immunreaktiver Score
ISHLT International Society of Heart and Lung Transplantation
ITKNU Intratubuläre Keimzellneoplasie, unklassifiziert (auch ITKZNU)
ITP Immunthrombozytopenische Purpura
JCV Humane Polyomavirusart, nach Patienteninitialen benannt
JÜR Jahres-Überlebensrate
KAH Komplexe atypische Hyperplasie
kcal Kilokalorien
KHK Koronare Herzkrankheit
Ki-67 In Kiel entwickelter Proliferations-biomarker
KRAS Kirsten rat Sarcoma viral oncogene
L als Präfix einer TNM-Klassifikation: Lymphgefäßinvasion
l Liter
LCA Linke Koronararterie
LCIS Lobuläres Carcinoma in situ
LDH Laktatdehydrogenase
LDL Low-density-Lipoprotein
LH Luteinisierendes Hormon
LIP Lymphatische interstitielle Pneumonie
LK Lymphknoten
LOH Loss of heterozygosity
LZH Langerhans-Zell-Histiozytose
M als Präfix einer TNM-Klassifikation: Fernmetastasierung
MALT Mucosa-associated lymphatic tissue
mCEA Monoklonales karzinoembryonales Antigen
MDS Myelodysplastisches Syndrom
MELD Model of End-stage Liver Disease
MEN Multiple endokrine Neoplasie
MF Mycosis fungoides
MFH Malignes fibröses Histiozytom
MHC Major histocompatibility complex
MJT Monojodtyrosin
MODY Maturity onset diabetes of the young
MPNST Maligner peripherer Nervenscheidentumor
mRNA Messenger-RNA, Boten-RNA
MSH Melanozytenstimulierendes Hormon
N Nervus. Als Präfix einer TNM-Klassifikation: Lymphknotenstatus
NaCl Natriumchlorid
NADH Nicotinamid-Adenin-Dinucleotid-Hydrogen
NASH Nichtalkoholische Steatohepatitis
NF Neurofibromatose
NHS National Health Service
NK-Zelle Natürliche Killerzellen
nm Nanometer
NRH Noduläre regenerative Hyperplasie
NSAR Nichtsteroidale Antirheumatika

NSCLC	Non small cell lung cancer, nichtkleinzelliges Karzinom
NSE	Neuronenspezifische Enolase
NSIP	Nichtspezifische interstitielle Pneumonie
p	als Präfix einer TNM-Klassifikation: pathologisch
PAS	Perjodsäure(acid)-Schiff-Reaktion
PASH	Pseudoangiomatöse Stromahyperplasie
pAVK	Periphere arterielle Verschlusskrankheit
PCB	Primär biliäre Zirrhose
pCEA	Polyklonales karzinoembryonales Antigen
PCR	Polymerase chain reaction, Polymerasekettenreaktion
PCO	Syndrom der polyzystischen Ovarien, Synonym: Stein-Leventhal-Syndrom
PECom	Perivaskulärer Epitheloidzelltumor
PDA	Persistierender Ducturs arteriosus
PIN	Prostatische intraepitheliale Neoplasie
PIP	Proximale Interphalangealgelenke
PKD	Polycystic kidney disease, polyzystische Nierenerkrankung
PKU	Phenylketonurie
PLAP	Plazentare alkalische Phosphatase
Pn	als Präfix einer TNM-Klassifikation: Perineuralscheideninvasion
PNET	Primitiver neuroektodermaler Tumor
PPI	Protonenpumpeninhibitor
PPP	Pankreatisches Polypeptid
PR	Progesteronrezeptor
PROMM	Proximale myotone Myopathie
PSA	Prostataspezifisches Antigen
PSC	Primär sklerosierende Cholangitis
PTH	Parathormon
PTLD	Posttransplantations lymphoproliferative Erkrankung
PVNS	Pigmentierte villonoduläre Synovialitis
r	als Präfix einer TNM-Klassifikation: Rezidiv
R	als Präfix einer TNM-Klassifikation: Residualtumorstatus
RAI	Rejektions-Aktivitäts-Index
RB	Retinoblastom
RB-ILD	Respiratorische Bronchiolitis mit interstitieller Lungenerkrankung
RCA	Rechte Koronararterie
RCC	Renal cell carcinoma
RCX	Ramus circumflexus
RIVA	Ramus interventricularis
RMS	Rhabdomyosarkom
RNA	Ribonucleinsäure, -acid
SCLC	Small cell lung cancer, kleinzelliges Karzinom
SEGA	Subependymales Riesenzellastrozytom
SFT	Solitärer fibröser Tumor
SFOG	Saures Fuchsin-Orange G
SGOT	Serum-Glutamat-Oxalat-Transaminase
SIADH	Syndrome of inappropriate antidiuretic hormone hypersecretion
SISH	Silber-in-situ-Hybridisierung
SJS	Stevens-Johnson-Syndrom
SLE	Systemischer Lupus erythematodes
SMA	Smooth muscle actin
SNUC	Sinunasale undifferenzierte Karzinome
SOS	Sinusoidal obstruction syndrome
SSSS	Staphylococcal scaled skin Syndrome
SSPE	Subakute sklerosierende Panenzephalitis
T	als Präfix einer TNM-Klassifikation: Primärtumor
TBG	Thyroxin-bindendes Globulin
TCR	T-Zell-Rezeptor
TDLU	Terminal ductulo-lobular Unit
TdT	Terminale Deoxynucleotidyltransferase
TEN	Toxisch epidermale Nekrolyse
TGF	Transforming growth factor, transformierender Wachstumsfaktor
TNF	Tumornekrosefaktor
TRAK	TSH-Rezeptor-Antikörper
TS	Tuberöse Sklerose
TSE	Transmissible spongiforme Enzephalopathie, Prionenerkrankung
TSH	Thyreoidea-stimulierendes Hormon, Thyreotropin
TSS	Toxisches Schock-Syndrom
TRH	Thyreotropin-Releasinghormon
TTF-1	Thyreoidaler Transkriptionsfaktor-1
TTP	Thrombotische thrombozytopenische Purpura
TUR-B	Transurethrale Resektion der Harnblase
TUR-P	Transurethrale Resektion der Prostata

u als Präfix einer TNM-Klassifikation: Ultraschall
UDH Usual ductal hyperplasia, gewöhnliche duktale Hyperplasie
UICC Internationale Union gegen Krebs
UIP Usual interstitial pneumonia, gewöhnliche interstitielle Pneumonie
UV Ultraviolett
V als Präfix einer TNM-Klassifikation: Blutgefäßinvasion
V. Vene
VaIN Vaginale intraepitheliale Neoplasie
VEGF Vascular endothelial growth factor
VHL Von-Hippel-Lindau
VIN Vulväre intraepitheliale Neoplasie
VLDL Very-low-density-Lipoprotein
VSD Ventrikelseptumdefekt
VUE Villitis of unknown etiology
VZV Varicella-Zoster-Virus
WHO World Health Organisation, Weltgesundheitsorganisation
WT Tumorsuppressorgen, Zielprotein
y als Präfix einer TNM-Klassifikation: nach neoadjuvanter Therapie
ZNS Zentrales Nervensystem

Abbildungsnachweis

Der Verweis auf die jeweilige Abbildungsquelle befindet sich bei allen Abbildungen im Buch am Ende des Legendentextes in eckigen Klammern. Alle nicht besonders gekennzeichneten Grafiken und Abbildungen © Elsevier GmbH, München.

[O520]	Florian Fritzsche, Zürich
[O521]	Institut für klinische Pathologie, UniversitätsSpital Zürich
[V485]	Prinz 5 GmbH, Augsburg

Literaturverzeichnis

AFIP: Atlas of Nontumor Pathology, ARP.
AFIP: Atlas of Tumor Pathology, ARP.
Berger, Engelhardt, Mertelsmann: Das Rote Buch: Hämatologie und Internistische Onkologie, ecomed Medizin.
Böcker, Denk, Heitz: Pathologie, Elsevier.
Böcker, Denk, Heitz: Repetitorium Pathologie, Elsevier.
Bühling, Lepenies, Witt: Intensivkurs: Allgemeine und Spezielle Pathologie, Elsevier.
Epstein, Netto: Biopsy Interpretation of the Prostate, Lippincott Raven.
Fogo, Kashgarian: Diagnostik Atlas of Renal Pathology, Saunders.
Grundmann: Allgemeine Pathologie, Elsevier.
Ioachim, Medeiros: Ioachim´s Lymph Node Pathology, Lippincott Raven.
Kayser, Bienz, Eckert, Zinkernagel: Medizinische Mikrobiologie: Verstehen – Lernen – Nachschlagen, Thieme.
Kumar, Abbas, von Saunders: Robbins and Cotran's Pathologic Basis of Disease, Saunders.
Love, Louis, Ellison: Greenfields's Neuropathology, Arnold Publishers.
McKee et al.: Pathology of the Skin, Mosby.
Mills et al.: Sternberg's Diagnostic Surgical Pathology, Lippincott Williams & Wilkins.
Leslie: Practical Pulmonary Pathology, Livingstone.
Robboy et al.: Pathology of the Female Reproductive Tract, Livingstone.
Rosai, Ackerman: Surgical Pathology, Mosby.
Scheuer, Lefkowitch: Liver Biopsy Interpretation, Saunders.
Tadrous: Diagnostic Criteria Handbook in Histopathology: A Surgical Pathology Vade Mecum, Wiley & Sons.
Weiss, Goldblum: Soft Tissue Tumors, Mosby.
Wheater, Burkitt, Daniels: Funktionelle Histologie. Lehrbuch und Atlas, Elsevier.
WHO: Classification of Tumors, WHO Press.
Wittekind, Meyer: TNM. Klassifikation maligner Tumoren, Wiley-VCH.

Inhaltsverzeichnis

1 Aufgaben, Methoden und Begriffe

Aufgaben der Pathologie

- Intravitale Diagnostik und Charakterisierung von Erkrankungen mit
  - Konventionellen Methoden, z. B. Mikroskopie
  - Molekularbiologischen Methoden.

Die konventionelle Tumordiagnostik beispielsweise beinhaltet die Bestimmung des Tumorstadiums und des Differenzierungsgrads von Tumorzellen

- Als Experte für die Zell- und Gewebsebene arbeitet der Pathologe an der Schnittstelle von klinischer Medizin und Forschung und liefert meist die entscheidenden Ergebnisse für Therapieentscheidungen im Rahmen klinisch-pathologischer Konferenzen und Prognoseabschätzungen.

Teilgebiete

Teilgebiete der Pathologie sind:

- A: Autopsie
- B: Biopsie, Histologie
- C: (C)Zytologie
- F: Forschung
- M: Molekularpathologie.

> - Die Pathologie als „Lehre von den Krankheiten" wurde in ihrer modernen Form von **Rudolf Virchow** begründet
> - **Autopsie**: Postmortale Diagnostik. Eines der Kerngebiete der Pathologie. Anders als oft im studentischen Unterricht vermittelt, steht die Autopsie nicht mehr im Zentrum der Alltagsarbeit und Forschung des Pathologen.

CHECK-UP

- [ ] Welches sind die wichtigsten Aufgaben der modernen Pathologie?

Methoden und Begriffe

Krankheitsätiologie

Im Wesentlichen lassen sich Krankheiten als **angeboren** (kongenital) oder **erworben** klassifizieren.

Krankheitsverlauf

- Akuter, relativ kurzer Krankheitsverlauf
- Chronischer, länger andauernder Krankheitsverlauf.

Mögliche Erkrankungsendpunkte:
- Vollständige Heilung
- Defektheilung
- Tod.

Makroskopie
- Erfassung von Farbe, Form, Konsistenz und Größe
- Beschreibung jeglicher Abweichungen von der Norm
- Gezielte Auswahl des weiter zu untersuchenden Materials
- Entkalkung kalkharter Gewebe mit Säure, z. B. Salz- oder Salpetersäure. Für molekulare Untersuchungen ist ein schonenderes, EDTA-basiertes Verfahren besser geeignet, dieses dauert aber länger.

Fixation
- Haltbarmachung des Gewebes meist mit 4-prozentigem Formalin. Weniger gebräuchlich sind Alkohol, Bouinsche Lösung und HOPE
- Verhältnis Formalin zu Gewebe: etwa 10 : 1
- Eindringgeschwindigkeit von Formalin in Gewebe: etwa 1 mm/h, temperaturabhängig.

Unzureichende Fixation kann weitere Untersuchungen unmöglich machen.

Prozessierung
Schritte:
- Entwässerung
- Paraffineinbettung
- Schneiden: 2–6 µm
- Färben: Standard meist H&E oder PAS.

Nach Analyse dieser Standardfärbungen lässt sich meist bereits eine definitive Diagnose stellen.

Schnellschnitt
Intraoperative makro- und mikroskopische Diagnostik am schockgefrorenen Gewebe zur Bestimmung von Dignität und Resektionsrand.
- Zeitvorteil gegenüber der konventionellen Fixierung und Prozessierung
- Nachteil: Gewebszerstörung und schlechtere Schnittqualität.

Sentineluntersuchung
Rationale: Bei lymphogener Metastasierung von Tumoren liegen die Metastasen primär an den zugehörigen Lymphabflusswegen.

Sentinel- oder Wächterlymphknoten: Der erste Lymphknoten auf der Strecke, der diese Lymphe filtert. Meist der erste Ort einer Lymphknotenmetastase. Lässt sich durch tumornah injizierte Farbstoffe wie Methylenblau, radioaktive Marker wie Technetium-Kolloid oder eine Kombination der beiden Methoden identifizieren. Mögliche Untersuchungsergebnisse:
- Sentinel tumorbefallen: Weitere Lymphknotenmetastasen sind möglich → es wird meist eine Lymphonodektomie durchgeführt. Z. T. auch nur adjuvante Therapien
- Sentinel tumorfrei: Meist keine weiteren Lymphknotenmetastasen → keine Lymphadenektomie.

Zytologie
- Untersuchung von Einzelzellen und kleineren Zellaggregaten.
- Minimalinvasiv
- Schnelle Beurteilung
- Zellblöcke als Äquivalent zur Histologie möglich
- Auxiliäre molekularpathologische Untersuchungstechniken möglich.

Materialarten.
- Exfoliativ-Zytologie, z. B. Zervixabstrich
- Erguss-Zytologie, z. B. Pleuraerguss
- Feinnadelpunktion, z. B. Schilddrüse.

Anwendung.
- Screeninguntersuchungen wie der gynäkologische Zervixabstrich
- Minimalinvasive Tumordiagnostik, z. B. in Mamma und Schilddrüse
- Lymphknotendiagnostik (→ Kap. 19).

Sichere Todeszeichen
- Totenflecke, ab 30 Minuten nach Todeseintritt
- Totenstarre, nach zwei bis drei Stunden am Kiefergelenk nachweisbar
- Fäulnis und Zersetzung, nach Tagen.

Durchflusszytometrie
Auch: **Fluorescence activated cell sorting, FACS**.
- Mittels Laserstrahl werden in Lösung befindliche Zellen oder Zellbestandteile anhand von Größe und Granularität sortiert
- Antikörpermarkierungen zur weiteren Typisierung möglich.

Anwendung. Typischerweise in der Hämatopathologie zur Charakterisierung von Lymphomen und Leukämien.

Elektronenmikroskopie
- Gewebe wird mit Glutaraldehyd fixiert und mit Schwermetallsalzen kontrastiert

- Ultradünn geschnittenes Gewebe (60–80 nm)
- Analyse der subzellulären Strukturen mit einem Elektronenstrahl.

Anwendung. In der Nierenpathologie und bei Muskelerkrankungen.

Enzymhistochemie

Nachweis von Enzymaktivitäten an Frischgewebe.

Anwendung. Z. B. Nachweis von Acetylcholinesterase bei Morbus Hirschsprung.

Immunhistologie

- Klassische Methode zur Subklassifizierung von Tumoren durch Detektion von Antigenepitopen durch Antikörper (→ Tab. 1.1).
- Es wird eine direkte von einer indirekten Methode unterschieden (→ Abb. 1.1).

Wichtigste Zielstrukturen: **Zytokeratine**, Intermediärfilamente im Zytoskelett von Epithelzellen.

- Die Zytokeratine (CK) 1–20 sind als paarig zu verstehen, wobei **basisch-neutrale** (CK1–8) mit **sauren** (CK9–20) im Komplex vorliegen
- Die **schweren** (high molecular weight) CK 1/9, 2/10, 3/12, 4/13, 6/16–17 sind typisch in reifen, stratifizierten Epithelien exprimiert
- Die **leichten** (low molecular weight) CK 7/19, 8/18–20 sind typisch in einfachen glandulären Epithelien zu finden.

Tab. 1.1 Wichtige Zielproteine der Immunhistologie.

Tumoren	Zielproteine
Mesotheliom	Calretinin, CK5/6, WT1, D2-40
Adenokarzinom Lunge	TTF-1, CK7, BerEP4, MOC-31
Plattenepithelkarzinom: Lunge und andere	CK5/6, p63
Kleinzelliges Karzinom Lunge	CK7, TTF-1, Synaptophysin, Chromogranin
Differenzierte Schilddrüsenkarzinome	Thyreoglobulin, TTF-1, CK19, HBME1, Galektin-3
Medulläres Schilddrüsenkarzinom	Kalzitonin, CEA, Chromogranin
Prostatakarzinom	PSA, AMACR
Mammakarzinom	ER, PR, HER2, GCDFP-15
Kolorektales Karzinom	CK20, CDX-2, CEA
Solitärer fibröser Tumor	CD34, CD99, Bcl-2
Gastrointestinaler Stromatumor	CD117, DOG-1, CD34
Hepatozelluläres Karzinom	Hepar-1, kanalikulär: CD10 und pCEA, AFP
Gallengangskarzinom	CK7, CK19, mCEA, MOC-31
Pankreaskarzinom	CA-19.9
Oligodendrogliom	MAP-2 und – wie viele ZNS-Zellen – GFAP
Klarzelliges Nierenzellkarzinom	CD10, Vimentin, RCC
Papilläres und chromophobes Nierenzellkarzinom	CK7
Urothelkarzinom	CK7, CK20, p63, Thrombomodulin, Uroplakin
ITKZNU und Seminom	PLAP, CD117, OCT3/4
Embryonales Karzinom	CD30, OCT 3/4
Dottersacktumor	AFP
Melanom	S100, HMB-45, Melan-A, MUM1, Bcl-1
Adenokarzinom Zervix	CEA, p16
Endometroides Adenokarzinom Korpus	ER, PR, Vimentin
Merkelzellkarzinom	Chromogranin, Synaptophysin, CK20
Gut- und dedifferenziertes Liposarkom	MDM-2, CDK-4
Synovialsarkom	Bcl-2, CD99, EMA
Basalzellkarzinom	BerEP4
Noduläres Lymphozytenprädominantes Hodgkin-Lymphom	BOB-1, OCT-2, CD20, CD79a, Bcl-6
Klassisches Hodgkin-Lymphom	CD15, CD30, IRF4, LMP1
Burkitt-Lymphom	CD10, Ki-67 (≈ 100 % der Zellen positiv)
Mantelzell-Lymphom	CD5, Bcl-1 (= Cyclin D1)
Follikuläres Lymphom	CD10, Bcl-2, Bcl-6
Thymuskarzinom	CD5, CD117

Immunfluoreszenz

Ähnlich Immunhistologie, jedoch

- Mit fluoreszenzmarkierten Antikörpern
- An unfixiertem Material.

Anwendung. Dermatopathologie, Nephropathologie, Hämatopathologie.

Western- und Eastern-Blot

- Zellbestandteile werden anhand ihrer Größe und Ladung im elektrischen Feld aufgetrennt, via Blotting auf eine Nitrozellulosemembran übertragen und dort mit **Detektionsverfahren**, z. B. durch Antikörper, sichtbar gemacht.
- **Western-Blot**: Protein-Nachweis
- **Eastern- oder Lektin-Blot**: Kohlenhydrat-Nachweis.

Anwendung. Vor allem in der Erregerdiagnostik.

Komparative genomische Hybridisierung

- DNA von Tumor und normalem Gewebe wird **mit zwei unterschiedlichen Fluoreszenzfarbstoffen markiert**, um Vermehrungen oder Deletionen in Chromosomenabschnitten in Tumoren zu finden
- Markierte DNA von Tumor und Normalgewebe werden in Konkurrenz zueinander mit normalen Metaphasechromosomen verschmolzen oder hybridisiert
- Ist ein Chromosomenabschnitt im Tumor beispielsweise vermehrt vorhanden, steht bei der Hybridisierung mit dem normalen Chromosom an der Stelle entsprechend mehr fluoreszenzmarkiertes Material zu Verfügung
- Dieser Materialüberschuss lässt sich im Fluoreszenzmikroskop darstellen und quantitativ analysieren.

Anwendung. Pränataldiagnostik, Tumorforschung.

Hybridisierungen, Southern- und Northern-Blot

Verschiedene Verfahren zum Nachweis spezifischer DNA- oder RNA-Sequenzen.

- **In-situ-Hybridisierung**: Untersuchung von Gewebe
- **Southern- oder Northern-Blot**: Untersuchung von Zellextrakten.

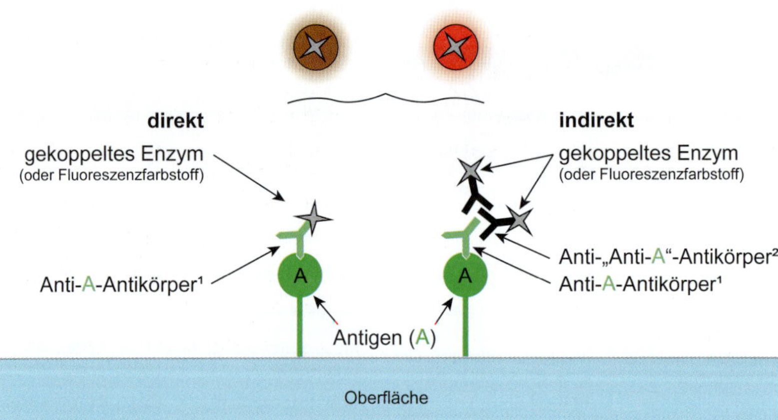

Abb. 1.1 Direkte und indirekte Immunhistochemiefärbung [V485].

Die Gewebe und Zellextrakte werden mit spezifischen, zur gesuchten Sequenz komplementären, DNA- oder RNA-Sonden behandelt. Die markierten Sonden lagern sich spezifisch an die gesuchte DNA- oder RNA-Sequenz an und diese wird mithilfe der Marker sichtbar gemacht. Marker: Fluoreszenzfarbstoffe (FISH), Radioisotope, Chromogene (CISH), Metallkomplexe (SISH).

- **Southern-Blot**: DNA-Nachweis, nach Edwin Southern benannt
- **Northern-Blot**: RNA-Nachweis.

Anwendung. Klonalitätsanalysen in der Hämatopathologie, HER2-Status bei Mammakarzinomen.

Mikrodissektion

Herauslösung einzelner Zellen oder Zellgruppen aus dem Gewebsverband mittels Laserstrahl oder Mikromanipulator.

Anwendung. Molekularpathologie von Tumoren (z. B. EGFR, KRAS), Forschung.

Polymerasekettenreaktion

Akronym: **PCR**, Polymerase chain reaction. **Amplifikation** kleiner Kopiezahlen von DNA- oder RNA-Sequenzen zur besseren Detektion:

- Nukleinsäuredoppelstrang wird durch Hitze (ca. 95 °C) gespalten
- Bei niedrigerer Temperatur lagern sich so genannte **Primer** an die entstandenen Nukleinsäureeinzelstränge an. Die Primer bestehen aus kleineren Nukleinsäuresequenzen, die sich komplementär an einen Start- und Endpunkt einer gesuchten DNA- oder RNA-Sequenz anlagern
- Eine **Polymerase** ergänzt nun mit einzelnen Nukleinsäuren die durch die Primer definierten Nukleinsäurestränge
- Durch wiederholtes Aufschmelzen und Neusynthetisieren der Nukleinsäurestränge, so genannte **Zyklen**, resultiert eine **exponentielle Vermehrung** der durch die Primer definierten Sequenz.

Anwendung. Nachweis von Viren- oder Bakterien-DNA, Loss of Heterozygosity, Mikrosatelliteninstabilität.

DNA-Sequenzierung

- Automatisiertes Verfahren zur genauen Aufschlüsselung einer Nukleinsäuresequenz in die vier Basen
- Wird nach F. Sanger meist als **Basenterminierungsmethode** verwendet
- Die Basen sind mit unterschiedlichen Fluorochromen markiert und können anhand der Länge des jeweiligen Nukleinsäurefragments genau einer Position in der untersuchten DNA-Sequenz zugeordnet werden.

Anwendung. Punktmutationssuche, Unterscheidung von Erregersubtypen.

Arraytechnologie

- **Genexpressionsanalyse** bei der mRNA in radioaktivmarkierte cDNA umgeschrieben und auf einen mit genspezifischen DNA-Fragmenten bestückten Array hybridisiert wird.
- Entsprechend der Radioaktivitätsmenge pro DNA-Fragment auf dem Array lässt sich die Expression des jeweiligen Gens bestimmen und vergleichen.

Anwendung. Tumorcharakterisierung.

Archivierung und Telepathologie

- Paraffinblöcke und Schnittpräparate müssen gesetzlich vorgeschrieben über mehrere Jahre archiviert werden. Dies dient der juristischen Absicherung bei Fragen der Fehlbehandlung oder Fehldiagnose und vor allem der Möglichkeit weiterer Untersuchungen, falls neue Techniken oder Fragestellungen zu späteren Zeitpunkten nach der Erstdiagnose vorhanden sein sollten
- Zunehmend werden Schnittpräparate auch hochauflösend und mehrlagig digitalisiert. Dies ermöglicht sowohl direkt überlagerte Vergleiche von Färbungen und Immunhistologien, als auch eine schnelle ortsunabhängige Konsiliarbeurteilung.

Prädiktive molekulare Marker

Prädiktive Marker können das Ansprechen oder die Resistenz maligner Tumoren auf eine bestimmte Therapie voraussagen. Dies erlaubt eine individuell gezielte Behandlung und die Vermeidung unwirksamer Medikamente und deren Nebenwirkungen (→ Kap. 38).

Epidermal growth factor receptor.

- Akronym: **EGFR** oder **HER1** (Human epidermal growth factor receptor 1)
- Rezeptor-Tyrosinkinase
- Mutiert in ca. 15–20 % nicht-kleinzelliger Lungenkarzinome; überwiegend Adenokarzinome und nie Plattenepithelkarzinome
- EGFR-Mutation und KRAS-Mutation schließen sich meist gegenseitig aus.

Bedeutung. Bei aktivierender Mutation (meist Exon 19 oder 21) und z. T. auch Amplifikation → Ansprechen auf eine Therapie mit monoklonalem EGFR-Antikörper (Cetuximab) oder inhibitorischen „small molecules“ (Gefitinib oder Erlotinib). EGFR-Inhibitoren sind auch bei Kolonkarzinomen hilfreich, falls keine KRAS-Mutation vorliegt (s. u.).

Human epidermal growth factor receptor 2.

- Akronym: **HER2** oder **ERBB2**
- Rezeptor-Tyrosinkinase
- Amplifiziert in einem Teil der Mammakarzinome (ca. 20 %) und Magenkarzinome (ca. 15–20 %, meist intestinaler Typ).

Bedeutung. Ansprechen HER2-amplifizierter Tumoren auf eine Therapie mit monoklonalem HER2-Antikörper (Trastuzumab). Neben Hormonrezeptoren wichtigster prädiktiver Marker beim Mammakarzinom.

Kirsten rat sarcoma 2 viral onkogene.

- Akronym: **KRAS** oder **Ki-ras**
- G-Protein
- Häufig mutiert in Karzinomen von Pankreas (> 90 %), Kolon (ca. 30–50 %), Schilddrüse (ca. 50 %) und Lunge (> 20 %).

Bedeutung. Wenn mutiert (aktivierende Mutation): schlechtere Prognose und kein Ansprechen auf Therapie mit EGFR-Inhibitoren, da Downstream von EGFR.

V-raf murine sarcoma viral oncogene homolog B1.

Abkürzung: **BRAF**.

- Proteinkinase
- Häufig mutiert (V600E) in Melanomen (> 50 %), Kolonkarzinomen (ca. 10 %) und papillären Schilddrüsenkarzinomen (ca. 70 %).
- BRAF-Mutation und KRAS-Mutation schließen sich meist gegenseitig aus
- Zusammen mit Mutationen von KRAS ursachlich für das **Noonan-Syndrom**: Fehlbildungen von Herz und Gesicht, mentale Retardierung.

Bedeutung. Downstream von KRAS → BRAF-Inhibitoren können Tumorwachstum mutierter Tumoren hemmen, anders als EGFR-Inhibitoren bei KRAS-mutierten Tumoren.

Public Health

- Im Rahmen des so genannten biomedizinischen Ansatzes kann die Pathologie bei der Krankheitsätiologie, und somit der Risikofaktoranalyse, hilfreich sein.
- Diagnosen der Pathologie sind wesentlicher Bestandteil von Inzidenzberechnungen und Todesursachenstatistiken.

CHECK-UP

- ☐ Wie lassen sich Krankheitsverlauf und Krankheitsätiologie weiter unterteilen?
- ☐ Wie wird Gewebe fixiert und was ist dabei zu beachten?
- ☐ Erklären Sie die Ziele und Herausforderungen von Schnellschnitt und Sentineluntersuchung.
- ☐ Erläutern Sie die Methodik für PCR, Western-Blot, Sequenzierung und FISH.

2 Zell- und Gewebereaktion

Organisation der Zelle

Zellkern

- Der Zellkern enthält die Chromosomen und somit die DNA
- DNA = Säure → Kern bzw. Chromatin ist **basophil** und färbt sich mit Hämatoxylin bzw. Hämalaun blauviolett an
- Zellteilung: Kern löst sich auf, die Chromosomen werden sichtbar. **Mitosefiguren** treten gehäuft in stark proliferierendem Gewebe wie etwa Darmepithel und Haut, aber auch Neoplasien auf
- Maligne Neoplasien weisen Veränderungen der DNA auf, was sich in der Zellkernmorphologie widerspiegelt.

Malignitätskriterien sind:

- Grobes Chromatin
- Unterschiedlich dicke Zellmembran
- Irreguläre asymmetrische Kernformen: Kernkerben, Einziehungen, Ausstülpungen
- Zunahme der Kerngröße
- Größenschwankungen der Kerne innerhalb des Tumorgewebes.

Nukleolen an sich sind kein Malignitätskriterium, da diese auch bei proliferierenden oder reaktiv veränderten Zellen auftreten können.

Zytoplasma

- Das Zytoplasma enthält zahlreiche Organellen mit unterschiedlichen Funktionen
- Sie lassen sich nicht einzeln anfärben. Es entsteht insgesamt eine eher „basische“ Ladung: Zytoplasma ist azidophil bzw. eosinophil, d. h., es lässt sich gut mit Eosin anfärben.

Endoplasmatisches Retikulum, ER

Das raue ER ist reich an Ribosomen. Es ist Ort der Proteinsynthese.

Golgi-Apparat

Transport und Sekretion von Proteinen.

Lysosomen und Peroxisomen

Enthalten Enzyme zum Abbau von Proteinen. Zahlreich vorhanden in Granulozyten.

Mitochondrien

- Kraftwerke der Zelle, die Energie in Form von ATP aus dem Zitratzyklus bereitstellen
- Pathologische Veränderungen werden als Mitochondropathien bezeichnet. Die Symptomatik ist je nach betroffenem Organ (Muskulatur, Nerven, Leber, Niere) sehr unterschiedlich. Die Diagnose wird mithilfe der Elektronenmikroskopie gestellt.
- Zellen, die überreich an Mitochondrien sind, werden als Onkozyten bezeichnet und fallen durch ein leuchtend rotes, granuliertes Zytoplasma auf, z. B. Onkozytom der Niere, Warthin-Tumor der Speicheldrüsen, Hashimoto-Thyreoiditis, apokrine Metaplasie der Mamma.

Zytoskelett, Mikro- und Intermediärfilamente

- Sorgen für die Integrität, Stabilität und Verankerung der Zelle im Zellverband, z. B. Desmosomen im Epithel
- Involviert bei der Beweglichkeit der Zelle
- Sind spezifisch für unterschiedliche Gewebearten

- Lassen sich immunhistochemisch nachweisen und geben Auskunft über die Differenzierung des Gewebes. Wichtig ist dies in der Differenzialdiagnostik von Tumoren.

Zellmembran

- Grenzt die Zelle nach außen hin ab
- Gewährleistet die Aufnahme von Nährstoffen, wie etwa im Bürstensaum von Enterozyten
- Lipophile Substanzen wie Steroidhormone können die Membran problemlos passieren und ins Zellinnere gelangen
- Lipophobe Substanzen wie Wachstumsfaktoren oder Nicht-Steroidhormone binden an Rezeptoren an der Zelloberfläche, die für eine Signaltransduktion ins Zellinnere sorgen
- Rezeptoren sind auch wichtig für die Interaktion von Zellen untereinander, z. B. bei Zellen des Immunsystems
- Die Rezeptoren der Zellmembran können immunhistochemisch sichtbar gemacht werden. Sie werden daher bei der Charakterisierung von Tumorzellen, z. B. CD-Antigene bei Lymphomen oder im Rahmen der prädiktiven Tumordiagnostik verwendet, z. B. HER2-Rezeptor beim Mammakarzinom und EGFR beim Lungenkarzinom.

Zelleinlagerungen

Vermehrte Einlagerung von normalen Zellbestandteilen, Abbauprodukten oder exogen aufgenommenen Substanzen.

Tab. 2.1 Filamente und Gewebetypen.

Filament	Vorkommen
Zytokeratine	Epithelien und Karzinome
Smooth muscle actin, SMA	Glatte Muskulatur
Desmin	Glatte und quer gestreifte Muskulatur
Gliafilamente, GFAP	Gliazellen und hirneigene Tumoren
Neurofilament	Neuronales Gewebe

Lipide

- Zellverfettung, z. B. bei Steatosis hepatis und Tigerung des Herzmuskels
- Cholesterin z. B. bei Cholesteatose der Gallenblase oder Arteriosklerose.

Glykogen

Glykogen-Speicherkrankheiten. Betroffen sind v. a. Leber, Muskulatur und ZNS (→ Kap. 43).

Proteine

Extra- und intrazellulär, z. B. Amyloid-Plaques bei Creutzfeldt-Jakob-Erkrankung, Amyloid bei systemischen Amyloidosen, Mallory-Körperchen in Hepatozyten (v. a. bei Alkoholabusus), Lewy-Körperchen bei Parkinson-Krankheit, Alzheimer-Fibrillen.

Pigmente

- Endogen: Melanin, Bilirubin, Hämosiderin, Lipofuszin (Alterspigment, nicht pathogen)
- Exogen: Anthrakose, Tätowierungen, Schwermetalle, Melanosis coli bei Laxanzienabusus.

CHECK-UP

- [ ] Was sind Malignitätskriterien des Zellkerns?
- [ ] Welche Organellen im Zytoplasma werden unterschieden?
- [ ] Welche Zelleinlagerungen gibt es und was sind ihre Besonderheiten?

Organisation der Zellen als Gewebe

Grundgewebetypen

Epithel

- Epithelzellen bilden Verbände ohne interzelluläre Matrix
- Basal auf einer Basalmembran verankert
- Bedecken innere und äußere Oberflächen
- Sind essenzieller Bestandteil von Drüsen
- Das Zytoplasma ist reich an Zytokeratinen, welche sich immunhistochemisch darstellen lassen.

Oberflächenepithel.
Hauptaufgaben:
- Schutz, z. B. Epidermis, Schleimhäute, Harnblase
- Resorption, z. B. Darmepithel, Nierentubuli.

Die Einteilung geschieht nach:
- Zelltyp: Zylinder- oder Plattenepithel
- Schichtung: ein- oder mehrschichtig, mehrreihig (siehe Übergangsepithel)
- Zusatzeigenschaften, z. B. Verhornung (Epidermis) oder Flimmerhärchen (respiratorische Schleimhaut, Tubenepithel).

Drüsenepithel.
Drüsenepithelien sezernieren z. B. Schleim, Enzyme oder Hormone. Sie sind häufig azinär angeordnet und durch Zwischenstücke mit dem Ausführungsgang des Drüsenorgans verbunden, über den das Sekret weitertransportiert wird.
Sekretionsformen:
- **Ekkrine** Sekretion: häufigste Sekretionsform. Abgabe des Sekrets in zytoplasmatischen Vakuolen, die sich mit der Zellmembran verschmelzen, beispielsweise in Speicheldrüsen und im Pankreas
- **Apokrine** Sekretion: der apikale Teil der Zelle wird als Sekret abgegeben, beispielsweise in der laktierenden Brustdrüse
- **Holokrine** Sekretion: die gesamte Zelle bildet das Sekret, beispielsweise in Talgdrüsen.

Übergangsepithel.
- Epithel der ableitenden Harnwege, auch Urothel genannt
- Charakteristisch mehrreihig
- Obwohl die Zellkerne Mehrschichtigkeit vortäuschen, hat jede Zelle Kontakt zur Basalmembran. Folge ist eine enorme Dehnbarkeit (wichtig für die Harnblase).

Endothel
- Auskleidung von Gefäßen etwa in Arterien, Venen und Lymphgefäßen
- Lassen sich immunhistochemisch mit CD31, CD34 und Podoplanin (D2-40) darstellen.

Mesothel
- Bedeckt seröse Häute wie Pleura, Perikard und Peritoneum
- Kann sich epithelial oder mesenchymal (spindelzellig) differenzieren (daher der Name). Das maligne Mesotheliom kann somit eine biphasische Morphologie aufweisen (→ Kap. 22).

Tab. 2.2 Zusammensetzung unterschiedlicher mesenchymaler Gewebearten.

Gewebe	Bestandteile
Bindegewebe	Fibroblasten und Kollagen
Knochengewebe	Osteoblasten und Osteoid
Knorpelgewebe	Chondrozyten und Knorpelmatrix
Fettgewebe	Lipoblasten und Adipozyten, Lipidvakuolen
Muskulatur	• Leiomyozyten (glatte Muskulatur) • Rhabdomyozyten (quer gestreifte Muskulatur) • Kardiomyozyten (Herzmuskulatur)

Mesenchymales Gewebe
- Das mesenchymale Gewebe besteht aus Zellen und meist einer interzellulären Matrix (im Gegensatz zum Epithel)
- Wichtigstes Gewebe des Bewegungs- und Stützapparats. Auch glatte Muskulatur als Bestandteil der Wand von Hohlorganen gehört zum mesenchymalen Gewebe.

Hämatopoetisches Gewebe
Hämatopoetische Stammzellen sind Ausgangspunkt für myeloische und lymphatische Zellen des Immunsystems (→ Kap. 3, → Kap. 18, → Kap. 19).

Nervengewebe
- Dient der Verarbeitung und Weiterleitung von elektrischen Reizen
- Bildet das zentrale und periphere (inklusive vegetatives) Nervensystem
- Wichtige Zelltypen sind Neurone, Ganglienzellen, Astrozyten, Oligodendrozyten und Ependymzellen.

Melanozyten
- Eigene Kategorie, da sie sich in keine der vorausgehenden Kategorien einordnen lassen
- Wie die Nervenscheidenzellen (Schwann-Zellen) haben sie sich aus der Neuralleiste entwickelt und sind somit miteinander verwandt.

CHECK-UP

- [ ] Nennen Sie die Grundgewebetypen der Zellen.

Adaptation, Zellschädigung und Zelltod

Wachstum und Differenzierung

- Zellen reagieren auf erhöhten Bedarf und äußere Stimulierung mit **Hyperplasie** und **Hypertrophie**
- Bei Nährstoffmangel und Mangel an Wachstumsfaktoren kommt es zur **Atrophie**
- Wenn Zellen auf einen bestimmten Reiz ihren Zelltyp wechseln, bezeichnet man dies als **Metaplasie** (z. B. Plattenepithelmetaplasie des respiratorischen Flimmerepithels bei Nikotinabusus).

Hyperplasie

Quantitative Zunahme von Zellen in einem Gewebe.

Physiologisch.
- Hormonelle Hyperplasie, z. B. Uterus in der Schwangerschaft
- Kompensatorische Hyperplasie, z. B. Leberregeneration nach partieller Hepatektomie.

Pathologisch.
- Hormonelle Hyperplasie, z. B. des Endometriums bei Östrogenüberschuss → komplex atypische Hyperplasie als Präkanzerose (→ Kap. 36)
- Hyperplasie bei viralen Infektionen z. B. Kondylome durch HPV.

Hypertrophie

Reversible Zunahme der Zellgröße durch Vermehrung oder Vergrößerung von Zellkern und Organellen.

Physiologisch. Muskelaufbau bei Sportlern.

Pathologisch. Herzhypertrophie bei arterieller Hypertonie.

Atrophie

- Einfache Atrophie: Abnahme der Zellgröße
- Numerische Atrophie: Verlust von Zellen durch Zelltod.

Physiologisch. Im frühen Entwicklungsstadium des Embryos z. B. Rückentwicklung der Kiemenbögen, Uterusatrophie in der Menopause, Thymusinvolution.

Pathologisch. Inaktivitätsatrophie (z. B. Muskelatrophie bei langer Bettruhe), Verlust der Innervation, Minderdurchblutung, Nährstoffmangel (Kachexie), fehlende hormonelle Stimulation, Kompression durch erhöhten Druck (z. B. Lungenhypoplasie bei Enterothorax wegen Zwerchfellhernie).

Metaplasie

- Ein reifer Zelltyp wird durch einen anderen ersetzt. Bildlich gesprochen: eine Kuh im Schweinestall
- Reversibel
- Ausgelöst durch chronische Reize wie Entzündung, chemische oder mechanische Noxen.

Beispiele.
- Plattenepithelmetaplasie in der Endozervix: das Zylinderepithel wandelt sich in ein mehrschichtiges Plattenepithel um
- Zylinderzellmetaplasie: Plattenepithel des Ösophagus wird ersetzt durch eine intestinale Mukosa, bestehend aus Zylinder- und Becherzellen (=Barrett-Mukosa) → Barrett-Ösophagus kann sich weiter entdifferenzieren zum Barrett-Karzinom und ist daher eine fakultative Präkanzerose (→ Kap. 24)
- Mesenchymale Metaplasie: Bildung von Knorpel oder Knochen in Gewebe, das normalerweise keines von beiden enthält: Myositis ossificans, Verknöcherungen im Muskel (→ Kap. 42).

> Die Metaplasie muss von der **Heterotopie** abgegrenzt werden, bei der Gewebe – unabhängig von Reizen – an untypischen Orten angelegt ist. Bildlich gesprochen: eine Kuh auf dem Dach vom Schweinestall.
> Beispiele: heterotopes Pankreasgewebe im Meckel-Divertikel, Magenschleimhautinseln im proximalen Ösophagus, akzessorische Nebenmilzen im Omentum majus.

Zellschädigung

Noxe beeinträchtigt den Stoffwechsel der Zelle. Je nach Ausmaß ist die Schädigung
- Reversibel
- Irreversibel = Zelltod.

Mikroskopische Zeichen

- Zellverfettung, z. B. Fettleber
- Zellschwellung und Vakuolenbildung im Zytoplasma

- Kernveränderungen bezüglich Größe, Chromatinstruktur und Mehrkernigkeit.

Noxen

Sauerstoffmangel oder Hypoxie.

- Minderoxygenierung des Bluts z. B. bei einem Herzfehler mit Zyanose oder Kohlenmonoxidvergiftung
- Empfindlich ist Gewebe mit hohem Sauerstoffbedarf, vgl. hypoxischer Hirnschaden.

Ischämie.

- Mangeldurchblutung, die nicht nur Sauerstoffmangel, sondern auch Nährstoffmangel (Glukose) und Akkumulation von Abbauprodukten bedingt
- Ischämisch geschädigte Zellen gehen schneller zugrunde als hypoxisch geschädigte Zellen
- Beispiele: Myokardinfarkt, zerebrovaskuläre Ischämie.

Physikalische Noxen.

Mechanisches Trauma durch Fraktur, Hitze oder Kälte, elektrischen Schock oder Strahlung, z. B. Strahlen-Dermatitis oder -Proktitis nach Radiotherapie.

Chemische Noxen.

- Störung der Homöostase, z. B. durch hochkonzentrierte NaCl- oder Glukose-Lösung
- Schnelle Zerstörung von Zellen durch Gifte, z. B. Arsen, Quecksilber, Zytostatika
- Umweltgifte, z. B. Asbest, Kohlenmonoxid, Insektizide, Herbizide
- Alkohol und Drogen.

Medikamente.

Unzählige Nebenwirkungen sind beschrieben. Wenige Beispiele:

- Paracetamol: Leberversagen
- Metamizol: Agranulozytose
- Penicillin. Allergie und Erythem.

Infektiös.

Siehe → Kapitel 4.

Immunologische Faktoren.

- Autoimmunerkrankungen
- Glomerulonephritiden
- Anaphylaktischer Schock.

Genetische Defekte.

Chromosomale Aberrationen, die den gesamten Organismus betreffen (Trisomie 21) bis hin zu einzelnen Punktmutationen (Keimbahnmutationen), die einzelne Proteine verändern (Sichelzellanämie, Hämophilie, Onkogene).

Ernährungsstörungen.

- Anorexia nervosa
- Adipositas
- Eisenmangel (Anämie)
- Hyper- und Hypovitaminosen, z. B. Vitamin-D-Mangel und Rachitis.

Zelltod

Apoptose

Programmierter Zelltod.

Physiologische Apoptose.

- Embryonalentwicklung
- Hormonell, z. B. Abstoßung des Endometriums während der Menstruation
- Erneuerung im proliferierenden Gewebe, z. B. Verhornung in der Epidermis
- Selektion, z. B. in der B-Zell-Reifung, bei der ungeeignete Lymphozyten mit ungeeignetem Rezeptor durch Apoptose eliminiert werden.

Pathologische Apoptose.

- Zytotoxische T-Zellen induzieren den Zelltod von virusinfizierten Zellen
- Zelltod in Tumoren bei Regression
- DNA-Schaden.

Morphologie.

- Zellen schrumpfen
- Kondensiertes und fragmentiertes Chromatin
- Elimination der apoptotischen Zellen durch Phagozytose, z. B. durch Sternhimmelmakrophagen im Keimzentrum des Lymphknotens.

Nekrose

Irreversibler Zellschaden, stets pathologisch. Nekrosetypen sind:

Koagulationsnekrose.

- Denaturierung zellulärer Proteine
- Makroskopisch: Gewebe erscheint induriert aber spröde, mit Abblassung der Farbe, z. B. bei Myokardinfarkt oder Niereninfarkt
- Mikroskopisch: Hypereosinophilie des Zytoplasmas mit Verlust der Textur (z. B. Verlust der Querstreifung), Abblassen und Fragmentierung der Kerne (Karyolyse und Karyorhexis).

Verkäsende Nekrose.

- Sonderform der Koagulationsnekrose bei Tuberkulose
- Makroskopisch erinnert das nekrotische Gewebe an Frischkäse (namensgebend)

- Mikroskopisch Zelldetritus und Kerntrümmer
- Im Randbereich granulomatöse Entzündung (→ Kap. 4).

Kolliquationsnekrose.
Autolyse durch hydrolytische Enzyme, das Gewebe verflüssigt sich, z. B. Hirninfarkt oder bei eitrig-abszedierenden Entzündungen.

Fettgewebsnekrose.
Sonderform der Kolliquationsnekrose.
Untergang von Fettgewebe:
- Nach Autolyse, z. B. Selbstverdau durch Lipasen bei akuter Pankreatitis, makroskopisch „Kalkspritzer"
- Nach Trauma oder OP, z. B. Ölzysten in der Mamma.

CHECK-UP

- ☐ Welche Noxen können zu Zellschädigung führen?
- ☐ Unterscheiden Sie Apoptose und Nekrose.

3 Grundlagen der Immunabwehr

Immunsystem

Es teilt sich grundsätzlich in **angeborene** und **erworbene** Komponenten sowie in humorale und zelluläre Mechanismen. Die wichtigsten **Mechanismen** sind:

- Angeboren humoral: Komplementsystem, Zytokine, Akute-Phase-Proteine
- Angeboren zellulär: Granulozyten, Monozyten, dendritische Zellen und NK-Zellen
- Erworben humoral: Antikörper und lymphozytäre Zytokine
- Erworben zellulär: B- und T-Lymphozyten.

Die erworbene Abwehr ist spezifischer als die angeborene, dafür ist letztere meist schneller verfügbar. Haut und Schleimhäute stellen ebenfalls eine wirkungsvolle Abwehrbarriere dar.

Immunorgane

- **Primäre lymphatische Organe**: Entstehungs- und Reifungsort der Lymphozyten: Knochenmark und Thymus
- **Sekundäre lymphatische Organe**: Periphere Stationierungsorte: Milz, Lymphknoten, MALT, Peyer-Plaques
- **Tertiäre lymphatische Organe**: Lymphoepitheliales Gewebe in Haut und Schleimhäuten, an denen im Bedarfsfall die Abwehrfunktion wahrgenommen wird.

Zellen des Immunsystems

Neutrophile Granulozyten

- Veraltetes Synonym: **Mikrophagen**
- Zellen mit mehrfach gelapptem Zellkern (→ Abb. 3.1a)
- Mehrzahl der Zellen, die täglich im Knochenmark neu gebildet werden
- Kurzlebig, 6–18 Stunden
- Erste Abwehrzellen vor Ort: besonders bei der Bakterienabwehr und bei Pilzinfektionen von Bedeutung
- Myeloische Leukozyten (alle Granulozyten und Monozyten) rezirkulieren nach Migration in das Zielgewebe nicht mehr.

Eosinophile Granulozyten

- Zellen mit zweilappigem Kern (→ Abb. 3.1b)
- Lebensdauer 1–2 Wochen, langlebiger als die neutrophilen Granulozyten
- Auf ihrer Oberfläche liegen Rezeptoren zur Antikörpererkennung
- Besonders bei der Parasitenabwehr z. B. gegen Würmer und bei allergischen Erkrankungen beteiligt.

Basophile Granuolzyten

- Mengenmäßig kleinste Gruppe der Granulozyten (→ Abb. 3.1c)
- Zellkern weniger gelappt
- Lebensdauer 1–2 Wochen
- Meist gewebsständig
- Besitzen IgE-Rezeptoren
- Setzen bei Aktivierung proinflammatorischer Mediatoren (Histamin, Major-Basic-Protein, Lysophospholipidase und Trypsin) frei
- An allergischen Reaktionen beteiligt.

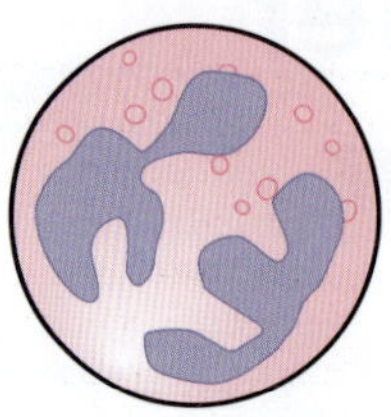
a) neutrophiler Granulozyt

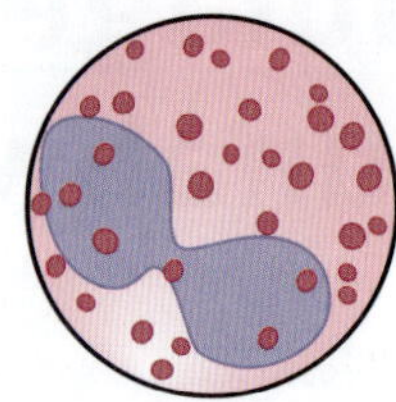
b) eosinophiler Granulozyt

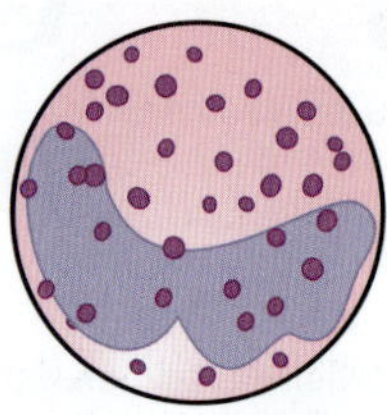
c) basophiler Granulozyt

Abb. 3.1 Granulozyten [V485].

Mastzellen

- Gewebsständig
- Besitzen IgE-Rezeptoren und IgG- und Komplementrezeptoren
- Setzen bei Aktivierung (meist IgE-Vernetzung) aus ihren Granula Tryptase, Chymase sowie Histamin und Tumornekrosefaktor frei
- Für die Typ-I-Überempfindlichkeitsreaktion bedeutsam
- Anfärbbar mit Mastzelltryptase und CD117.

Monozyten und Makrophagen

Monozyten

Kommen im Blut vor (1–3 Tage).

Makrophagen

- Gewebsständige Fresszellen
- Langlebig (Wochen bis Monate)
- Auf der Zelloberfläche u. a.:
  - MHC-II-Rezeptoren: Antigenpräsentation an CD4-T-Lymphozyten
  - IgG-Rezeptoren
  - Komplementrezeptoren
  - Scavenger-Rezeptoren
- Erreger und apoptotische Zellen werden mithilfe von Enzymen wie Lysozym, saurer Phosphatase, Elastase, Kollagenase und Metalloproteinasen eliminiert
- Durch freigesetzte Chemo- und Zytokine, z. B. Tumornekrosefaktor, und die Antigenpräsentation sind Makropagen an der Leukozytenaktivierung beteiligt.

Sonderformen: Histiozyten, Kupffer-Zellen, Mikroglia und Osteoklasten.

Dendritische Zellen

Heterogene, von den Monozyten abgeleitete Zellgruppe:

- Zirkulierende dendritische Zellen
- Langerhans-Zellen der Haut
- Interstitielle dendritische Zellen
- Interdigitierende dendritische Zellen
- Follikuläre dendritische Zellen.

Hauptfunktion:

- Erregerphagozytose und Transport des phagozytierten Materials zum nächsten Lymphknoten
- Dort werden die zerlegten Erregerbestandteile zur Aktivierung der Immunantwort mittels MHC-II-Rezeptoren den T-Lymphozyten präsentiert.

B-Lymphozyten

„B" für Bursa Fabricii bei Vögeln oder Bone marrow als Entstehungsort.

Hauptfunktion:

- Antikörperproduktion
- Antigenpräsentation über MHC-II-Rezeptoren.

Antikörper

Synonym: **Immunglobuline, Ig.**

- Bestehen aus der Kombination einer von fünf möglichen schweren Ketten (M, E, G, A und D) und einer von zwei möglichen leichten Kette (κ und λ) (→ Abb. 3.2)
- In den grundstrukturbildenden und der Erkennung durch körpereigene Abwehrzellen dienenden (Fc-Fragment) Anteilen sind die Ketten genetisch konstant (C-Regionen). Die antigenbindenden Bereiche beider Kettenarten (Fab-Fragment), welche die Erkennung unzähliger Erregern und Antigene gewähr-

leisten müssen, sind entsprechend genetisch sehr variabel (V-Regionen)

- Zur Namensgebung werden die schweren Ketten verwendet:
  - IgA ist meist in Sekreten (Mundschleim, Muttermilch, Urogenitalschleim) enthalten
  - IgG ist das kleinste und zahlreichste Ig im Serum
  - IgM das größte Ig (mehrere IgM-Antikörper lagern sich zusammen)
  - IgD und IgE sind am seltensten im Serum vorhanden.

B-Zell-Entwicklung

- Bei der B-Zell-Entwicklung werden Zellen entfernt, die Antikörper gegen körpereigene Antigene bilden
- Aus dem Knochenmark wandert die B-Zelle mit einem primären B-Zell-Rezeptor aus IgM- und IgD-Antikörpern in sekundäre lymphatische Organe aus.
  Dort entstehen Antikörper sezernierende Plasmazellen oder B-Gedächtniszellen.
  B-Zellen können einige multivalente (mehrere Antikörperbindungsstellen aufweisende) Antigene selbst erkennen und sich selbst aktivieren.
  Für andere Antigene ist eine Kooperation mit T-Helferzellen nötig, denen sie die aufgenommenen Antigene über MHC-II-Rezeptoren präsentieren und dann durch den Feedback der T-Zelle aktiviert werden
- Im Lymphknoten wandern aktivierte B- und T-Lymphozyten in die Primärfollikel wo sie, falls die dendritische Zellen das gleiche auslösende Antigen präsentieren, proliferieren
- Es bildet sich dann ein Keimzentrum mit Zentroblasten und Zentrozyten. Hier findet die weitere Selektion statt, und die Zellen mit den bestwirksamsten Antikörpern verlassen als Plasma- und Gedächtniszelle den Lymphknoten.

T-Lymphozyten

„T" leitet sich vom Thymus, dem Reifungsort der Zellen, ab.

- Größte Lymphozytengruppe: Machen rund zwei Drittel aller Lymphozyten aus
- Ähnlich wie die B-Lymphozyten werden bei der Reifung Zellen mit gegen den eigenen Körper gerichteten Eigenschaften eliminiert.

Hauptfunktion:

- CD8-T-Zellen: Zytotoxische Zerstörung von Zielzellen und Erregern
- Wie B-Zellen und Makrophagen: Modulation und Aktivierung der anderen Immunabwehrkomponenten.

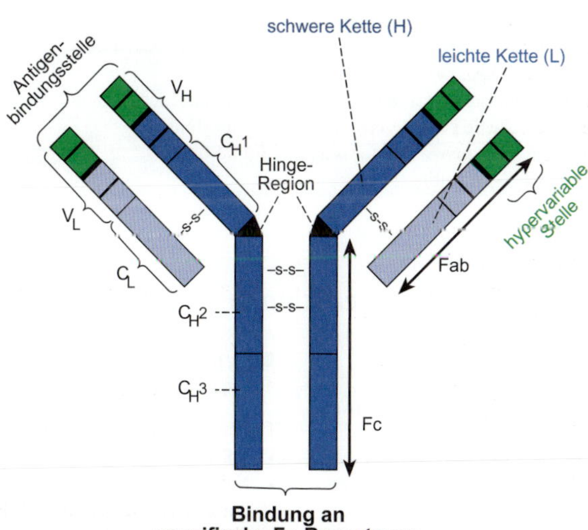

Abb. 3.2 Struktur eines Antikörpermoleküls (Immunglobulin) [R175-04].

Differenzierung der T-Zellen

- Die T-Zellen differenzieren sich in den sekundären lymphatischen Organen zu
  - Zytotoxischen T-Zellen: CD8
  - TH1- und TH2-Helferzellen: CD4
  - T-Gedächtniszellen: CD4 oder CD8
- Die genaue Subdifferenzierung der T-Helferzellen entscheidet sich durch die Art der primären Immunantwort und die freigesetzten Zytokine
- CD8-Zellen werden nach dem ersten Antigenkontakt durch Kontakt zu dendritischen Zellen weiter differenziert und bilden **Zytotoxine** (Perforin und Granzyme).

T-Zell-Rezeptor

Auf ihrer Oberfläche exprimieren T-Zellen den **T-Zell-Rezeptor (TCR)**, mit dem Fremdantigene erkannt werden. Unterscheidung anhand der zugrunde liegenden Eiweißketten:

- γ/δ-**TCR:** kann ungebundene Antigene erkennen
- α/β-**TCR:** benötigt immer eine Präsentation durch MHC-Moleküle (MHC-Restriktion). Dabei benötigen CD4-T-Zellen die MHC-II- und CD8-T-Zellen die MHC-I-Rezeptoren als Hilfsmittel.

Erregerabwehr

- Die fertigen Zellen patrouillieren in ständiger Rezirkulation zwischen Blutbahn, Gewebe und Lymphe auf der Suche nach pathogenen Erregern
- Erreger zeigen Gemeinsamkeiten bzw. Unterschiede entsprechend ihrer Eindringpforte in den Körper, z. B. Haut, Darm, Lunge → Lymphozytenzirkulation ist dem angepasst. Beispiele:
  - IgA-produzierende Plasmazellen wandern präferenziell in die Darmmukosa
  - Gedächtniszellen mit vorherigem Antigenkontakt in der Lunge patrouillieren auch weiterhin vermehrt durch dieses Organ
- Folge: Schnelle Abwehrreaktion möglich, da die Zellen an den Ort angepasst sind.

Natürliche Killerzellen

- Abkürzung: **NK-Zellen**
- Lymphozyten ohne T-Zell-Rezeptor oder Immunglobuline
- Erkennen veränderte Körperzellen wie Tumorzellen, Transplantate oder von intrazellulären Erregern befallene Zellen anhand verminderter MHC-I-Expression oder IgG-Opsonierung
- Zerstören sie durch die Ausschüttung von Zytokinen und verschiedener Rezeptoren
- Werden selbst auch durch Zytokine (IL-2, IL-12, IL-15, IL-18) aktiviert.

CHECK-UP

- ☐ Welche Arten der Immunabwehr werden unterschieden?
- ☐ Was sind die primären, sekundären und tertiären lymphatischen Organe?
- ☐ Was sind die Unterschiede zwischen B- und T-Lymphozyten?
- ☐ Welche Immunzellen kennen Sie und was ist ihre Funktion?
- ☐ Welche Arten von T-Zellen gibt es?

Überempfindlichkeitsreaktionen

Definition

- Immunreaktion, die das körpereigene Gewebe schädigt
- Die zugrunde liegende Primärreaktion kann sowohl gegen Fremdantigene als auch gegen den eigenen Körper gerichtet sein
- Die pathologische Reaktion richtet sich nach dem Typ der **Immunantwort** und nach dem auslösenden Agens.

Typen der Überempfindlichkeitsreaktion

Typ I

- **IgE-vermittelt**
- Nach vorangegangener Sensibilisierung durch das Allergen mit IgE-Bildung und Bindung dieser Antikörper an basophile Granulozyten und Mastzellen kommt es bei erneu-

ter Allergenexposition zur anaphylaktischen Reaktion
- Reaktion: lokal oder systemischer Schock.

Ursache. Freisetzung von Mediatoren (Histamin, Proteasen, Leukotriene, Prostaglandine, Thromboxan A2, TNF, Interleukine) aus den Granulozyten und Mastzellen.

Beispiele.
- Asthma bronchiale
- Allergische Rhinitis
- Urtikaria
- Medikamentenreaktionen.

Typ II
- **Antikörpervermittelt**
- Funktionsstörung der zellulären Oberflächenrezeptoren oder Zellzerstörung
- Ausgelöst durch gegen die Zelloberflächen gerichtete Antikörper.

Ursache. Komplementaktivierung oder Aktivierung von NK-Zellen.

Beispiele.
- Bluttransfusionszwischenfälle
- Hyperakute Organabstoßung
- Rhesusinkompatibilität
- Autoimmunzytopenien
- Goodpasture-Syndrom
- Blasenbildende Dermatosen wie Pemphigus oder Pemphigoid (→ Kap. 39)
- Myasthenia gravis.

Typ III
- **Immunkomplexvermittelt**
- Immunkomplexe aus Antigen und Antikörper, die zu klein sind, um vom mononukleären Phagozytensystem abgebaut zu werden, lagern sich im Bereich kleinster Blutgefäße ab
- Dort bewirken die Antikörper eine Komplementaktivierung mit Entzündungsreaktion und lokaler Anaphylaxie.

Beispiele.
- Exogen allergische Alveolitis (→ Kap. 21)
- Systemischer Lupus erythematodes
- Viele Glomerulonephritiden
- Arthus-Reaktion
- Serumkrankheit.

Typ IV
- **T-Zell-vermittelt**
- Zytotoxische CD8-Zellen zerstören Körperzellen und Transplantatzellen, die Fremdantigene oder Virusantigene auf der Zelloberfläche präsentieren
- Weiterhin können von CD4-Helferzellen erkannte Antigene bei erneuter Exposition zu einer Makrophagenaktivierung und TNF-vermittelten Granulombildung führen.

Beispiele.
- Akute Transplantatabstoßung
- Kontaktdermatitis
- Krankheiten, die typischerweise mit Granulombildung einhergehen (→ Kap. 4).

Autoimmunerkrankungen

Definition und Ätiologie
Abwehrmechanismen werden gegen den eigenen Körper eingesetzt.

Ursachen.
- Genetisch: meist mit bestimmten HLA-Genotypen assoziiert
- Kreuzreaktionen mit Erregerantigenen
- Überschießende Immunreaktionen nach Infekten
- Fehler in der Selektion der T-Zell-Entwicklung.

Therapiemöglichkeiten
- Vermeidung von Antigenkontakt: Antigenkarenz
- Hypo- oder Desensibilisierung durch gezielte Antigenverabreichung
- Antigenblockierung durch exogen zugeführte Antikörper, z. B. bei der Rhesusprophylaxe
- Pharmakologische Immunmodulation oder -suppression, z. B. durch Antihistaminika, Anti-TNF-Antikörper oder Kortikosteroide.

CHECK-UP
- ☐ Welche Überempfindlichkeitsreaktionen kennen Sie und was sind die jeweiligen Mechanismen?
- ☐ Geben Sie Beispiele für die einzelnen Überempfindlichkeitsreaktionen.
- ☐ Was sind Ursachen und Definition von Autoimmunerkrankungen?

4 Entzündung

Entzündungspathologie

Grundlagen

Entzündung: Reaktion des Körpers auf einen schadenverursachenden Reiz mit dem Ziel, die Noxe zu beseitigen und den Normalzustand nach Abklingen der Entzündungsreaktion wiederherzustellen (Restitutio ad integrum). Gelingt dies nicht und es entsteht eine Narbe, spricht man von **Defektheilung**. Beteiligt sind Entzündungszellen, Gefäße, Mediatoren und Fibroblasten.

- Mögliche Reize:
  - Erreger
  - Physikalische Schäden wie Kälte, Hitze, (UV-)Strahlung oder Trauma
  - Chemisch-toxische Schäden
- Der Verlauf der Entzündungsreaktion ist abhängig vom Immunsystem des Patienten → Immunkompetenz vs. Immunsuppression
- Je nach Dauer und Verlauf Unterscheidung zwischen akuten (perakuten bis subakuten) und chronischen und/oder rezidivierenden Entzündungen
- Je nach Ausbreitung Unterscheidung zwischen lokalen und generalisierten/systemischen Entzündungen (z. B. Sepsis)
- Pathomorphologische Einteilung: seröse, fibrinöse, eitrige, hämorrhagische, nekrotisierende, granulierende, granulomatöse Entzündungen.

Kardinalsymptome der akuten Entzündung

- Rubor: Rötung durch Vasodilatation durch Histamin, Serotonin u. a. vermittelt
- Calor: Erwärmung durch Vasodilatation
- Tumor: Schwellung durch Exsudat im Gewebe (Ödem) bei Permeabilitätsstörung bedingt durch Histamin, Leukotriene, Komplementfaktoren, Kinine u. a.
- Dolor: Schmerz durch Reizung der Nervenfasern
- Functio laesa: Funktionseinschränkung v. a. schmerzbedingt.

Ablauf:
Reiz → vaskuläre Reaktion mit Vasodilatation und Permeabilitätsstörung → Austritt des Exsudats mit Ödembildung → Einwanderung von Entzündungszellen.

Entzündungszellen

Granulozyten, Mastzellen

→ Kapitel 3.

Makrophagen

Terminologie.
Makrophagen bilden eine große Gruppe unter den Leukozyten und zeigen sehr unterschiedliche Morphologien, von meist ovalärem bis bohnenförmigem Kern mit Nukleolus. Alle haben die Phagozytose-Funktion von zellulären und nichtzellulären Bestandteilen inne. Je nach Vorkommen haben sie unterschiedliche Bezeichnungen.

- Im Gewebe: **Histiozyten**
- Im Blut: **Monozyten**
- **Schaumzellen** sind Makrophagen mit „schaumigem" Zytoplasma und entsprechen in etwa „vollgefressenen" Makrophagen, typisch in Zystenflüssigkeiten

- **Siderophagen** haben altes Blut abgeräumt und weisen aufgrund des Hämosiderins goldbraune Granula im Zytoplasma auf
- **Alveolarmakrophagen** kommen in den Lungenbläschen vor und können schmutzig pigmentiert sein → Anthrakosepigment
- In der Leber: **Kupffersche Sternzellen**
- Im Knochen: **Osteoklasten**, bauen Knochensubstanz ab
- **Epitheloidzellige Makrophagen** sind essenzieller Bestandteil von Granulomen und besitzen einen schuhsohlenförmigen Kern. Verschmelzen sie, entstehen mehrkernige Riesenzellen und sind vor allem bei Fremdkörperreaktionen beteiligt, z. B. Fadengranulome. Liegen die Kerne alle in der Peripherie und sind ringförmig angeordnet, spricht man von **Langhans-Riesenzellen**. Sie sind typischer Bestandteil des Tuberkuloms.

Vorkommen.
- Nach den neutrophilen Granulozyten die zweite Invasionsfront bei akuten Entzündungen
- Räumen Erreger und Zellschutt ab
- Aktivieren Fibroblasten und begünstigen die Gefäßeinsprossung.

Lymphozyten
S. → Kapitel 3, 19.

Morphologie.
- Kleiner runder, hyperchromatischer Zellkern und kaum erkennbarer Zytoplasmasaum
- B- und T-Zellen lassen sich histomorphologisch nicht voneinander unterscheiden, sondern nur durch ihren Immunphänotyp:
  - B-Zellen exprimieren typischerweise CD20
  - T-Zellen CD3
- Plasmazellen sind spezialisierte B-Zellen, die Antikörper sezernieren können. Plasmazellen zeigen einen runden Kern mit „gekörntem“ Chromatin (als Radspeichenkern bezeichnet) und ein exzentrisch gelegenes Zytoplasma mit perinukleärer Aufhellung.

Vorkommen.
- Als zelluläre Komponente der spezifischen Immunabwehr sind sie auch bei akuten Entzündungen im späteren Verlauf beteiligt
- Bei chronischen Entzündungen überwiegen Lymphozyten (meist reaktive T-Lymphozyten)
- Autoimmunerkrankungen gehen häufig mit einem lymphoplasmazellulären Infiltrat einher.

Zellen, die nicht dem Immunsystem angehören

Endothelzellen.
- Kleiden Gefäße aus und sorgen für eine erhöhte Permeabilität, damit Immunmediatoren und Entzündungszellen ins Gewebe austreten können
- Im Verlauf der Entzündung kommt es auch zur Gefäßneubildung durch Einsprossen von Kapillaren (Granulationsgewebe).

Fibroblasten.
- Mesenchymale Zellen, die Kollagen bilden können und Defekte mit Bindegewebe auffüllen können
- Essenzieller Bestandteil von Narben
- Bei überschießender Funktion entstehen hypertrophe Narben und Keloide.

Glatte Muskelzellen der Gefäße.
Vasodilatation.

Histomorphologie der Entzündung

Seröse Entzündung
Austritt von **Exsudat**, einer eiweißreichen Flüssigkeit.
Beispiele:
- Physikalische und chemische Noxen: Verbrennungen, Verätzungen, Gelenkergüsse
- Infektionen, v. a. virale: Schnupfen
- Allergisch bedingt: Urtikaria, Quincke-Ödem.

Fibrinöse Entzündung
Zusätzlich zum Exsudat Austritt von **Fibrinogen** und Bildung eines fibrinösen Belags. Meist bedecken fibrionoleukozytäre Beläge Erosionen und Ulzera.
Beispiele:
- Physikalische und chemische Noxen: fibrinöse Perikarditis (Zottenherz, → Abb. 16.1) bei Urämie
- Viral-bakteriell: Tonsilitis → abstreifbare Beläge; Grippetracheitis.

Erosive Entzündung
Neutrophile Granulozyten infiltrieren ein Oberflächenepithel, welches dabei zerstört wird. Beispiele: erosive Gastritis, Aufschürfungen.

Ulzerierende Entzündung
- Das Oberflächenepithel ist zerstört, der Defekt reicht bis ins darunterliegende Bindegewebe
- Häufig kombiniert mit granulierender Entzündung, s. u.

- Der Ulkusgrund ist belegt durch ein fibrinoleukozytäres Exsudat.

Beispiele:
- Chemische Noxen: Magenulkus
- Mechanische Noxen: Dekubitus
- Erreger: pseudomembranöse Kolitis bei Clostridium difficile, tonsilläre Beläge bei Diphtherie.

Eitrige Entzündung

Synonym: **purulente Entzündung**.
- Eiter besteht aus vitalen und untergegangenen neutrophilen Granulozyten (Detritus)
- Eitrige Entzündungen finden sich gehäuft bei bakteriellen Infektionen, z. B. Lobärpneumonie, Bronchopneumonie, eitrige Zystitis, eitrige Meningitis etc.
- Kommt es zu Absiedlungen von eitrigen Herden in anderen Organen über die Blutbahn, spricht man von Septikopyämie. Klinischer Begriff: Sepsis.

Phlegmonöse Entzündung.
Diffuses, im Gewebe verteiltes granulozytäres Infiltrat.
Beispiele: Erysipel, phlegmonöse Appendizitis, Weichteilphlegmone.

Abszedierende Entzündung.
Eiter wird in einer Abszesshöhle eingekapselt.
Beispiele: Furunkel, Leberabszess, Psoasabszess, perityphlitischer Abszess als Komplikation bei Appendizitis, Hordeolum (Gerstenkorn).

Empyem.
Eiteransammlung in einer vorbestehenden Körperhöhle.
Beispiele: Pleuraempyem, Gallenblasenempyem, Pyometra des Uterus, Gelenkempyem, Pyozephalus.

Nekrotisierende Entzündung

- Das Gewebe stirbt z. B. durch physikalische Noxen, Erreger oder Gefäßverschlüsse ab
- Eine Restitutio ad integrum ist nicht möglich, eine Narbe entsteht
- Bei Superinfektion mit Fäulnisbakterien spricht man von einer **gangränösen Entzündung**.

Beispiele:
- Akute nekrotisierende Pankreatitis: Selbstverdau durch frei werdende Enzyme
- „Raucherbein“: Gefäßverschlüsse bei pAVK.

Hämorrhagische Entzündung

Wandnekrosen lassen die Gefäße vulnerabel werden, sodass es zu ausgedehnten Einblutungen kommt.
Beispiele: hoch toxische Erreger, v. a.
- Viren, z. B. hämorrhagische Pneumonie bei Influenza
- Bakterien, z. B. Milzbrand oder Meningokokkensepsis bei Waterhouse-Friderichsen-Syndrom.

Granulierende Entzündung

Subakute Form der Entzündung, bei der aufgrund eines ausgedehnten Gewebedefekts (z. B. im Rahmen eines Ulkus oder einer Nekrose) Granulationsgewebe gebildet wird. Histologisch charakterisiert durch einsprossende Kapillaren, proliferierende Fibroblasten und Kollagenbildung. Kann kombiniert sein mit akuten Entzündungen (z. B. ulzero-granulierende Entzündung) oder kann übergehen in einer chronischen Prozess (chronisch-granulierende Entzündung).

Akute lymphozytäre Entzündung

Überwiegend lymphoplasmazelluläres Infiltrat im Gewebe.
Beispiele:
- Virale Myokarditis
- Primäre Lues (vorwiegend plasmazellulär)
- Autoimmunerkrankungen, z. B. Zöliakie, mikroskopische Kolitis
- Graft-versus-Host-Reaktion.

Chronische, fibrosierende Entzündung

- Akute Entzündungen können chronifizieren und entweder längere Zeit bestehen oder rezidivieren
- Meist geht eine Zerstörung des Gewebes mit Narbenbildung bzw. Fibrosierung und Funktionsverlust des Organs einher, z. B. chronische Pankreatitis, chronische Pyelonephritis, interstitielle Lungenerkrankungen
- Morphologisch zeigen sich ein lymphoplasmazelluläres Infiltrat, Kapillareinsprossungen und aktivierte Fibroblasten, die Kollagen bilden.

Granulomatöse Entzündung

Namensgebend für die Entzündungsform sind Granulome.
Cave: Granulierende Entzündung (s. o.) nicht mit granulomatöser Entzündung verwechseln.

Granulom.
Knötchenförmiges Zellaggregat bestehend aus:

- Epitheloidzelligen Makrophagen, deren Schuhsohlenkerne sich in der Peripherie des Knötchens palisadenartig anordnen
- Mehrkernigen Riesenzellen (fusionierte Makrophagen) → Liegen die Zellkerne geordnet in der Peripherie der Zellen, werden sie Riesenzellen vom **Langhans-Typ** genannt (charakteristisch aber nicht spezifisch für Tuberkulose)
- Umgeben werden die Granulome von einem gemischtzelligen Entzündungsinfiltrat bestehend aus neutrophilen Granulozyten, Lymphozyten und Plasmazellen.

Granulomatöse Entzündung mit Nekrose.
- Zentrale Nekrosezone, auch: verkäsende Nekrose → erinnert makroskopisch an Frischkäse
- Diese Form ist suggestiv für eine Tuberkulose, sodass nach säurefesten Stäbchen gesucht werden muss (Ziehl-Neelsen-Färbung, PCR, Mykobakterien-Kultur).

Granulomatöse Entzündungen ohne Nekrose.
- Mit Riesenzellen vom Fremdkörpertyp mit ungeordneten Zellkernen
- Z. B. als Fremdkörperreaktion in Form von Fadengranulomen oder Sarkoidose.

Da das ätiologische Spektrum granulomatöser Entzündungen im Gegensatz zu den anderen Entzündungsformen stark begrenzt ist (v. a. Tuberkulose), spricht man auch von einer **spezifischen Entzündung.**

Tab. 4.1 Ursachen nekrotisierender und nichtnekrotisierender granulomatöser Entzündungen.

Nekrotisierende granulomatöse Entzündung	Nichtnekrotisierende granulomatöse Entzündung
Bakteriell bedingt • **Tuberkulose: weit am häufigsten** • Lepra • Brucellose • Listeriose • Yersiniose • Katzenkratzkrankheit: Bartonellen • Tularämie: Francisellen • Lymphogranuloma venereum: Chlamydien **Pilze** • Histoplasmose • Kryptokokkose • Kokzidioidomykose **Nichtinfektiös** Rheumaknoten	**Fremdkörpergranulom** • Kristalline wie Silikate, Cholesterin, Metalle • Nichtkristalline wie Holz, Fäden, Horn, Silikon **Weitere** • Sarkoidose • Exogen allergische Alveolitis • Tumorassoziiert, z. B. bei Lymphomen und Metastasen • Toxoplasmose (Lymphadenitis Piringer Kuchinka)

Weitere Ursachen granulomatöser Entzündungen siehe → Tabelle 4.1.

■ **CHECK-UP**

- ☐ Wodurch ist eine Entzündung charakterisiert und was können Auslöser sein?
- ☐ Wodurch unterscheiden sich neutrophile, eosinophile und basophile Granulozyten morphologisch?
- ☐ Wo kommen sie typischerweise vor?
- ☐ Was ist die Besonderheit von nekrotisierenden granulomatösen Entzündungen? Worauf muss besonders geachtet werden?

Erregerpathologie

- Erreger sind eine häufige Ursache von Entzündungen
- Erregernachweis im klinischen Alltag wichtig
- Nachweis von Erregern mittels **Mikroskopie** (Histologie, Zytologie): entweder direkter Nachweis der Erreger mit z. B. Gramfärbung oder Ziehl-Neelsen oder Nachweis einer spezifischen Entzündung (nekrotisierende granulomatöse Entzündung → Verdacht auf Tuberkulose)

- Nachweis auch mit Immunhistochemie, Molekularpathologie (PCR) und Kulturen (Mikrobiologie)
- Eine Kultur ermöglicht zusätzlich die exakte Keimbestimmung und Prüfung der Resistenzen mit einem Antibiogramm
- Erreger können auch mit neoplastischen Erkrankungen assoziiert bzw. diese verursachen.

Viren

- Entziehen sich aufgrund ihrer Größe (< 300 nm) dem direkten mikroskopischen Nachweis
- Verursachen aber z. T. spezifische morphologische Veränderungen, v. a. Einschlusskörperchen in der Zelle. In solchen Fällen kann trotzdem lichtmikroskopisch eine Diagnose gestellt werden
- Hilfsmittel zum Nachweis von Viren sind Immunhistochemie und PCR.

HIV, eines der klinisch wichtigsten Viren, lässt sich histomorphologisch und immunhistochemisch nicht zuverlässig fassen. Deswegen sollte bei jungen Patienten mit massiver Lymphadenopathie nach Ausschluss neoplastischer und gängiger infektiöser Ursachen ein HIV-Test in Betracht gezogen werden.

Tab. 4.2 Viren.

Erreger	Morphologie	Besonderheiten
Pockenviren vom Molluscum-contagiosum-Typ	• Kraterförmiges Hautknötchen • Virusinfizierte Keratinozyten mit stark eosinophilen Einschlüssen im Zytoplasma	• Erreger der Dellwarzen • Hoch kontagiös aber harmlos • Schmierinfektion • Spontane Rückbildung nach Monaten
Herpes simplex, HSV • Typ 1 • Typ 2 (genitalis)	Mehrkernige Zellen mit milchglasartigen Einschlüssen: Cowdry-Körper	• Vulvovaginitis: Pap-Abstrich • Pneumonie: BAL oder Lungenbiopsien • Ösophagitis • Lymphadenitis • Enzephalitis häufig letal
Zytomegalie, CMV	Ein- oder doppelkernige Zellen mit großen rötlichen Kerneinschlüssen (Eulenaugenzellen)	Häufig bei Immunsuppression (HIV, Transplantation): • Pneumonie • Kolitis • Hepatitis • Lymphadenitis
Epstein-Barr-Virus, EBV	Nachweis mit In-situ-Hybridisierung oder Immunhistochemie möglich	• Infektiöse Mononukleose • Endemisches Burkitt-Lymphom (Afrika) • Nasopharynxkarzinom
Hepatitis B	Unspezifische portale Entzündung und Fibrose, aber: immunhistochemischer Nachweis von HBs- und HBc-Antigen möglich	• Leberzirrhose • Erhöhtes Risiko für hepatozelluläres Karzinom
Hepatitis C	Unspezifische portale Entzündung und Fibrose, kein Nachweis mittels Immunhistochemie möglich	• Leberzirrhose • Erhöhtes Risiko für hepatozelluläres Karzinom
Humane Papillomaviren, HPV	Kondylome mit papillomatöser Architektur, Koilozyten, Doppelkernen und Dyskeratosen, Immunhistochemie und PCR möglich	• Vorkommen im anogenitalen Bereich • Einteilung in Low- und High-risk-Typen • Erhöhtes Risiko für Zervixkarzinom (teilweise auch Analkarzinom)
Masernvirus	Warthin-Finkeldey-Riesenzellen: mehrkernig	• Masern-Riesenzellpneumonie • Akute Enzephalitis • Spätkomplikation: Subakute sklerosierende Panenzephalitis, SSPE: immer letal

Bakterien

Im Gegensatz zu Viren lassen sich Bakterien lichtmikroskopisch erkennen und unterteilen in grampositive und gramnegative Kokken- und Stäbchenbakterien.

Erschwerend ist eine Bakterienabklärung nach Beginn einer antibiotischen Therapie, da die Erreger aufgrund der massiven zahlenmäßigen Reduktion nicht mehr leicht zu finden sind.

Spezialfärbungen sind in der weiteren Abklärung hilfreich.

Gramfärbung: Nachweis der Mureinschicht.
- Grampositiv: blauviolett
- Gramnegativ: rot.

Ziehl-Neelsen-Färbung: Rote Anfärbung der Wachsschicht der Mykobakterien mittels Säurebehandlung („säurefeste Stäbchen").

Cave: Ziehl-Neelsen ist zwar sehr spezifisch, aber nicht sensitiv. D.h. eine negative Ziehl-Neelsen-Färbung schließt eine Tuberkulose **nicht** aus. PCR ist sensitiver.

Tab. 4.3 Bakterien.

Erreger	Morphologie	Besonderheiten
Staphylococcus und Streptococcus	Eitrige Entzündung und Nachweis von grampositiven Kokken	• Eitererreger mit breitem Spektrum vom Abszess über Scharlach bis zur Sepsis • Folgekrankheiten können akute Glomerulonephritis und rheumatisches Fieber sein
Neisseria • N. gonorrhoeae • N. meningitidis	Gramnegative Kokken	• Urogenitaltrakt: Gonorrhö • Meningitis und Sepsis: schwere systemische hämorrhagische Entzündung (Waterhouse-Friderichsen-Syndrom)
Corynebacterium diphtheriae	Grampositives Stäbchen	Diphtherie: • Tonsillitis • Myokarditis • Nephritis
Listeria monocytogenes	Grampositives Stäbchen, kann Granulome verursachen	• Infektion durch Rohmilchkäse • Risiko für fetale Infektion und Abort
Actinomyces israelii	Aktinomyzesdrusen (früherer Name: Strahlenpilz), grampositiv	• Bestandteil der Mundflora • Häufig, aber nicht pathogen in Tonsillektomiepräparaten • Pathogen: Aktinomykose im Halsbereich (chronisch granulierend mit Fistelbildung)
Clostridien • C. perfringens • C. difficile • C. tetani • C. botulinum	Grampositive Stäbchen (anaerobe Sporenbildner)	• Gasbrand oder Wundinfektion • Pseudomembranöse Kolitis • Tetanus oder Wundstarrkrampf • Lebensmittelvergiftung und tödliche Lähmung
Enterobacteriaceae	Gramnegative Stäbchen	→ Kapitel 26
Helicobacter pylori	Stäbchen, nachweisbar in der modifizierten Giemsa-Färbung und immunhistochemisch	• Typ-B-Gastritis • Magenulkus • MALT-Lymphom
Treponema pallidum	Spiralenförmige Stäbchen, nachweisbar in Warthin-Starry-Färbung und immunhistochemisch	• Erreger der Lues • Häufig lymphoplasmazelluläres Entzündungsinfiltrat
Mykobakterien • M. tuberculosis • M. leprae • Atypische M.	Verkäsende Granulome mit säurefesten Stäbchen in einer Ziehl-Neelsen-Färbung	Nachweis per PCR möglich. Kulturen sehr wichtig wegen Resistenzbestimmung

CHECK-UP

- ☐ Welche Viren und Bakterien kennen Sie?
- ☐ Wie lassen sich Viren und Bakterien nachweisen?

Pilze, Protozoen und Helminthen

Pilze

- Eukaryote Organismen mit Zellwand
- Schädigen als parasitäre Erkrankung (Mykose), pilzbedingte Allergien, Vergiftungen oder Toxine des Menschen
- Meist sind immunschwächende Zustände unterschiedlichster Genese für das Zustandekommen einer klinischen Pilzinfektion verantwortlich (→ Tab. 4.4)
- Vermehrung durch Sporen, die geschlechtlich oder ungeschlechtlich (Konidien) entstehen können
- Wachstumsformen:
  - Hyphen: fadenförmig
  - Myzel: Hyphengeflecht
  - Hefen: rundliche Zellaussprossungen und Zellen
  - Pseudomyzel: zusammenhängende, fadenförmig wirkende Hefen.

Protozoen

- Einzellige eukaryote Mikroorganismen
- Extra- und intrazelluläre Krankheitserreger.

Helminthen

Würmer, die als Bandwürmer, Rundwürmer oder Saugwürmer parasitäre Entzündungen hervorrufen.

Tab. 4.4 Wichtige Mykosen-, Protozoen- und Helminthenerkrankungen.

Erkrankung Erreger	Eigenschaften	Symptome/Morphologie
Candidose Meist Candida albicans, aber auch andere	• Hefen • Nicht selten Teil der transienten Schleimhautflora, → Abbildung 4.1	• Nachweis der PAS-positiven Hefen und selten Myzel im Gewebe • Lokalisierte Infekte • Wundheilungsstörungen • Pneumonie • Sepsis
Kryptokokkose Cryptococcus neoformans	Kleine runde Hefe aus Vogelkot und Erdreich	Typisch bei AIDS • Pneumonie • Meningoenzephalitis
Aspergillose Aspergillus flavus, fumigatus und andere	Schimmelpilz • Mit Toxinproduktion (Aflatoxin) • Mit Hyphenkonglomeraten (Aspergillom), → Abbildung 4.1	• Gewebsinvasive Aspergillose der Lunge • Aspergillom in präformierten Höhlen • Allergische Lungenerkrankung • HCC durch Aflatoxin
Mukormykose Meist Rhizopus arrhizus	Unregelmäßig geformter Hyphenpilz mit Gefäßaffinität, → Abbildung 4.1	Aggressive rhinozerebrale oder systemische Mykose
Pneumozystikose Pneumocystis jirovecii	Winziger rundlicher, ubiquitärer Pilz	Pneumozystispneumonie bei HIV-Patienten

Tab. 4.4 Wichtige Mykosen-, Protozoen- und Helminthenerkrankungen. (Forts.)

Erkrankung Erreger	Eigenschaften	Symptome/Morphologie
Amöbiasis Entamoeba histolytica	• Bei schlechten hygienischen Verhältnissen oft inapparant als Minutaform im Darm • Erst nach Wiederaufnahme der Zystenform und Umwandlung in gewebsinvasive Magnaform pathogen, → Abbildung 4.2	• Ulzerative Kolitis mit blutiger Diarrhö, Kolik und Blutungen • Evtl. Organabszesse • Typische PAS-positive Amöben mit gefressenen Erythrozyten
Plasmodieninfektionen Plasmodium falciparum: Malaria tropica (andere Formen durch Plasmodien milder)	Kreislauf zwischen Anophelesmücke und Mensch, → Abbildung 4.3	Bei Malaria tropica: • Blutzirkulationsstörungen • Blutungen mit ZNS-Schädigung und Hämoglobinurie
Toxoplasmose Toxopasma gondii	Intrazelluläre Protozoen aus Katzenkot und rohem Fleisch	• Toxoplasmenenzephalitis bei AIDS • Konnatale Toxoplasmose bei Erstinfektion im dritten Trimenon
Leishmaniose Leishmania donovani (vizeral) und andere, dann kutan	Intrazelluläre Protozoen. Durch Sandmücken übertragen	• Viszerale Form (Kala-azar): Splenomegalie und Anämie • Kutane Form (Orientbeule): narbig selbstausheilende Hauttumoren
Trypanosomiasis Trypanosoma brucei und cruzi	Durch Tsetsefliegen und Wanzen übertragene Flagellaten	• Schlafkrankheit: akut mit Schüttelfrost und Allgemeinsymptomen und chronisch mit ZNS-Beteiligung (Dämmerzustand) • Chagas-Krankheit: akut mit Ödem und Allgemeinsymptomen und chronisch mit Herzinsuffizienz
Taeniose Taenia solium: Schweinebandwurm; Taenia saginata: Rinderbandwurm	• Zwitter • Endwirt: Mensch • Zwischenwirt: Schwein bzw. Rind	• Zwischenwirt Mensch: Zystizerkose • Nur beim Schweinebandwurm: Larven wandern in die Organe und kapseln sich dort als Finne zystisch ab
Echinokokkose Echinococcus granulosus: Hundebandwurm; Echinococcus multilocularis: Fuchsbandwurm	• Zwitter • Der Mensch ist jeweils Zwischenwirt	• Typisch unizystische Raumforderung mit dicker mehrschichtiger Kutikula beim E. granulosus • Tumorartige multizystische Raumforderungen mit dünner Kutikula beim E. multilocularis
Trichinose Trichinella spiralis	• Zweigeschlechtlicher Wurm • Wandert aus zu wenig erhitztem Fleisch in die menschliche Muskulatur ein	• Intestinale Beschwerden • Schwere Allgemeinsymptome

Tab. 4.4 Wichtige Mykosen-, Protozoen- und Helminthenerkrankungen. (Forts.)

Erkrankung Erreger	Eigenschaften	Symptome/Morphologie
Filariose Wucheria bancrofti, Loa loa, Onchocerca volculus	• Zweigeschlechtliche Fadenwürmer • Durch Stechinsekten übertragen	• Lymphödem mit Elefantiasis • Hautschwellungen • Depigmentierung • Augenentzündung
Schistosomiasis Schistosoma haematobium, mansoni und japonicum	• Zweigeschlechtliche Saugwürmer • Unterscheiden sich anhand der Ei-Formen, → Abbildung 29.5	• S. haematobium: Harnblasenbilharziose mit typischen Plattenepithelkarzinomen • S. mansonie und japonicum: Darmbilharziose

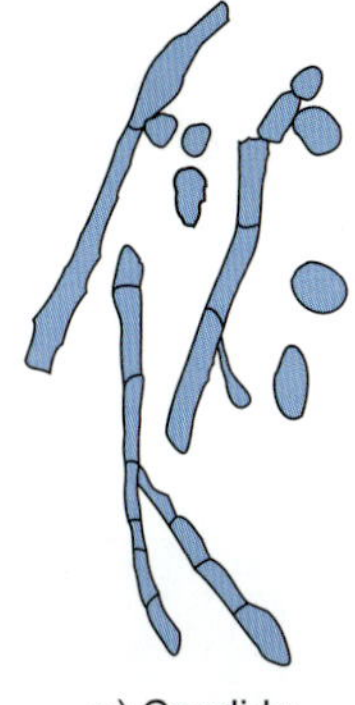
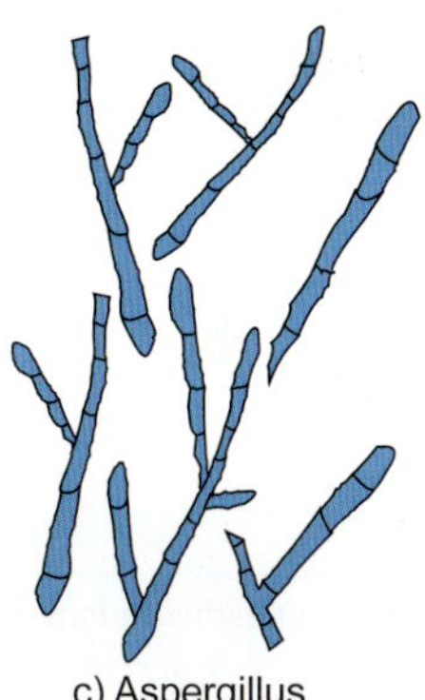

Abb. 4.1 Pilzformen [V485].

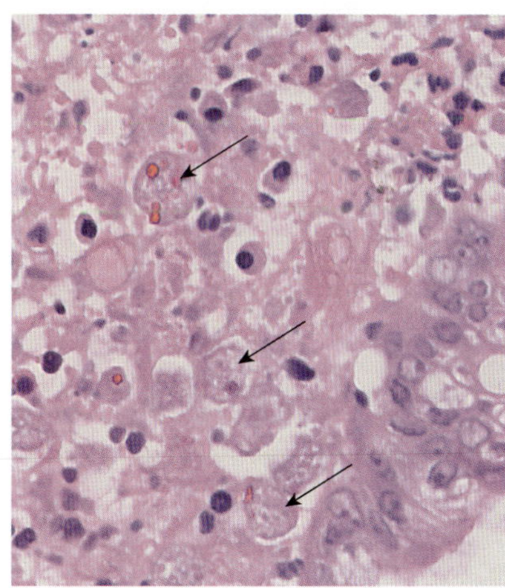

Abb. 4.2 Amöbenkolitis [O520].

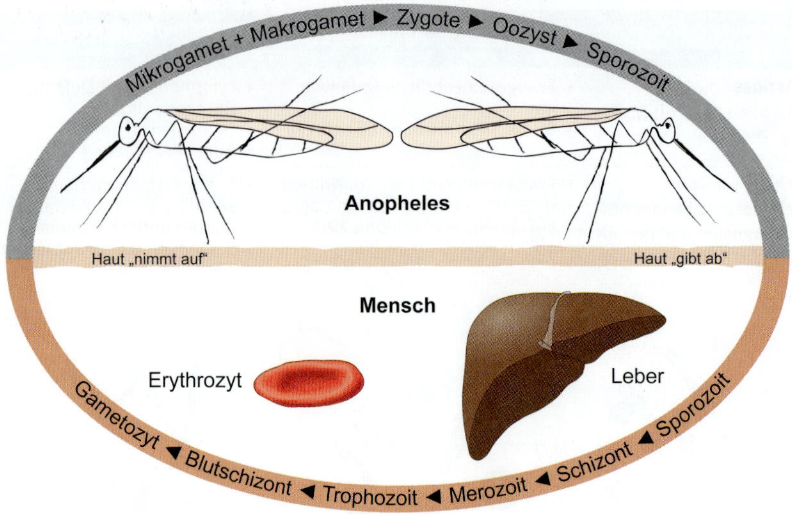

Abb. 4.3 Malariakreislauf [V485].

CHECK-UP

- ☐ Was unterscheidet Pilze von Bakterien?
- ☐ Wie unterscheidet man morphologisch Fuchs- und Hundebandwurm?
- ☐ Wie unterscheiden sich die unterschiedlichen Schistosomenformen und mit welchen Erkrankungen sind sie assoziiert?
- ☐ Nennen Sie erregerbedingte Erkrankungen, die sich bei AIDS-Patienten gehäuft finden.
- ☐ Wie unterscheiden Sie histologisch Aspergillus, Candida und Mukor?

5 Tumorerkrankungen

Tumordefinition

Tumor

- Schwellung, Geschwulst
- Unspezifisch: kann neoplastisch oder entzündlich bedingt sein.

Neoplasie

- Neues, oft klonales Wachstum von Gewebe
- Aus genetisch veränderten körpereigenen Zellen entstanden. Dies sagt nichts über seine Dignität aus.

Einteilungsmöglichkeiten für Neoplasien. Die wichtigsten:

- **Dignität:** Benigne vs. maligne (→ Tab. 5.2)
- **Histogenese:** Z. B. epithelial, mesenchymal, hämatologisch, neuroektodermal, gonadal (→ Tab. 5.1)
- **Ursprungsorgan:** Z. B. unterschiedliche Karzinome mit Ursprung aus Mamma, Lunge oder Prostata.

Prognoseabschätzung und Therapieplanung.

- Meist Stadieneinteilung (Staging) nach der TNM-Klassifikation (s. u.) von Bedeutung. Ausnahme z. B. Hirntumoren
- Auch der im Rahmen der Tumorklassifikation erfasste Differenzierungsgrad des Tumors (Grading) ist oft prognostisch wichtig. Dabei werden tumortypspezifisch unterschiedliche Parameter wie Kerngröße, Kernpleomorphie, Histoarchitektur, Mitosezahl oder Nekroseanteil herangezogen. Die Interobservervariabilität ist zum Teil recht hoch.

Dysplasie

Architektonisch und zellulär vom Normalzustand des entsprechenden Gewebes abweichende Veränderungen, die nicht reaktiv im Rahmen einer Entzündung oder degenerativ entstanden sind.

- Aktuelleres Synonym: **Intraepitheliale Neoplasie**
- In ansonsten normalen Gewebsverbänden wie der Plattenepithelschicht der Cervix uteri oder auch in benignen Tumoren (Adenomen) vorkommend
- Gradierung: Zweistufig (Low grade, High grade) oder dreistufig (geringe, mäßige, schwere Dysplasie)
- Läsionen mit Dysplasien sind meist Präkanzerosen.

Präkanzerose

Vorläuferläsion, bei der ein erhöhtes Malignitätsrisiko besteht.

Ihre Kondition ist:

- **Genetisch**, z. B. BRCA-Gen-Träger bei Brustkrebs oder APC-Gen-Träger bei Darmkrebs

Tab. 5.1 Systematik Histogenese und Dignität.

Histogenese	Maligne	Benigne
Epithelial	**Karzinome:**	
	Adenokarzinom	Adenom
	Plattenepithelkarzinom	Plattenepitheliales Papillom
Mesenchymal	**Sarkome:**	
	Liposarkom	Lipom
	Chondrosarkom	Chondrom
	Osteosarkom	Osteom
Neuroektodermal	Melanom	Nävuszellnävus
	Maligner peripherer Nervenscheidentumor	Neurinom
Hämatologisch	Lymphom	-
	Leukämie	-

- **Morphologisch**
  - Obligat, z. B. Carcinoma in situ oder High-grade-Kolonadenom
  - Fakultativ, z. B. chronische Gastritis, Colitis ulcerosa, Leberzirrhose oder aktinische Keratose.

Hamartom

- Benigner Tumor aus Zellen des ortstypischen Gewebes
- „Fehlbildung", nicht im eigentlichen Sinn neoplastisch.

Beispiel: Pulmonales Chondrohamartom.

Choristom

- Wie Hamartom
- Jedoch aus ortsuntypischem, ektopem Gewebe.

Wichtige Regeln der Tumorpathologie:
- Keine Tumordiagnose ohne Biopsie
- Keine Tumortherapie ohne Staging
- Keines der Dignitätsmerkmale ist uneingeschränkt gültig.

Tab. 5.2 Unterschiede zwischen benignen und malignen Tumoren.

Merkmal	Maligner Tumor	Benigner Tumor
Klinik	Oft schnell wachsend	Langsam wachsend
	Prognose eher schlecht	Prognose exzellent
Makroskopie	Unscharf begrenzt, unbekapselt	Gut begrenzt, Kapsel
	Häufig Einblutungen und Nekrosen	-
Umgebung	Invasion	Kompression
	Destruktion	Verdrängung
Histologie	Differenzierungsgrad niedrig	Differenzierungsgrad hoch
	Viele Mitosen, erhöhte Proliferationsfraktion (Immunmarker: Ki-67)	Wenige Mitosen
	Nekrose, Ulzeration häufig	Nekrose, Ulzeration selten
	Zellpolymorphie und Kernatypien	Keine oder wenige Atypien
	Aneuploidie, meist Polyploidie	Meist Euploidie
	Kern-Plasmarelation erhöht, 1:1–2	Kern-Plasmarelation normal, 1:4–6
	Chromatinverteilung unregelmäßig	Chromatinverteilung regelmäßig
Metastasierung	Häufig	Keine

CHECK-UP

- ☐ Nennen Sie Unterschiede zwischen benignen und malignen Tumoren.
- ☐ Wie lassen sich Tumoren und Neoplasien einteilen?
- ☐ Was sind Präkanzerosen?

Epidemiologie und Ätiologie

- Das Auftreten von spezifischen Tumoren weist oft charakteristische Verteilungsmuster in Bezug auf Erkrankungsalter, Geschlecht, Ernährung, Ethnie, Gesundheitsverhalten und Region auf (→ Tab. 5.3)
- Bestimmte Substanzen oder Erreger sind als kanzerogen einzuordnen. Oft besteht jedoch keine strenge Zuordnung von kanzerogener Substanz und einem spezifischen Malignom (→ Tab. 5.4).

Tab. 5.3 Tumorhäufigkeiten (Inzidenz) bei Männern und Frauen in den USA 2010 (Cancer Statistics, 2010, Jemal et al.).

Tumorentität	Männer	Frauen
Prostatakarzinom	217.730 (28 %)	-
Mammakarzinom	1.970 (0,25 %)	207.090 (28 %)
Lungenkarzinom	116.750 (15 %)	105.770 (14 %)
Kolon-, Rektumkarzinom	72.090 (9 %)	70.480 (10 %)
Urothelkarzinom	52.760 (7 %)	17.770 (2,4 %)

Tab. 5.4 Tumorverursachende oder tumorassoziierte Erreger, Substanzen und Verhaltensweisen.

Errgeger, Substanz, Verhaltensweise	Assoziiertes Malignom
Anorganische und organische Substanzen	
Arsenhaltige Stoffe	• Hämangiosarkom • Lungentumor • Hauttumor
Asbest	• Mesotheliom • Lungenkarzinom
Benzol	• Leukämie • Hodgkin-Lymphom
Nitrosamine	• Leberkarzinom • Magenkarzinom
Tabakrauch	• Lungenkarzinom • Magenkarzinom • Kolonkarzinom • Harnblasenkarzinom
Biologische Karzinogene	
Humanes Papillomavirus, HPV, high risk	Zervix- und andere Plattenepithelkarzinome
Hepatitis-B- und C-Viren, HBV, HCV	Hepatozelluläres Karzinom
Merkelzell-Polyomavirus	Merkelzell-Karzinom
Humanes Herpesvirus 8, HHV8	Kaposi-Sarkom
Epstein-Barr-Virus, EBV	• Burkitt-Lymphom • Hodgkin-Lymphom • Post-Transplantations-Lymphom • Nasopharynx-Karzinom
Helicobacter pylori	• MALT-Lymphom • Magenkarzinom
Schistosomen	Harnblasenkarzinom, meist plattenepithelial
Aflatoxin	Hepatozelluläres Karzinom

■ CHECK-UP

- ☐ Was sind die häufigsten malignen Tumoren bei Männern und Frauen?
- ☐ Mit welchen Tumoren sind folgende Substanzen oder Erreger assoziiert: Asbest, Benzol, Schistosomen, HHV8?

Kanzerogenese

Damit aus gesunden Körperzellen maligne Tumorzellen entstehen, sind in der Theorie mehrere Schritte der zellulären Fehlregulation oder Schädigung notwendig. Ein Beispiel für diese **Mehrschritttheorie** ist das **Vogelsteinmodell**:

- Entstehung von Kolonkarzinomen aus Adenomen über eine Anhäufung von unterschiedlichen genetischen Veränderungen (→ Kap. 28).

Darüber hinaus spielt die **Onkogenaktivierung** und/oder die **Tumorsuppressorgen-Inaktivierung** eine wichtige Rolle in der Kanzerogenese.

Knudson-Hypothese

Auch **Two-Hit-Hypothese**:

Bei Tumorsuppressorgenen geht erst durch Funktionsausfall beider Allele des entsprechenden Gens (zwei genetische „hits" oder Treffer notwendig) die Kontrollfunktion des Tumorsuppressorgens verloren. Erst so entstehen Malignome.

Liegt bereits eine **Keimbahnmutation mit Ausfall eines Allels** in allen Körperzellen vor, genügt allerdings ein einziger weiterer Treffer auf das verbliebene funktionsfähige Allel. Dies wird auch als Loss of heterozygosity (LOH) bezeichnet.

Onkogene

- Kodieren Proteine, die im Normalfall Wachstum, Differenzierung und Mobilität der Zelle steuern
- Durch mutagene Schädigung Überproduktion von Proteinen, der so genannten Onkoproteine
- Die mutierten Gene unterliegen nicht mehr den zellulären Regulationsmechanismen und fördern ungebremst das Wachstum des Tumors (→ Tab. 5.5).

Tumorsuppressorgene

- Kodieren Proteine, die das Zellwachstum überwachen und begrenzen
- Im Falle einer kanzerogenen genetischen Veränderung ist ihre Funktion anders als bei den Onkogenen nicht gesteigert sondern reduziert
- Die Proteine werden entweder nicht mehr gebildet oder können funktionell ihre Kontrollfunktion nicht mehr wahrnehmen (→ Tab. 5.5)
- P53 ist ein klassisches Tumorsuppressorgen. Durch den Funktionsverlust kommt es ungewöhnlicherweise allerdings zur Anhäufung des defekten Proteins in der Tumorzelle, wodurch fälschlicherweise eine Überexpression suggeriert wird.

Tab. 5.5 Übersicht der wichtigsten Onkogene und Tumorsuppressorgene mit assoziierten Tumoren.

Gen	Lokus	Assoziiertes Malignom
Onkogene		
ERB-B1, z. B. EGFR	Chromosom 7	Glioblastom, Lungen- und andere Karzinome
RAS, z. B. Ki-RAS	Chromosom 12	Lungen-, Kolon- und andere Karzinome
ERB-B2, bzw. HER2/neu	Chromosom 17	Mamma-, Ovarial-, Magen- und andere Karzinome
Tumorsuppressorgene		
VHL	Chromosom 3	Nierenkarzinom
APC	Chromosom 5	Kolonkarzinom
PTEN	Chromosom 10	Glioblastom, Endometrium-, Prostata- und andere Karzinome
MEN1	Chromosom 11	Tumoren neuroendokriner Organe

Tab. 5.5 Übersicht der wichtigsten Onkogene und Tumorsuppressorgene mit assoziierten Tumoren. (Forts.)

Gen	Lokus	Assoziiertes Malignom
WT1	Chromosom 11	Wilms-Tumor
BRCA2	Chromosom 13	Mamma-, Ovarial- und Prostatakarzinom
RB1	Chromosom 13	Retinoblastom, Osteosarkom und verschiedene Karzinome
BRCA1	Chromosom 17	Mamma-, Ovarial- und Prostatakarzinom
NF1	Chromosom 17	Neurofibromatose-Typ-1-Tumoren
P53	Chromosom 17	Verschiedene Karzinome und Sarkome
NF2	Chromosom 22	Neurofibromatose-Typ-2-Tumoren

■ **CHECK-UP**

- ☐ Was sagt die Knudson-Hypothese aus?
- ☐ Erklären Sie Onkogene und Tumorsuppressorgene.

Tumorwachstum

■ Wachsformen bei Tumoren

Makroskopisch wird unterschieden:

- **Solide oder zystisch**, meist in parenchymatösen Organen
- **Endophytisch**, in die Wand eines Hohlorgans hinein, z. B. diffuses Magenkarzinom
- **Exophytisch, luminales oder oberflächenseitiges** Tumorwachstum, z. B. Kolonadenom oder -karzinom
- **Ulzerös**, z. B. Kolonkarzinom (→ Abb. 5.1).

■ Wachstumsvoraussetzungen

Das klonale und unkontrollierte Tumorwachstum ist begrenzt durch:

- Mangelnde Gefäßversorgung
- Tumorzellausdifferenzierung mit erhöhter Apoptoserate
- Angrenzende Organe oder Gewebe
- Endlichkeit möglicher Zellteilungen durch Verlust von DNA bei jeder Teilung an den DNA-Strangenden.

Diese Begrenzungen überwindet der Tumor durch Angioneogenese, Differenzierung, Invasion und seine Teilungsfähigkeit. Die körpereigenen Abwehrmechanismen muss der Tumor vermeiden oder diese sogar für sich selbst nutzen.

Tumorangioneogenese

Für den Tumor essenzieller Schritt, sobald die Tumorgröße eine alleinige Ernährung durch Diffusion nicht mehr erlaubt.

Tumordedifferenzierung

Ausdifferenzierte Tumorzellen proliferieren weniger und gehen öfter durch Apoptose zugrunde. Deswegen erzeugt der Tumor eigene Wachstumsimpulse und entwickelt eine Resistenz gegen Antiwachstumssignale des Wirtskörpers.

Invasion des Umgebungsgewebes

- Auflösung des Zell-Zell-Zusammenhalts
- Enzymatische Zerstörung und Wegbahnung durch die umgebende extrazelluläre Matrix
- Bewegung der Tumorzellen in das Nachbargewebe durch:
  - Änderung des Profils der Adhäsionsproteine an der Oberfläche
  - Änderung der Profils der Matrix-Rezeptorproteine
  - Sekretion von Kollagenasen, Gelatinasen und Metalloproteinasen, die der Tumorzelle den Weg durch das Gewebe „freischneiden".

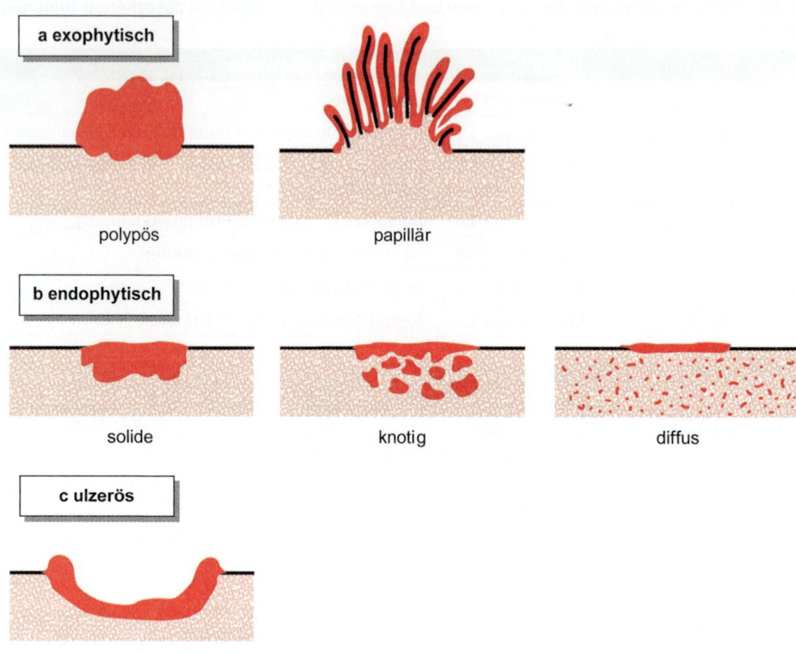

Abb. 5.1 Tumorwuchsformen [R175-04].

Teilungsfähigkeit

Wichtig für die Tumorprogression ist die unendliche Teilungsfähigkeit („Unsterblichkeit") der Zellen, zum Beispiel durch Telomerasen. Diese verhindern den Verlust von DNA bei der Zellteilung.

CHECK-UP

- ☐ Welche Prozesse sind Wachstumsvoraussetzungen für einen Tumor?

Metastasierung

Streuung von Tumoren in Organe, die nicht vom Primärtumor befallen sind.

Metastasierungswege.
- **Lymphogen**: via Lymphgefäße in die Lymphknoten
- **Hämatogen**: via Blutgefäße in andere Organe
- **Kavitär**: via seröse Höhlen wie Pleura, Peritoneum, Liquorräume als Abtropfmetastasen.

Voraussetzungen. Dafür notwendige Fähigkeiten der Tumorzellen:
- Invasion in Lymphe, Blut oder Körperhöhlen
- Überstehen der Passage durch Blut oder Lymphe
- Austritt aus den Metastasierungswegen und Anwachsen im Zielgewebe.

Organpräferenz. Einige Tumoren metastasieren präferenziell in bestimmte Organe. Dies wird durch die Oberflächenrezeptoren der Tumorzellen und der Endothelzellen des Zielgewebes bestimmt.

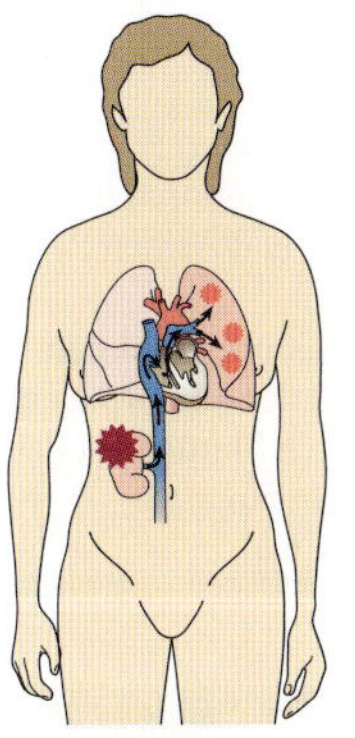

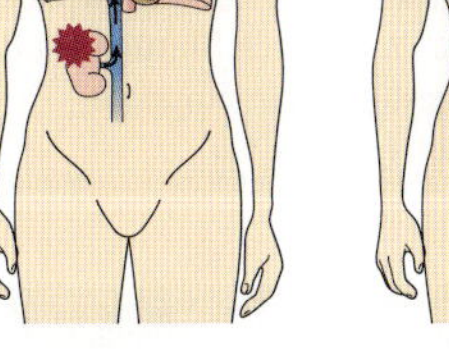

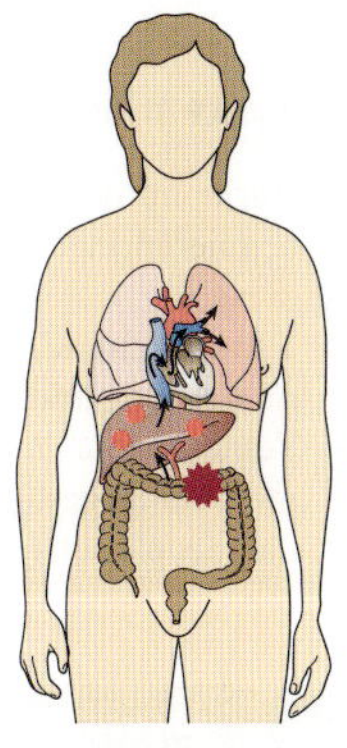

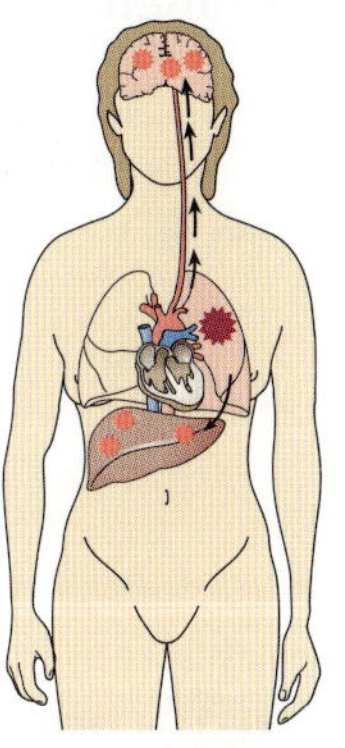

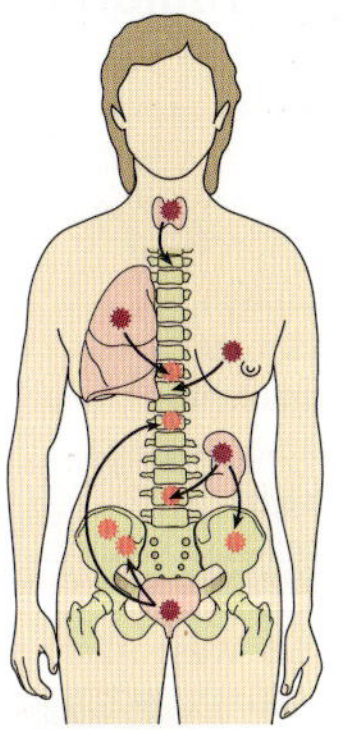

Cavatyp
Primarius:

- unteres Rektum
- Kopf-Hals-Bereich
- Schilddrüse
- Niere
- Leber
- Knochen

Pfortadertyp
Primarius:

- Magen-Darm
- Pankreas
- Milz

Lungentyp
Primarius:

- Lunge

Vertebralvenentyp
Primarius:

- Prostata
- Schilddrüse
- Niere
- Mamma

Abb. 5.2 Metastasierungswege [R175-04].

Impfmetastase. Sonderform. Kann im Rahmen einer iatrogenen Tumorzellverschleppung bei Biopsien oder chirurgischen Eingriffen entstehen.

> Der Nachweis einer Lymphangiosis carcinomatosa oder Hämangiosis carcinomatosa im Tumorpräparat ist ein prognostisch ungünstiger Faktor: Er zeigt die Potenz des Tumors für wenigstens den ersten Schritt zu einer erfolgreichen Metastasierung.

Hämatogene Metastasierung

Cavatyp.

- Metastasierung aus dem V.-cava-Abflussgebiet in die Lunge
- Beispiele: Tumoren aus Niere, tiefem Rektum, Weichgewebe, Kopf-Hals und Schilddrüse.

Pfortadertyp.

- Metastasierung in die Leber aus dem V.-portae-Abflussgebiet
- Beispiele: Tumoren aus Magen-Darm-Trakt oder Pankreas.

Lungentyp.

- Metastasierung aus den Lungenvenen in den großen Kreislauf und darüber in Organe wie Leber, Hirn, Knochen oder Milz
- Beispiel: Lungenkarzinome.

Vertebral-venöser Typ.

- Metastasierung in den Knochen aus dem Abflussgebiet vertebraler Gefäße.
- Beispiele: Tumoren aus Niere, Prostata, Mamma, Lunge, Schilddrüse (→ Abb. 5.2).

CHECK-UP

- ☐ Nennen Sie Voraussetzungen und Wege der Metastasierung.
- ☐ Welche Tumoren metastasieren typischerweise nach dem Cavatyp?

Tumorkomplikationen

Lokal

Funktionsstörungen von Organen durch:
- Kompression
- Stenosen
- Nekrosen
- Embolien
- Hämorrhagien
- Fisteln
- Mechanische Instabilität.

Systemisch

- Hormonproduktion, z. B. Tumoren der Nebennierenrinde oder des endokrinen Pankreas
- Tumorkachexie, multifaktoriell bedingte Auszehrung und Verfall des Tumorpatienten
- Tumoranämie, z. B. durch Blutungen oder tumorbedingt gestörte Hämatopoese
- Paraneoplasien (→ Tab. 5.6).

Tab. 5.6 Wesentliche paraneoplastische Syndrome.

Syndrom	Ursache	Assoziiertes Malignom
Cushing-Syndrom	ACTH oder ähnliche Substanz	Kleinzelliges Lungenkarzinom, Pankreaskarzinom, neurale Tumoren
Hyponatriämie	ADH oder ähnliche Substanz	Lungenkarzinome, neurale Tumoren
Hyperkalzämie und Hyperparathyreoidismus	PTH oder ähnliche Substanz, TGF-α, TNF	Lungen-, Mamma-, Nieren-, Prostata-, Ovarialkarzinome und hämatologische Malignome
Hypoglykämie	Insulin oder ähnliche Substanz	Hepatozelluläres Karzinom, Sarkome
Karzinoidsyndrom*	Serotonin, Bradykinin, Histamin	Karzinoide, neuroendokrine Appendix- und Pankreaskarzinome
Polyzythämie	Erythropoetin	Nieren- und hepatozelluläres Karzinom
Venenthrombosen, abakterielle Endokarditiden, Anämien, leukämoide Zustände	Im Einzelnen unklar	Verschiedene Karzinome und Thymome
Myasthenia gravis	Acetylcholinesterase-Antikörper	Thymome
Myasthenie (Lambert-Eaton)	Vermutlich immunologisch	Lungenkarzinom

* **Cave:** Nur, wenn nicht über die Leber (Pfortader) drainiert oder bereits in die Leber metastasiert. Sonst vollständige Eliminierung der Amine durch die Leber.

CHECK-UP

- ☐ Was sind lokale bzw. systemische Komplikationen von Tumoren?
- ☐ Nennen Sie Beispiele für paraneoplastische Syndrome.
- ☐ Beschreiben Sie Risikofaktoren für einzelne Tumoren.

Tumormarker

- Von Tumoren produzierte oder sezernierte **Proteine**, die im Rahmen von Tumorverlaufskontrollen, z. B. PSA beim Prostatakarzinom oder LDH beim Seminom, oder Tumorscreening-Untersuchungen hilfreich sind (→ Tab. 5.7)
- **Die Marker sind selten spezifisch** und können manchmal auch im Rahmen benigner Tumoren oder entzündlicher Veränderungen erhöht sein. Dies ist besonders bei Screeninguntersuchungen zu bedenken.

Tab. 5.7 Wesentliche Tumormarker.

Tumormarker	Assoziiertes Malignom
α-Fetoprotein, AFP	Hepatozelluläres Karzinom, Dottersacktumor
Karzinoembryonales Antigen, CEA	Gastrointestinal-, Pankreas-, Lungen- und Mammakarzinome
Humanes Choriongonadotropin, HCG	Trophoblastenneoplasien, Keimzelltumoren
Kalzitonin	Medulläres Schilddrüsenkarzinom
Katecholamine und Vanillinmandelsäure	Phäochromozytom
Neuronenspezifische Enolase, NSE	Neuroblastom und kleinzelliges Bronchialkarzinom
Thyreoglobulin	Schilddrüsenkarzinome
Immunglobulin	Plasmozytom
Prostataspezifisches Antigen, PSA	Prostatakarzinom
Kohlenhydrat-Antigen 125, CA-125	Ovarialkarzinome
Kohlenhydrat-Antigen 19.9, CA-19.9	Pankreas-, Gallenblasen-, Magen- und Leberkarzinome
Kohlenhydrat-Antigen 72.4, CA-72.4	Magen-, Ovarial- und Lungenkarzinome
Kohlenhydrat-Antigen 15.3, CA-15.3	Mammakarzinome

CHECK-UP

☐ Welche Bedeutung haben Tumormarker? Nennen Sie Beispiele.

TNM-Klassifikation

Klassifikation der Internationalen Union gegen Krebs (UICC) zur Stadieneinteilung (0–IV), nachfolgender Prognoseabschätzung und Therapieplanung von soliden Tumoren.

Komponenten

- **Ausbreitung des Primärtumors: T**
- **Lymphknotenstatus: N**
- **Fernmetastasierung: M** (metastasierte Tumoren haben immer ein Stadium IV).

Befundsicherheit kann optional durch den Certainty-Faktor von C1 = Klinische Standarduntersuchung bis C5 = Autopsie mit Histologie angegeben werden. In der Praxis wenig gebräuchlich.

Übliche Präfixe in der TNM-Klassifikation

- Klinisch: c
- Pathologisch: p
- Autoptisch: a
- Rezidiv: r
- Nach neoadjuvanter Therapie: y.

Weitere optionale Angaben

- Tumorgradierung (G)
  - GX: Differenzierungsgrad kann nicht bestimmt werden, z. B. wenn zu kleine Probe
  - G1: Gut differenziert
  - G2: Mäßig differenziert
  - G3: Schlecht differenziert
  - G4: Undifferenziert (oft auch unter G3 genannt)
  - Das histopathologische Grading ist ein wichtiger Prognoseparameter vieler maligner Tumoren. Die Kriterien der Gradierung sind tumorspezifisch und oft sehr unterschiedlich.
- Lymphgefäßinvasion: L
- Blutgefäßinvasion: V
- Perineuralscheideninvasion: Pn
- Residualtumorstatus: R.

→ Tabelle 5.8 zeigt Auszüge der aktuellen TNM-Klassifikation verschiedener Tumoren.

Da der Pathologe am eingesandten Tumorpräparat selten weitere Tumoren im Körper des Patienten ausschließen kann, wird oft pragmatisch der R-Status als **Resektionsrand-Status** kodiert:

- R0: Primärtumor im Gesunden entfernt
- R1: Tumor mikroskopisch am Resektionsrand
- R2: Tumor makroskopisch am Resektionsrand.

Tab. 5.8 Auszüge aus der TNM-Klassifikation ausgewählter Tumoren.

Lokalisation, Typ	T1	T2	T3	T4	N1	N2	N3
Lippe, Mund	≤2 cm	› 2–4 cm	› 4 cm	Infiltriert Knochen u.a.	Solitär ≤3 cm	Dazwischen	› 6 cm
Oro-, Hypo-Pharynx	≤2 cm	› 2–4 cm	› 4 cm	Infiltriert angrenzende Strukturen	Solitär ≤3 cm	Dazwischen	› 6 cm
Große Speicheldrüsen	≤2 cm	› 2–4 cm	› 4 cm	Infiltriert angrenzende Strukturen	Solitär ≤3 cm	Dazwischen	› 6 cm
Schilddrüse	≤2 cm	› 2–4 cm	› 4 cm	Infiltriert angrenzende Strukturen	Regionär	-	-
GIST	≤2 cm	› 2–5 cm	› 5–10 cm	› 10 cm	Regionär	-	-
Appendixkarzinoid	≤2 cm	› 2–4 cm	› 4 cm oder Ileum	Infiltriert Nachbarorgane, perforiert Peritoneum	Regionär	-	-
Analkanal	≤2 cm	› 2–5 cm	› 5 cm	Infiltriert Nachbarorgane	Perirektal	Unilateral Il. Int./ inguinal	Perirektal und inguinal oder bilateral N2
Leber	Solitär ohne V1	Solitär mit V1 oder multiple ≤5 cm	Multipel › 5 cm, V1 großer Gefäße	Infiltriert Nachbarorgane (außer Gallenblase), perforiert Peritoneum	Regionär	-	-
Pankreas	≤2 cm	› 2 cm	Jenseits Pankreas	Truncus coeliacus, Mesenterica superior	Regionär	-	-

Tab. 5.8 Auszüge aus der TNM-Klassifikation ausgewählter Tumoren. (Forts.)

Lokalisation, Typ	T1	T2	T3	T4	N1	N2	N3
Knochen	≤8 cm	› 8 cm	Diskontinuierlich im Knochen	-	Regionär	-	-
Weichteil	≤5 cm	› 5 cm	-	-	Regionär	-	-
Haut	≤2 cm	› 2 cm	Tiefe extradermale Strukturen	Achsenskelett, Schädelbasis	Solitär ≤3 cm	Dazwischen	› 6 cm
Hautmelanom	≤0,1cm dick	≤0,2 cm dick	≤0,4 cm dick	› 0,4 cm dick	Solitär	≤3 regionäre LK	› 3 LK
Mamma	≤2 cm	› 2–5 cm	› 5 cm	Haut, Brustwand	1–3 LK axillär (pN)	4–9 LK axillär (pN)	≥10 LK axillär (pN)
Niere	≤7 cm	› 7 cm	Großes Gefäß, perirenales Gewebe	Durch Gerotafaszie, in Nebenniere	Solitär	›1 LK	-
Nebenniere	≤5 cm	› 5 cm	Extraadrenal	Infiltriert Nachbarorgan	Regionär	-	-
Konjunktiva	≤0,5 cm	› 0,5 cm	Nachbarstrukturen	Orbita und mehr	Regionär	-	-

CHECK-UP

- ☐ Was klassifiziert das TNM-System und was bedeuten die einzelnen Abkürzungen?

6 Zentrales Nervensystem

Nichtneoplastische Erkrankungen

Hirnödem

Flüssigkeitsansammlung im Hirngewebe mit Volumenvermehrung.
Mögliche Ursachen:
- **Vasogen**: Gefäßpermeabilitätsstörung
- **Zytotoxisch**: Flüssigkeit strömt in die geschädigte Zelle
- **Hydrozephal**: Liquorabflussstörung.

Hirnmassenverschiebungen

Durch Raumforderungen von Tumoren und Blutungen oder durch Ödem bedingte Hirngewebeverschiebungen.

Morphologie.
- Abgeflachte Gyri
- Hydrozephalus
- Mittellinienverschiebung
- Herniation durch den Tentoriumsschlitz
- Hirnareal- und Hirnnerven-Kompression
- Kleinhirndruckkonus
- Gefäßkompression.

Folge.
Funktionelle Einschränkungen der betroffenen Abschnitte bis zum Hirntod.

Hirninfarkt

Lokalisierte ischämische Hirngewebenekrose. Klinisch: **Schlaganfall**, **Apoplex**, **Stroke**. Meist durch Hirninfarkte oder Blutungen im Hirn.

Morphologie.
- Frühstadium: Hirnerweichung und eosinophile Degeneration der Neuronen
- Hirnverflüssigung (Kolliquationsnekrose) mit randständigen Gefäßproliferaten und Gliose bis zu einem Glianarben-Endstadium, manchmal auch mit Zysten
- Multiple Mikroinfarkte können zu einem zystischen „Status lacunaris" führen.

Formen.
- Anämisch, Blutzufuhr permanent unterbrochen
- Hämorrhagisch, bei sekundärer Einblutung (→ Abb. 6.1).

Bleibt die Hirndurchblutung bei über 20 % des Normalwerts, resultieren meist nur reversible Ausfälle, z. B. transitorische ischämische Attacke oder prolongiertes reversibles ischämisches neurologisches Defizit.

Intrazerebrale Blutungen

Atraumatische Ursachen.
- Hypertonisch
  - Häufigste Ursache
  - Meist in Putamen, Thalamus, Hemisphären, Kleinhirn und Pons
- Zerebrale Amyloidangiopathie
  - Meist lobär
  - Amyloid in Kongo-Färbung darstellbar
- Antikoagulantien und Drogen, z. B. Kokain und Heroin
- Primäre Hirntumoren (z. B. Glioblastome) und Hirnmetastasen, oft als erstes Manifestationszeichen
- Gefäßmalformationen, Angiome und Aneurysmen, oft auch subarachnoidale Blutung und intraventrikulär
- Dissiminierte intravasale Gerinnung oder Koagulopathien

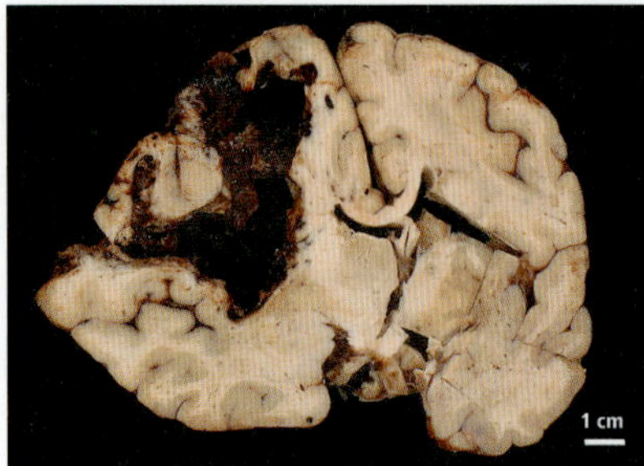

Abb. 6.1 Hirninfarkt [O521].

- Ursächlich z. B. bei Sepsis, Hämophilie oder Leukämien
- Typisch zahlreiche flohstichartige Hirnblutungen (Purpura cerebri).

Traumatische Ursachen.
- Nach Schädel-Hirn-Verletzungen
- Oft multipel
- Teilweise mit subduralen und epiduralen Hämatomen assoziiert.

Andere intrakranielle Blutungen

Subarchnoidalblutung
- Blutung zwischen Pia mater und Arachnoidea
- Meist atraumatisch durch Aneurysmablutungen (85 %) → meist aus dem Bereich des Circulus arteriosus Willisi
- Traumatisch durch Schädel-Hirn-Verletzungen → meist aus Vertebralarterien.

Epiduralblutung
- Zwischen Dura mater und Schädelperiost
- Traumatisch bedingt und oft mit Schädelfraktur
- Meist A. media oder V. media, aber auch andere Meningealgefäße
- Bildgebung: linsenförmig
- Hämatom > 1 cm → klinisch signifikant → Operation
- Oft initial symptomfrei
- Mortalität ca. 10 %.

Subduralblutung
- Blutung zwischen Arachnoidea und Dura mater
- Meist traumatisch bedingt
- Bildgebung: sichelförmig.

Abb. 6.2 Hydrozephalus [O521].

Akut.
- Traumatisch direkt im Bereich von Wunden (oft mit Hirnbeteiligung) oder ohne Wunde nach Ruptur von Brückenvenen oder kortikalen Arterien, z. B. auch Schütteltrauma bei Kindern
- Patient oft initial bewusstlos
- Hohe Mortalität: 30–90 %. Frühe Entlastungsoperation kann Mortalität senken
- Kleine akute Subduralblutungen werden oft resorbiert → konservative Behandlung.

Cave: Auch bei Epiduralblutungen initiale Bewusstlosigkeit möglich, bei akuten Subduralblutungen kommt auch symptomfreies Initialstadium vor.

Chronisch.
- > 3 Wochen nach Trauma
- Ältere Menschen, nach leichtem Trauma
- Oft Koagulopathien, Blutung aus Brückenvenen
- Gute Prognose, selten bleibende Schäden.

Hydrozephalus

Abnorme Erweiterung der Liquorräume (→ Abb. 6.2):
- Internus: innere Liquorräume
- Externus: äußere Liquorräume.

Formen.
- **Hydrocephalus occlusus** durch mechanischen Verschluss der Liquorwege
- **Hydrocephalus communicans** durch Liquorresorptionsdefekte
- **Hydrocephalus hypersekretorius** durch vermehrte Liquorproduktion im Plexus choroideus

- **Hydrocephalus** e vacuo durch zusätzlichen hirngewebsfreien Raum nach Gewebsuntergang.

Hirnkontusion

- Lokalisierte traumatische hämorrhagische Nekrose aller Schichten der Großhirnrinde
- Unterscheidung zwischen dem primären Krafteinwirkungsort (Coup) und dem gegenüberliegenden Gegenstoßherd (Contrecoup).

Entzündliche Erkrankungen des ZNS

- **Meningitis**: Entzündung der Hirnhäute
- **Hirnabszess**: Fokaler oder multifokaler Eintzündungsherd im Hingewebe, bakteriell-entzündlich
- **Enzephalitis**: Entzündung des Hirngewebes
- **Leukenzephalitis**: Entzündung der weißen Substanz
- **Polioenzephalitis**: Entzündung der grauen Substanz
- **Myelitis**: Entzündung des Rückenmarks
- **Ventrikulitis**: Entzündung der Hirnventrikel → häufig Komplikationen bei Ventrikeldrainagen.

Beteiligungen des ZNS kommen bei Tuberkulose und Lues vor. Letztere beinhaltet die Spätstadien der progressiven Paralyse und der Tabes dorsalis mit Sensibilitätsstörungen und Ataxie.
Weiterhin kommen vor:

- Mykosen: Candida, Aspergillus, Mukor, Kryptokokken
- Parasitosen: Toxoplasmose
- Virusinfektionen: Herpes simplex, Varicella-Zoster, Papova (JC, progressive multifokale Leukenzephalopathie), Epstein-Barr.

Eitrige Meningitis

Entzündung der weichen Hirnhäute.
Auslöser:

- Meist grampositive Bakterien wie Pneumokokken, Haemophilus influenzae, Neisserien
- Nach Trauma, zerebralen Shunts oder neurochirurgischen Eingriffen: gramnegative Bakterien wie Klebsiellen oder Pseudomonaden, grampositive Staphylokokken.

Multiple Sklerose

Synonym: **Encephalomyelitis disseminata**, Akronym: **MS**.

- Autoimmunerkrankung, die häufig schubweise auftritt
- Ursachen: Genetische Prädisposition, vermutlich virale Infektionen
- Durchschnittsalter bei Erstmanifestation ca. 30 Jahre, Frauen häufiger
- Typisches Muster aus Krankheitsprogression, Remission mit Residualdefiziten und Plateauphasen
- Verschiedene akute und chronische Subtypen werden nach Progressionsmuster, -geschwindigkeit und Befallsmuster unterschieden.

Klinik.

- N.-opticus-Entzündung: Visusverlust bis temporäre Erblindung
- Parästhesien und Paresen der Extremitäten
- Gangunsicherheiten und Koordinationsstörungen
- Blasen- und Darm-Inkontinenz
- Kognitive Störungen.

Diagnostik.

- Klinik
- Kernspintomographie (Plaques)
- Verzögerte, visuell evozierte Potentiale
- Nachweis oligoklonaler IgG im Liquor.

Therapie.

- Immunmodulatorische Medikamente: Steroide, Chemotherapeutika
- Symptomatische Therapie.

Prognose.

Vom Subtyp abhängig. Mediane Lebenserwartung nach Erstmanifestation ca. 30 Jahre.

Morphologie.

- Umschriebene Entmarkungsherde der weißen Substanz in Ventrikelnähe und Rückenmark
- Lymphohistiozytäre Entzündung mit zunehmender Demyelinisierung.

Prionenerkrankung

Synonym: **Transmissible spongiforme Enzephalopathie, TSE**.

- Übertragbare Erkrankung durch so genannte „proteinaceous infectious agents"
- Charakteristisch: Ganglienverlust und spongiforme Auflockerung der grauen Substanz
- Ursache: Fehlgefaltete Proteine mit hoher Umweltresistenz
- Langes Autoklavieren und Natronlauge zur Desinfektion notwendig.

Beispiele.
- Kuru
- Creutzfeldt-Jakob
- Gerstmann-Sträussler-Scheinker-Syndrom, GSS.

Diagnostik. Immunhistologische Prionproteinnachweise, Western-Blots und/oder Sequenzierungen.

Alkoholassoziierte Hirnschäden

- **Großhirnatrophie**: Demenz
- **Kleinhirnatrophie**: Ataxie
- **Zentrale pontine Myelinose**: Paresen
- **Wernicke-Enzephalopathie**: Vitamin-B_1-Mangel:
  - Kleine Hirneinblutungen und Atrophie der Corpora mamillaria
  - Hydrozephalus des dritten Ventrikels
  - Folge: kognitive, motorische und ophthalmologische Störungen.

Alzheimer-Erkrankung

- Häufigste neurodegenerative Erkrankung
- Ablagerungen von Amyloid-β-Protein
- In späteren Stadien: Großhirnatrophie und Demenz
- Trisomie-21-Patienten erkranken in der Regel spätestens ab dem 30. Lebensjahr an Alzheimer.

Morphologie. Nachweis von:
- Alzheimer-Fibrillen im Hirngewebe: so genannte Tau-Protein-„tangles"
- Amyloid-β-Plaques
- Amyloidablagerungen in Gefäßen: kongophile Angiopathie.

Chorea Huntington

Autosomal-dominat vererbte Krankheit.

Folgen. Bewegungsstörungen und Demenz im mittleren Lebensalter.

Ursache. Mutation im Huntington-Gen, bei der es zu einer Trinukleotidexpansion von CAG-Motiven kommt.

Morphologie. Atrophie des Nucleus caudatus mit konsekutiver konvexer Seitenventrikelerweiterung.

α-Synukleinopathien und Parkinson-Erkrankung

Intrazelluläre intrazerebrale Proteinablagerungen, so genannte **Lewy-Körper**, die bei verschiedenen Demenzen, einer Variante der Alzheimer-Erkrankung und auch bei Parkinson-Erkrankung mit und ohne Demenz vorkommen.

Parkinson-Erkrankung

Auftreten v. a. ab dem 60. Lebensjahr.

Symptome.
- Akinesie
- Rigor
- Ruhetremor
- Mit oder ohne Demenz.

Morphologie
- Charakteristischer Verlust melaninhaltiger dopaminerger Neurone der Substantia nigra
- Nachweis α-synucleinhaltiger, konzentrischer neuronaler Einschlusskörper (**Lewy-Körper)** (→ Abb. 6.3).

Ätiologie
- Genetisch
- Zum Teil noch unklar.

Weitere Demenzen

Frontotemporale Demenzen zeigen typische intrazelluläre Proteinablagerungen von z. B. TAR-DNA-bindendem Protein 43 (TDP-43), Fused in sarcoma protein (FUS), Tau-Protein und ande-

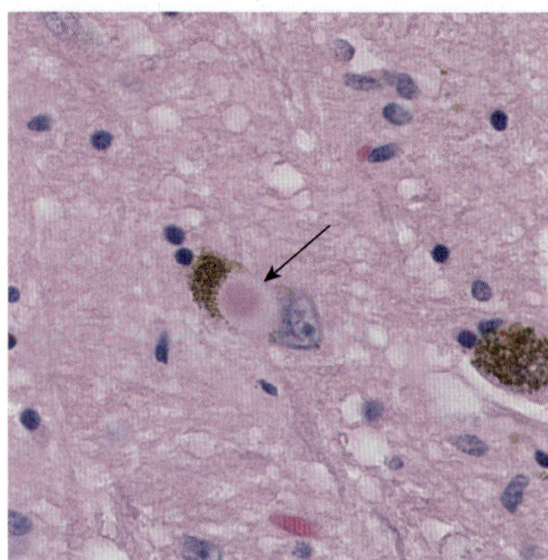

Abb. 6.3 Lewy-Körper [O521].

ren. Sie werden als **frontotemporale Lobärdegeneration** unter Zusatz des entsprechenden Proteins bezeichnet und äußern sich meist als Demenz oder Aphasie.

Amyotrophe Lateralsklerose

- Neurodegenerative Erkrankung unklarer Ätiologie
- Letal verlaufend, Überleben ca. 3–5 Jahre
- Häufigkeitsgipfel im Alter zwischen 60 und 70 Jahren
- Charakteristischer Befall des ersten (Tractus corticospinalis) und zweiten (spinale Vorderhörner) Motoneurons
- Folge: progrediente Muskelatrophie und Muskelschwäche

Klinik.

- Zentrale hypertone Lähmungen mit Spastik
- Periphere hypotone Lähmungen mit Muskelatrophie.

CHECK-UP

- ☐ Was sind Formen und Folgen von Hirnmassenverschiebungen?
- ☐ Nennen Sie Ursachen eines Hirnödems.
- ☐ Beschreiben Sie die Morphologie eines Hirninfarkts.
- ☐ Welche Formen und Ursachen intrakranieller Blutungen kennen Sie?
- ☐ Beschreiben Sie einige entzündliche Erkrankungen des ZNS.
- ☐ Beschreiben Sie eine neurodegenerative Erkrankung und deren morphologisches Korrelat.
- ☐ Welche alkoholassoziierten Hirnschädigungen kennen Sie?

Neoplasien des ZNS

- In der aktuellen WHO-Klassifikation werden Tumoren des ZNS unterteilt in:
- astrozytär, oligodendroglial, oligoastrozytär, ependymal, meningeal, Plexus-choroideus- und andere neuroepitheliale Tumoren, neuronal und gemischt neuronalglial, hypophysär, embryonal, Nerven- und Sella-turcica-Tumoren, sowie Lymphome, Keimzelltumoren und Metastasen.
- Bei vielen dieser Tumoren gibt es aggressive (anaplastische) Varianten, die dann in WHO-Grad und -Prognose von den hier angegebenen Formen abweichen. Entscheidend für die Prognose sind der WHO-Grad und die Resektionsmöglichkeiten.
- Der einzige Umweltfaktor, der nachgewiesen das ZNS-Tumorrisiko erhöht, ist therapeutische Röntgenbestrahlung.

Hirneigene Tumoren metastasieren sehr selten, selbst wenn sie hochgradig sind. Metastasen finden sich am ehesten beim Medulloblastom.

Pilozytisches Astrozytom

Definition

- Durch Resektion heilbarer, langsam wachsender, gut begrenzter Tumor
- WHO-Grad 1
- Mittelliniennahe Lokalisation
- Häufigster Tumor im Kindesalter, gefolgt vom Medulloblastom
- Die Prognose ist sehr gut.

Histologie

- Die namensgebenden langen haarartigen Fortsätze der bipolaren Tumorzellen sind vor allem im Schnellschnitt erkennbar
- Karottenartig aufgetriebene eosinophile Zellfortsätze: Rosenthalfasern (→ Abb. 6.4)
- Intra- wie extrazelluläre eosinophile Proteinablagerungen: eosinophile Granularkörper.

Subependymales Riesenzellastrozytom

Definition

- Akronym: **SEGA**
- Gut umschrieben
- WHO-Grad 1

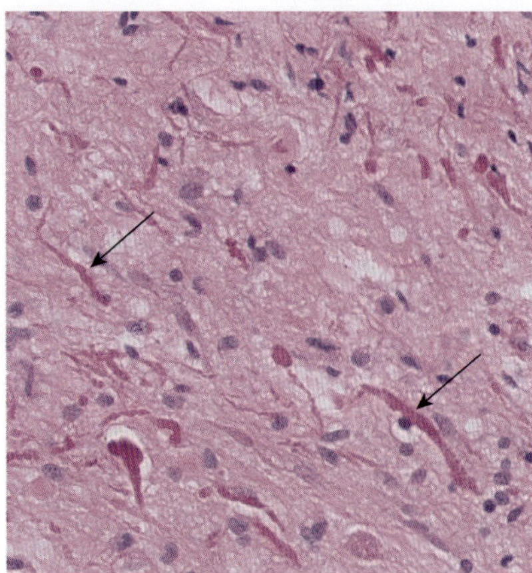

Abb. 6.4 Rosenthalfasern [O521].

- Tumor bei tuberöser Sklerose
- Gute Prognose.

Histologie

Großleibige, astrozytäre Zellen mit eosinophilem Zytoplasma.

■ Diffuses Astrozytom

Definition

- WHO-Grad 2
- Zwischen dem pilozytischen und dem anaplastischen Astrozytom einzuordnen
- Lokalisation meist fronto-temporal
- Erkrankungsalter zwischen 30 und 40 Jahren
- Das diffus infiltrative Wachstum erschwert eine Therapie
- Zwischen Erstsymptomen und Tod liegen durchschnittlich 6–8 Jahre.

Histologie

- Typische Form: fibrilläres Astrozytom mit isomorphen, nackt-kernig wirkenden Astrozyten, die unregelmäßig gelagert sind
- Beim gemistozytischen Astrozytom müssen mindestens 20 % der Tumorzellen durch eosinophiles Zytoplasma wie gemästet erscheinen
- Alle Formen der Astrozytome sind immunhistologisch GFAP-positiv.

■ Anaplastisches Astrozytom

Definition

- WHO-Grad 3
- Entsteht oft aus diffusem Astrozytom
- Überlebenszeit beträgt 2–3 Jahre.

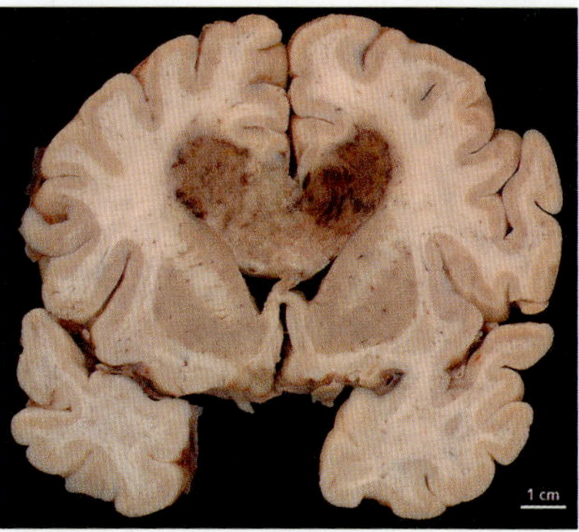

Abb. 6.5 Glioblastom [O521].

Histologie

- Infiltrativ, wie diffuses Astrozytom, jedoch zellreicher und vermehrt Mitosen
- Proliferationsfraktion (Ki-67): 5–10 %.

■ Glioblastom

Definition

- WHO-Grad 4
- Hochmaligner, astrozytärer Tumor
- Haupterkrankungsalter zwischen 50-60 Jahren, grundsätzlich in jedem Alter möglich
- Überlebenszeit unter einem Jahr
- Häufigster Hirntumor, der sekundär aus anderen Astrozytomen (v. a. bei jüngeren Patienten) oder de novo meist in den Großhirnhemisphären entsteht
- Ringförmige Kontrastmittelanreicherung im CT
- Wie bei fast allen Hirntumoren kommen extrakranielle Metastasen quasi nicht vor.

Morphologie

- Diffus und schnell in die kontralaterale Hirnhälfte einwachsender Tumor (→ Abb. 6.5)
- Makroskopisch bunte Schnittfläche
- Diagnose: flächige oder strichförmige Tumornekrosen mit darum palisadenartig angeordneten Tumorzellen und Gefäßproliferaten
- Meist deutliche Zellpleomorphie, hohe Proliferationsrate und Zellularität sowie möglicherweise Riesenzellen, sarkomatöse Komponenten oder kleinzellige Morphologie.

Oligodendrogliom

Definition

- WHO-Grad 2
- Tumor der Oligodendrogliazellen mit bevorzugter Lokalisation in den Hemisphären des Großhirns, insbesondere im Frontallappen
- Meist gut begrenzt und hypodens mit Kalzifikationen in der Bildgebung
- Typisches Erkrankungsalter zwischen 40 und 45 Jahren
- Oft lange Vorgeschichte mit neurologischen Symptomen, z. B. Epilepsie, Wesensveränderungen und Kopfschmerzen
- Tumoren sprechen gut auf Chemotherapien an
- Mediane Überlebenszeiten zwischen 10 und 17 Jahren.

Histologie

- Zellreicher, diffus infiltrierender Tumor
- Isomorphe runde Zellkerne und klares Zytoplasma, so genannte Spiegelei-Zellen. Diese sind nur bei gut fixiertem Parrafinmaterial als solche erkennbar
- Typisch: Mikrozysten, zahlreiche verzweigte Kapillargefäße und Verkalkungen
- Analog zu Astrozyten oft GFAP-positiv, zudem perinukleär betont MAP2-positiv.

Ependymom

Definition

- Tumor der Ependymzellen. Diese kleiden den Zentralkanal des Rückenmarks und die Hirnventrikel aus
- WHO-Grad 2
- Intra- und periventrikulär gelegen, meist viertes Ventrikel, Seitenventrikel oder zentrales Rückenmark
- Hohe Rezidivneigung
- Selten Metastasen entlang der Liquorräume oder sogar extraneural.

Histologie

- Zellreicher Tumor mit monomorphen, ovalen Zellkernen
- Typischen Pseudorosetten um Gefäße mit Bildung eines direkt perivaskulären zellfreien Saums (→ Abb. 6.6)
- Immunhistologisch: EMA „dot-like" positive.

Plexuspapillom

Definition

- Gutartig aus Epithel des Plexus choroideus
- WHO-Grad 1
- Meistens bei Kindern und jungen Erwachsenen
- Klinik: Hydrocephalus occlusus → Kopfschmerzen und Erbrechen
- Meist Heilung durch Tumorektomie, Rezidive möglich
- Plexuskarzinome sind WHO-Grad 3, pleomorph und prognostisch ungünstig.

Histologie

Kubische oder hochprismatische Zellen in papillären Formationen ohne Atypien.

Medulloblastom

Definition

- Hochmaligner, embryonaler Tumor des Kleinhirns
- WHO-Grad 4
- Zweithäufigster maligner Hirntumor des Kindesalters
- Das 5-Jahres-Überleben liegt bei über 50 %
- Extrazerebelläre Tumoren dieser Art gelten als primitive neuroektodermale Tumoren, **PNET**
- Eine Streuung über den Liquor kommt vor.

Histologie

- Zellreicher, hochproliferativer kleinzelliger Tumor
- Charakteristische Pseudorosetten: Homer-Wright-Rosetten → kein echtes Lumen im Rosettenzentrum
- Auf dem H&E-Schnitt blau imponierend
- Immunhistochemisch positiv für Synaptophysin, S100 und NSE
- Medulloblastome müssen durch Positivität für INI1 gegenüber atypischen teratoiden/rhabdoiden Tumoren abgegrenzt werden.

Meningeom

Definition

- Aus dem Arachnothel der Hirnhäute (Arachnoidea) abstammend
- Meist gutartig und bekapselt
- WHO-Grad 1, aber auch andere Grade möglich

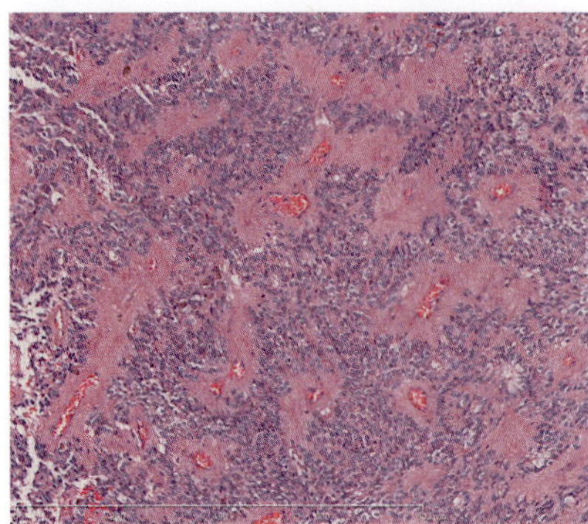

Abb. 6.6 Ependymom [O521].

- Häufig im Bereich der Konvexität und des Sinus sagittalis vorkommend, jedoch im gesamten ZNS möglich
- Erkrankungsgipfel im Erwachsenenalter mit Prädominanz bei Frauen
- Multiple Meningeome bei Neurofibromatose Typ 2.

Histologie

Histologisch liegen zahlreiche Varianten vor:

- Klassische **meningotheliale Form**: charakteristisches flächiges Wachstum (synzytial: Zellgrenzen nicht erkennbar) mit zwiebelschalenartigen Wirbeln und typischen psammomatösen Verkalkungen (→ Abb. 6.7)
- Unterscheidung in seltenere Varianten entsprechend des histologischen Erscheinungsbildes:
  - Fibroblastisch
  - Angiomatös
  - Metaplastisch
  - Sekretorisch
  - Mikrozystisch
- Meningeome sind immunhistologisch positiv für EMA, Vimentin und zum Teil S100.

Kraniopharyngeom

Definition

- Gutartiger, lokal invasiver, supraselllärer Tumor aus Resten der Rathke-Tasche
- Meist bei Kindern und Jugendlichen.

Symptome:

- Hypophyseninsuffizienz mit Kleinwuchs
- Diabetes insipidus
- Bitemporale Hemianopsie.

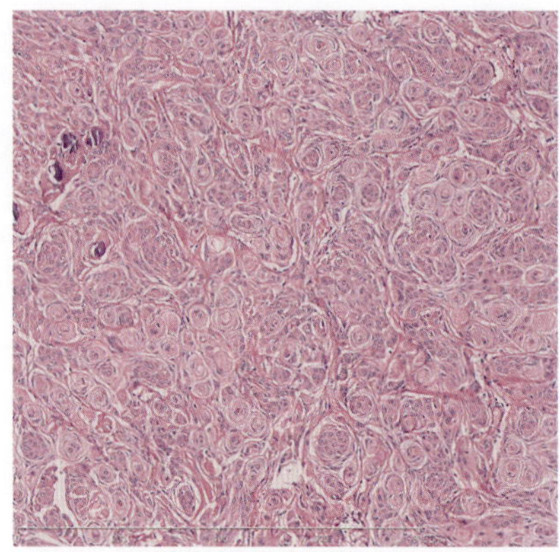

Abb. 6.7 Meningeom [O521].

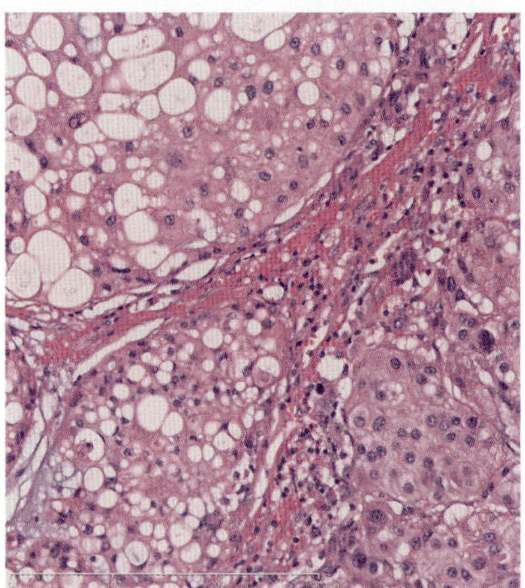

Abb. 6.8 Chordom [O521].

Histologie

- Papillär plattenepitheliale oder adamantinomatöse Variante, letztere meist bei Erwachsenen
- Typisch sind Verkalkungen, xanthogranulomatöse Entzündung und Cholesterinablagerungen.

Chordom

Definition

- Axial gelegen, destruierend
- Nur selten metastasierend
- Aus der Chorda dorsalis entstanden
- Hauptlokalisationen: Klivus und Sakralbereich
- Meist bei Männern über 30 Jahre.

Histologie

- Lobuliertes, an Chondrosarkome erinnerndes Wachstum
- Zum Teil mit eosinophilen Arealen
- Typische physaliphore (bläschentragende) Zellen
- Immunhistologische Positivität für EMA und Zytokeratin (→ Abb. 6.8).

Andere Tumoren

- Metastasen: häufigste inkranielle Tumoren
- Meningeosis carcinomatosa: typischerweise Lungen-, Mamma- und Nierenkarzinome sowie maligne Melanome
- Keimzelltumoren
- Lymphome, meist B-Zell-Lymphome. Typisch im Bereich der periventrikulären Marklager
- Hämangioblastome, typisch bei VHL-Mutationen.

CHECK-UP

- [ ] Welchen WHO-Graden sind die Astrozytomformen zugeordnet?
- [ ] Nennen Sie morphologische Eigenschaften des Glioblastoms.
- [ ] Mit welchem Syndrom sind SEGA assoziiert?
- [ ] Was sind histologische Merkmale von Oligodendrogliomen?
- [ ] Wie sind die Metastasierungseigenschaften von hirneigenen Tumoren?
- [ ] Was sind Hauptlokalisationen und Altersgipfel des Chordoms?
- [ ] Was sind typische Symptome bei Kraniopharyngeomen?

7 Peripheres Nervensystem

Definition und Funktion

- Anatomisches und funktionelles Netz von Nervenfasern und Zellen außerhalb des zentralen Nervensystems
- Hierzu zählen auch die Hirnnerven mit Ausnahme des N. olfactorius und des N. opticus
- Hauptfunktion: elektrochemische **Signalübermittlung** über markhaltige (von Myelinscheiden umgebene) und marklose Nerven.

Neuropathien

- Jede Erkrankung der peripheren Nerven
- Schädigung von Axon, Nervenscheiden (Myelon) oder Interstitium
- **Waller-Degeneration**: Komplette, degenerative, entzündliche oder mechanische Kontinuitätsdurchbrechung der Nervenfaser
- **Mononeuropathie**: Einzelner Nerv betroffen
- **Polyneuropathie**: Mehrere Nerven betroffen
- **Hereditäre Neuropathie**: Ererbte Neuropathie, z. B. hereditäre motorische und sensorische Neuropathie
- **Sekundäre Neuropathie**: Folge anderer Krankheiten, z. B. durch Diabetes mellitus oder Alkoholismus bedingt.

Diagnostik

- Anamnese und klinische Untersuchung: Elektrophysiologische, laborchemische und genetische Befunde
- Pathologische Untersuchung: Ein peripherer Nerv (meist N. suralis) wird als Paraffinschnitt, Kunststoffdünnschnitt oder Zupfpräparat zur Einzelfaserdarstellung präpariert und elektronenmikroskopisch untersucht.

Schädigungsformen

- Axonale Degeneration: Typisch sekundär bei Diabetes mellitus oder Alkoholabusus
- Demyelinisierung: Typisch bei Protein- und Lipidstoffwechselerkrankungen mit Zwiebelschalenmorphologie (durch vermehrte Schwannzellen), die bei wiederholten Regenerationen charakteristisch ist.

Typische Neuropathien

Vaskuläre Neuropathie: Sekundär ischämische Nervenläsionen.

Interstitielle Neuropathie: Endo- und epineurale Ablagerungen von Amyloid bei Amyloidosen.

Entzündliche Neuropathie: Schädigung typischerweise durch Infektionen mit:

- Varicella-Zoster-Virus
- Borrelia burgdorferi
- Mycobacterium leprae.

Immunpathologische Neuropathie:

- Immunologische Kreuzreaktion gegen Myelinbestandteile
- Beispiele: Guillain-Barré-Syndrom, T-Zell-vermittelt.

Metabolische Neuropathie:

- Nervenfaserschädigung durch Stoffwechselstörungen
- Beispiele: Diabetes mellitus, Niereninsuffizienz, Schilddrüsenfunktionsstörungen, Vitaminmangel, z. B. Vitamin-B_1- unvd -B_{12}-Mangel.

Toxische Neuropathie:
- Axonenschädigung
- Auslöser: Chemotherapeutika wie Oxaliplatin, Paclitaxel oder Vincristin; Schwermetalle, Alkohol.

CHECK-UP

- ☐ Welche Untergruppen von Neuropathien kennen Sie?
- ☐ Erklären Sie interstitielle, entzündliche und metabolische Neuropathien.
- ☐ In welcher Form finden Schädigungen bei Neuropathien statt?

Tumoren des peripheren Nervensystems

Schwannom

- Synonym: **Neurinom**
- Gutartig
- Meist bekapselt und von Schwannzellen ausgehend
- Häufigster Tumor des peripheren Nervensystems
- Altersgipfel im mittleren Erwachsenenalter
- Spontan oder in Assoziation mit Neurofibromatose Typ 1 oder Typ 2 möglich
- Häufige Lokalisationen: Kleinhirnbrückenwinkel (Akustikusneurinom) und die spinalen Hinterwurzeln (Sanduhrneurinom, → Abb. 7.1).

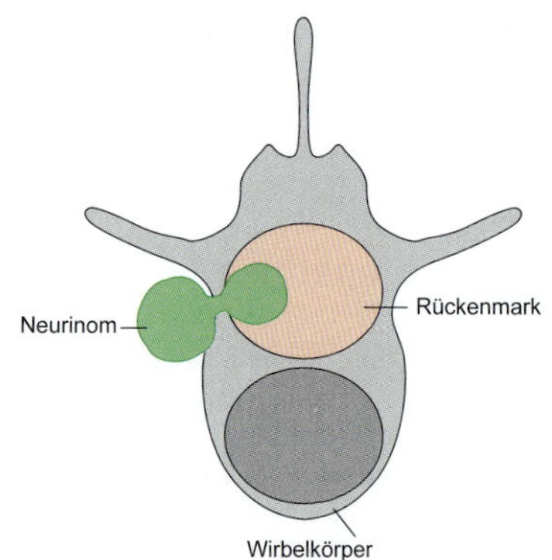

Abb. 7.1 Sanduhrneurinom [V485].

Das **traumatische Neurom** und das **Morton-Neurom** sind keine Neoplasien, sondern reaktive fibrosierte Nervensplitterungen bzw. -auftreibungen.

Histologie

- Charakteristisch: Antoni-A- und Antoni-B-Regionen
- Antoni A: Faserreiche Regionen mit länglichen Zellen und schmalen, spitz auslaufenden Zellkernen, parallele und palisadierte Zellanordnung mit hyalinisierten Wirbeln: **Verocay bodies** (→ Abb. 7.2)
- Antoni B: Faserarme Regionen mit myxoid aufgelockerten Arealen
- Immunhistologisch S100-positiv.

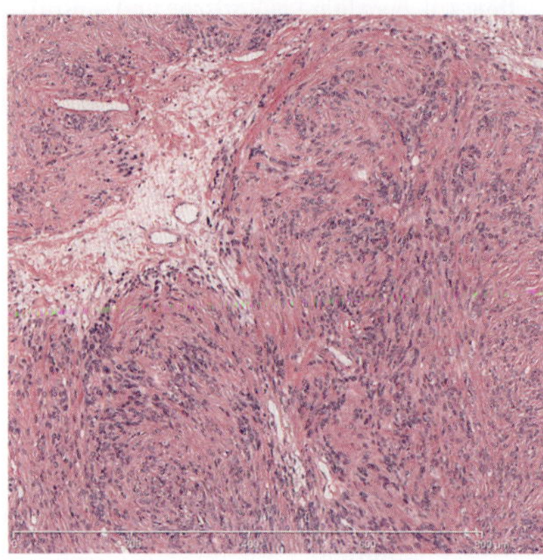

Abb. 7.2 Schwannom [O521].

Klinik

- **Akustikusneurinom**: einseitige Schwerhörigkeit, Taubheit, Tinnitus, Drehschwindel und Fazialisparese
- In anderen Lokalisationen druckbedingte, regional unterschiedliche Beschwerden.

Maligner peripherer Nervenscheidentumor

- Akronym: **MPNST**
- Maligne Form des Schwannoms
- Im Erwachsenenalter meist peripher an Extremitäten, Rumpf oder auch retroperitoneal lokalisiert.

Histologie

- Hyper- und hyozelluläre, teils myxoide Areale
- Zum Teil ähnlich dem Schwannom mit unterschiedlich ausgeprägter neurogener Differenzierung und Zell-Wirbeln
- Vermehrt Mitosen und deutliche Atypien
- Die Expression von S100 ist in weniger als der Hälfte der Fälle erhalten. Andere neurogene Marker können diagnostisch hilfreich sein
- In Kombination mit einer Rhabdomyosarkom-Komponente als maligner **Triton-Tumor** bezeichnet.

CHECK-UP

- ☐ Wo sind Schwannome typischerweise lokalisiert und wie heißen Sonderformen?
- ☐ Was ist die typische Morphologie von Schwannomen und wie unterscheidet sich davon der MPNST?

8 Skelettmuskulatur

Aufbau

- Die Skelettmuskulatur macht etwa 40 % des Körpergewichtes aus
- Zwei Subtypen:
  - Rote, langsam kontrahierende Typ-I-Fasern
  - Weiße, schnell kontrahierende Typ-II-Muskelfasern
- Die weißen Muskelfasern ermüden schneller als die roten
- Muskelfaser und zugehöriges Motoneuron bilden die motorische Einheit
- Motorische Einheit und sensorische Rückkopplung bilden einen Reflexbogen
- Muskelfaserkerne können sich nicht weiter teilen. Die den Muskelfasern anliegenden Satellitenzellen (Myoblasten) hingegen können sich teilen und neue Muskelfasern bilden.

Muskelbiopsien sollten immer in NaCl-Lösung übersandt werden, da Untersuchungen zur Enzymaktivität nur an Frischgewebe möglich sind. Für Elektronenmikroskopie später Fixation in Glutaraldehyd. Entzündungen (Myositiden) und Speicherkrankheiten können gut mit Routinefärbungen, ebenso wie Dystrophindetektionen (immunhistochemisch) an formalinfixiertem Material erfolgen.

CHECK-UP

- [ ] Welche Informationen liefert eine Muskelbiopsie?

Pathologien der Skelettmuskulatur

Muskeldystrophien

- Primäre Erkrankungen der Skelettmuskulatur
- Anhand des betroffenen Gens werden verschiedene Typen unterschieden.

Typ Duchenne und Typ Becker

Definition und Ätiologie.

- X-chromosomal vererbte Erkrankungen
- Typ Duchenne: Mit 1:3.500 Knaben die häufigste Muskeldystrophie
- Genschaden betrifft das Protein Dystrophin
- Beim schwerer verlaufenden Typ Duchenne wird kein funktionsfähiges Dystrophin gebildet
- Beim milder verlaufenden und deutlich selteneren Typ Becker ist die Funktion des Dystrophins eingeschränkt.

Klinik und Diagnostik.

- Die Duchenne-Form manifestiert sich im Vorschulalter durch Probleme beim Aufstehen und Treppensteigen
- **Gowers-Zeichen**: Aufrichten nur mit Abstützen der Hände an den Beinen möglich
- Pseudohypertrophie der Waden durch Fett und Bindegewebe
- Einzelne Muskelfasern innerhalb von Muskelfasergruppen sind atroph. Bei neutrogener Atrophie sind alle Fasern der vom Nerv versorgten Gruppe atroph

- Tod im dritten Lebensjahrzehnt durch Muskelschwund
- Diagnosesicherung durch Immunhistochemie, Western-Blot oder Gen-Tests.

Gliedergürteldystrophie

- Sammelbegriff für derzeit 16 bekannte Formen von autosomal-dominanten und rezessiven Muskeldystrophien proximaler Muskelgruppen, die anhand der zugrunde liegenden Genmutation definiert werden
- Die Gesichtsmuskulatur ist meist ausgespart.

Kongenitale Muskeldystrophie

- Früher, oft schon vorgeburtlicher Beginn der Symptome
- Häufige Formen: Merosinopathie, Dystroglykanopathie und kongenitale Muskeldystrophie Typ Ullrich.

Myotone Dystrophie Typ 1

Synonym: **Curschmann-Steinert-Syndrom**

Ursache. Autosomal dominant; Amplifikation von CTG Sequenzen auf Chromosom 19.

Formen und Symptome.

- Kongenital:
  - Oft Mütter mit adulter Form
  - Muskelschwacher Säugling, „Floppy infant"
  - Hohe Letalität.
- Adult:
  - Verzögerte Muskelrelaxation
  - Temporale Muskelatrophie
  - Stirnglatze, Hodenatrophie
  - Herzrhythmusstörungen, Katarakt
  - Augenlidschluss eingeschränkt, beidseitige Ptosis
  - Antizipation: Erkrankung früher und gravierender in den Folgegenerationen.

Diagnostik. Molekulargenetik, „Sturzkampfbombergeräusch" im EMG.

Therapie. Symptomatisch, z. B. Krankengymnastik, Herzschrittmacher, Sexualhormone.

Myotone Dystrophie Typ 2

Synonym: **Proximale myotone Myopathie**, Akronym: **PROMM**

- CCTG Basen-Amplifikation
- Keine kongenitale Form bekannt
- Proximale Extremitäten betroffen.

Myositiden

Entzündliche Muskelerkrankungen.
Ursache:

- Erregerbedingt
- Nicht erregerbedingt.

Dermatomyositis

- Nicht erregerbedingtes, perimysiales lymphozytäres Infiltrat und Hautveränderungen
- Autoimmun bedingt
- Meist Kinder betroffen
- Bei Erwachsenen oft paraneoplastisch
- Steroide therapeutisch wirksam.

Polymyositis

- Nicht erregerbedingtes, endomysiales Infiltrat
- Autoimmun bedingt
- Steroide therapeutisch wirksam.

Einschlusskörpermyositis

- Nicht-erregerbedingtes Lymphozyteninfiltrat und intrazelluläre Einschlüsse
- Autoimmun bedingt
- Meist bei Kindern
- Steroidresistent.

Erregerbedingte Myositis

- Muskelentzündung, bedingt durch:
  - Viren: Coxsackie, Influenza, HIV
  - Bakterien: Staphylokokken, Streptokokken, Anthrax
  - Parasiten: Trichinen, Toxoplasmen
- Mit Eiter als Pyomyositis.

Metabolische Myopathien

Defekte in der Energiegewinnung des Muskels.

Subtypen

- Carnitinmangel oder Carnitin-Palmitoyl-Transferase-Mangel: Störungen der β-Oxidation von Fettsäuren
- Mitochondrale Myopathien
- Phosphorylase-Mangel oder saure Maltase-Mangel: Glykogenspeicherkrankheiten.

CHECK-UP

- ☐ Was ist der Unterschied zwischen einer neurogenen Muskelatrophie und einer Muskeldystrophie?
- ☐ Welchem Erbgang folgen die Muskeldystrophien Becker und Duchenne und was sind die Unterschiede zwischen diesen Formen?

9 Auge

Normale Struktur und Funktion

Aufbau

- Aufbau vollkommen auf die Funktion des Sehens eingestellt
- Augapfel: liegt in der Orbita → von knöchernen Strukturen zum Schutz umgeben. Vollständige Atrophie des Augapfels mit komplettem Funktionsverlust wird als **Phthisis bulbi** bezeichnet, Endstadium sehr schwerer pathologischer Veränderungen wie Trauma oder Retinopathien
- Augenmuskeln: kontrollieren die Bewegung und werden von Nerven gesteuert, die über die Orbitahinterwand aus dem ZNS eintreten
- Das Licht bricht in Cornea und Linse und wird von Stäbchen und Zäpfchen der Netzhaut in elektrische Impulse umgewandelt
- Die Iris fungiert als Blende
- Die Konjunktiva stellt die äußere Schutzschicht dar
- Die Augenlider benetzen die Kornea.

CHECK-UP

- ☐ Wie ist ein Auge aufgebaut?
- ☐ Welche pathologischen Veränderungen treten im Endstadium einer Erkrankung ein?

Pathologie des Auges

Orbita

Exophthalmus

- Vorwölbung der Augäpfel aus der Orbita
- Einseitig bei Neoplasien oder nach Traumata
- Beidseitig im Rahmen eines Morbus Basedow, bedingt durch eine Größenzunahme der Augenmuskeln bei Einlagerung von extrazellulärer Matrix.

Neoplasien

- Am häufigsten sind vaskuläre Tumoren wie Hämangiome und Lymphangiome
- Maligne Lymphome.

Augenlider

Bioptisch gut zugänglich.

Tumorartige Läsionen

Hordeolum oder Gerstenkorn.

- Schmerzhafte eitrige Entzündung der Zeis- und Moll-Drüsen (Hordeolum externum) oder der Meibom-Drüsen (Hordeolum internum)
- Auslöser: Staphylo- oder Streptokokken
- Konservative Therapie.

Chalazion.

- Auch: **Hagelkorn**
- Schmerzlose granulomatöse Entzündung der Meibom-Drüsen
- Auslöser: gestörter Talgabfluss
- Exzision zum Ausschluss eines Talgdrüsenkarzinoms empfohlen.

Xanthelasmen.

- Gelbliche plaqueartige Veränderungen der Augenlider durch Lipideinlagerungen

- Histologisch: Makrophagen ohne Entzündung
- Harmlos.

Neoplasien

Am häufigsten: Basalzellkarzinom, → Kapitel 39.
Talgdrüsenkarzinom:

- Seltener, aggressiver maligner Tumor, ausgehend von Meibom-Drüsen
- Kann klinisch als Chalazion fehlinterpretiert werden.

Konjunktiva, Bindehaut

- Zylinderepithel, reich an Becherzellen
- Grenzzone zwischen Kornea und Konjunktiva wird als **Limbus** bezeichnet
- Bioptisch gut zugänglich.

Konjunktivitis

- Häufigste Augenerkrankungen
- Typisch: Hyperämie oder „Injektion"
- Meist spontan regredient.

Cave: Vernarbung bei Chlamydia trachomatis (Trachom).

Ursachen.

- Allergie
- Mechanische Irritation
- Chemische Reizstoffe
- Reduzierter Tränenfilm: trockene Augen, Sjögren-Syndrom
- Infektiös:
  - Hoch kontagiös: Adenoviren
  - Begleitentzündung z. B. bei Rhino-Sinusitis u. a.

Tumorartige Läsionen

Aktinische Schädigung durch UV-Strahlung kann eine Verdickung der Konjunktiva verursachen. Zwei Formen:

Pinguecula.

- Auch: **Lidspaltenfleck**
- Gelbliche Verdickung seitlich des Limbus
- Greift nicht auf die Kornea über
- Mechanische Irritation der Konjunktiva, sonst harmlos.

Pterygium.

- Auch: **Flügelfell**
- Gefäßreiche konjunktivale Verdickung mit Übergreifen auf die Kornea und Sehbeeinträchtigung
- Exzision möglich.

Neoplasien

- Konjunktivale Nävuszellnävi: häufig und benigne
- Maligne Melanome
- Plattenepithelkarzinome.

Kornea, Hornhaut

- Die Cornea besitzt ein höheres Lichtbrechungsvermögen als die Linse
- Randliche Kupfereinlagerungen kommen bei Morbus Wilson vor (Kayser-Fleischer-Ring)
- Neoplasien kommen praktisch nicht vor.

Aufbau. Von außen nach innen:

- **Epithel** und **Bowman-Membran**
- **Kornea-Stroma**: dichte, geordnete Kollagenfasern ohne Gefäße; günstig für Transplantation (keine Abstoßung)
- **Descemet-Membran** und **Endothel.**

Entzündungen

- Keratitiden sind sehr schmerzhaft und manifestieren sich häufig mit Ulzera
- Verletzungen sind prädisponierend für bakterielle Infekte
- Herpesviren verursachen typischerweise Keratitis dendritica, also sich verzweigende Ulzera.

Dystrophien

Dystrophien treten meist beidseitig auf und sind fämiliär gehäuft.

Keratokonus.

- Relativ häufig
- Ausdünnung der Kornea mit zunehmender Vorwölbung, die einen **Astigmatismus** verursacht
- Assoziation mit Down- und Marfan-Syndrom
- Pathogenese unklar
- Bei schweren Fällen Hornhaut-Transplantation.

Fuchs-Endotheldystrophie.

- Frühstadium: Endothelien produzieren tröpfchenartige Ablagerungen von Basalmembran-Material (Cornea guttata)
- Spätstadium: verminderte Endothelzellen mit Eindringen von Kammerwasser ins Stroma und Ödembildung
- Therapie: Hornhaut-Transplantation.

Vordere und hintere Augenkammer

- Vordere Augenkammer: Begrenzung vorne durch das Endothel der Kornea und hinten von der Iris
- Hintere Augenkammer: zwischen Linse und Rückseite der Iris
- Der Rest des Augapfels wird hinter der Linse mit dem Glaskörper ausgefüllt.

Grauer Star

Synonym: **Katarakt.**
Meist altersbedingte Trübung der Linse mit Beeinträchtigung des Sehvermögens.

Ursachen.
- Metabolische Erkrankungen wie Diabetes mellitus, Morbus Wilson, Galaktosämie
- Medikamente, v. a. Kortikosteroide
- Bestrahlung
- Trauma.

Therapie. Einsetzen einer Kunstlinse bei Erhaltung der Linsenkapsel: extrakapsuläre Katarakt-Extraktion.

Grüner Star

Synonym: **Glaukom.**
Erhöhter Augeninnendruck bei vermindertem Abfluss des Kammerwassers.

Unterscheidung.
- Offenwinkelglaukom, primär: am häufigsten
- Offenwinkelglaukom, sekundär nach Verletzungen oder bei Tumoren
- Winkelblock-Glaukom.

Physiologie. Kammerwasser wird vom Ziliarkörper produziert und gelangt durch die Pupille in die vordere Augenkammer, um im Kammerwinkel über den Schlemm-Kanal abzufließen.

Komplikationen.
- Schmerzhafte Glaukomanfälle
- Gesichtsfeldausfälle: Skotom
- Kornea-Ödem
- Optikus-Atrophie.

Therapie. Medikamentös mit β-Blocker und Cholinergika.

Uvea

Umfasst Iris, Ziliarkörper und Aderhaut (Chorioidea).

> Substanzdefekte der Iris werden als **Kolobom** bezeichnet.

Uveitis

Entzündung der Uvea.

Ursachen.
- Trauma
- Im Rahmen von Systemerkrankungen wie Morbus Reiter, Morbus Crohn, juvenile rheumatoide Arthritis, Sarkoidose
- Infektiös beispielsweise bei Toxoplasmose und Pneumozystis.

Metastasen der Aderhaut

- Sehr schlechte Prognose
- Palliative Therapie.

Aderhautmelanom

Anatomische Besonderheit: keine Lymphgefäße in der Aderhaut, deswegen nur hämatogene Metastasierung, häufig in die Leber.

Histologie. Zwei Typen:
- Typ A: epitheloide Tumorzellen
- Typ B: spindelige Tumorzellen.

Therapie. Enukleation oder Bestrahlung.

Prognose. Abhängig vom Stadium und von der Lokalisation, Irismelanome mit sehr guter Prognose.

Komplikation. Netzhautablösung.

Retina, Netzhaut

- Enthält Stäbchen und Zapfen, keine Lymphgefäße
- **Stäbchen**: unterscheiden hell-dunkel, liegen eher peripher
- **Zapfen**: erkennen Farben, liegen konzentriert im gelben Fleck
- Die Stelle des schärfsten Sehens heißt **Makula**
- Austritt des Nervus opticus ergibt den **blinden Fleck**
- Netzhautablösung oder **Amotio retinae** bei Trauma, Aderhauttumoren oder diabetischer Retinopathie.

Vaskuläre Veränderungen

Die Retina ist auf eine sehr gute Durchblutung angewiesen und dadurch sehr anfällig für Durchblutungsstörungen. Formen sind:

Mikroangiopathie.

- **Hypertensive Retinopathie**
- **Diabetische Retinopathie.** Eine der häufigsten Ursachen für Erblindung in Industrieländern: Gefahr der Netzhautablösung, Mikroaneurysmen, Cotton-Wool-Herde (Nekrosen).

Ischämischer Retina-Infarkt.
Bei Zentralarterienverschluss.

Hämorrhagischer Retina-Infarkt.
Bei Zentralvenenthrombose.

Andere Retinopathien.
Bei Sichelzell-Anämie, Vaskulitis, Bestrahlung.

Degenerative Veränderungen

Makula-Degeneration.

- Häufigste Ursache einer Erblindung im Alter
- Unklare Pathogenese: Rauchen, Arteriosklerose, Hypertonie?
- Atrophe (trockene) und exsudative (feuchte) Form.

Retinitis oder Retinopathia pigmentosa.

- Hereditäre Erkrankung mit Apoptose von Stäbchen und Zapfen
- Akkumulation von Pigment um die Gefäße.

Neoplasien

- Primäre Tumoren sind selten
- Bei Erwachsenen kommen in erster Linie maligne Lymphome vor
- Bei Kindern ist das Retinoblastom am häufigsten.

Retinoblastom

Maligner embryonaler Tumor des Kindesalters (1.–3. Lebensjahr), ausgehend von primitiven neuronalen Zellen.

- Sporadisches Retinoblastom: einseitig
- Hereditäres Retinoblastom: Autosomal-rezessiv. Häufig beidseitig bei Keimbahnmutation eines RB-Allels.

Molekulargenetik. Deletion des rezessiven Retinoblastomgens RB auf Chromosom 13. Erst bei Verlust beider Allele kommt es zur Tumorentwicklung.

Histologie. „Kleine runde blaue Zellen", Rosettenformationen.

Klinik.

- Leukokorie oder „Katzenauge": weiße Pupille und fehlender Rotlichtreflex
- Strabismus
- Lichtscheu.

Prognose.

- Relativ gut (5-JÜR von > 80 %)
- Bilaterale Retinoblastome haben eine schlechtere Prognose.

Nervus opticus

- Häufig als **zweiter Hirnnerv** bezeichnet aber entwicklungsgeschichtlich ein Teil des Hirns → von Meningen und Liquor umgeben
- Aus diesem Grund sind Gliome und Meningeome die häufigsten primären Neoplasien des Nervus opticus.

Neuropathien

Ischämiebedingte Neuropathie. Kommt auch bei Arteriitis temporalis vor.

Optikusatrophie. Bei Glaukom.

Optikusneuritis. Keine eigentliche Entzündung, sondern Demyelinisierung. Klinik: Sehverlust. Häufig Erstmanifestation der multiplen Sklerose.

CHECK-UP

- ☐ Nennen Sie die tumorartigen Läsionen der Augenlider.
- ☐ Wie ist die Kornea aufgebaut?
- ☐ Unterscheiden Sie Grauen und Grünen Star.
- ☐ Welche Neoplasien der Uvea kennen Sie?
- ☐ Was ist die Funktion von Stäbchen und Zapfen in der Netzhaut?
- ☐ Welche Durchblutungsstörungen der Retina kennen Sie?
- ☐ Was sind die häufigsten Neoplasien des Nervus opticus?

10 Ohr

Grundlagen

Äußeres Ohr

- Ohrmuschel
- Äußerer Gehörgang.

Mittelohr

- Umfasst die **Paukenhöhle** und die darin enthaltenen **Gehörknöchelchen:**
  - Hammer
  - Amboss
  - Steigbügel.
- Steht durch das **Trommelfell** mit dem äußeren Ohr und über die **Fenestra vestibuli** und **cochleae** mit dem Innenohr in Verbindung.

Innenohr

Häutiges und knöchernes Labyrinth. Liegt im Felsenbein und besteht aus:

- Schnecke, Cochlea
- Bogengängen
- Vorhof.

Sinnesorgane

Gehör- und Gleichgewichtsorgan liegen im häutigen Labyrinth des Innenohrs.

Erkrankungen des Außenohrs

Otitis externa

Entzündung des Außenohrs.

Auslöser.

- Bakterien: Staphylokokken, Streptokokken, Pseudomonaden
- Viren: v.a. Herpesviren.
- Pilze: Candida und Aspergillus.

Symptome.

- Dolor
- Rubor
- Ödem
- Z. T. auch Knorpel mitbetroffen.

Chondrodermatitis nodularis chronica helicis (Winkler).

- Nichtinfektöse, knotig-degenerative chronische Entzündung mit Knorpelbeteiligung
- Unklare Ätiologie.

Tumoren und tumorartige Veränderungen

- **Keloidbildung** nach Trauma, z. B. Stechen von Ohrlöchern.
- **Gichttophi** bei Hyperurikämie.
- UV-Strahlen-assoziierte Hauttumoren wie aktinische Keratose, Plattenepithelkarzinome, Basalzellkarzinome oder Melanome.

CHECK-UP

- ☐ Was bezeichnet die Chondrodermatitis nodularis chronica helicis?
- ☐ Nennen Sie die Erkrankungen des Außenohrs.

Erkrankungen des Mittelohrs

Otitis media

- Mittelohrentzündung, durch Bakterien oder Viren hervorgerufen
- Meist im Kindesalter
- Typischer Infektionsweg durch die Tuba auditiva, seltener durch Trommelfellperforationen
- Es werden seröse, akut-eitrige, chronische und chronisch-polypöse Formen unterschieden.

Komplikationen. Ausbreitung der eitrigen Entzündung auf:
- Innenohr: **Labyrinthitis**
- Außenohr: **Trommelfellperforation**
- V. jugularis interna: **Thrombophlebitis**
- Mastoid: **Mastoiditis**
- Gehirn: **Hirnabszess, Meningitis**.

Cholesteatom

- Destruktiv wachsende, verhornende Plattenepithelwucherung des Mittelohrs
- Meist auf dem Boden einer Otitis media, seltener kongenital
- Therapie: chirurgische Exzision
- Rezidive sind häufig
- **Cave**: kein echter/neoplastischer Tumor.

CHECK-UP

- ☐ Was sind Ursachen und Komplikationen einer Otitis media?
- ☐ Was ist ein Cholesteatom?

Erkrankungen des Innenohrs

Toxische, infektiöse oder traumatische Schädigung

Aufgrund der **geringen Regenerationsfähigkeit** der Sinneszellen sind Schäden des Innenohrs oft bleibend.

Auslöser.
- Zahlreiche Medikamente wie Antibiotika, Diuretika, Zytostatika
- Viren wie CMV, Masern, Mumps, Röteln, HSV
- Traumata wie Schallbelastung oder Frakturen.

Tinnitus

- Subjektive Geräuschwahrnehmung bei fehlendem akustischem Stimulus
- Das Geräusch kann **temporär** oder **permanent** vorhanden sein.

Ätiologie. Unklar, wobei ein Tinnitus mit diversen Krankheiten auftreten kann, z. B. Burn-out-Syndrom, neuromuskuläre Verspannungen oder Riesenzellarteriitis.

Morbus Menière

- Episodenartige Hör- und Gleichgewichtsstörungen und Tinnitus.

Ursache. Hydrops der Endolymphe im Innenohr. Es ist jedoch unbekannt, wodurch dieser ausgelöst wird.

CHECK-UP

- ☐ Nennen Sie Erkrankungen des Innenohrs.
- ☐ Was ist ein Tinnitus?

❶

11 Hypophyse

Grundlagen

- Die Blutversorgung der Hypophyse erfolgt über Äste der A. carotis interna
- Innerhalb der Hypophyse wird ein kapilläres Portalsystem gebildet
- Hypophysäre Erkrankungen sind meist gut therapierbar, da die gebildeten Hormone sowohl substituiert als auch inhibiert werden können (Prolaktin).

> Die Hypophyse misst etwa 1–1,5 cm im Durchmesser und wiegt rund 0,5 g.

Die Hypophyse besteht aus **zwei Funktionseinheiten**:

Neurohypophyse

- Entstanden aus einer Aussackung des dritten Hirnventrikels
- Bildet selbst keine Hormone, sondern gibt die hypothalamischen Hormone antidiuretisches Hormon (ADH oder Vasopressin) und Oxytocin ins Blut ab
- Die Hormone werden über Axone aus den Hirnnervenkernen supraopticus und paraventricularis hierher transportiert.

Adenohypophyse

- Entstanden aus der Rathke-Tasche
- Vom Hypothalamus gesteuert
- Bildet und speichert die Hormone ACTH, Prolaktin, TSH, LH, FSH und Wachstumshormon, meist in jeweils hormonspezifischen Zellen.

CHECK-UP

- ☐ Wie wird die Adenohypophyse gesteuert?
- ☐ Welche Hormone werden in der Adenohypophyse gebildet?

Erkrankungen der Adenohypophyse

Hyperpituitarismus

Erhöhte Sekretion eines oder mehrerer Adenohypophysenhormone.

Ursache.

- Benigne Tumoren (Adenome) der Hypophyse: Die Adenome produzieren am häufigsten Prolaktin oder Wachstumshormon oder sind hormonell inaktiv
- Seltener: Hypothalamische Störungen, Feedbackstörungen aus der Peripherie.

Morphologie.

- Adenome meist gut begrenzt, aber nicht bekapselt
- Größe des Adenoms von wenigen Millimetern bis mehreren Zentimetern. Wachstum verdrängend und zum Teil infiltrierend

- Ausgedehnte Einblutungen oder Nekrosen können zum **Hypophysenapoplex** führen
- **Versilberungsfärbungen** demonstrieren in Adenomen die Zerstörung des physiologischen Retikulinfasergerüsts zwischen den Zellen
- Einordnung der hormonellen Aktivität durch Blutserumanalysen und immunhistologisch.

Symptome.
Lokale Symptome:
- Sehstörungen
- Kopfschmerz
- Übelkeit
- Hypophysenfunktionsstörungen.

Hormonspezifische Zeichen:
- Prolaktin: Amenorrhö, Galaktorrhö, Infertilität
- Wachstumshormon: Riesenwuchs, Akromegalie
- ACTH: Cushing-Syndrom.

Hypopituitarismus

Minderproduktion eines oder aller Hormone der Adenohypophyse.

Ursache.
- Traumata, v. a. Schädel-Hirn-Verletzungen
- Adenome, die die Hypophyse oder den Hypophysenstiel komprimieren oder destruieren. Meist ohne Hormonsekretion, so genannte **Null-Adenome**
- Seltener sind Nekrosen der Hypophyse, z. B. im Rahmen eines **Sheehan- Syndroms (Post-partum- Nekrose)**: Die durch Prolaktinproduktion vergrößerte Drüse stirbt vermutlich hypoxisch ab
- Seltene Ursachen:
  - Kreislaufschock
  - Gerinnungsstörungen
  - Diabetes mellitus
  - Iatrogene Zerstörung.

CHECK-UP

- ☐ Welche Tumoren der Adenohypophyse kennen Sie und was sind deren Symptome?
- ☐ Was ist das Sheehan-Syndrom?

Erkrankungen der Neurohypophyse

Störungen der Oxytocinsekretion sind bislang nicht als Krankheitsbild beschrieben.

Diabetes insipidus und Schwartz-Bartter-Syndrom

Hypo- bzw. Hypersekretion von ADH.

Diabetes insipidus

Hyposekretion von ADH.

Ursachen.
- Tumoren und Entzündungen von Hypophyse und Hypothalamus oder Defekte der zerebralen Osmorezeptoren
- Ein hereditärer Diabetes insipidus kann autosomal dominant, rezessiv oder X-chromosomal vererbt sein
- Temporär nach Alkohol → unterdrückt ADH-Sekretion.

Symptome. Renaler Wasserverlust, Dehydration, Hyperosmolarität.

Schwartz-Bartter-Syndrom

Hypersekretion von ADH.
Synonym: **Syndrome of inappropriate antidiuretic hormone hypersecretion**, **SIDAH**.

Ursachen.
- Meist: Paraneoplastisch, z. B. Bronchuskarzinome
- Seltener: Entzündungsbedingte Stimulation peripherer Barorezeptoren.

Symptome. Wasserretention, Hypoosmolarität und Hirnödem.

CHECK-UP

- ☐ Welche Tumoren der Hypophyse kennen Sie und was sind die Symptome?
- ☐ Was sind Ursachen und Symptome des Diabetes insipidus?

12 Schilddrüse

Aufbau und Funktion der Schilddrüse

- Aufbau aus zwei über den Isthmus verbundenen Seitenlappen
- Entstanden aus einer Aussprossung des Kopfdarms
- Normalgewicht ca. 20–25 g.

Schilddrüsenhormone

- Stimulieren metabolische Prozesse
- **Trijodthyronin,** T_3:
  - Wirkt stärker als T_4
  - Wirkt auch in der Peripherie
  - Kann durch Dejodierung aus T_4 entstehen
- **Tetrajodthyronin,** T_4
- Im Serum sind T_3 und T_4 überwiegend (ca. 99 %) an Thyroxin-bindendes Globulin (TBG) als Transportprotein gebunden.

Schilddrüsenhormonsynthese.

- Lokalisation: in den Follikelzellen
- Steuerung: durch thyroideastimulierendes Hormon (TSH) aus dem Hypophysenvorderlappen
- Medikamentöse Hemmung: Thiamazol.

Thyroideastimulierendes Hormon

Akronym **TSH.**

Bindet an einen G-Protein gekoppelten Zellmembran-Rezeptor und löst cAMP-vermittelt folgende **Prozesse** aus:

- Aufnahme anorganischen Jods in die Follikelzelle
- Jod-Oxidation durch **Peroxidase**
- Jod-Kopplung an **Thyreoglobulin** und Tyrosinrest: Monojodtyrosin (MJT) oder Dijodtyrosin (DJT)
- Bildung von T_3 und T_4 aus MJT und DJT
- Resorption des an Thyreoglobulin gebundenen T_3 und T_4 aus dem Follikel-Lumen
- Abspaltung von T_3 und T_4 von Thyreoglobulin und Abgabe der Hormone ins Blut
- Recycling von Aminosäuren und anorganischem Jod.

Histologie

Charakteristisch:

- Aufbau aus kolloidhaltigen, von Thyreozyten ausgekleideten Follikeln. Im Kolloid enthalten:
  - Thyreoglobulin
  - Trijodthyronin, T_3
  - Tetrajodthyronin, T_4
- Zwischen den Follikeln: Kalzitoninproduzierende, neuroendokrine C-Zellen.

Kalzitonin

Produkt der C-Zellen.

Funktion: Senkt den Serumkalziumspiegel durch:

- Inhibition der Osteoklasten im Knochen → verminderte Kalzium-Freisetzung
- Hemmung der tubulären Kalziumrückresorption in der Niere.

■ CHECK-UP

- ☐ Beschreiben Sie Entstehung und Wege der Schilddrüsenhormone T_3 und T_4.
- ☐ Was ist die Aufgabe und Bedeutung von Kalzitonin?

Anlagestörungen und kongenitale Anomalien

Formen der Anlagestörung

- **Agenesie** und **Aplasie** der Schilddrüsen sind selten
- **Ektopien** der Schilddrüse finden sich meist im embryonalen Migrationsverlauf zwischen Zungengrund (Zungengrundstruma) und retrosternalem Mediastinum
- **Thyreoglossuszyste** oder mediane Halszyste: Ventral der Trachea gelegen, von Plattenepithel oder Follikelepithel ausgekleidet, oft von lymphozytärem Infiltrat umgeben.

Komplikationen der Thyreoglossuszyste:

- Infektionen
- Hautfistelungen
- Postoperative Rezidive (bis 30 %).

■ CHECK-UP

- ☐ Wie entsteht eine Zungengrundstruma?

Struma

Synonym: **Kropf**.

- Allgemein: Vergrößerung der Schilddrüse
- Spezifischer: Nichtneoplastische Vergrößerung
- Frauen häufiger betroffen
- Als „endemisch" bezeichnet, wenn > 10 % der Bevölkerung betroffen sind, z. B. in Jodmangelgebieten wie fast ganz Mitteleuropa mit Schwerpunkt in den Alpenregionen.

Ätiologie und Pathogenese

- Jodmangel. Geologisch bedingter Mangel an Jod in der Nahrung. Kann durch Jodierung von Nahrungsmitteln, z. B. im Salz, reduziert oder ausgeglichen werden
- Morbus Basedow
- Thyreoiditiden
- Einnahme großer Mengen so genannter „strumigener" oder Struma hervorrufender Substanzen wie Kalzium, Fluorid oder Kohl.

Pathogenese. Aktivierung der TSH-abhängigen Kaskaden über TSH oder durch Autoantikörper; in der Folge Hypertrophie und Hyperplasie des Schilddrüsenparenchyms mit vermehrter T_3- oder T_4-Produktion und Strumabildung. Dadurch kann eine Hypothyreose anfangs vermieden werden.

Morphologie

- Diffuse, noch als reversibel angesehene Struma: Anfangs hypothyreote Stoffwechsellage
- In dieser Phase kleine, eng gelagerte, kolloidarme und von hochprismatischen Zellen ausgekleidete Follikel
- Ab Erreichung der Euthyreose Abflachung der Follikelepithelien und Ansammlung von Kolloid im Lumen
- Weiterer Verlauf: Knotenbildung, nun irreversible **Knotenstruma** mit inhomogener Kolloidakkumulation und zum Teil sehr großen kolloidhaltigen Follikeln
- Eine vollständige Bindegewebskapsel wie beim Adenom kommt eher nicht vor.

Klinik

Diffuse Struma.

- Meist euthyreot
- Hypo- und hyperthyreotische Zustände möglich.

Knotenstruma.

- Oft tastbarer Knoten
- Verursacht je nach Lage und Größe verdrängungsbedingte Beschwerden, z. B. Dysphagie
- Muss differenzialdiagnostisch von neoplastischen Veränderungen abgegrenzt werden
- Euthyreot, aber auch hyperthyreot kommt vor.

CHECK-UP

- ☐ Was versteht man unter einer Struma und was sind häufige Ursachen?

Funktionsstörungen der Schilddrüse

Hyperthyreose

- Inadäquat erhöhte Schilddrüsenhormonwirkung
- Meist Frauen
- Ursachen: Morbus Basedow, toxische Knotenstruma, heiße Adenome.

Klinik

- T_3/T_4 erhöht
- TSH erniedrigt
- **Metabolismusaktivierung** mit z. B. Gewichtsabnahme, Tachykardie, Herzrhythmusstörungen, Diarrhö
- **Thyerotoxische Krise** als lebensgefährliche Extremform mit Fieber, Delirium und Koma.

Morbus Basedow

Synonym: **Autoimmune Hyperthyreose, Graves' disease.**

Ursachen: mit HLA-DR3-Genotyp assoziierte Bildung von TSH-Rezeptor-stimulierenden IgG-Antikörpern (TRAK, TSAK) und andern Autoantikörpern wie Peroxidase-AK.

Morphologie.

- Diffuse Hyperplasie mit histologisch zahlreichen, von hochprismatischen Zellen ausgekleideten, kolloidarmen Follikeln
- Typisch intrafollikuläre pseudopapilläre Einfaltungen, so genannte **Sanderson-Polster**
- Fibrosierte Lobuli
- Nach Therapie: Intrafollikuläre Akkumulation von Kolloid.

Klinik.

- **Merseburger-Trias:** Struma, Tachykardie und Exophthalmus
- **Prätibiales Myxödem** durch Hyaluronateinlagerungen möglich.

Toxische Knotenstruma

Knotiges Parenchym mit wechselnd hypertrophem und atrophem Follikelepithel.

Ursachen. Disseminierte Follikelautonomie bei toxischer Knotenstruma in Jodmangelgebieten durch aktivierende TSH-Rezeptor-Punktmutationen.

Hypothyreose

- Inadäquat reduzierte Schilddrüsenhormonwirkung
- Meist Frauen.

Ursachen

- Funktionelle Synthesestörungen:
  - TSH- oder TRH-Ausfall
  - Jodmangel
  - T_3- oder T_4-Synthesedefekte
  - Thyreoglobulinfaltungs-Störung
- **Parenchymmangel**:
  - Anlagestörungen
  - Iatrogene Schädigungen, z. B. Tumoroperation (Thyreoidektomie)
  - Häufigste Ursache: Thyreoiditiden.
- Periphere T_3- und T_4-Resistenz.

Bei systemischen Erkrankungen wie Schock, Sepsis, Tumor, Leberzirrhose oder Niereninsuffizienz kann ein so genanntes **Low-T_3-Syndrom** vorkommen. Hier ist der T_3 isoliert erniedrigt.

Klinik

- T_3/T_4 erniedrigt
- TSH erhöht
- Gewichtszunahme, Lethargie, Depression, Myxödem, Obstipation
- Bei kongenitaler Form auch Kretinismus möglich. Es muss daher baldmöglichst substituiert werden.

■ CHECK-UP

- ☐ Was bedeuten Hyperthyreose und Hypothyreose?
- ☐ Was sind Ursachen und Wirkungen von Hyper- und Hypothyreose?
- ☐ Nennen Sie Ursache, pathologische und klinische Merkmale des Morbus Basedow.
- ☐ Was ist mit dem Begriff „heißer Knoten“ gemeint? Erklären Sie den Kontext.

Thyreoiditis

Palpationsthyreoiditis

- Iatrogen bedingt
- Einzelne disseminierte Riesenzellen im Bereich arrodierter Follikel und Mikrohämorrhagien
- Meist nach vorangegangener Palpationsuntersuchung.

Akute Thyreoiditis

- Seltene, akute Entzündung
- Meist sekundär hämatogen entstanden
- Ausgelöst durch Bakterien (Streptokokken oder Staphylokokken), Pilze oder Viren.

Klinik. Druckschmerzhafte Schilddrüse.

Lymphozytäre Thyreoiditis

Synonym: **Hashimoto thyreoiditis.**
Entzündung und Destruktion des Schilddrüsenparenchyms.

- Autoimmunologisch bedingte, chronische Destruktion des Parenchyms
- Meist Frauen zwischen 30 und 50 Jahren
- Häufigste Ursache einer Hypothyreose
- Mechanismus: T-Zell- und autoantikörpervermittelte Reaktion gegen diverse schilddrüsenassoziierte Antigene mit genetischer Komponente und Assoziation mit anderen Autoimmunkrankheiten, z. B. chronisch entzündliche Darmerkrankungen, Morbus Basedow, Zöliakie.

Morphologie.

- Anfänglich meist symmetrisch vergrößerte (Struma), palpatorisch derbe Schilddrüse
- Fibrotischer, manchmal knotiger Umbau mit Atrophie.

Histologie.

- Dichtes, diffuses lymphofollikuläres Infiltrat mit typischerweise onkozytär (oxyphilzellig) veränderten Follikelzellen.

Klinik.

- **Hypothyreose**
- Komplikation: Non-Hodgkin-Lymphome, meist Marginalzonen-Lymphom.

Subakute granulomatöse Thyreoiditis

Synonym: **Thyreoiditis de Quervain.**

- Granulomatöse, riesenzellhaltige Entzündung der Schilddrüse
- Meist Frauen zwischen 30 und 50 Jahren
- Ätiologisch wird eine virusbedingte Immunreaktion nach Respirationstraktsinfektion angenommen.

Morphologie.

- Asymmetrische Struma.
- Typischerweise herdförmige und granulomatöse Entzündung.
- Riesenzellen und lymphozytäre Begleitreaktion.

Klinik.

- **Schmerzempfindlich**
- Verlauf von Hyperthyreose zu Hypo- und schließlich Euthyreose.

Invasiv sklerosierende Thyreoiditis

Synonym: **Riedel-Struma.**

- **Perithyreoiditis**: Entzündung der umgebenden Weichteile mit Einbeziehung der Schilddrüse
- Stark fibrosierende, entzündliche Zerstörung der Schilddrüse, daher auch „eisenhart“

- Schilddrüse – im Unterschied zu den vorher genannten Formen – mit der Umgebung verwachsen
- Meistens Frauen zwischen 40 und 70 Jahren.

Morphologie.
Chronische Entzündung mit dominierender Fibrosekomponente der Schilddrüse und des umgebenden Bindegewebes.

Klinik.
- Primär Euthyreose, später Hypothyreose
- Mechanische Beschwerden durch Verwachsungen, z. B. Dysphagie, Dyspnoe.

CHECK-UP

- ☐ Welche Formen der Thyreoiditis kennen Sie?
- ☐ Was sind morphologische Unterschiede zwischen der lymphozytären, subakut granulomatösen und perithyreoidalen Thyreoiditis?
- ☐ Kennen Sie andere Erkrankungen, die mit der Hashimoto-Thyreoiditis assoziiert sein können?

Tumoren der Schilddrüse

Epidemiologie und Ätiologie

- Neoplasien der Schilddrüse, meist solitär
- 80–90 % der solitären Schilddrüsentumoren sind Adenome, 10–20 % Karzinome
- Frauen sind häufiger betroffen, meist ab dem 50. Lebensjahr
- Papilläre Karzinome sind die häufigste Karzinomvariante und kommen auch bei Kindern und jungen Erwachsenen vor
- Tumoren allgemein häufiger in Strumen
- Assoziation zwischen Jodmangel und follikulären Neoplasien: Adenom und follikuläres Karzinom
- Assoziation zwischen radioaktiver Strahlung und papillären Karzinomen.

Follikuläres Adenom

- Benigne, meist solitär
- Bindegewebig bekapselter Knoten
- Häufiger in Jodmangelgebieten
- TSH-unabhängiges Wachstum
- „**Heiß**" → Hormonproduktion und szintigrafische Jodaufnahme
- „**Kalt**" → keine Hormonproduktion → keine Jodaufnahme.

Histologie.
- Meist aufgebaut aus sehr kleinen Follikeln (Mikrofollikeln)
- Auch onkozytäre oder hellzellige Varianten
- Definitionsgemäß keine Kapsel- oder Gefäßeinbrüche.

Therapie.
Adenome können reseziert oder, wenn hormonaktiv („heiß"), auch mit Radiojod therapiert werden.

Onkozytom

Synonym: **Hürthle-Zell-Tumor.**
- Bestehen aus eosinophilen mitochondrienreichen Zellen
- Nicht immer eindeutig von hyperplastischen Strumaknoten abgrenzbar.

Seltene Tumoren

Beispiel: **Hyalinisierender trabekulärer Tumor, HTT**. Seltener, meist benigner schilddrüsenspezifischer Tumor.

Papilläres Schilddrüsenkarzinom

- Häufigstes Schilddrüsenkarzinom
- Charakteristische Kernkriterien:
  - **Milchglaskerne** (Little Orphan Annie's eyes)
  - **Kernkerben**
  - **Kerneinschlüsse** (→ Abb. 12.1)
- Die Zellen überlagern sich typischerweise dachziegelartig
- Psammomkörperchen oder spheroide Verkalkungen und Riesenzellen kommen vor

- Oft „versteckt“ in Zysten
- Neben der klassischen papillären Architektur gibt es zahlreiche weitere morphologische Subtypen, z. B. follikuläre, onkozytäre oder hochzellige.

Molekularpathologie.
Charakteristisch für diese Tumoren:
- Mutationen im BRAF- oder TRK-Gen
- Ret/PTC-Translokationen.

Alle Mutationen führen zu einer Aktivierung des **MAP-Kinase-Pathways**.

Metastasierung und Prognose.
- Papilläre Karzinome metastasieren lymphogen
- Die Prognose ist allgemein recht gut.

Papilläres Mikrokarzinom

Im Durchmesser kleiner als 10 mm.

Follikuläres Schilddrüsenkarzinom

- Zweithäufigstes Schilddrüsenkarzinom
- Prävalenz in Jodmangelgebieten
- Fehlen der genannten Kernkriterien des papillären Karzinoms
- Der von einer breiten Bindegewebskapsel umgebene Tumor weist eine meist unauffällige Zellmorphologie auf
- Anders als beim Adenom: **mikroinvasives** Wachstum mit pilzförmigen Kapseldurchbrüchen oder Gefäßeinbrüchen
- **Makroinvasives** (grob invasives) Wachstum kommt vor.

Molekularpathologie.
- Pax-8-PPAR-γ-Translokationen
- Häufig auch Mutationen in verschiedenen ras-Onkogenen.

Metastasierung und Prognose.
- Die Prognose meist gut
- Falls eine Metastasierung erfolgt, geschieht diese beim follikulären Karzinom hämatogen zum Beispiel in den Knochen. Merkhilfe: **Fe**deratio **M**edicorum **H**elveticorum, **FMH** → **F**ollikulär **M**etastasiert **H**ämatogen.

Medulläres Schilddrüsenkarzinom

- Karzinom der C-Zellen
- Typische immunhistologische Expression:
  - Kalzitonin
  - Karzinoembryonales Antigen, CEA
  - Neuroendokrine Marker wie Chromogranin und Synaptophysin
- Dritthäufigstes Schilddrüsenkarzinom.

Histologie.
- Variabel, daher bei Verdacht immer Immunhistologie durchführen
- Meist solide und spindelzellig
- Seltener follikulär oder papillär
- Häufig charakteristische Amyloidablagerungen (Kongorotfärbung).

Molekularpathologie.
Mutationen des RET-Protoonkogens sowohl bei sporadischen (ca. 80 % der Fälle) als auch bei familiären (MEN-2-)Karzinomen.

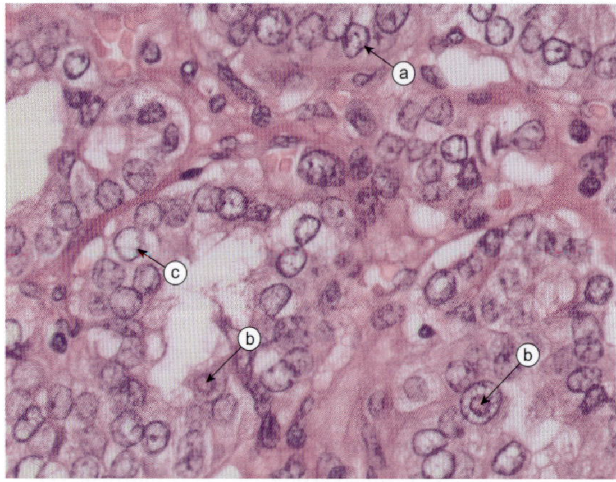

Abb. 12.1 Papilläres Schilddrüsenkarzinom, High-power-Kernkriterien [O521].

Metastasierung.
- **Lymphogene** Metastasierung
- Später auch **hämatogene** Metastasierung.

Prognose.
- Bei sporadischen Karzinomen recht günstig
- Schlechter bei Vorliegen von Metastasen
- Bei familiären Tumoren metastasenunabhängig schlechter.

Insuläres Schilddrüsenkarzinom

Synonym: **Wenig differenziertes Schilddrüsenkarzinom.**
Liegt morphologisch und prognostisch zwischen den differenzierten Karzinomen (follikulär und papillär) und dem undifferenzierten, anaplastischen Karzinom.

Histologie. Kennzeichnend sind:
- Insuläres, trabekuläres oder solides Wachstum
- Vermehrte mitotische Aktivität
- Nekrosen
- Ausgedehnte Invasivität.

Anaplastisches Schilddrüsenkarzinom

Definition und Morphologie.
- Hochmaligner Tumor aus **undifferenzierten, anaplastischen** Zellen
- Unscharf begrenzt und infiltrativ wachsend: Wächst oft bei Diagnosestellung schon über die Schilddrüse hinaus ins Weichgewebe
- Häufig Einblutungen und Nekrosen
- Selten: ca. 3 % der Schilddrüsenkarzinome.

Metastasierung: Lymphogen und hämatogen.
Prognose: Nur ca. 20 % der üblicherweise älteren Patienten überleben das erste Jahr.

Lymphome und Metastasen in der Schilddrüse

- Neben dem diffus großzelligen B-Zell-Lymphom und dem Marginalzonen-Lymphom kommen Metastasen von Melanomen und verschiedenen soliden Tumoren in der Schilddrüse vor
- Metastase des **klarzelligen Nierenzellkarzinoms:** Thyreoglobulinnegativ und CD10-positiv → Unterscheidungshilfe zum hellzelligen follikulären Schilddrüsenkarzinom, dieses ist Thyreoglobulinpositiv und CD10-negativ.

CHECK-UP

- ☐ Was wissen Sie über Epidemiologie und Ätiologie von Schilddrüsentumoren?
- ☐ Wie definiert sich ein Adenom der Schilddrüse, welche Formen kennen Sie und was sind Unterschiede zu Strumaknoten und Karzinomen?
- ☐ Welche Formen der Schilddrüsenkarzinome kennen Sie?
- ☐ Wie ist das papilläre Schilddrüsenkarzinom definiert und welche Formen kennen Sie?
- ☐ Nennen Sie Unterschiede im Metastasierungsweg papillärer und follikulärer Schilddrüsenkarzinome.
- ☐ Was kennzeichnet das medulläre Karzinom aus immunhistologischer und genetischer Sicht?

Untersuchungsmethoden

Tumorabklärung

Anamnese und klinische Untersuchung.

Serumuntersuchungen

Nach erfolgter Tumortherapie:
- Konzentrationsüberwachung von Thyreoglobulin
- Konzentration von TSH, T_3 und T_4 zur Bestimmung der Stoffwechsellage.

Ultraschall

Zur Detektion und Einschätzung von Zysten und Tumoren jeglicher Art.

Feinnadelpunktion

- Diagnose und Differenzialdiagnose von Malignomen und Entzündungen
- Zuverlässige, schnelle und günstige Diagnose von nichtfollikulären Karzinomen, Zysten und Thyreoiditiden
- **Follikuläre Neoplasien**: Die Unterscheidung zwischen Adenom und follikulärem Karzinom (besonders bei gut differenzierten) ist aufgrund der histologiebasierten Unterscheidungskriterien zytologisch bisher schwierig bis unmöglich
- Diagnosekategorisierung:
  - British Thyroid Association: fünfstufig, Thy 1–Thy 5
  - Bethesda-System: sechsstufig, I–VI.

Szintigrafie

- Nachweis der Thyreoglobulinsynthese mit radioaktivem Jod^{131}
- Primärdiagnostik meist mit ^{99m}Tc-Pertechnetat.

Immunhistologie

TTF-1 und **Thyreoglobulin**: Immunhistologische Marker für:

- Normale Thyreozyten
- Follikuläre Schilddrüsenkarzinome
- Papilläre Schilddrüsenkarzinome (diese auch oft HBME-1-, Galectin-3- und CK19-positiv)
- Wenig differenzierte Schilddrüsenkarzinome.

Kalzitonin, **CEA**, **Chromogranin** und **Synaptophysin**: Immunhistologische Marker des medullären Schilddrüsenkarzinoms.

CHECK-UP

- ☐ Welche Untersuchungsmethoden stehen zur Tumorabklärung zur Verfügung?
- ☐ Erklären Sie den Wert der Feinnadelpunktion.
- ☐ Kennen Sie immunhistologische Marker, die in der Diagnostik fraglicher Schilddrüsenkarzinome Verwendung finden?

13 Nebenschilddrüse

Normale Struktur und Funktion

- Vier Nebenschilddrüsen (Epithelkörperchen, Parathyreoidea)
- Meistens dorsal der Schilddrüse im Bereich des Ober- und Unterpols lokalisiert
- Normalgewicht 35–40 mg, sehr klein, makroskopisch kaum zu finden
- Schnittfläche typischerweise rehbraun.

Histologie

- Überwiegend helle Hauptzellen, die das **Parathormon** sezernieren
- Vereinzelt kleine Grüppchen von oxyphilen Zellen mit granuliertem Zytoplasma. Ihre Funktion ist unklar.

Parathormon

Akronym: **PTH.**

- In den Kalzium-Phosphat-Haushalt involviert
- Steigert den Kalzium-Gehalt im Blut:
  - Aktiviert Osteoklasten, die Kalzium durch Knochenabbau freisetzen
  - Steigert die Absorption von Kalzium in der Niere und im Dünndarm
  - Stimuliert die Vitamin-D_3-Synthese in der Niere
  - Steigert die Ausscheidung von Phosphat.

Hyperkalzämie hemmt die PTH-Sekretion durch eine negative Feedback-Schleife.

CHECK-UP

- ☐ Welche Zelltypen unterscheidet man histologisch in der Nebenschilddrüse?
- ☐ Nennen Sie die Funktionen des Parathormons.

Funktionelle Störungen

Unterscheidung:

- Überfunktion: Hyperparathyroidismus
- Unterfunktion: Hypoparathyroidismus.

Hyperparathyroidismus

Primärer Hyperparathyroidismus

- Inadäquate PTH-Sekretion mit Hyperkalzämie
- Betroffen sind Erwachsene, Frauen häufiger als Männer
- In 95 % sporadisch, familiäre Häufung im Rahmen eines MEN-Syndroms (→ Kap. 15).

Ursachen:

- Adenome 75–80 %
- Hyperplasie der Nebenschilddrüse 10–15 %
- Nebenschilddrüsenkarzinom 5 %.

Morphologie.

- Im Gegensatz zu einer Hyperplasie, die mehrere Epithelkörperchen betrifft, tritt ein Adenom solitär auf
- Entscheidend für die Diagnose ist das **Gewicht** (0,5–5 g), da ein Adenom histologisch wie normales Nebenschilddrüsengewebe imponieren kann
- Die Diagnose eines Nebenschilddrüsenkarzinoms erfordert den Nachweis von Gefäßeinbrüchen oder Fernmetastasen.

Symptome.
- Schmerzhafte zystische Läsionen im Knochen wegen gesteigerter Osteoklastentätigkeit
- Die Osteoklasten können große Aggregate bilden, sodass sie Neoplasien vortäuschen: so genannte braune Tumoren
- Frakturen und Osteoporose
- Nephrolithiasis
- Metastatische Kalzifizierungen, z. B. in Gefäßen, Myokard, Lunge, Magen
- Neurologische Symptome.

Therapie.
Chirurgische Exzision der Nebenschilddrüsen.

Differenzialdiagnose Hyperkalzämie
- Plasmazellmyelom oder osteolytische Metastasen: Lungen-, Mamma-, Prostatakarzinom
- Paraneoplastisch bei Tumoren, die parathormonverwandte Peptide sezernieren (z. B. Lungenkarzinom)
- Endokrin: Primärer Hyperparathyroidismus, Hyperthyreose u. a.
- Medikamtös-toxisch: Vitamin-D-Intoxikation, Diuretika.

Sekundärer Hyperparathyroidismus
- Chronische Hypokalzämie bewirkt eine kompensatorische PTH-Übersekretion
- Häufigste Ursache: Chronische Niereninsuffizienz
- Morphologie: Hyperplasie der Nebenschilddrüsen.

Tertiärer Hyperparathyroidismus
- Unter exzessiver PTH-Sekretion entwickelt sich wieder eine Hyperkalzämie
- Beispiel: nach Aufhebung der chronischen Niereninsuffizienz durch eine Nierentransplantation.

Hypoparathyroidismus

- Verminderung der PTH-Sekretion und Hypokalzämie
- Selten.

Ursachen.
- Iatrogen
  - Nach kompletter Entfernung aller Nebenschilddrüsen, z. B. nach totaler Thyreoidektomie oder radikaler Neck-Dissektion
  - **Postoperative Kalzium-Kontrollen** sind daher nach Schilddrüseneingriffen besonders wichtig
- Angeboren, z. B. beim DiGeorge-Syndrom (→ Kap. 19)
- Idiopathisch.

Klinik.
- Wichtigstes Symptom: Tetanie
- Neurologische Symptome
- Herzrhythmus-Störungen.

Pseudohypoparathyroidismus
Hypokalzämie wegen peripherer PTH-Resistenz.

CHECK-UP

- ☐ Unterscheiden Sie primären und sekundären Hyperparathyroidismus.
- ☐ Welche Ursachen lösen einen Hypoparathyroidismus aus? Worauf muss geachtet werden?

14 Nebenniere

Normale Struktur und Funktion

- Paarig angelegt
- Lagern kappenförmig am Nierenoberpol
- Makroskopisch leicht an der gelben Schnittfläche zu erkennen
- Bestandteile sind das Nebennierenmark und die Nebennierenrinde, zwei funktionell unabhängige Systeme.

Nebennierenmark

- Zum vegetativen Nervensystem zugehörig
- Produziert die Katecholamine **Adrenalin** und **Noradrenalin**.

Nebennierenrinde

- Hier findet die Steroidhormonsynthese statt: sie wird vom adrenokortikotropen Hormon (ACTH) aus dem Hypophysenvorderlappen gesteuert
- Die Rinde lässt sich mikroskopisch und funktionell von außen nach innen weiter unterteilen in:
  - **Zona glomerulosa:** Mineralokortikoide, v. a. Aldosteron
  - **Zona fasciculata:** Glukokortikoide, v. a. Kortisol
  - **Zona reticularis:** Geschlechtshormone.

CHECK-UP

- ☐ Nennen Sie die Hauptfunktionen der Nebenniere.
- ☐ Nennen Sie die Teile der Nebennierenrinde. Welches sind ihre Funktionen?

Nebennierenmark

Die wesentlichen Erkrankungen des Nebennierenmarks sind Neoplasien.

Phäochromozytom

Seltener Tumor gebildet von neuroendokrinen Zellen, die Katecholamine sezernieren.

Epidemiologie.

- 10 % familiär gehäuft, z. B. MEN 2, Neurofibromatose, Von-Hippel-Lindau-Syndrom
- 10 % der sporadische Phäochromozytome treten bilateral auf
- 10 % bei Kindern
- 10 % der Phäochromozytome verhalten sich maligne (Metastasierungspotenzial!)

Morphologie.

- Großes Spektrum: von wenigen Millimetern großen Knötchen bis hin zu mehreren Kilogramm schweren Tumoren
- Histoarchitektur typischerweise von Anordnung der Tumorzellen in „Zellballen" geprägt, die von Sustentakularzellen umgeben sind
- Zellen häufig spindelförmig
- Zellkerne weisen ein typisches Salz-Pfeffer-Chromatin auf und können durch eine ausgeprägte **Pleomorphie** auffallen.

> Es gibt keine histologischen Kriterien, die ein malignes Verhalten vorhersagen.

Klinik.

- Leitsymptom: Hypertonie
- Tachykardien, Herzklopfen
- Kopfschmerzen
- Schwitzen, Tremor.

> - Bei der Erstdiagnose einer **Hypertonie** sollte auch an die Möglichkeit eines Phäochromozytoms gedacht werden, auch wenn sehr seltene Ursache einer Hypertonie
> - Da Phäochromozytome im Rahmen eines **MEN 2** auftreten können, sollte ein synchrones medulläres Schilddrüsenkarzinom ausgeschlossen werden (Ultraschall, eventuell Punktion).

Labor.

- Laborchemisch wurde früher das Abbauprodukt der Katecholamine, nämlich **Vanillinmandelsäure** im 24-h-Sammelurin nachgewiesen. Das ist jedoch wenig spezifisch und wenig sensitiv
- Heute werden Blutplasma und 24-h-Sammelurin auf Katecholamine und Metanephrine untersucht.

Therapie.

- Chirurgische Entfernung
- Wichtig ist die präoperative Gabe des irreversiblen α-Blockers Phenoxybenzamin und von β-Blockern zur Verhinderung einer hypertensiven Krise während der Operation.

Tumoren der extraadrenalen Paraganglien

- **Paragangliome**: extraadrenal auftretende Phäochromozytome (Nebennierenmark ist mit den Paraganglien verwandt)
- Neuroendokrine Tumoren
- Sezernieren Katecholamine
- Können Bestandteil eines MEN-Syndroms sein
- Häufigste Lokalisation ist die A. carotis: **Karotis-Paragangliom** oder **Glomus-caroticum-Tumor.**

Neuroblastom

- Häufigster solider Tumor außerhalb des ZNS im Kindesalter
- Häufigste Lokalisation: Nebennierenmark, kommen auch paravertebral oder mediastinal vor
- Makroskopisch variable Größe von kleinen Knötchen bis hin zu mehrere Kilogramm schweren Tumormassen
- Schnittfläche: grau-weiß und erinnert an Hirngewebe
- Typisch für große Tumoren sind Nekrosen, zystische Transformation und Hämorrhagien.

Histologie.

- Typisches Tumorbild mit kleinen, blauen, runden Zellen, eingebettet in ein fein fibrilläres Netzwerk aus Neuropil
- Homer-Wright-Pseudorosetten können vorkommen
- Differenziertere Abschnitte können Ganglienzellen und spindelförmige Schwann-Zellen aufweisen.

Klinik.

- Tumoren werden bei kleinen Kindern als palpable Masse im Abdomen auffällig
- Bei älteren Kindern fallen eher Metastasen durch Knochenschmerzen, respiratorische oder gastrointestinale Symptome auf
- „Blueberry muffin baby“: Neugeborenes mit multiplen, bläulichen Hautmetastasen
- Laborchemie analog zum Phäochromozytom.

Verlauf.

Extrem variabel: Während manche Tumoren spontan ausreifen und regredieren, nehmen andere einen infausten Verlauf. Die wichtigsten Prognose-Parameter sind:

- Alter: günstig unter einem Jahr
- Stadium
- Morphologie: Ausreifung günstig
- Chromosomale Aberrationen
- Gen-Amplifikationen: N-myc und ALK.

CHECK-UP

- [ ] Welche Tumoren des Nebennierenmarks kennen Sie?
- [ ] Worauf kann Vanillinmandelsäure im Urin als Marker hinweisen?

Nebennierenrinde

Überfunktion der Nebennierenrinde

Hyperkortisolismus

Synonym: **Cushing-Syndrom.**

- Ausgelöst durch ein Übermaß an Glukokortikoiden
- Häufigste Form ist der **exogene oder iatrogene Hyperkortisolismus** bei lang andauernder Therapie mit Glukokortikoiden
- Drei Ursachen für **endogenen Hyperkortisolismus**:
  - Am häufigsten: Hypersekretion von ACTH durch Hypophysentumor (Morbus Cushing)
  - Hypersekretion von Kortisol durch ein Nebennierenrindenadenom oder -karzinom
  - Paraneoplastische Sekretion von ACTH durch einen nichtendokrinen Tumor, z. B. kleinzelliges Lungenkarzinom.

Klinik.

- Stammbetonte Adipositas mit Striae
- „Mondgesicht“
- Hypertonie
- Sekundäre Glukoseintoleranz oder Diabetes mellitus
- Osteoporose
- Menstruationsstörungen.

Hyperaldosteronismus

Inadäquate Aldosteronsekretion mit Hypokaliämie, Hypernatriämie und Hypertonie.

Primärer Hyperaldosteronismus.

- Autonome Sekretion von Aldosteron
- Auslöser: Nebennierenrindenadenom oder Nebennierenrindenhyperplasie
- Serumrenin infolge einer Feedback-Schleife erniedrigt.

Sekundärer Hyperaldosteronismus.

- Bei Aktivierung des Renin-Angiotensin-Systems mit erhöhtem Serumrenin
- Vorkommen bei
  - Verminderte Nierendurchblutung wie bei Nierenarterienstenose
  - Hypovolämie
  - Ödemen
  - Schwangerschaft.

Klinik.

- Elektrolytentgleisungen
- Müdigkeit
- Muskelschwäche
- Tetanie
- Hypertonie.

Adrenale Feminisierung und Virilisierung

Bei Kindern kommt es zu beschleunigtem Knochenwachstum und frühzeitiger Pubertät (Pubertas praecox).

Virilisierung.

- Ausgelöst durch ein Übermaß an Androgenen bei Frauen
- Klitorishypertrophie
- Hirsutismus
- Tiefe Stimme
- Oligomenorrhö.

Feminisierung.

- Ausgelöst durch ein Übermaß an Östrogenen bei Männern
- Gynäkomastie
- Libido- und Potenzverlust.

Ursachen.

- Hormonproduzierendes Nebennierenrindenadenom oder Hyperplasie
- Angeborener Enzymdefekt in der Steroidhormon-Synthese, am häufigsten 21-Hydroxylase-Mangel → Blockierung der Bildung von Kortisol und Aldosteron → stattdessen werden überwiegend Androgene synthetisiert. Dieses Krankheitsbild wird als **adrenogenitales Syndrom** (AGS) bezeichnet und geht mit Virilisierung und Pubertas praecox einher.

Unterfunktion der Nebennierenrinde

Nebennierenrindeninsuffizienz:

- Primär
  - Akut
  - Chronisch
- Sekundär.

Akute Nebennierenrindeninsuffizienz

Kreislaufkollaps bei plötzlichem Ausfall der Kortikosteroidsekretion.

Ursachen.

- Erhöhter Kortikoidbedarf bei Patienten mit chronischer Nebennierenrindeninsuffizienz, so genannte **Addison-Krise** (s. u.)

- Abruptes Aussetzen einer lang andauernden Therapie mit Glukokortikoiden, da die unter Therapie atrophierte Nebennierenrinde den Kortisolspiegel nicht aufrecht erhalten kann
- Ausgeprägte Hämorrhagie der Nebenniere bei Waterhouse-Friderichsen-Syndrom.

Waterhouse-Friderichsen-Syndrom.
- Meningokokken-Sepsis; seltener bei Pseudomonas, Pneumokokken, Hämophilus oder Staphylokokken
- Hypotensive Krise
- Disseminierte intravaskuläre Koagulopathie: ausgedehnte Petechien, Purpura und Organeinblutungen
- Ohne frühzeitige Therapie tödlicher Verlauf.

Chronische Nebennierenrindeninsuffizienz

Synonym: **Morbus Addison.**
- Langsam fortschreitende Zerstörung der Nebennierenrinde, überwiegend bedingt durch eine Autoimmun-Adrenalitis
- Weitere mögliche Ursachen:
  - Tuberkulose
  - Metastasen
  - Amyloidose
  - Sarkoidose
  - Angeborene Enzym- oder Rezeptordefekte.

Klinik.
Symptome treten erst auf, wenn mehr als 90 % der Nebennierenrinde zerstört sind. Typisch sind:
- Müdigkeit
- Gewichtsverlust
- Diarrhö und Erbrechen
- Hyperpigmentierung der Haut (Bronzehaut): stimulierte Melanozyten durch die kompensatorisch erhöhte Sekretion von ACTH und MSH (melanozytenstimulierendes Hormon)
- Hyperkaliämie
- Hyponatriämie
- Hypotonie.

Addison-Krise

Akut dekompensierte chronische Nebennierenrindeninsuffizienz.
- Ausgelöst durch einen erhöhten Bedarf an Kortisol
  - Postoperativ
  - Bei Infektionen
  - Nach Trauma
- Symptome:
  - Akutes Abdomen
  - Erbrechen
  - Kreislaufkollaps
  - Koma
- Bei ausbleibender Kortisol-Substitution infauster Verlauf.

Sekundäre Nebennierenrindeninsuffizienz

- Verminderte ACTH-Sekretion
- Folge von destruierenden Prozessen im Bereich der Hypophyse wie Adenome, Metastasen, Infektion, Infarkt, Bestrahlung, Schädel-Hirn-Trauma oder Subarachnoidalblutung
- Sheehan- Syndrom: postpartaler Funktionsausfall des Hypophysenvorderlappens wegen Durchblutungsstörungen.

Klinik. Wie bei Morbus Addison (s. o.), jedoch ohne Hyperpigmentation, da das Fehlen von ACTH und MSH nicht zur Stimulierung der Melanozyten führt.

Tumoren der Nebennierenrinde

- Nebennierenrindenadenome oder -karzinome manifestieren sich mit einer Überfunktionssymptomatik → Klinik, laborchemische Abklärung
- Morphologie: charakteristisch gelbe Schnittfläche
- Bei Karzinomen Prognose insgesamt sehr schlecht
- Bei Raumforderungen im Bereich der Nebenniere handelt es sich viel häufiger um Metastasen (v. a. von Lungenkarzinomen) als um Primärtumoren der Nebenniere.

Adrenales Myelolipom

- Selten
- Benigner Tumor
- Setzt sich aus Fettgewebe und blutbildendem Mark zusammen.

CHECK-UP

- ☐ Was ist das Waterhouse-Friderichsen-Syndrom?
- ☐ Erklären Sie Symptome, Ursachen und Therapie bei einer so genannten Addison-Krise.

15 Polyglanduläre Störungen und erbliche Tumorsyndrome

Neurokutane Syndrome

Zu den neurokutanen Syndromen zählen:

- Peutz-Jeghers-Syndrom (→ Kap. 28)
- Osler-Rendu-Weber-Krankheit
- Von-Hippel-Lindau-Syndrom, VHL
- Sturge-Weber-Krabbe-Syndrom
- Tuberöse Sklerose
- Kasabach-Merritt-Syndrom
- Ataxia teleangiectasia
- Neurofibromatose 1 und 2
- Incontinentia pigmenti
- Gorlin-Goltz-Syndrom
- LEOPARD-Syndrom, Akronym für **L**entigines, **E**lectrocardiographic abnormalities, **O**cular hypertelorism, **P**ulmonary stenosis, **A**bnormal genitals, **R**etarded growth, **D**eafness.

Bei **neurokutanen Syndromen** (veraltet: Phakomatosen) kommen oft Hamartome vor.

Von-Hippel-Lindau-Syndrom

Definition und Ätiologie

- Akronym: **VHL-Syndrom**
- Autosomal dominant vererbte Erkrankung
- Mit zahlreichen Tumoren assoziiert
- Mutation des auf Chromosom 3p25 gelegenen VHL-Gens (Tumorsuppressorgen)
- Der Verlust der VHL-Funktion ermöglicht eine gesteigerter HIF1α- und VEGF-Aktivität und somit eine vermehrte Angiogenese in Tumoren.

Assoziierte Läsionen

- Nierenzellkarzinome
- Angiome und Zysten in Niere und Pankreas
- Phäochromozytome
- Kleinhirnhämangioblastome.

Tuberöse Sklerose

Definition und Ätiologie

- Akronym, Synonym: TS, **Morbus Bourneville-Pringle**
- Autosomal dominant vererbte Erkrankung
- Überwiegend mit gutartigen Tumoren assoziiert
- Mutation der Tumorsuppressorgene TSC1 (Hamartin) und TSC2 (Tuberin) auf Chromosom 9q34 und 16p13.

Assoziierte Läsionen

- Angiomyolipome der Niere
- Rhabdomyome des Herzens
- Angiofibrome, fibröse Plaques und Fibrome der Haut
- Retinale und andere Hamartome
- Subependymales Riesenzellastrozytom
- Lymphangioleiomyomatose der Lunge.

Neurofibromatose Typ 1

- Akronym, Synonym: **NF1, Morbus von Recklinghausen**
- Autosomal dominant vererbte Erkrankung der Haut und des peripheren Nervensystems
- Mutation des NF1-Gens auf Chromosom 17q11.

Diagnose

Diagnostische Kriterien (≥ 2 Kriterien müssen vorliegen) der NF1:

- ≥6 Café-au-Lait-Flecken
- Axilläre oder inguinale Pigmentierung
- ≥2 Neurofibrome oder ≥1 plexiformes Neurofibrom
- ≥2 Lisch-Knötchen: Hamartome der Iris
- Skelettläsionen
- ≥1 Verwandter mit NF1
- ZNS-Tumoren.

Assoziierte Läsonen

- Optikusgliome
- Phäochromozytome
- Pilozytische Astrozytome.

Neurofibromatose Typ 2

- Akronym: **NF2**
- Autosomal dominant vererbte Erkrankung überwiegend des zentralen Nervensystems
- Mutation des NF2-Gens auf Chromosom 22q12.

Diagnose

- Bilaterale Akustikusneuriome **oder**
- Verwandter mit NF2 bei Vorliegen so genannter assoziierter Läsionen:
  - Neurofibrom
  - Meningeom
  - Optikusgliom
  - Astrozytom
  - Juveniler Linsenkatarakt
- Die genannten Läsionen treten häufig **bilateral** auf.

CHECK-UP

- ☐ Welche Tumoren findet man bei Patienten mit tuberöser Sklerose? Welchen davon im ZNS?
- ☐ Nennen Sie einige nerokutane Syndrome und beschreiben Sie, worum es sich handelt.
- ☐ Welche Tumoren sind mit NF1 assoziiert?
- ☐ Was sind diagnostische Kriterien der NF1?
- ☐ Mit welchem Syndrom sind Hämangioblastome und Nierenzellkarzinome assoziiert?

Polyglanduläre Störungen

Multiple endokrine Neoplasie Typ 1

Definition und Ätiologie

- Abkürzung und Synonym: **MEN 1, Wermer-Syndrom**
- Seltene, autosomal dominant vererbte Erkrankung
- Multiple Tumoren in Hypophyse, Nebenschilddrüse, Pankreas und Duodenum
- Mutation des Menin-Gens (Tumorsuppressorgen) auf Chromosom 11q13.

> Im Englischen helfen die drei „P" als Gedächtnisstütze:
> - Pituitary (Hypophyse)
> - Parathyroid (Nebenschilddrüse)
> - Pancreatico-duodenal.

Tumoren des MEN 1

- Hypophysenadenome: meist Prolaktinome oder hormonell inaktiv
- Nebenschilddrüsenadenome und -hyperplasien → Hyperplasiethyreoidismus
- Neuroendokrine Tumoren von Pankreas und Duodenum mit Produktion von z. B. pankreatischem Polypeptid, Insulin oder Gastrin

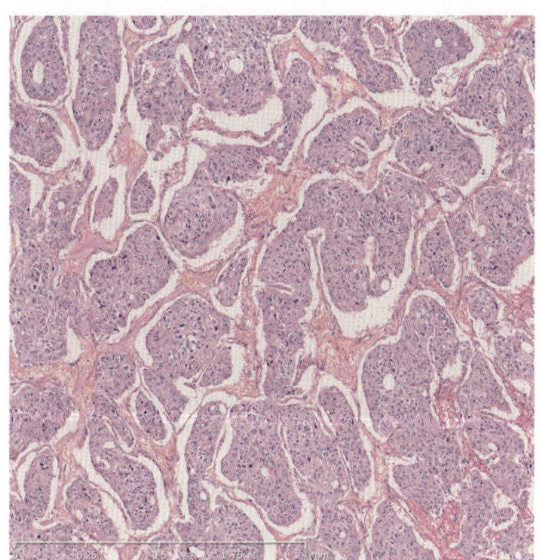

Abb. 15.1 Phäochromozytom [O521].

- Angiofibrome, Lipome, Nebennierenrindentumoren und andere neuroendokrine Tumoren.

Multiple endokrine Neoplasie Typ 2

Definition und Ätiologie

- Abkürzung: **MEN 2**
- Seltene, autosomal dominant vererbte Erkrankung
- Grundsätzlich mit Phäochromozytom (→ Abb. 15.1) und medullärem Schilddrüsenkarzinom assoziiert (→ Abb. 12.9).

> Als Merkhilfe: MEN **2** mit **2** Standardtumoren assoziiert.

Ursache. Mutationen im RET-Gen (Onkogen) auf Chromosom 10q11.2.

Unterformen

Innerhalb der MEN 2 wird bezüglich Lokalisation der Mutation in den Exonen sowie der zusätzlich auftretenden Läsionen unterschieden:

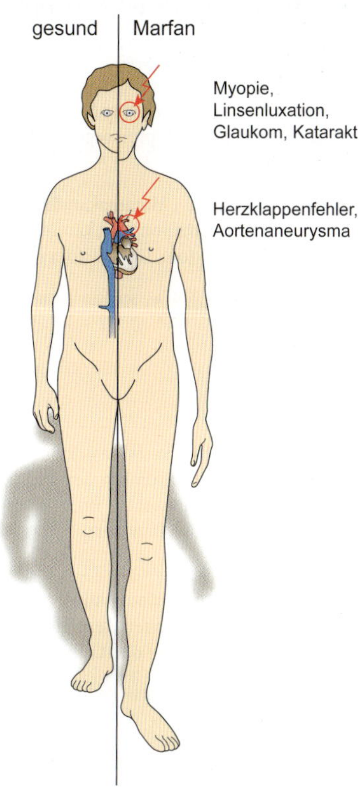

Abb. 15.2 Marfan-Symptome [V485].

MEN 2a, Sipple-Syndrom.
Zusätzliche Läsion: Nebenschilddrüsenadenome und -hyperplasien.

MEN 2b, Gorlin-Syndrom.
Zusätzliche Läsionen:
- Marfanoider Habitus (→ Abb. 15.2)
- Intestinale und mukosale Ganglioneurome und Neurinome, typisch an Zunge und Augenlidern
- Skelettläsionen.

CHECK-UP

- ☐ Welche Tumoren sind mit dem MEN-1- und welche mit den MEN-2-Formen assoziiert?
- ☐ Welchem Erbgang folgen MEN, NF, TS und VHL?

Weitere erbliche Tumorsyndrome

Li-Fraumeni-Syndrom

- Autosomal dominant vererbte Erkrankung
- Mutation im Tumorsuppressorgen P53 auf Chromosom 17p13.

Assoziierte Läsionen. Mammakarzinom, Sarkome, Nebennierenkarzinom, Leukämien, Medulloblastom, Astrozytom, Glioblastom u. a.

Retinoblastom

Siehe → Kapitel 9.

Carney-Komplex

- Autosomal dominant vererbte Erkrankung mit Beteiligung der Chromosomen 2 und 17
- Mit Myxomen, Hautläsionen, Hormonstörungen und Tumoren assoziiert.

Assoziierte Läsionen.
- Myxome, Lokalisation Haut und Herz
- Verschiedene Hautläsionen: Lentigines, Sommersprossen, blaue Nävi und Café-au-Lait-Flecken
- Melanotische Schwannome
- Tumoren des Keimstromas, der Nebennierenrinde und der Hypophyse.

Abgrenzung Carney-Komplex und Carney-Trias.
Carney-Trias: Kombination von epitheloidem GIST, Chondrohamartom der Lunge und extraadrenalem Paragangliom.

Xeroderma pigmentosum

- Synonym: **Mondscheinkrankheit**
- Autosomal rezessiv vererbte Erkrankung mit DNA-Reparaturgendefekt
- Mit UV-bedingten Hauttumoren assoziiert.

Assoziierte Läsionen.
- Plattenepithelkarzinom
- Melanom
- Basalzellkarzinom.

CHECK-UP

- ☐ Welche Tumoren finden Sie bei der Carney-Trias?
- ☐ Mit welchen Tumoren ist die Xeroderma pigmentosum assoziiert?
- ☐ Welche Tumoren sind mit einer Mutation des Rb1-Tumorsuppressorgens assoziiert?

16 Herz

Normale Funktion und Struktur

Das Herz ist ein muskuläres Hohlorgan, das als Pumpe den kleinen und großen Kreislauf mit Blut versorgt.

- Lage: Im **Mediastinum**, vom **Herzbeutel oder Perikard umgeben**
- Perikard enthält bis zu 50 ml seröse Flüssigkeit
- Von **Epikard**, einer serösen Haut, bedeckt
- Hauptmasse: **Myokard**. Histologisch eindeutig von glatter und Skelettmuskulatur unterscheidbar: Querstreifung und zentral gelegene Kerne; in der Skelettmuskulatur liegen die Kerne peripher
- Vorhöfe und Kammern werden von einem Endothel (Endokard) ausgekleidet
- Das Blut gelangt über die obere und untere Hohlvene in den rechten Vorhof. Die **Trikuspidalklappe** mit ihren drei Segeln liegt zwischen rechtem Vorhof und Ventrikel. Dieser pumpt das Blut durch die Pulmonalklappe in die Pulmonalarterie und somit in den Lungenkreislauf oder **kleinen Kreislauf**
- Das Blut gelangt oxygeniert über die Pulmonalvenen in den linken Vorhof, der aufgrund der Druckverhältnisse noch zum kleinen Kreislauf gerechnet wird. Wenn sich die zwei Segel der **Mitralklappe** öffnen, fließt das Blut in den linken Ventrikel und von dort durch die Aortenklappe in den **großen Kreislauf**
- Systole: Auswurfphase
- Diastole: Füllungsphase.

Die Herzgröße eines Patienten entspricht etwa der Größe seiner geballten Faust.

Erregungsleitungssystem

- Sinusknoten, lokalisiert in der rechten Vorhofwand
- AV-Knoten (Atrioventriukularebene)
- His-Bündel und Tawara-Schenkel (Septum und Ventrikelwände).

Primäre Störungen des Erregungsleitungssystems sind funktionelle Störungen und können am besten im EKG diagnostiziert werden.

Besonderheiten des fetalen Kreislaufs. Da der Lunge intrauterin bei der Oxygenierung des Bluts keine Funktion zukommt, wird das Blut durch zwei „Abkürzungen" daran vorbeigeleitet:

- Foramen ovale vom rechten Vorhof in den linken Vorhof
- Ductus arteriosus Botalli von der Pulmonalarterie in die Aorta.

Siehe auch → Kapitel 37.

Tab. 16.1 Herzgewicht.

Herzgewicht	0,5 % des Körpergewichts
Männer	300–400 g
Frauen	250–350 g
Kritisches Gewicht	› 500 g

Tab. 16.2 Normalwerte.

Umfang der Herzklappen	
Mitralklappe	9–11 cm
Aortenklappe	7–8 cm
Wandstärke der Kammern (Maß für die Hypertrophie)	
Linker Ventrikel	12–14 mm
Rechter Ventrikel	2–4 mm
Ventrikelvolumen	
Enddiastolisches Füllungsvolumen pro Ventrikel	140 ml
Normales Schlagvolumen	70 ml

CHECK-UP

- ☐ Beschreiben Sie den Aufbau des Herzens mit seinen Funktionen.
- ☐ Was ist das Erregungsleitungssystem?
- ☐ Unterscheiden Sie kleinen und großen Kreislauf.

Herzfehlbildungen

Etwa 1 % aller Lebendgeborenen kommen mit **Herzfehlern** zur Welt.

Ätiologie

- Isoliertes Auftreten oder als Teil eines Syndroms, z. B. bei chromosomalen Anomalien wie Trisomien oder Turner-Syndrom
- Als Folge von exogenen Faktoren, z. B.
  - Rötelnembryopathie
  - Alkoholische Fetopathie
  - Medikamente.

Klassifikation

Fehlbildungen, die nur **Teile des Herzens** betreffen:

- Mit Shunt
  - Rechts-links-Shunt
  - Links-rechts-Shunt
- Ohne Shunt.

Fehlbildungen, die das **gesamte Herz** betreffen:

- **Akardie:** das Herz fehlt komplett
- **Ectopia cordis:** bedingt durch eine ventrale Schluss-Störung liegt das Herz nicht intra- sondern extrathorakal. Kombination mit weiteren Herzfehlern möglich
- **Situs inversus:** spiegelbildliche Anordnung der Organe mit rechtsseitig gelegenem Herz.

Herzfehler ohne Shunt

- Stenosen oder Atresien der Herzklappen oder -gefäße
- Am häufigsten sind Pulmonal- und Aortenklappe betroffen
- Gehen mit einer kompensatorischen Hypertrophie (Stenose) oder Atrophie (Atresie) des entsprechenden Ventrikels einher.

Pulmonalstenose

Kann isoliert oder im Rahmen der Fallot-Tetralogie (s. u.) auftreten.

Aortenstenose

Tritt meistens isoliert auf.

Hypoplastisches Linksherzsyndrom

Hochgradige Stenose oder Atresie von Aorten- und Mitralklappe, sodass der linke Ventrikel verkümmert. Tödlicher Verlauf ohne sofortige Therapie nach der Geburt. Notfallmaßnahme:

- Gabe von Prostaglandin
- Offenhalten des Ductus arteriosus Botalli, sodass Mischblut in den großen Kreislauf gelangt.

Aortenisthmusstenose

Synonym: **Coarctatio aortae**.

Tab. 16.3 Häufigkeit von Herzfehlern (Inzidenz).

Herzfehler	Häufigkeit
Ventrikelseptumdefekt, VSD	40 %
Vorhofseptumdefekt oder Atriumseptumdefekt, ASD	10 %
Pulmonalstenose	8 %
Offener Ductus arteriosus Botalli	7 %
Fallot-Tetralogie	5 %
Aortenisthmusstenose	5 %
Atrioventrikulärer Septumdefekt	4 %
Aortenstenose	4 %
Transposition der großen Gefäße	4 %

Unterteilung in zwei Typen:

- **„Infantiler Typ"** mit Stenose proximal des Ductus arteriosus Botalli, symptomatisch schon im Kindesalter
- **„Adulter Typ"** mit Einengung der Aorta im Bereich des Ligamentum arteriosum (Residuum des Ductus Botalli). Die Symptomatik und Prognose ist abhängig vom Grad der Stenose.

Herzfehler mit Links-rechts-Shunt

- „Rückfluss" von oxygeniertem Blut in den Lungenkreislauf
- Ursache sind Wanddefekte und der höhere Druck im großen Kreislauf
- Der Lungenkreislauf wird auf Dauer überbelastet
- **Komplikationen:** Rechtsherzhypertrophie und pulmonale arterielle Hypertonie
- **Keine Zyanose** des Patienten, da nur voll oxygeniertes Blut in den großen Kreislauf gelangt
- Störungen des Erregungsleitungssystems können vorkommen
- **Prognose**: hängt vom Ausmaß des Wanddefekts, also dem Shuntvolumen, ab.

Eisenmenger-Reaktion

- Ursache: zunehmende Rechtsherzhypertrophie und pulmonalen Hypertonie
- → Druck im rechten Herz übersteigt den im linken Herz
- Folge: **Shuntumkehr** von Links-rechts zu Rechts-links
- Prognose: sehr schlecht.

Tab. 16.4 Herzfehler mit Links-rechts-Shunt.

Herzfehler	Merkmale
Ventrikelseptumdefekt, VSD	• Häufigster Herzfehler • Spontanverschluss möglich
Vorhofseptumdefekt oder Atriumseptumdefekt, ASD	• Abzugrenzen vom offenen Foramen ovale • Ostium-primum-Defekt, kaudal: selten • Ostium-secundum-Defekt, kranial: häufig
Persistierender Ductus arteriosus, PDA	• Auskultatorisch typisches „Maschinengeräusch" • Bei Herzfehlern wie hypoplastischem Linksherzsyndrom oder TGA (s. u.) kann ein offener PDA lebensrettend sein • Beim isolierten PDA ist ein Verschluss anzustreben
Atrioventrikulärer Septumdefekt	• Kombination von ASD und VSD • Häufig im Rahmen des Down-Syndroms

Herzfehler mit Rechts-links-Shunt

- Erhöhter Druck im rechten Herz → das Blut umgeht den Lungenkreislauf und fließt direkt ins linke Herz
- Mischblut gelangt in den großen Kreislauf und verursacht eine **Zyanose**.

Fallot-Tetralogie

Häufigster zyanotischer Herzfehler. Klassische Kombination von

1. Pulmonalstenose
2. VSD
3. Über dem VSD abgehende Aorta, so genannte „reitende Aorta"
4. Hypertrophie des rechten Ventrikels.

Fallot-Pentalogie. Zusätzlich liegt ein ASD vor.

Prognose.

- Ausschlaggebend ist der Grad der Pulmonalstenose, weil diese den Druck im rechten Ventrikel und damit das Ausmaß des Rechts-links-Shunts bestimmt
- Bei rechtzeitiger Operation ist die Lebenserwartung normal
- Ist die Pulmonalstenose nur mild ausgeprägt, kann auch ein Links-rechts-Shunt vorliegen. Dann besteht eine gute Prognose.

Transposition der großen Gefäße

Akronym: **TGA**

Zweithäufigster zyanotischer Herzfehler.

- Ursache: Parallelschaltung von großem und kleinem Kreislauf, da die Aorta aus dem rechten Ventrikel und die Pulmonalarterie aus dem linken Ventrikel entspringt
- Da das Blut nicht oxygeniert wird, sind betroffene Kinder ohne Shunt nach der Geburt nicht lebensfähig
- Liegen zusätzlich ein VSD, ASD oder persistierender Ductus arteriosus Botalli vor, kann sich das oxygenierte und nichtoxygenierte Blut vermischen. Notfallmaßnahme nach der Geburt: Offenhalten des Ductus arteriosus Botalli
- Der rechte Ventrikel versorgt den großen Kreislauf → Rechtsherzhypertrophie
- Der linke Ventrikel gehört funktionell zum Niederdrucksystem → Linksherzatrophie.

CHECK-UP

- ☐ Welche Herzfehler kennen Sie?
- ☐ Beschreiben Sie Symptome und Prognose des häufigsten zyanotischen Herzfehlers.

Perikard

Perikarderguss

Das Herz liegt im Herzbeutel, der etwa bis 50 ml seröse Perikardflüssigkeit enthält. Kritisch ist ein Perikarderguss ab 300 ml. Ab dieser Menge ist die Füllung der Ventrikel eingeschränkt (diastolische Dysfunktion), sodass die Auswurffraktion geringer wird. Außerdem besteht die Gefahr einer Koronarien-Kompression.

Hydroperikard

- Nicht entzündlich
- Chronische Herzinsuffizienz oder verminderter onkotischer Druck
- Beispiel: Hypalbuminämie.

Hämoperikard

- Blutungen in den Herzbeutel
- Beispiel: Wandruptur bei Myokardinfarkt oder Aortendissektion.

Maligner Perikarderguss

Bei Tumorerkrankungen.

Entzündlich bedingter Perikarderguss

Siehe Perikarditis.

Perikarditis

Ursachen.

- Infektiös: seröse, fibrinöse oder eitrige Perikarditis
- Metabolisch: fibrinöse Perikarditis bei Urämie (**Zottenherz**, → Abb. 16.1)
- Fibrinös-hämorrhagisch als Spätkomplikation nach Myokardinfarkt: **Pericarditis epistenocardica**
- Rheumatisches Fieber: serofibrinöse Perikarditis mit Aschoff-Knötchen
- Tuberkulose: granulomatöse Perikarditis.

Komplikationen.

Verwachsungen bis Pericarditis constrictiva (Panzerherz) mit Symptomen einer restriktiven Kardiomyopathie.

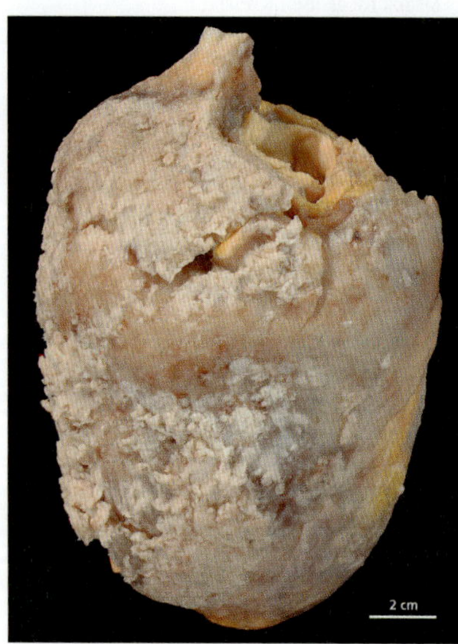

Abb. 16.1 Zottenherz [O521].

CHECK-UP

- ☐ Was kann einen Perikarderguss auslösen?
- ☐ Unterscheiden Sie die einzelnen Formen der Perikarditis.

Myokard

Kardiomyopathien

Erkrankungen des Myokards, denen eine primäre strukturelle Störung der Herzmuskulatur zugrunde liegt.

- Die Ursache ist häufig unbekannt, genetische Zusammenhänge kommen vor
- Erhöhtes Risiko für plötzlichen Herztod.

Dilatative Kardiomyopathie

- Mit 90 % die häufigste Kardiomyopathie überhaupt
- Fortschreitende Dilatation und systolische Dysfunktion (Verminderung der Auswurffraktion) kombiniert mit Hypertrophie
- Im Endstadium Herztransplantation als Ultima Ratio.

Ätiologie.

- Genetisch: 25–35 % der Fälle. Häufig autosomal-dominant vererbte Anomalien des Zytoskleletts
- Myokarditis
- Toxisch: Alkohol, Doxorubicin
- Peripartal.

Nicht in diese Kategorie gehören Herzerkrankungen, die durch Infarkt, Hypertonie oder Herzklappenfehler bedingt sind.

Morphologie. Kardiomegalie (> 500 g) mit Dilatation beider Ventrikel bei normaler Wandstärke. Unauffällige Klappen und Koronarien. Histologie unspezifisch.

Hypertrophe Kardiomyopathie

Synonym: **Hypertrophe obstruktive Kardiomyopathie, idiopathische hypertrophische Subaortenstenose**

Ätiologie. Mutationen der Proteine des Sarkomers. Am häufigsten betroffen ist die schwere Kette des β-Myosins.

Morphologie.

- Großes Herz
- Deutlich erhöhte Wandstärke v. a. des Septums, meist unterhalb der Aortenklappe → Obstruktion der Ausflussbahn → **diastolische Dysfunktion:** aus Platzmangel füllt sich die Herzkammer nicht richtig.

Histologie. Massiv hypertrophe Kardiomyozyten, wirbelig angeordnet und interstitielle Fibrose.

Die hypertrophe Kardiomyopathie ist die häufigste Ursache eines plötzlichen Herztodes bei jungen Sportlern.

Differenzialdiagnose. Amyloidose, hypertensive Herzkrankheit.

Restriktive Kardiomyopathie

- Seltene Kardiomyopathie
- Verminderung der diastolischen Dehnbarkeit durch Endomyokardfibrose
- Die systolische Funktion bleibt erhalten.

Ätiologie.

- Idiopathisch
- Strahlungsfibrose
- Amyloidose
- Sarkoidose
- Herzmetastasen.

Morphologie.

- Normal große Ventrikel
- Keine Dilatation
- Festes rigides Myokard.

Sekundäre Myokardhypertrophie

- Auf chronische Überlastung reagiert das Myokard mit Hypertrophie, d. h. der Überschreitung der Normgewichte.

Ursachen: am häufigsten arterielle Hypertonie und Herzklappenveränderungen.
Je nach betroffenem Kreislauf spricht man von:

- **Linksherzhypertrophie**, z. B. bei arterieller Hypertonie, Aortenklappenfehlern
- **Rechtsherzhypertrophie**, z. B. bei pulmonaler Hypertonie → Cor pulmonale
- **Biventrikuläre Hypertrophie** als Endstadium.

Konzentrische Hypertrophie

- Bei vermehrter Druckbelastung durch Hypertonie und Klappenstenosen
- Ventrikelwand wird dicker
- Ventrikelvolumen bleibt gleich
- Herzspitze mit spitzwinkliger Silhouette (gotischer Bogen).

Bei lang bestehender Überlastung geht jede konzentrische Hypertrophie früher oder später in eine exzentrische Hypertrophie über.

Exzentrische Hypertrophie

- Bei vermehrter Volumenbelastung durch insuffiziente Klappen, Shunts oder im Endstadium einer konzentrischen Hypertrophie
- Ventrikelwanddicke und Volumen nehmen proportional zu
- Herzspitze mit abgerundeter Silhouette (romanischer Bogen).

Myokarditis

- Entzündliche Veränderungen des Myokards mit Schädigung der Kardiomyozyten
- Anders als beim Myokardinfarkt ist das Infiltrat bei der Myokarditis **Ursache** und nicht Folge des Schadens.

Infektiöse Myokarditis

Häufigste Form einer Myokarditis.

Auslöser.

- Meistens Viren wie Coxsackie, ECHO, Influenza, HIV, CMV, Parvo-B_{19} u. a.
- Weitere Erreger:
  - Corynebakterien: Diphtherie
  - Rickettsien: Q-Fieber
  - Borrelien: Lyme-Karditis
  - Pilze: Candida
  - Protozoen: Toxoplasmose, Trypanosomen (Chagas-Krankheit).

Symptomatik.

- Breites Spektrum: Von asymptomatisch bis hin zum plötzlichen Herztod
- Unspezifische Symptome wie Fieber, retrosternale Schmerzen, Dyspnoe, Rhythmusstörungen und Erschöpfung.

Morphologie.

- Bei viraler Myokarditis: straßenartiges lymphohistiozytäres Infiltrat mit Kardiomyozytennekrosen (im Gegensatz zum Myokardinfarkt: granulozytäres Infiltrat)
- Perikarditis mit Perikarderguss.

Nichtinfektiöse Myokarditis

Riesenzellmyokarditis.

- Sehr schlechte Prognose
- Unklare Ursache
- Betroffen sind v. a. Jugendliche und junge Erwachsene
- Namensgebung geht auf die Histologie zurück: mehrkernige Riesenzellen in einem bunten Entzündungsinfiltrat.

Überempfindlichkeitsmyokarditis.
Allergische Reaktion auf Medikamente mit Vermehrung der eosinophilen Granulozyten.

Rheumatische Myokarditis.
Bei rheumatischem Fieber Aschoff-Knötchen.

Granulomatöse Myokarditis.
Bei Sarkoidose.

Andere mögliche Auslöser einer Myokarditis

- Zytostatika (Doxorubicin)
- Katecholamine
- Hyper- und Hypothyreose
- Amyloidose
- Hämochromatose.

Myokardischämie

- Klinischer Begriff: **Koronare Herzkrankheit**
- Häufigste Todesursache in den Industrieländern
- Schädigung des Myokards durch ein Ungleichgewicht zwischen Durchblutung (Sauerstoffbereitstellung) und Sauerstoffbedarf im Myokard (Ischämie). Ursache sind pathologische Veränderungen der Koronararterien
- Am Häufigsten: Arteriosklerose der Koronararterien (Koronarsklerose)
- Seltener: Prinzmetal-Angina mit Dissektionen der Arterienwand, Vaskulitiden, Embolien und Koronarspasmen
- Von der A. ascendens gehen die zwei Koronararterien ab. Die linke Koronararterie (LCA) teilt sich rasch in ihre zwei Hauptäste

- Ramus interventricularis anterior (RIVA), der die Vorderwand und das Septum versorgt
- Ramus circumflexus (RCX), der an der Herzbasis Richtung Seitenwand und Hinterwand zieht, wo er sich die Blutversorgung mit der rechten Koronararterie (RCA) teilt

- Je nach Befallsmuster spricht man von Ein-, Zwei-, Dreigefäß-Erkrankung.

Risikofaktoren. V. a. Rauchen, arterielle Hypertonie, Diabetes mellitus, Dyslipidämien.

Pathogenese.

- > 75 % Lumeneinengung: Sauerstoffmangel bei erhöhtem Bedarf, z. B. körperliche Anstrengung
- > 90 % Lumeneinengung: Sauerstoffmangel bei Ruhe.

Tab. 16.5 Veränderungen beim akuten transmuralen Herzinfarkt im zeitlichen Verlauf.

Zeit	Histologie	Makroskopie	EKG (normal)	Laborwerte (Serum)
0–2 h	keine Veränderung	keine Veränderung		• Myoglobin ↑ (Maximum: 3–20 h) • Troponin I ↑ (Maximum: 8–16 h)
4–6 h	• Kontraktionsbänder • „wavy fibers“ • Margination von neutrophilen Granulozyten	keine Veränderung		CK und CK-MB ↑ (Maximum 12–18 h)
6–24 h	Koagulationsnekrosen mit Infiltration durch neutrophile Granulozyten	• Abblassung • Lehmgelbe Nekrose • Hyperämischer Randsaum		• SGOT (ASAT) ↑ (Maximum 12–48 h) • LDH (α-HBDH) ↑: 8–24 h (Maximum: 30–72 h) • LDH ↑: 24–48 h (Maximum: 60–120 h)
3–7 Tage	• Resorption der Nekrose durch Makrophagen • Granulationsgewebe • Kollagenfaserbildung	• Lehmgelbe Nekrose • Rotes Granulationsgewebe im Randbereich		Normalisierung von: • CK-MB: 2–3 Tage • Gesamt-CK: 3–4 Tage • SGOT: 3–6 Tage • Troponin: 5–9 Tage • LDH: 7–15 Tage
6 Wochen	Fibrose	Narbe		

CK= Kreatinkinase, CK-MB= CK-herzspezifisches Isoenzym MB, LDH= Laktatdehydrogenase, α-HBDH= α-Hydroxybutyrat-Dehydrogenase, SGOT= Serum-Glutamat-Oxalat-Transaminase, ASAT= Aspartataminotransferase.

Morphologie. Gelbliche Plaques mit Komplikation der Plaqueruptur, Einblutung, Thrombusbildung und Vasokonstriktion. Verkalkungen.

Klinik. Akutes Koronarsyndrom mit Angina pectoris, Myokardinfarkt und plötzlichem Herztod.

Angina pectoris

Symptomkomplex aus plötzlich und rezidivierend auftretenden retrosternalen Thoraxschmerzen.

Ursache. Vorübergehende Myokardischämie von 15 Sekunden bis 15 Minuten Dauer. Es bildet sich noch keine Nekrose aus, es handelt sich also um eine relative Koronarinsuffizienz.
Einteilung:

- **Stabile Angina:** Beschwerden bei definierbaren Anstrengungen auslösbar
- **Instabile Angina:** Beschwerden unabhängig von körperlicher Betätigung
- Sonderform **Prinzmetal-Angina:** meist unter Ruhebedingungen (Koronarspasmus)
- Sonderform **stumme Angina**: schmerzlos wegen Polyneuropathie, z. B. bei Diabetes mellitus.

Myokardinfarkt

- Myokardnekrose durch anhaltende Ischämie bei absoluter Koronarinsuffizienz
- Fast immer ist das linke Herz betroffen
- Je nach Ausbreitung im Myokard unterscheidet man einen **transmuralen** oder einen **subendokardialen** Infarkt.

Diagnose. Beim Vorhandensein von zwei der folgenden WHO-Kriterien:

- Akute Brustschmerzen über 20 Minuten (Achtung: stummer Infarkt bei Diabetikern)
- Typische EKG-Veränderungen
- Erhöhte Serumwerte der Herzmarker.

Ätiologie.

- Verschluss eines Koronararterienasts, z. B. durch Plaqueruptur und Thrombose
- Embolischer Verschluss
- Dissektion der Arterienwand.

Morphologie. Siehe → Tabelle 16.5.

Lokalisation. Abhängig vom Versorgungstyp und Verschluss des jeweiligen Asts:

- RIVA: Vorderwandinfarkt
- RCX: Seitenwandinfarkt
- RCA: Hinterwandinfarkt.

Komplikationen.

- Kardiogener Schock: Vorwärtsversagen bei akuter Herzinsuffizienz
- Herzrhythmusstörungen, **Kammerflimmern**
- Wandruptur bei ausgedehnter Nekrose mit Herzbeuteltamponade
- Papillarmuskelabriss und akute Mitralinsuffizienz
- Spätkomplikationen:
  - Fibrinöse Pericarditis epistenocardica
  - Narbenbedingtes Herzwandaneurysma mit möglicher Thrombusbildung
  - Chronische Herzinsuffizienz.

CHECK-UP

- ☐ Welche Kardiomyopathien kennen Sie?
- ☐ Unterscheiden Sie konzentrische und exzentrische Hypertrophie.
- ☐ Das akute koronare Syndrom ist ein klinischer Begriff. Welche pathomorphologischen Korrelate entsprechen diesem?
- ☐ Erklären Sie Diagnose, Lokalisationen und Komplikationen des Myokardinfarkts.

Endokard

Infektiöse Endokarditis

Ursache.

- Pyogene Erreger wie Staphylokokken und Streptokokken, seltener Pilze und Rickettsien
- Streptococcus viridans bei Endocarditis lenta (auch subakute Endokarditis)
- Besiedeln meist vorgeschädigte Klappen
- Häufig Vorerkrankungen wie Diabetes mellitus, Leberzirrhose, Immunsuppression oder Verbrennungen
- Eintrittspforten sind Infektionen im Mundraum (Zähne, Tonsillen), Gewebsdefekte bei

invasiven Eingriffen oder im Rahmen einer Sepsis.

Morphologie.
Destruierende ulzeröse oder größere polypöse (> 5 mm) Vegetationen im Bereich der Klappenränder.

Verlauf.
- Ohne Therapie letal bei rezidivierendem septischem Schock
- Bei Endocarditis lenta (auch subakute Endokarditis) schleichender Krankheitsbeginn mit rezidivierenden unklaren Fieberschüben.

Nichtinfektiöse Endokarditis

Endocarditis verrucosa rheumatica
Bestandteil des akuten rheumatischen Fiebers.

Symptome. **Jones-Hauptkriterien**:
- Pankarditis: fibrinöse Perikarditis und Myokarditis mit Herzrhythmusstörungen
- „Wandernde" Polyarthritis der großen Gelenke
- Subkutane Knötchen
- Erythema marginatum: ringförmige Flecken am Stamm und umbilikal
- Chorea minor (Sydenham): Spätmanifestation, unkontrollierte Bewegungen v. a. der Hände.

Ursache.
- 10–20 Tage zurückliegender Infekt mit Streptokokken der Gruppe A
- Pathogenetisch vermutlich Kreuzreaktion zwischen Proteinen der Bakterienzellwand und humanen Glykoproteinen in oben beschriebenen Organsystemen.

Morphologie.
- Makroskopie: nicht destruierende, 1–2 mm große Knötchen am Klappenrand, v. a. an der Mitralklappe
- Mikroskopie: **Aschoff-Knötchen** (kleine Granulome) und **Anitschkoff-Zellen** (Makrophagen mit länglichem Nukleolus) v. a. im Myokard.

Spätkomplikation. Klappenfehler, v. a. Mitralstenose.

Endocarditis thrombotica

Ursache. Hyperkoagulabilität paraneoplastisch oder bei Schock, Endotoxinämie oder Kachexie.

Morphologie. Kleine Klappenthromben bis 5 mm.

Komplikation. Thrombembolien.

Seltene nichtinfektiöse Endokarditiden

Endocarditis thrombotica Libman-Sacks.
- Bei Lupus erythematodes
- Mit polypösen Klappenvegetationen.

Endocarditis parietalis fibroplastica Löffler.
- Diffuse Endomyokardfibrose
- Restriktive Kardiomyopathie.

Endokarditis bei Karzinoidsyndrom.
- Fibrosierend
- Betrifft hauptsächlich das rechte Herz.

Tab. 16.6 Erworbene Klappenfehler.

Klappenfehler	Ätiologie
Aortenstenose	• Degenerativ-sklerotisch bedingt mit Verkalkungen • Nach rheumatischem Fieber
Aorteninsuffizienz	• Nach rheumatischem Fieber • Infektiöse Endokarditis • Mesaortitis luetica (Syphilis • Aneurysma dissecans der Aorta ascendens • Marfan-Syndrom • Rheumatoide Arthritis
Mitralstenose	Nach rheumatischem Fieber
Mitralinsuffizienz	• Nach rheumatischem Fieber • Mitralklappenprolaps • Akut nach Papillarmuskelruptur bei Myokardinfarkt • Iatrogen nach Kommissurotomie

Erworbene Klappenfehler

Klappen können stenosiert oder insuffizient sein.

- **Klappenstenosen:** Bewirken eine Druckbelastung und konzentrische Myokardhypertrophie
- **Klappeninsuffizienz:** führt zur Volumenbelastung, Dilatation und exzentrischer Myokardhypertrophie
- Klappen des linken Herzens am häufigsten betroffen
- Pulmonal- und Trikuspidalklappenfehler sind eher angeboren.

CHECK-UP

- ☐ Was sind die Ursachen infektiöser Endokarditis und wann kommt sie besonders häufig vor?
- ☐ Was sind die Jones-Hauptkriterien bei Endocarditis verrucosa rheumatica?
- ☐ Nennen Sie seltene nichtinfektiöse Endokarditiden.

Herztumoren

Insgesamt sehr selten. Dreimal häufiger benigne als maligne Tumoren.

- **Vorhofmyxom:**
  - Häufigster primärer Herztumor
  - Meist im linken Vorhof lokalisiert
  - Makroskopisch gestielte kugelige glasige Tumoren
  - Mikroskopisch zellarm mit viel myxoider Matrix
  - Benigne aber Füllungsbehinderung und Blutstauung
- **Papilläres Fibroelastom:** lokalisiert an den Klappen
- **Rhabdomyom:** häufigster Herztumor bei Kindern. Sporadisch oder bei tuberöser Sklerose, s. → Kapitel 15
- **Sarkom:** häufigste maligne Herztumoren
- **Perikardmesotheliom**
- **Metastasen und Perikardkarzinose:** häufiger als primäre Herztumoren.

CHECK-UP

- ☐ Welche Herztumoren kennen Sie?

17 Gefäße

Grundlagen

Arterien

Wandschichten von innen nach außen:

- **Intima**: Endothelzellen: Expression von CD31, vWF, CD34 und CD105
- **Lamina elastica interna:** Elastische Fasern: Gut in EvG-Färbung darstellbar
- **Media:** Muskelzellen und elastische Fasern.
  - Elastischer Typ. Viele elastische Fasern: Große herznahe Gefäße, z. B. Aorta, Truncus pulmonalis, A. iliaca communis oder A. carotis communis
  - Muskulärer Typ. Geringe Anzahl elastischer Fasern: Periphere Gefäße
- **Lamina elastica externa**
- **Adventitia**: Gefäßumgebendes Bindegewebe. Bei den großen, meist herznahen Arterien mit Vasa vasorum zur eigenen Blutversorgung.

Kapillaren

Bestehen aus einer Endothelzellschicht mit Basalmembran und unregelmäßig umgebenden Perizyten.

- **Perizyten:** modifizierte glatte Muskelzellen.
- Endothelschicht der Kapillaren:
  - In Herz, Gehirn, Lunge und Muskulatur: **kontinuierlich**
  - In endokrinen Organen und im Magen-Darm-Trakt: **gefenstert**
  - In Leber, Milz und Knochenmark: Lücken in der Basalmembran
- Durchlässigkeit und Struktur der Kapillaren ist organabhängig verschieden.

Venen

- Ähnlicher Wandaufbau wie Arterien
- Die Lamina elastica interna ist geringer ausgeprägt
- Media weist weniger und von Bindegewebe durchsetzte Muskelfasern auf.

Lymphgefäße

- Von Endothel ausgekleidet
- Größere Lymphgefäße weisen eine dünne, unregelmäßige Muskelschicht auf.

Arteriosklerose

Überbegriff für drei Formen der Gefäßschädigung:

- **Atherosklerose:** Bildung fibröser Plaques in der Gefäß-Intima
- **Mönckeberg-Mediaverkalkung:** Spangenartige Verkalkungen der Media (→ Abb. 17.1)
- **Arteriolosklerose:** Hyalinisierende Erkrankung der kleinen Arterien und Arteriolen.

Atherosklerose

Die Atherosklerose zeigt meist typische Schwerpunkte der Läsion, z. B. in der infrarenalen Aorta. Unterschieden wird deshalb zwischen:

- **Zentralem oder zentrifugalem Typ:** meist bei hypertonusbedingter Atherosklerose

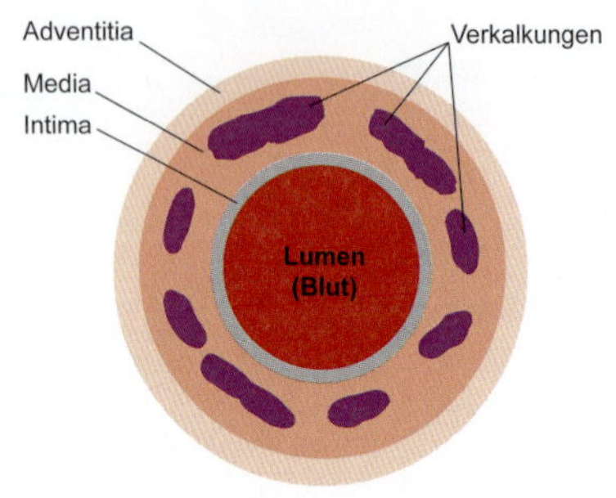

Abb. 17.1 Mediaverkalkung [V485].

- **Peripherem Typ:** beginnt in den kleinen Arterien und Arteriolen und ist für den Diabetes mellitus typisch.

Die Entstehungsmechanismen der Schädigung, die sich später als Atherosklerose präsentiert, sind noch nicht eindeutig geklärt.

Verlauf

Die Pathogenese der Atherosklerose wird in fünf Phasen eingeteilt (→ Abb. 17.2):

1 **Initiale Phase:** Endothelschaden führt zur Lipideinlagerung (vor allem LDL) in die Intima, LDL wird oxidiert.
2 **Inflammatorische Phase:** Einwanderung von Monozyten und Lymphozyten. Erstere differenzieren zu Makrophagen.
3 **Schaumzellbildung und Fatty-streak-Phase:** Hoch oxidiertes LDL wird von Scavenger-Rezeptoren auf Makrophagen erkannt und internalisiert. Es entstehen Schaumzellen. Schaumzellen und untergegangene Schaumzellen führen zu Lipidablagerungen, so genannten **Flecken oder Streaks,** in der Intima. Fatty streaks gelten als **reversibel** und kommen zum Teil auch bei Säuglingen vor.
4 **Bildung fibröser Plaques:** Interferone und Angiotensin II fördern die Einwanderung glatter Muskelzellen aus der Media und die Bildung einer muskulofibrösen Plaque. Diese besteht aus Muskel- und Entzündungszellen, extrazellulärer Matrix und Lipidablagerungen.
5 **Stadium der komplexen Läsion:** Die extrazelluläre Matrix der zum Teil verkalkten Plaque ist relativ instabil. Daher kann es zur lumenseitigen Ruptur mit anschließender Thrombosierung kommen. Verkalkung, Ulzeration, Einblutung, Thrombosierung und Aneurysmabildung werden als komplizierte Atherosklerose bezeichnet (→ Abb. 17.3).

Risikofaktoren

- Hypertonie
- Fettstoffwechselstörungen: z. B. LDL erhöht oder Lipoprotein A erhöht
- Nikotinabusus: Wirkung auf Thrombozyten, Lipoproteinspiegel und Endothel
- Diabetes mellitus: Endothelschäden und Hyperlipidämie
- Alter
- Geschlecht: Männer häufiger und früher, Östrogene schützen
- Infektionen: Möglicherweise Viren wie CMV und Bakterien wie Chlamydien
- Fettreiche Ernährung, Adipositas, Bewegungsmangel, Stress und andere Faktoren, die zu Hypertonie und Hyperlipidämie führen.

Komplikationen

- Thrombembolie- oder stenosebedingte Infarkte in Herz, Hirn, Niere
- **Claudicatio intermittens** oder Raucherbein, bis zur Gangrän
- Claudicatio intermittens intestinalis oder abdomnalis (auch: Angina abdominalis), s. → Kapitel 26
- Bauchaortenaneurysma.

Mönckeberg-Mediaverkalkung

- Meist in den muskulären Arterien der Extremitäten und des Genitaltrakts
- Meist bei älteren Menschen

Ursache. Degenerative Prozesse in der Media oder Hyperkalzämie-Zustände.

CHECK-UP

- ☐ Nennen Sie Unterschiede der Ihnen bekannten Gefäßtypen.
- ☐ Was umfasst der Begriff Arteriosklerose?
- ☐ Nennen und erklären Sie Entstehungsphasen, Risikofaktoren und Komplikationen der Atherosklerose.
- ☐ Welche Sonderfärbung ist zur Beurteilung von Gefäßstrukturen hilfreich?
- ☐ Wo findet sich typischerweise die Mönckeberg-Mediaverkalkung?

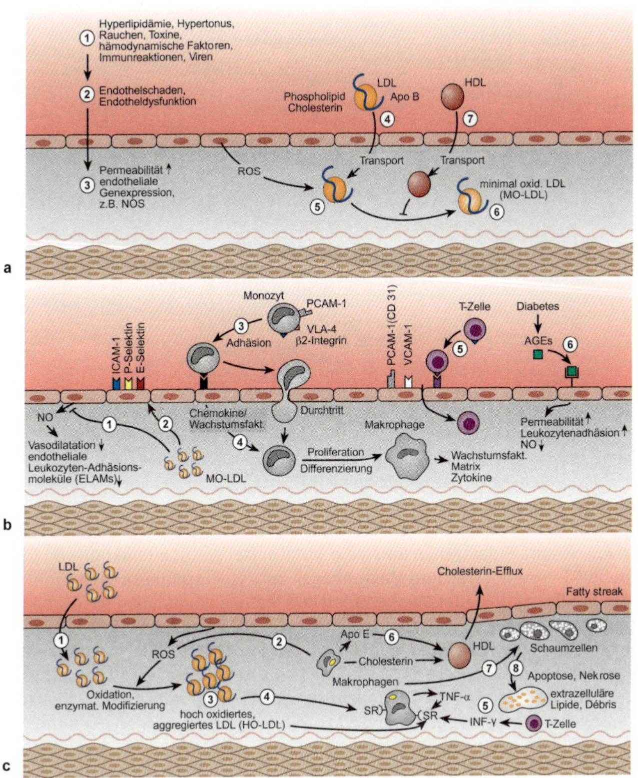

Abb. 17.2a–c Pathogenese der Atherosklerose [R175-04].
a) **Initiale Phase.** Verschiedene schädigende Faktoren ① führen zu Endothelschaden/-dysfunktion ② → gesteigerte Endothelpermeabilität, veränderte endotheliale Genexpression (NO-Synthetase NOS ③). Aufgrund der erhöhten Durchlässigkeit gelangen LDL mit ihrer Apolipoprotein-B-Komponente aus dem Blut in das intimale Bindegewebe ④. Hier kann es zu einer minimalen Oxidation kommen (endotheliale 12/15 Lipoxygenase (12-LO), reaktive Sauerstoffspezies ROS ⑤) und zur Ablagerung von minimal oxidierten (MO-) LDL ⑥. HDL kann Oxidation hemmen ⑦.
b) **Inflammatorische Phase.** MO-LDL inhibieren NO-Produktion in Endothelzellen ① →Verfall eines wichtigen Mediators für die Vasodilatation und Expression von ELAMs, Stimulation der Endothelzellen durch MO-LDL zur Expression von Zelladhäsionsmolekülen, chemotaktischen Molekülen und Wachstumsfaktoren (M-CSF = monocyte colony stimulationg factor ②). Monozyten docken über ihre Adhäsionsmoleküle (PCAM-1, VLA-4, β2-Integrin) am Endothel an ③ und passieren es. Unter M-CSF-Wirkung proliferieren und differenzieren Monozyten in der Intima zu Makrophagen ④, diese sezernieren Zytokine, Wachstumsfaktoren und Matrixkomponenten. Auch T-Lymphozyten werden rekrutiert ⑤. Durch advanced glycosylation endproducts (AEGs, entstehen beim Diabetes mellitus) wird dieser inflammatorische Prozess weiter stimuliert ⑥.
c) **Bildung von Schaumzellen und Lipidflecken.** Durch ROS und andere Enzyme entstehen hoch oxidierte (HO-) LDL (① und ②) → aggregieren ③. HO-LDL werden von Scavenger-Rezeptoren (SR-A, CD36 und CD68) auf Makrophagen erkannt ④. Vermittlung der SR-Expression durch Zytokine ⑤; Schaumzellen sezernieren Apo E ⑥ → trägt zum Abtransport von überschüssigem Cholesterin via HDL bei, wirkt Schaumzellenbildung ⑦ entgegen. Durch Untergang der Schaumzellen: Freisetzung von extrazellulären Lipiden und Débris in der Intima ⑧.

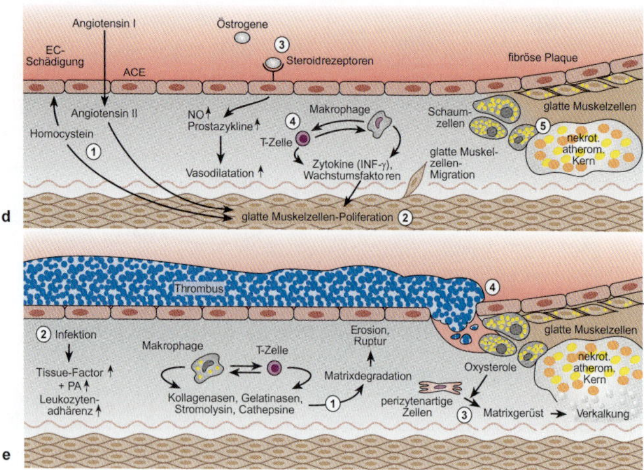

Abb. 17.2d–e Pathogenese der Atherosklerose [R175-04].
d) **Bildung fibröser Plaques.** Risikofaktoren ① stimulieren Proliferation und Migration glatter Muskelzellen ②. Östrogene üben günstigen Effekt auf Lipoproteinspiegel im Plasma aus, stimulieren die Bildung von NO und Prostazyklin durch die Endothelzellen ③. Interaktion von CD40 und CD40-Ligand stimuliert T-Lymphozyten und Makrophagen zur Zytokinsynthese → beeinflussen entzündliche Reaktion, Proliferation glatter Muskelzellen und Matrixakkumulation ④. Glatte Muskelzellen in Intima sezernieren extrazelluläre Matrix → Bildung von fibröser Kappe ⑤.
e) **Entstehung der komplexen Läsion und Thrombose.** Infolge Matrixdegradation entstehen vulnerable Plaques mit dünner fibröser Kappe ①. Bei Plaquestabilisierung und Thrombusbildung kann u. a. eine Infektion fördernd wirken (Plättchenaggregation PA ②. Kalzifizierung ist scheinbar ein aktiver, regulierter Prozess mit Beteiligung von perizytenartigen Zellen in der Intima (sezernieren ein Matrixgerüst zur Ablagerung von Kalziumphosphat ③. Nach Plaqueruptur üblicherweise Thrombusbildung mit Freilegung von Tissue-Factor aus dem nekrotischen atheromatösen Kern.

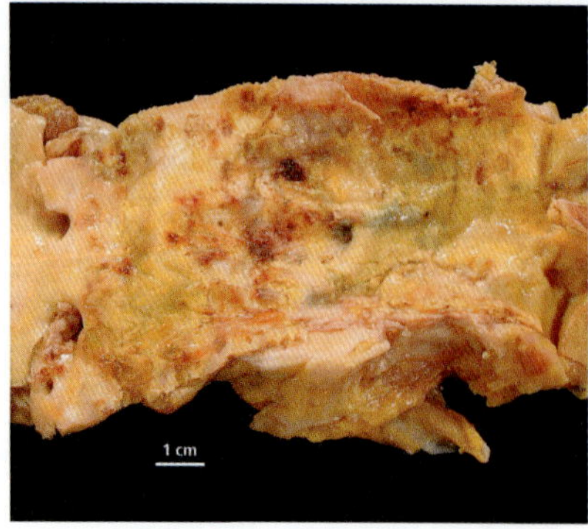

Abb. 17.3 Atherosklerose [O521].

Aneurysmen

Definition

Lokalisierte Lumenerweiterung von Arterien (→ Abb. 17.4). Dabei werden unterschieden:

- **Aneurysma verum**: Dilatation der gesamten Gefäßwand
- **Aneurysma spurium, falsches Aneurysma**: Gefäßwanddefekt mit Einblutung in das perivaskuläre Weichgewebe
- **Aneurysma dissecans**: Wühlblutung vom Lumen in die Media. Nach intramuralem Verlauf tritt das Blut meist wieder zurück ins Gefäßlumen. Ein Durchbruch nach außen ist prognostisch sehr ungünstig.
  - **Proximaler Typ Stanford A** (DeBakey I und II): Betrifft immer auch die Aorta ascendens und birgt die Gefahr der Herztamponade
  - **Distaler Typ Stanford B** (DeBakey III): Spart die Aorta ascendens immer aus.

Ätiologie

Atherosklerose.
Die Wandschädigung führt meist zu einem echten Aneurysma und nur selten durch Wühlblutung in eine rupturierte Plaque zu einem Aneurysma dissecans.

Kongenitale Aneurysmen.
Angeborene Störungen der Mediastruktur: Führen meist zu echten Aneurysmen, z. B. im Bereich der Hirnbasis bei polyzystischer Nierenerkrankung.

Idiopathische Medianekrose.

- Synonym: **Erdheim-Gsell-Syndrom**
- Idiopathische Zerstörung der elastischen Fasern der Media und Ansammlung alcianblaupositiver Proteoglykane.
- Resultiert typischerweise in einem Aneurysma dissecans.

Bindegewebsdefekte.

- Defekte der Elastikafasern der Media
- Vorkommen: Marfan- oder Ehlers-Danlos-Syndrom
- Resultiert typischerweise in einem Aneurysma dissecans
- Im Unterschied zu Erdheim-Gsell keine alcianblaupositiven Schleimseen in der Media.

Entzündliche Aneurysmen.

- Wandschädigung durch Bakterien, klassisch: Treponema pallidum

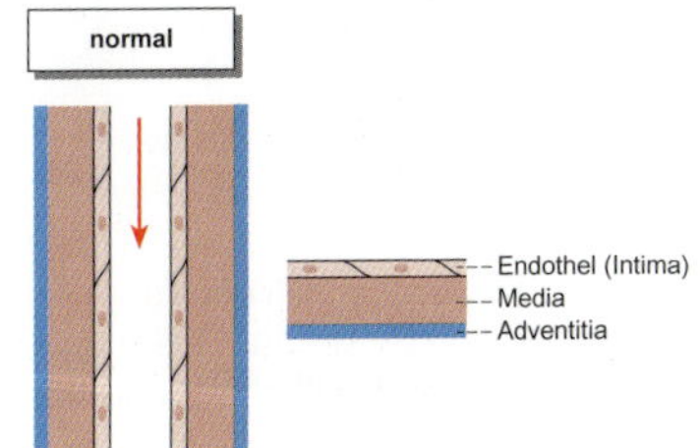

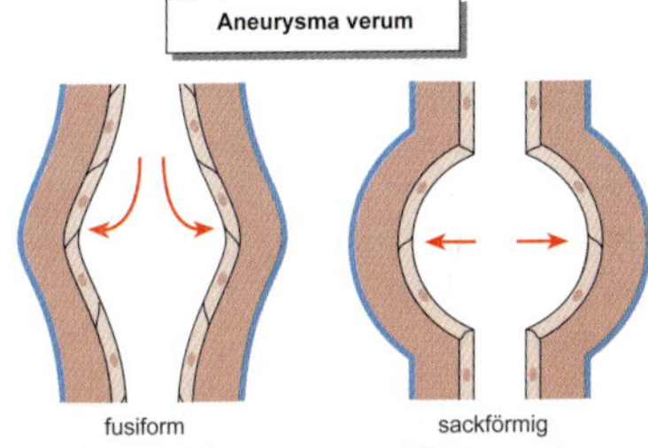

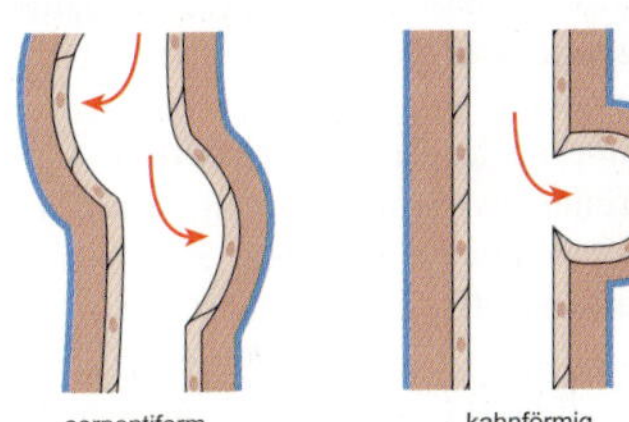

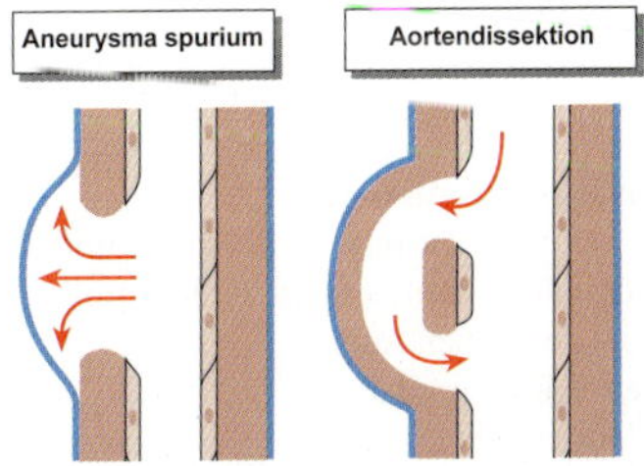

Abb. 17.4 Aneurysmasubtypen [R175-04].

- Seltener: Durch Pilze hervorgerufen
- Resultiert typischerweise in einem Aneurysma dissecans.

■ CHECK-UP

☐ Was wissen Sie über die verschiedenen Formen und Ursachen von Aneurysmen?

Vaskulitiden

- Entzündliche Gefäßveränderungen
- Je nach Gefäßtyp als Arteriitis, Phlebitis, Lymphangitis oder Kapillaritis bezeichnet.

Primäre Vaskulitiden

- Primär in der Gefäßwand entstanden
- Seltener als sekundäre Vaskulitiden
- Durch Immunüberreaktionen bedingt
- Einteilung nach der zugrunde liegenden Immunüberempfindlichkeitsreaktion oder (gebräuchlicher) anhand der Größe der betroffenen Gefäße (Chapel-Hill-Klassifikation).

Große Gefäße

Riesenzellarteriitis.

- Synonym: **Arteriitis temporalis Horton**
- Häufige, T-Zell-vermittelte, granulomatöse Entzündung der Aorta und oft der Arteria temporalis
- Zerstörung der elastischen Fasern
- Entzündungszellinfiltrat mit Riesenzellen
- Luminale Fibrose (→ Abb. 17.5)
- Meist sind ältere Menschen betroffen.

Klinik:

- Kopfschmerzen, Schmerzen beim Kauen
- Sehstörungen und Erblindungsgefahr
- Allgemeines Krankheitsgefühl bis hin zur B-Symptomatik
- Harte, druckschmerzhafte A. temporalis
- Gefahr von Aortenaneurysmen.

Takayasu-Arteriitis.

- T-Zell-vermittelte, granulomatöse und obliterierende Entzündung im Bereich großer Äste der proximalen Aorta
- Selten Riesenzellen
- Meist sind Frauen im jungen Erwachsenenalter betroffen.

Mittelgroße Gefäße

Panarteriitis nodosa.

- Immunkomplexablagerungen und nekrotisierende Entzündung der mittelgroßen und kleinen Arterien
- Ohne Beteiligung von Nierenglomeruli
- Histologie: Verschiedene Stadien der Entzündung liegen nebeneinander vor
- Organinfarkte können auftreten.

Kawasaki-Erkrankung.

- Nekrotisierende Vaskulitis mit Antikörpern gegen Endothelzellen
- Meist Koronararterien bei Kindern befallen.

Kleine Gefäße

Mikroskopische Polyarteriitis.

- Nachweis von perinukleären ANCA (p-ANCA)
- Systemisch nekrotisierende Entzündung der Arteriolen, Kapillaren und Venolen sowie der Nierenglomeruli
- Histologie: Alle Läsionen befinden sich im gleichen Entzündungsstadium!

Wegener-Granulomatose.

- Granulomatöse nekrotisierende Entzündung mit typischen cytoplasmatischen ANCA (c-ANCA)
- Meist im Bereich von Nase, Lunge und Niere (Glomeruli)
- Typisch sind nasale, alveoläre und gastrointestinale Blutungen.

Churg-Strauss-Syndrom.

- Erhöhte IgE-Serumspiegel
- Eosinophilenreiche, granulomatöse Gefäßentzündung
- Schwerpunkt in der Lunge.

Purpura Schoenlein-Henoch.

- Immunkomplexablagerungen in Kapillaren und Glomeruli
- Typische Purpura-Hauteinblutungen auf den Unterschenkeln
- Meist Kinder betroffen.

Kutane leukozytoklastische Vaskulitis.

- Immunkomplexablagerungen und typisch kutane nekrotisierende Vaskulitis
- Neutrophile Granulozyten und Makrophagen bilden das Entzündnungsinfiltrat.

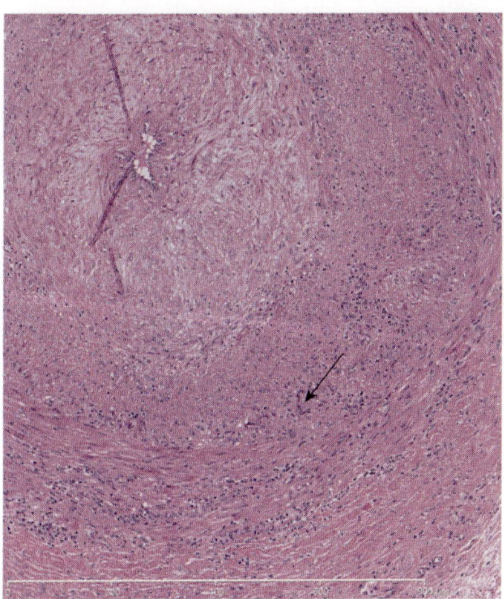

Abb. 17.5 Riesenzellarteriitis mit mehrkerniger Riesenzelle (Pfeil) [O521].

Goodpasture-Syndrom.
Autoantikörper gegen Kapillarmembranbestandteile und überwiegendem Befall von Nieren (Glomeruli) und Lunge.

Thrombangiitis obliterans

- Wird in der Chapel-Hill-Klassifikation nicht berücksichtigt
- Entzündung der kleinen und mittleren Gefäße der Extremitäten
- Führt meist zum völligen Gefäßverschluss bei gewöhnlich sehr gut erhaltenem Gefäßwandaufbau mit erhaltenen Elastikaschichten
- Die Ätiologie ist unklar. Meist sind junge, männliche Raucher betroffen, sodass ein Zusammenspiel von Genetik und Schadstoffexposition vermutet wird
- Relativ hohe Amputationsrate der Extremitäten.

Sekundäre Vaskulitiden

- Sekundäre Gefäßbeteiligung bei unterschiedlichen systemischen Erkrankungen
- Häufiger als primäre Vaskulitiden.

Ursachen.

- Erreger: Viren, Bakterien und Pilze
- Paraneoplasien, z. B. bei Karzinomen von Lunge, Kolon, Mamma, Niere oder Leukämien
- Chronisch-entzündliche Systemerkrankungen
- Medikamentennebenwirkungen, z. B. bei Antibiotika, Chemotherapeutika, NSAR oder Insulin.

Venenentzündungen

- Phlebitis, Thrombophlebitis und Phlebothrombose beschreiben verwandte Krankheitsbilder, bei denen entweder die Entzündung oder die Thrombose im Vordergrund steht
- Oft bei Krampfadern, aber auch nach Venenkathetern, bei Gerinnungsstörungen oder Tumorerkrankungen.

CHECK-UP

- ☐ Erklären Sie die Begriffe primäre und sekundäre Vaskulitis und nennen Sie Klassifizierungsarten und Beispiele für primäre Vaskulitiden.
- ☐ Was sind die Unterschiede zwischen Panarteriitis nodosa und mikroskopischer Polyarteriitis?

Varikosis und Thrombose

Varikosis

- Dilatierte, geschlängelte Venen mit verdickter Gefäßwand
- Meist sind die unteren Extremitäten betroffen
- Häufiger bei Frauen.

Ursache.

- Intraluminale Druckerhöhung → **Insuffizienz der Venenklappen**
- Venenklappen verhindern normalerweise den ungewollten Rückfluss des Blutes in die Peripherie.

Risikofaktoren.

- Genetische Prädisposition
- Arbeit im Stehen
- Schwangerschaften
- Adipositas
- Venenthrombosen.

Thrombose

Intravasale intravitale Blutgerinnung mit Bildung eines Thrombus (Blutgerinnsel).

Ursachen

Multiple Ursachen mit Störung eines oder mehrerer Faktoren der **Virchow-Trias**:

- Gefäßwand
- Blutzusammensetzung
- Strömungsgeschwindigkeit (Hämodynamik).

Thrombusformen

Abscheidungsthrombus.

- Gefäßwandschaden →Ablagerung von Thrombozyten →Thrombus wächst durch weitere Ablagerungen von Thrombozyten, Fibrin und weiteren Blutbestandteilen schichtweise ins Lumen →raue geriffelte Oberfläche und **geschichteter Aufbau**
- Meist in Arterien.

Gerinnungsthrombus.

- Gerinnung der gesamten Blutsäule durch Stase →immer ganzes Lumen obturierend und keine Schichtung
- Meist in Venen.

Hyaliner Mikrothrombus.

Bei disseminierter intravasaler Gerinnung in Venolen, Kapillaren und Arteriolen (→ Kap. 18).

Nicht immer einfache Abgrenzung zu **postmortalen Gerinnseln**:

- Schwarzrot (Cruor) oder gelblich (Speckhaut)
- Wenig wandanhaftende und sehr elastische Gerinnsel.

Klinik und Verlauf

- Am häufigsten sind venöse Thromben, z. B. in Beinvenen oder Beckenvenen
- Blutrückstau →Ödem, Fibrose, Ulkus, z. B. bei Beinvenenthrombosen
- Gefäßverschluss →anämischer Infarkt, z. B. Herzinfarkt bei Koronararterienthrombose
- Thrombolyse: meist in kleineren Gefäßen
- Bindegewebige Organisation mit Rekanalisierung mit z. T. Verkalkung: meist in größeren Gefäßen
- Hämatogene Verschleppung von Thrombus oder Thrombusbruchstücken →Embolie und akutes Cor pulmonale oder Infarkt, z. B. Lungenembolie nach tiefer Beinvenenthrombose (→ Kap. 21).

Auch andere Partikel können über das Blut verschleppt Embolien hervorrufen, z. B.

- Fett, aus Knochenfettmark nach Frakturen
- Tumorzellen
- Nekrotisch entzündliches Material bei Sepsis
- Fruchtwasser während der Geburt.

CHECK-UP

- [ ] Nennen Sie Entstehung und Ursachen von Varizen.

18 Blut und Knochenmark

Das Blut besteht aus **Plasma** und **zirkulierenden Zellen**. Die **Lymphozyten** als wichtiger Bestandteil von Blut und Knochenmark werden mit ihren pathologischen Prozessen in → Kapitel 19 besprochen.

Blutbildung

Medulläre Blutbildung

- Alle Blutzellen sind einem Alterungsprozess unterworfen
- Sie werden daher im Rahmen der medullären Blutbildung, der im Knochenmark stattfindenden **Myelopoese,** durch neu gebildete Zellen ersetzt. Hierbei gehen aus einer gemeinsamen myeloischen Stammzelle drei Reihen hervor:
- **Erythropoese**
- **Granulopoese**
- **Megakaryozytopoese** oder Thrombozytopoese.

Blutbildendes Knochenmark ist beim Erwachsenen in kurzen und platten Knochen zu finden. Deswegen ist die Entnahme von Knochenmark aus dem Beckenkamm üblich.

Extramedulläre Blutbildung

- Vorläuferzellen der Myelopoese außerhalb des Knochenmarks, z. B. in Leber oder Milz
- Mögliches Indiz für einen krankhaften Prozess im Knochenmark.

Die Untersuchung von Blut und Knochenmark teilen sich **Hämatologie und Pathologie**. Aus den flüssigen Bestandteilen werden Blut- oder Knochenmark-Ausstriche angefertigt und die Zellen mittels **Flow-Zytometrie** weiter charakterisiert. Zytogenetische Analysen können angeschlossen werden.
Von **Knochenmarkstanzen** können Schnittpräparate für histopathologische und immunhistochemische Untersuchungen hergestellt werden. Dies ist besonders bei einer so genannten **Punctio sicca** wichtig, einer Knochenmarkpunktion, bei der kein Aspirat gewonnen werden kann. Molekularpathologische Analysen sind am Material der Knochenmarkstanzen ebenfalls möglich.

Störungen der Blutbildung

Eine Störung der Myelopoese kann bei neoplastischen und nichtneoplastischen Prozessen auftreten.

- Alle drei myeloische Reihen können von pathologischen Veränderungen betroffen sein
- Da jeder Reihe eine bestimmte Funktion zukommt, geht deren Ausfall je nach Reihe mit unterschiedlichen Symptomen einher
- Es kann eine Reihe isoliert oder mehrere Reihen gleichzeitig ausfallen.

Tab. 18.1 Die myeloischen Reihen und ihre Störungen.

Myeloische Reihe	Reife Zelle	Aufgabe	Funktionsausfall
Erythropoese	Erythrozyten	Sauerstofftransport	Anämie
Megakaryopoese	Thrombozyten	Blutstillung	Blutungsneigung
Granulopoese	Granulozyten	Erregerabwehr	Infektanfälligkeit gegenüber Bakterien und Pilzen

CHECK-UP

- ☐ Welche Zellen werden im Rahmen der Myelopoese gebildet?
- ☐ Welche Symptome ergeben sich bei Ausfall der Myelopoese?
- ☐ Wie wird Knochenmark für die Diagnostik gewonnen und welche Untersuchungen sind möglich?

Anämien

- Erythrozyten enthalten den roten Blutfarbstoff Hämoglobin, der Sauerstoff binden kann, was essenziell ist für den Sauerstofftransport aus der Lunge in die Peripherie
- Ist der Sauerstofftransport aufgrund quantitativer oder qualitativer Störungen der Erythrozyten eingeschränkt, liegt eine Anämie vor.

Symptome. Typisch sind Blässe, Müdigkeit, Schwäche und Kurzatmigkeit.

Einteilung.
- Deskriptiv nach der Morphologie der Erythrozyten:
  - Normozytär
  - Mikrozytär
  - Makrozytär
- Nach dem Hämoglobingehalt:
  - Normochrom
  - Hypochrom
  - Hyperchrom
- Pathogenetisch nach den **Ursachen**:
  - Blutverlust
  - Erhöhter Erythrozytenabbau
  - Verminderte Erythrozytenproduktion.

Blutverlust

Akut: Trauma: normozytäre Anämie.
Chronisch: **Mikrozytäre Anämie** analog zur Eisenmangelanämie.

Beispiele.
- Gastrointestinale Blutung bei Darmpolypen, Ulzera und Malignomen
- Genitale Blutung durch Menstruation oder postmenopausal.

Da gastrointestinale Blutungen okkult auftreten können, sollte eine **unklare mikrozytäre Anämie** beim älteren Patienten mittels Koloskopie und Gastroskopie abgeklärt werden. Dabei muss das Vorliegen eines Kolon- oder Magenkarzinoms ausgeschlossen werden.

Erhöhter Erythrozytenabbau

Bei **hämolytischer Anämie:**
- Verkürzter Lebenszyklus der Erythrozyten (< 120 Tage)
- Vermehrte Ausschüttung von Erythropoetin und gesteigerte Erythropoese medullär und/oder extramedullär (Splenomegalie, Hepatomegalie), Retikulozytenzahl ↑
- Anreicherung von Hämoglobin und dessen Abbauprodukten (Bilirubin u. a.) können zu Ikterus, Hämoglobinurie, Gallensteinen führen.

Korpuskuläre hämolytische Anämien

- Meist hereditärer Defekt der Erythrozyten

- Im Blutausstrich: unregelmäßige Erythrozytenformen (Anisozytose)
- Homozygote Träger sind gekennzeichnet durch schwerwiegendere Symptome und einen schlechteren Verlauf als heterozytgote.

Membrandefekte

Kugelzellanämie oder hereditäre Sphärozytose:
- Meist autosomal dominant
- Aplastische Krise bei Parvovirus-Infektion.

Enzymdefekte

Glukose-6-Phosphat-Dehydrogenase-Mangel oder Favismus:
- X-chromosomal
- Hämolytische Krisen nach Medikamenten, Fava-Bohnen, Infekten
- **Heinz-Körperchen:** Präzipitate an der Membran
- Resistenz gegenüber Malaria.

Hämoglobindefekte

Sichelzellanämie.
- Autosomal-rezessiv
- Hämoglobin-Typ HbS statt HbA durch Punktmutation im Gen für β-Kette
- Sichelzellform bei Desoxygenierung → Mikrozirkulationsstörungen
- Rezidivierende ischämische Episoden durch mikrovaskuläre Verschlüsse→ akute Schmerzen je nach betroffener Körperregion, häufig Knochen, Leber, Hirn, Milz und Penis
- Resistenz gegenüber Malaria.

Thalassämien.
- **β-Thalassämie**: verminderte Synthese der β-Kette
- **Thalassaemia major**, homozygot: selten, transfusionspflichtig, Bürstenschädel (Röntgenbild)
- **Thalassaemia minor**, heterozygot: milde Anämie oder asymptomatisch
- **α-Thalassämie**: verminderte Synthese oder Fehlen der α-Kette.

Prognose abhängig von der Zahl der Gen-Defekte (4α-Globin Gene): von asymptomatisch bis letal in utero (Hydrops fetalis).

Extrakorpuskuläre hämolytische Anämien

- Zerstörung durch äußere Faktoren
- Meist erworben.

Immunhämolytische Anämien

Nachweis durch Coombs-Test:
- **Direkter Coombs-Test** (Screening-Test): Inkubation von Patienten-Erythrozyten und externes Serum mit spezifischen Antikörpern, Präzipitat → Test positiv
- **Indirekter Coombs-Test**: Inkubation von Patienten-Serum und externe definierte Erythrozyten zur Charakterisierung der Auto-Antikörper.

Wärmeantikörper.
- Häufigste Form: bis 70 % aller immunhämolytischen Anämien
- IgG-Typ und bei 37 °C aktiv
- Primär idiopathisch
- Sekundär bei Lymphomen, Leukämien, anderen Neoplasien, Medikamenten oder Autoimmunerkrankungen (Lupus).

Kälteantikörper.
- Seltener: bis 30 %
- IgM-Typ und < 30 °C aktiv (in der Körperperipherie: Finger, Ohren, Zehen)
- Akut bei Infektionen wie Mykoplasmen, EBV, CMV, Influenza, HIV
- Selbslimitierend
- Chronisch: idiopathisch oder assoziiert mit Lymphomen.

Mechanisch bedingte Hämolyse

Im Blutbild fragmentierte Erythrozyten, so genannte **Schistozyten**.
- Herzklappenersatz
- Extremsport: Marathonläufer
- Mikroangiopathische hämolytische Anämie bei
  - Disseminierter intravasaler Koagulopathie
  - Thrombotische thrombozytopenische Purpura, TTP
  - Hämolytisch-urämisches Syndrom, HUS.

Verminderte Erythrozytenproduktion

- **Megaloblastäre Anämie** bei Vitamin-B_{12}- und Folsäuremangel
- **Eisenmangelanämie**
- **Aplastische Anämie**
- Anämien im Rahmen **chronischer Erkrankungen**, z. B.
  - Erythropoetinmangel bei chronischer Niereninsuffizienz
  - Chronische Infektionen wie Osteomyelitis oder Endokarditis
  - Autoimmunerkrankungen
  - Maligne Tumoren.

Megaloblastäre Anämie

- Ursachen für megaloblastäre Anämien sind Vitamin-B_{12}- und Folsäuremangel
- Vitamin B_{12} und Folsäure sind Koenzyme der Thymidin-Synthese und somit wichtig für die DNA-Synthese
- Parietalzellen der Magenschleimhaut sezernieren den **Intrinsic-Faktor**, der Vitamin B_{12} bindet
- Aufnahme im terminalen Ileum
- Folsäure ist unabhängig vom Intrinsic-Faktor.

Folsäuremangel: Nur hämatologische Symptome. In der Schwangerschaft besteht ein erhöhtes Risiko für Neuralrohrdefekte.

Perniziöse Anämie bei Vitamin-B_{12}-Mangel. Typ-A-Gastritis oder chronisch atrophe Gastritis: autoimmun bedingte Zerstörung der Parietalzellen der Magenschleimhaut → fehlende Sekretion des Intrinsic-Faktors → Vitamin B_{12} kann nicht gebunden und aufgenommen werden.

Klinik.
Gastrointestinaltrakt:
- Atrophe Glossitis (Hunter-Glossitis)
- Typ-A-Gastritis als Ursache, nicht Folge des Vitamin-B_{12}-Mangels.

ZNS:
- Myelindegeneration im Rückenmark mit spastischer Paraparese, Ataxie, Parästhesien
- Frühzeichen ist die Störung der Tiefensensibilität (Stimmgabelversuch!).

Hämatologisch:
- Allgemeine Anämiesymptome
- Diskreter Ikterus
- Blutbild:
  - Panzytopenie
  - Makrozytäre Erythrozyten
  - Vergrößerte Granulozyten und Megakaryozyten
  - Retikulozyten ↓
  - Hyperzelluläres Knochenmark wegen Erythropoetin ↑.

Eisenmangelanämie

- Eisen ist ein wichtiger Bestandteil des Hämoglobins
- Häufigste alimentär bedingte Erkrankung weltweit.

Ursachen.
- Ernährungsbedingt v. a. in Entwicklungsländern, aber auch bei Vegetariern
- Gestörte Eisenaufnahme bei Malabsorptions-Syndromen wie Zöliakie und Steatorrhö
- Erhöhter Eisenbedarf bei Kindern und Schwangeren
- Chronischer Blutverlust: häufigste Ursache für Eisenmangel in Industrienationen.

Blutbild.
- Hypochrome mikrozytäre Anämie
- Treten zusätzlich noch atrophe Glossitis mit Mundwinkelrhagaden und Schluckstörungen auf, spricht man vom **Plummer-Vinson-Syndrom.**

Aplastische Anämie

- Verminderte Myelopoese aufgrund einer (Zer-)Störung der hämatopoetischen Stammzelle
- In den meisten Fällen alle drei Reihen betroffen
- Isolierte Aplasie der Erythropoese ist selten (idiopathisch oder assoziiert mit Thymomen).

Ursachen.
- Idiopathisch in bis zu 65 % der Fälle
- Medikamentös-toxisch: Benzol, Chloramphenicol, Vincristin, Bisulfan, Streptomycin

Tab. 18.2 Ursachen für Vitamin-B_{12}- und Folsäuremangel.

Vitamin-B_{12}-Mangel	Folsäuremangel
• Verminderte Aufnahme, z. B. bei Diät, Alkoholismus • Verminderte Absorption: **perniziöse Anämie**, z. B. bei Gastrektomie, Magen-Bypass, Ileum-Resektion, Erkrankungen mit Malabsorption • Erhöhter Bedarf in der Schwangerschaft, bei Hyperthyreose und Malignomen	• Verminderte Aufnahme, z. B. bei Diät, Alkoholismus • Verminderte Absorption: medikamentös wegen Antikonvulsiva, orale Kontrazeptiva, Folsäureantagonisten wie Methotrexat, Erkrankungen mit Malabsorption • Erhöhter Bedarf in der Schwangerschaft, bei Hyperthyreose und Malignomen • Erhöhter Verlust bei Dialyse

- Ganzkörper-Bestrahlung, therapeutisch eingesetzt bei AML mit nachfolgender allogener Knochenmarktransplantation
- Viren: CMV, EBV, Varicella-Zoster
- Hereditär: Fanconi-Anämie: autosomal-rezessiv, Defekt im DNA-Reparatur-System.

Folgen. Panzytopenie, hypozelluläres Knochenmark, Retikulozyten ↓, keine Splenomegalie.

Prognose. Unterschiedlich und nicht vorhersagbar.

CHECK-UP

- ☐ Wie werden Anämien eingeteilt, was sind ihre Ursachen?
- ☐ Erläutern Sie die Subtypen der hämolytischen Anämie.
- ☐ Welche Anämien gehen auf eine verminderte Erythrozytenproduktion zurück? Gehen Sie auf die Unterschiede ein.
- ☐ Was sind Thalassämien?

Blutungsstörungen

An der **Blutstillung** sind nicht nur allein die Thrombozyten, sondern auch Gefäße und Gerinnungsfaktoren beteiligt. Deswegen sind Ursachen von Blutungsstörungen:
- Erhöhte Verletzbarkeit der Gefäße
- Thrombozytopenien
- Störungen der Gerinnungsfaktoren
- Kombinationen: Disseminierte intravasale Koagulopathie
- Gesteigerte Blutungsneigung: **hämorrhagische Diathese**
- Gesterigerte Neigung zur Thrombenbildung: **Thrombophilie**
  - Ursachen: Faktor-V-Leiden-Mutation, Protein-S- oder -C-Defizienz, Antithrombin-Defizienz
  - Klinik: Thrombosen, Schwangerschaftskomplikationen (Spätaborte)

Erhöhte Verletzbarkeit der Gefäße

Kleine Blutungsherde: Petechien oder Purpura. Die Thrombozytenzahl, Blutungszeit und der Gerinnungstest ist normal.

Ursachen.
- Infektionen: Meningokokken-Sepsis, z. B. beim Waterhouse-Friderichsen-Syndrom
- **Purpura Schoenlein-Henoch**: Petechien an unterer Extremität, Bauchschmerzen, Gelenkschmerzen und akute Glomerulonephritis
- Amyloidablagerungen in der Gefäßwand
- Medikamentös-toxisch
- **Danlos-Ehlers-Syndrom, Cushing-Syndrom**: gestörte Kollagensynthese in Gefäßwänden.

Thrombozytopenien

Verlängerte Blutungszeit und normale Gerinnungstests.

Ursachen.
- Verminderte Produktion von Thrombozyten, z. B. bei aplastischer Anämie, Knochenmarkinfiltration durch Lymphome und andere maligne Neoplasien, medikamentös-toxisch oder bei HIV
- Gesteigerter Abbau der Thrombozyten, z. B. bei Splenomegalie, Verbrauchskoagulopathie, Blutungen, immunthrombozytopenische Purpura und thrombotische Mikroangiopathie.

Immunthrombozytopenische Purpura

Akronym: **ITP.**
Ursache: Antithrombozytäre Autoantikörper.

Akute ITP.
- Bei Kindern postviral
- Selbstlimitierend.

Chronische idiopathische ITP.
Synonym: **Morbus Werlhof**
V. a. bei Frauen < 40.

Heparininduzierte Thrombozytopenie.
Akronym: **HIT.**

Tab. 18.3 Thrombotisch-thrombozytopenische Purpura (TTP) und hämolytisch-urämisches Syndrom (HUS).

	Thrombotisch-thrombozytopenische Purpura	Hämolytisch-urämisches Syndrom
Abkürzung Synonym	TTP Moschkowitz-Syndrom	HUS Gasser-Syndrom
Ursache	Parainfektiös, medikamentös, autoimmun	Postinfektiös nach Infekten der Atemwege oder des Intestinaltrakts
Vorkommen	Eher Frauen, 3.–4. Dekade	Ursprünglich bei Kindern beschrieben, aber auch Erwachsene
Symptome	• Thrombozytopenische Purpura • Hämolytische Anämie mit Ikterus • Neurologische Symptome • Fieber	• Thrombozytopenische Purpura • Hämolytische Anämie mit Ikterus • Akutes Nierenversagen

Gefürchtete Komplikation bei Thromboseprophylaxe sind schwere Thrombembolien.

Thrombotische Mikroangiopathie

- Primäre Endothelschädigung → Ausbildung von hyalinen Plättchen-Thromben mit erhöhtem Thrombozytenverbrauch → Verschluss kleiner Gefäße → hämolytische Anämie mit Ikterus
- Keine Verbrauchskoagulopathie, deswegen Gerinnungstests normal
- Zwei Formen kommen vor (→ Tab. 18.3).

Störungen der Gerinnungsfaktoren

- **Keine Petechien oder Purpura** wie bei Thrombozytopenien, sondern ausgedehnte Blutungen wie **Ekchymosen** (Einblutungen in Schleimhäute) oder Hämatome
- Betroffen sind Gastrointestinaltrakt, ableitende Harnwege und die großen Gelenke.

Von-Willebrand-Erkrankung

Synonym: **Willebrand-Jürgens-Syndrom.**

- Autosomal-dominant
- Von-Willebrand-Faktor: quantitativ zu wenig (Typ 1 und 3) oder qualitative Defekte (Typ 2)
- Wird gebildet von Endothel und Megakaryozyten
- Essenziell für Plättchenadhäsion
- Verlängerte Blutungszeit trotz normaler Thrombozytenzahl.

Hämophilie A und B

- X-chromosomal
- Hämophilie A: Faktor VII
- Hämophilie B: Faktor IX
- A häufiger als B
- Normale Blutungszeit, aber Nachblutungen.

Disseminierte intravasale Koagulopathie

Tritt sekundär im Rahmen verschiedener Erkrankungen auf.
Die häufigsten Ursachen sind:

- Geburtskomplikationen wie Fruchtwasserembolie, septischer Abort, Missed abortion
- Maligne Neoplasien
- Sepsis
- Trauma, schwere Verbrennung, große Operationen.

Pathogenese

Aktivierung der Gerinnungskaskade → Mikrothromben → Hypoxie, Mikroinfarkte, hämolytische Anämie, Verbrauch von Fibrin, Gerinnungsfaktoren und Thrombozyten →Aktivierung der Fibrinolyse → hämorrhagische Diathese mit Blutungen.

Morphologie

- Hyaline Thromben: am besten in den kleinen Gefäßen von Niere und Lunge zu sehen, kommen aber im gesamten Körper vor
- Flächige Einblutungen der Haut, der Schleimhäute und serösen Häute.

CHECK-UP

- ☐ Nennen Sie die Ursachen von Blutungsstörungen.
- ☐ Welche erworbenen Blutungsstörungen kennen Sie und wie unterscheiden sie sich?
- ☐ Welche vererbbaren Blutungsstörungen kennen Sie und wie unterscheiden sie sich?
- ☐ Erläutern Sie Ursachen und Pathogenese der disseminierten intravasalen Koagulopathie!

Quantitative Störungen der Granulozyten

Neutropenie

- Verminderung der neutrophilen Granulozyten im peripheren Blutkreislauf
- Selten isoliert
- Häufig im Rahmen einer generalisierten **Zytopenie**
- Es besteht eine erhöhte Infektanfälligkeit gegenüber Bakterien und Pilzorganismen wie Aspergillus und Candida.

Ursachen.

- Erhöhter Verbrauch von Granulozyten, z. B. bei Hypersplenismus oder schweren bakteriellen oder pilzbedingten Infekten
- Bildungsstörungen der Myelopoese, z. B. bei aplastischer oder megaloblastärer Anämie sowie bei neoplastischen Erkrankungen.

Agranulozytose

Die Granulozyten-Werte sind so niedrig, dass bei Immunkompetenten sonst harmlose Erreger (z. B. Aspergillen) lebensgefährlich werden können.

Auslöser. V. a. Medikamente wie:

- Zytostatika
- Metamizol (Schmerzmittel)
- Chloramphenicol (Breitbandantibiotikum)
- Sulfonamide (Antibiotikum)
- Thiouracil (Thyreostatikum)
- Phenylbutazon (NSAR).

Im Gegensatz zur Neutropenie ist das Knochenmark bei Agranulozytose **hypozellulär**.

Leukozytose

Definition

Vermehrung der weißen Blutkörperchen, also der Granulozyten und Lymphozyten.
Der folgende Abschnitt beschränkt sich auf die Granulozyten.

Neutrophilie

Neutrophile Granulozyten treten vermehrt auf bei:

- Akuten bakteriellen Infekten
- Nekrotischen Prozessen, z. B. ausgedehntem Herzinfarkt und Verbrennungen.

Eosinophilie

- Vermehrung der eosinophilen Granulozyten im Blut
- Assoziation mit
  - Allergischen Erkrankungen
  - Parasiten
  - Lymphomen
  - Medikamenten
  - Vaskulitiden.

Leukämoide Reaktion

- Massive Erhöhung der **Leukozyten**
- Die Abgrenzung zu echten Leukämien kann schwierig sein.

CHECK-UP

- ☐ Definieren Sie Neutropenie und Neutrophilie.
- ☐ Was sind Auslöser und Komplikationen einer Agranulozytose?
- ☐ Was können Ursachen einer Eosinophilie sein?

Neoplastische Veränderungen

Primäre neoplastische Störungen des Knochenmarks:

- Akute myeloische Leukämien
- Myeloproliferative Neoplasien
- Myelodysplastische Syndrome.

Das Knochenmark ist häufiger Manifestationsort von Lymphomen und Metastasen. Seltener Histiozytosen.

Akute myeloische Leukämie

- Abkürzung: **AML**
- Kann in jedem Alter auftreten
- Inzidenz steigt jenseits des 65. Lebensjahrs
- Im Kindesalter AML < 20 % aller Leukämien
- Zahlreiche Subtypen.

Ätiologie, Histologie

- Allen Formen der AML ist eine klonale myeloische Vorläuferzelle gemeinsam. Diese reift, anders als bei myeloproliferativen Neoplasien, nicht aus
- Somit dominieren im Knochenmark unreife CD34-positive **Myeloblasten** (> 20 %), die die normale Hämatopoese verdrängen
- Myeloblasten können mehrkernig sein und weisen im Vergleich zu Lymphoblasten einen deutlichen Zytoplasma-Saum auf. **Auer-Stäbchen** im Zytoplasma sind typisch für Myeloblasten einer AML
- Die Blasten werden auch ausgeschwemmt und sind dadurch im peripheren Blut nachweisbar (Leukämie). Aleukämische Verläufe sind jedoch ebenso beschrieben.

Risikofaktoren

- Knochenmarkschädigung durch Strahlung, Benzol und bestimmte Zytostatika
- Bestehende hämatologische Grunderkrankungen wie myeloproliferative Neoplasien, myelodysplastische Syndrome, aplastische Anämie
- Genetische Faktoren: Trisomie 21, Li-Fraumeni-Syndrom.

Klinik

Symptome, die auf den Ausfall der normalen Hämatopoese zurückgehen:

- Anämie
- Blutungsneigung
- Infektanfälligkeit.

Der Verlauf ist rasch progredient.

Prognose

- Tendenziell eher schlecht, hängt vom Subtyp ab
- Bei 60 % der Patienten lässt sich eine Remission erzielen
- Während der nächsten fünf Jahre bleiben nur 15–30 % rezidivfrei.

WHO-Klassifikation der AML

Die Klassifikation der AML ist sehr komplex und spiegelt letztendlich die unterschiedlichen Pathomechanismen wider. Dementsprechend umfasst die Diagnostik nicht nur die Morphologie, sondern auch Immunphänotypisierung mittels **Flow-Zytometrie**, Immunhistochemie und Zytogenetik.

AML mit zytogenetischen Aberrationen

- Bestimmte AML-Subtypen sind durch zahlreiche **zytogenetische Aberrationen** wie Translokationen, Inversionen und Genmutationen charakterisiert
- Auch wenn eine AML mikroskopisch nicht erkennbar ist, kann sie molekularbiologisch durch den Nachweis einer spezifischen Aberration im Knochenmark als „minimal residual disease" diagnostiziert werden
- Die Zytogenetik lässt sich demnach auch als Verlaufskontrolle nach Therapie einsetzen und ist sensitiver als morphologische Untersuchungen
- Zytogenetische Aberrationen wirken sich auch auf Prognose und Therapie aus
- Durch **Translokationen** entstehen neue Fusionsproteine, die eine Ausreifung der Myeloblasten verhindern.

Beispiel: **Akute Promyelozytenleukämie**.

- Etwa 5–8 % aller AML
- Charakterisiert durch eine t(15;17)-Translokation
- Dabei entsteht ein Fusionsprotein, das durch eine Rezeptorblockade die weitere Ausreifung verhindert
- Wird das Fusionsprotein durch hohe Gaben von Retinolsäure-Derivaten verdrängt, kann eine Differenzierung induziert werden. Die Blasten entwickeln sich dann weiter zu Granulozyten. Wird dies mit einer Chemotherapie kombiniert, können Langzeit-Überlebensraten von bis zu 90 % erzielt werden.

MDS-assoziierte AML

- Etwa 30 % aller AML
- Im Rahmen eines MDS entstanden
- Ältere Patienten
- Schlechte Prognose.

Therapieassoziierte AML

- 10–20 % aller AML
- Spätkomplikation einer Radiotherapie oder zytotoxischen Chemotherapie mit alkylierenden Substanzen oder Topoisomerase-II-Inhibitoren
- Alle Altersklassen
- Schlechte Prognose.

AML, unklassifiziert

- Alle AML, die keiner Kategorie angehören
- Weitere Unterteilung möglich, je nach Differenzierung, Immunphänotyp und Morphologie
- Die FAB-Klassifikation (**F**rench-**A**merican-**B**ritish) wird in der aktuellen Ausgabe der WHO-Klassifikation nicht mehr aufgeführt.

Myeloisches Sarkom

- Synonyme: **Chlorom, granulozytisches Sarkom**
- Myeloblasten nicht im Blut, sondern tumorbildend im Gewebe: Haut, Gastrointestinaltrakt, Lymphknoten, Hoden u. a.
- Entweder de novo oder im Rahmen einer bekannten AML.

Myeloproliferative Neoplasien

- Veralteteter Begriff: chronische myeloproliferative Erkrankung
- Erkrankungen des Erwachsenenalters
- Altersgipfel in der 5.–7. Dekade
- Proliferation einer klonalen hämatopoetischen Stammzelle, die eine oder mehrere myeloische Reihen betreffen kann.
- Klassifikation gemäß der **WHO-Kriterien für hämatopoetische und lymphatische Tumoren.**

Morphologie

- Das Knochenmark erscheint hyperzellulär
- Vermehrung von Vorläuferzellen, wobei eine Ausreifung im Gegensatz zu einer AML stattfindet
- Im peripheren Blut fallen stark erhöhte Zahlen von Granulozyten, Erythrozyten oder Thrombozyten auf.

Diagnostik und Klinik

- Patienten zu Beginn häufig asymptomatisch
- Manchmal bestehen Bauchschmerzen aufgrund der häufig vorkommenden Splenomegalie und Hepatomegalie. V. a. bei chronischer myeloischer Leukämie (CML) und primärer Myelofibrose
- Bedeutsam sind molekulargenetische Veränderungen.

Verlauf

- Relativ langsam fortschreitend
- Jede myeloproliferative Neoplasie kann in eine Myelofibrose mit reduzierter oder ineffizienter Hämatopoese übergehen
- Es besteht das Risiko eines akuten Blastenschubs mit Transformation in eine akute myeloische Leukämie. Am häufigsten bei CML.

Subtypen

→ Tabelle 18.4.

Myelodysplastisches Syndrom

Abkürzung: **MDS.**
Heterogene Gruppe klonaler hämatopoetischer Stammzell-Erkrankungen.

WHO-Klassifikation

Charakterisiert durch folgende Kriterien:

- Zytopenie
- Dysplasie einer oder mehrerer myeloischer Reihen
- Ineffiziente Hämatopoese
- Erhöhtes AML-Risiko.

Ätiologie und Klinik

- Erkrankung des höheren Lebensalters, medianes Alter: 70
- Männer sind häufiger betroffen
- Ursachen: idiopathisch oder therapieassoziiert (Radio- oder Chemotherapie), 2–8 Jahre nach Behandlung
- Klinisch imponieren Symptome der ineffizienten Hämatopoese
- Eine Organomegalie wie bei myeloproliferativen Neoplasien ist untypisch
- Eine weitere Differenzierung erfolgt anhand des peripheren Blutbilds, der Knochenmarkmorphologie und zytogenetischen Analysen
- Die Prognose ist generell ungünstig, abhängig vom Subtyp und Zytogenetik.

Lymphome

- Maligne Lymphome und deren Klassifikation: → Kapitel 19
- Im Folgenden werden lediglich Lymphome aufgeführt, die sich häufig im **Knochenmark** und **peripherem Blut** manifestieren:
  - Akute lymphatische Leukämien
  - Haarzell-Leukämie
  - Plasmazell-Myelom
  - Lymphozytisches Lymphom, CLL (→ Kap. 19).

Generell ist das Knochenmark eher bei **Non-Hodgkin-Lymphomen** vom B-Zell-Typ (niedrig maligne und blastär) als bei **Hodgkin-Lymphomen** und Non-Hodgkin-Lymphomen vom T-Zell-Typ involviert.

Akute lymphatische Leukämien

Abkürzung **ALL**, Synonym: **lymphoblastisches Lymphom**.

- Betroffen v.a. Kinder
- Altersgipfel: 4. Lebensjahr

Tab. 18.4 Subtypen der myeloproliferativen Neoplasien.

	Betroffene Reihe	Diagnostische Mutation	Klinische Besonderheiten	Medianes Überleben
Chronische myeloische Leukämie, CML	• Granulopoese • Granulozyten	BCR-ABL-Translokation = Philadelphia-Chromosom t(9;22) in 100 %	• Extreme Splenomegalie • Bauchschmerzen • Heilung durch Knochenmarktransplantation möglich	• Drei Jahre • Zunehmendes Risiko einer Transformation in eine AML
Polycythaemia vera	• Erythropoese • Erythrozyten	JAK2-Mutation in › 95 %	• Thrombosen: z. B. tiefe Beinvenen • Infarkte (Herz und ZNS)	› 10 Jahre
Essenzielle Thrombozytämie	• Megakaryozytopoese • Thrombozyten	• Keine spezifische Mutation • JAK2-Mutationen in 40–50 %	• Thrombosen • Blutungen	10–15 Jahre
Primäre Myelofibrose	• Megakaryozytopoese • Granulopoese • Mediatoren der Megakaryozyten stimulieren Fibroblasten zur Kollagensynthese	• Keine spezifische Mutation • JAK2-Mutationen in 50 %	• Extramedulläre Blutbildung mit Splenomegalie • bei Knochenmarkfibrose: Punctio sicca	• 3–7 Jahre • 10–20 % transformieren in eine AML
Mastozytose	Mastzellen	KIT-Mutation in 95 %	• Altersunabhängig: auch Kinder • Lokalisierte kutane Form • Systemische Form mit Beteiligung von Knochenmark und anderen Organsystemen	• Sehr unterschiedlich • Abhängig von Knochenmarkbeteiligung und Alter

- Im Erwachsenenalter repräsentiert die ALL nur 20 % aller akuten Leukämien
- Zweiter Altersgipfel: jenseits des 80. Lebensjahrs.

Ätiologie, Morphologie.
- Lymphoblasten sind etwas größer als reife Lymphozyten und weisen ein gröberes Chromatin auf
- Zahlreiche Mitosen als Korrelat für eine hohe Proliferationsrate
- T-Lymphoblasten unterscheiden sich konventionell-morphologisch nicht von B-Lymphoblasten
- Für eine weitere Klassifikation (B-ALL versus T-ALL) muss der Immunphänotyp untersucht werden → Tumorzellen der ALL leiten sich von **unreifen Vorläuferzellen** des Knochenmarks (B-Zell-Typ) oder des Thymus (T-Zell-Typ) ab
- Dies wird deutlich durch die nukleäre Expression von terminaler Deoxynucleotidyltransferase TdT, einer DNA-Polymerase, die typischerweise in Prä-B- und -T-Lymphoblasten vorkommt.

Risikofaktoren.
Knochenmarkschädigung durch:
- Ionisierende Strahlen
- Immunsuppression, z. B. nach Nierentransplantation
- Genetisch bei Trisomie 21 u. a.

Klinik.
- Abrupter Beginn mit sehr rascher Verschlechterung des Allgemeinzustands

- Typische Symptome der Knochenmark-Verdrängung: Anämie, Infektneigung und Blutungsneigung
- Lymphadenopathie, Hepato- und Splenomegalie.

Molekulargenetik.
- Zahlreiche chromosomale Aberrationen: Translokationen und numerische Aberrationen
- Sie wirken sich auf Prognose und Therapie aus.

Prognose.
Aufgrund neuer aggressiver Chemotherapien werden Remissionsraten von mehr als 90 % erreicht.

ALL und **lymphoblastisches Lymphom** bezeichnen dieselbe Tumorerkrankung. Sie unterscheiden sich jedoch hinsichtlich der Manifestation:
- Leukämie (gr. weißes Blut): die Tumorzellen werden ausgeschwemmt und sind im Blut nachweisbar, häufiger B-Zell-Typ
- Lymphom: die Tumorzellen bilden eine solide Tumormasse im Gewebe (meist Lymphknoten), häufiger T-Zell-Typ.

- **Abgrenzung ALL zur AML:** Die Tumorzellen der AML sind zwar auch im Blut nachweisbar (Leukämie), sie leiten sich jedoch von der myeloischen und nicht von der lymphatischen Reihe ab. Beide haben unterschiedliche Therapieschemata und Prognosen
- **Abgrenzung ALL zur CLL:** Kein Zusammenhang! Die CLL gehört zu den niedrig malignen, reifen B-Zell-Lymphomen. Eine CLL kann **niemals** in eine ALL übergehen!

Haarzell-Leukämie

Niedrigmalignes Non-Hodgkin-Lymphom vom B-Zell-Typ.
- 2 % aller Leukämien
- Überwiegend Männer im mittleren Alter, selten bei Frauen, praktisch nie bei Kindern
- Manifestation in peripherem Blut, Knochenmark und Milz (Splenomegalie)
- Befall von Lymphknoten ist unüblich.

Histologie.
- Kleine lymphozytenartige Tumorzellen
- Charakteristische zytoplasmatische Ausläufern, die der Leukämie ihren Namen gegeben haben
- Typisch bei Knochenmarkpunktion: Punctio sicca
- Die histopathologische Untersuchung der Knochenmarkstanze liefert in diesem Fall bessere Ergebnisse als der Ausstrich des Knochenmarks.

Prognose.
Mit einer 10-JÜR von > 90 % äußerst günstig.

Plasmazell-Myelom

- Non-Hodgkin-Lymphom vom B-Zell-Typ
- Ursprungszelle ist eine klonale reife Plasmazelle
- Etwa 1 % aller malignen Tumoren
- 10–15 % der hämatopoetischen Neoplasien
- Häufigste Lokalisation ist das Knochenmark, auch extraossäre Manifestationen möglich.

Plasmozytom: solitäres Plasmazell-Myelom.
Multiples Myelom: mehrere Plasmazell-Myelom-Herde.

Labor.
Im Gegensatz zu anderen B-Zell-Lymphomen sezernieren Plasmazell-Myelome.
- Immunglobuline, v. a. vom IgG- oder IgA-Typ: M-Protein in der Serum-Elektrophorese
- Leichtketten (Bence-Jones-Protein): Bence-Jones-Proteinurie.

Klinik.
Typisch sind:
- Hyperkalzämie
- Osteolysen (z. B. Schrotschuss-Schädel im Röntgenbild)
- Niereninsuffizienz bei Plasmozytom-Niere
- Anämien
- Amyloidose vom Leichtkettentyp.

Histologie.
- Tumorbildende Aggregate von Plasmazellen
- Plasmazellen können intrazytoplasmatische **Russell-Körperchen** oder intranukleäre Einschlüsse, so genannte **Dutcher-Bodies**, aufweisen
- Die Tumorzellen sind negativ für den B-Zell-Marker CD20.

Therapie und Prognose.
- Eine kurative Therapie ist derzeit nicht möglich
- Trotz des langsam progredienten Verlaufs ist die Prognose auf lange Zeit ungünstig.

Lymphoplasmozytisches Lymphom

Synonyme: **Morbus Waldenström, Immunozytom.**
Selten.

Morphologie.
- Plasmazellen und plasmozytoide Lymphozyten
- Expression von CD20 (Plasmazell-Myelom ist CD20 negativ)
- Sekretion von IgM: nachweisbar in der **Serum-Elektrophorese.**

Indolenter Verlauf mit günstiger Prognose.

Histiozytosen

- Begriff für eine Vielfalt an benignen und malignen proliferativen Erkrankungen dendritischer Zellen und Makrophagen
- Insgesamt äußerst selten
- Am meisten Bedeutung hat die Langerhans-Zell-Histiozytose.

Langerhans-Zell-Histiozytose

Akronym: **LZH.**
Die Klinik und Prognose ist abhängig von der Präsentation.
Vorkommen in:
- Knochenmark
- Haut
- Lunge
- Lymphknoten.

Langerhans-Zellen:
- Gekennzeichnet durch gekerbte, gefaltete und lobulierte Kerne („dudelsackförmig") und so genannte **Birbeck-Granula** im Zytoplasma (elektronenmikroskopisch nachweisbar)
- Exprimieren typischerweise CD1a
- Das Begleitinfiltrat besteht aus zahlreichen eosinophilen Granulozyten.

Subtypen.
→ Tabelle 18.5.

Tab. 18.5 Subtypen der Langerhans-Zell-Histiozytose.

Multifokal multisystem LZH	Multifokal unisystem LZH	Solitäre LZH
• Kinder < 2 Jahre • **Letterer-Siwe**-Erkrankung • Zahlreiche Hautläsionen, Hepatosplenomegalie, Lymphadenopathie, osteolytische Herde und Zytopenie • Schlechte Prognose	• Kinder • **Hand-Schüller-Christian-Triade:** Osteolysen der Schädelkalotte, Diabetes insipidus, Exophthalmus • Spontane Heilung bis fortschreitender Verlauf	• Ältere Kinder und Erwachsene • Asymptomatisch oder Knochenschmerzen bei Knochenherden • Pulmonale Herde bei Rauchern • Spontane Heilung oder Heilung nach Exzision

CHECK-UP

- ☐ Beschreiben Sie Ätiologie und Histologie der AML.
- ☐ Welche Methoden spielen bei der Diagnostik einer AML eine Rolle?
- ☐ Erläutern Sie die WHO-Klassifikation der AML in groben Zügen.
- ☐ Was unterscheidet eine CML von einer AML?
- ☐ Nennen Sie die Unterformen der myeloproliferativen Neoplasien mit ihren klinischen und diagnostischen Besonderheiten.
- ☐ Definieren Sie das MDS nach WHO-Kriterien.
- ☐ Beschreiben Sie die ALL und grenzen Sie sie von anderen malignen Lymphomen ab.
- ☐ Wie manifestiert sich klinisch ein Plasmazell-Myelom und welche Untersuchungen sind wichtig für Diagnostik und Prognose?
- ☐ Beschreiben Sie die Morphologie von Langerhans-Zellen.
- ☐ Wie können Langerhans-Zell-Histiozytosen weiter subtypisiert werden?

19 Lymphatisches System

Lymphknoten

Normale Struktur

Zum lymphatischen System gehören:
- Lymphknoten
- Milz
- Thymus
- Tonsillen
- MALT: Mukosa assoziiertes lymphatisches Gewebe (engl. tissue) im Respirations- und Verdauungstrakt.

Hauptfunktion ist die **Erregerabwehr**.

- Lymphknoten sind im ganzen Organismus verteilt
- Palpatorisch zugänglich sind sie v.a. im Halsbereich, axillär und inguinal.

Sie besitzen eine **feine Kapsel** und werden in **Mark** und **Rinde** unterteilt:
- Über zuführende Lymphgefäße und Randsinus gelangt die Lymphe ins Mark und wird über den Hilus wieder abgeleitet
- In der Rinde sind die Follikel der B-Lymphozyten zu finden. Zwischen den Follikeln liegt die interfollikuläre Zone, in denen vorwiegend T-Lymphozyten vorkommen (→ Kap. 3)
- Kommt es zu einer Proliferation der B-Zellen, bildet sich ein **Keimzentrum**. Es enthält:
  - Vorstufen der B-Lymphozyten: Zentroblasten und Zentrozyten
  - Kerntrümmermakrophagen, auch Sternhimmelzellen genannt
  - follikulär dendritische Zellen.
- Das Keimzentrum wird umgeben von der **Mantel- und Marginalzone**, die von reifen B-Lymphozyten gebildet wird.

Abklärung vergrößerter Lymphknoten

Terminologie der Lymphknotenvergrößerung:
- **Lymphadenopathie**: unspezifische Vergrößerung der Lymphknoten
- **Lymphadenitis**: Vergrößerung der Lymphknoten aufgrund einer **Infektion**
- Trotz unterschiedlicher pathologischer Reaktionsmuster kann aufgrund der histologischen oder zytologischen Untersuchung nicht immer eine definitive Aussage zur Ätiologie einer Lymphadenopathie oder Lymphadenitis gemacht werden
- Deshalb spielen Anamnese und serologische Untersuchungen eine ebenso wichtige Rolle
- Lässt sich eine Lymphadenopathie aufgrund von Klinik, Anamnese oder Serologie nicht erklären, ist eine **feingewebliche Untersuchung** des Lymphknotens mittels Feinnadelpunktion oder Exzision indiziert
- Ziel: Unterscheidung zwischen einem reaktiven, benignen Prozess und einem malignen Geschehen (Lymphom oder Metastase)

- Bei infektiös bedingten Lymphadenitiden ist es außerdem wichtig, **natives, nicht fixiertes Gewebe** für mikrobiologischen Untersuchungen (Kultur, Resistenzprüfung) zu asservieren (z. B. bei Tuberkulose).

Feinnadelpunktion

Abkürzung: **FNP**.
Unter Ultraschallkontrolle wird der Lymphknoten mit einer feinen Kanüle punktiert. Danach werden Ausstriche angefertigt.

Vorteile.
- Kostengünstig
- Wenig Aufwand
- Keine Lokalanästhesie notwendig
- Keine Narbe
- Praktisch keine Gefahr einer Infektion
- Für Zusatzuntersuchungen (Immunhistochemie, Flow-Zytometrie und Kulturen) kann weiteres Gewebe asserviert werden.

Nachteile.
- Beurteilung der Lymphknotenarchitektur stark eingeschränkt
- Sampling-Error
- Qualität der Beurteilung ist abhängig von der Erfahrung des Punkteurs.

Lymphknotenexzision

Ein oder mehrere Lymphknoten werden unter Anästhesie entnommen.

Vorteile. Beurteilung des gesamten Lymphknotens und der Architektur sind möglich.

Nachteile.
- Relativ hoher Aufwand mit Operationsplanung und Anästhesie
- Narbenbildung
- Infektionsrisiko höher als bei FNP.

Differenzialdiagnose Lymphadenopathie:
- Begleit-Lymphadenopathie bei unspezifischem viralen Infekt oder nach Impfung
- Spezifische Erreger: EBV bei Pfeifferschem Drüsenfieber, Tuberkulose, HIV-Lymphadenopathie (→ Abb. 19.1)
- Seltenere Erreger: Bartonellen (Katzenkratzkrankheit), Toxoplasmose, Tularämie, Yersinien, Lues
- Im Rahmen von Systemerkrankungen, z. B. Lupus, rheumatoide Arthritis, Sarkoidose, Hautkrankheiten
- Fremdkörperreaktionen
- Medikamentös-toxisch: Methotrexat, Aspirin, Antirheumatika, Antibiotika, Antiepileptika u. v. m.
- Lymphome
- Metastasen: Karzinom, Melanom.

CHECK-UP

- ☐ Wie ist die normale Struktur der Lymphknoten?
- ☐ Welche Differenzialdiagnosen bestehen bei einer Lymphadenopathie und wie würden Sie bei der weiteren Abklärung vorgehen?

Benigne Veränderungen in Lymphknoten

- Die Grenzen zwischen reaktiver Lymphadenopathie und Lymphadenitis sind fließend. Im klinischen Alltag ist eine Unterscheidung nicht immer möglich und klinisch häufig auch nicht relevant
- Unter den **reaktiven Lymphadenopathien** werden im Folgenden gängige, aber unspezifische Reaktionsmuster des Lymphknotens beschrieben, die im Übrigen auch bei unspezifischen Infekten zu beobachten sind
- Unter den **Lymphadenitiden** werden einige spezifische Merkmale beschrieben, die Rückschlüsse auf den Erreger zulassen.

Reaktive Lymphadenopathien

Proliferation der B-Zellen

Charakteristische Primärantwort der B-Zellen bei Antigenkontakt.
- Der Primärfollikel geht in einen Sekundärfollikel über

- Es werden Keimzentren ausgebildet, in denen die Proliferation und Selektion der B-Lymphozyten stattfindet
- Dort proliferieren **Zentroblasten**, welche sich weiter zu Zentrozyten und reifen B-Lymphozyten differenzieren
- Die Mehrzahl der B-Zellen wird jedoch wegen ungeeigneter Oberflächenrezeptoren selektioniert und geht zugrunde (Apoptose)
- Die Reste werden von den Kerntrümmer- bzw. Sternhimmelmakrophagen abgebaut
- An der Selektion und dem „Gerüst" des Keimzentrum beteiligt sind **follikulär dendritische Zellen**
- Die periphere Zone des Follikels gliedert sich in Mantel- und Marginalzone, in denen die reifen B-Lymphozyten zu finden sind.

Follikuläre Hyperplasie

- Die Sekundärfollikel sind zahlenmäßig stark vermehrt und nehmen auffallend an Größe zu
- Unspezifische Reaktion im Rahmen von Systemerkrankungen wie Lupus, bei Infektionen, v. a. HIV, und bei Entzündungen im Zustromgebiet, z. B. zervikale Lymphadenopathie bei grippalem Infekt.

Wichtigste histologische Differenzialdiagnose: Abgrenzung zum follikulären Lymphom.

Proliferation der T-Zellen

- **Parakortikale T-Zell-Hyperplasie**
- Verbreiterung der interfollikulären Zone aufgrund einer
- dichten Population von T-Lymphozyten mit eingestreuten Makrophagen
- Häufig unspezifisch bei banalen viralen Infekten, Hauterkrankungen (dermatopathische Lymphadenopathie) und Systemerkrankungen.

Bunte Pulpahyperplasie

- Partielle Aufhebung der Architektur
- Buntes Bild aus reifen und blastären Lymphozyten, Neutrophilen und Eosinophilen sowie Sternhimmelmakrophagen
- Tritt z. B. bei EBV-Infektion auf.

Sinushistiozytose

- Vermehrte Histiozyten im Sinus des Lymphknotens
- Unspezifisch und sehr häufig.

Rosai-Dorfman-Erkrankung.

- Massive Hyperplasie und Dilatation der Sinus mit Vermehrung der Histiozyten
- Vorkommen v. a. bei Kindern und Jugendlichen
- Symptome v. a. zervikal betonte, schmerzlose Lymphadenopathie und Fieber
- Langer Verlauf bei spontaner Regression
- Auslösende Faktoren sind unbekannt.

Virale Lymphadenitis

- Virale Infekte wie eine Erkältung oder ein grippaler Infekt sind v. a. in den Wintermonaten die häufigste Ursache für eine Lymphknotenschwellung
- Meist ist der genaue Virustyp unklar und wird auch nicht bestimmt, da die Relevanz für die Therapie gering ist
- Manche Viren zeigen spezifische Veränderungen (→ Tab. 19.1).

Tab. 19.1 Beispiele für viral bedingte Lymphadenitiden.

Virus	Morphologie	Besonderheiten
Epstein-Barr-Virus, EBV, bei infektiöser Mononukleose (Pfeiffersches Drüsenfieber)	Proliferation von T-Zellen (Bunte Pulpahyperplasie) und B-Zellen (Follikelhyperplasie)	• Blasten können Hodgkin-Zellen ähneln (DD Hodgkin-Lymphom) • Nachweis mit In-situ-Hybridisierung möglich
Zytomegalie-Virus, CMV	„Eulenaugenzellen"	• Bei Immunsuppression • Nachweis mit Immunhistochemie möglich
Herpes-simplex-Virus, HSV	• Nekrosen und neutrophile Granulozyten • Typische Kerneinschlüsse	• Bei Immunsuppression • Nachweis mit Immunhistochemie möglich
Human Immunodeficiency Virus, HIV	• Frühstadium: massive Follikelhyperplasie mit Blasten, Mitosen und Sternhimmelmakrophagen • Spätstadium: Follikelinvolution	• Frühstadium: DD Lymphom, Erregernachweis im Blut • Spätstadium: opportunistische Infektionen, z. B. HSV, CMV, Pilze

Andere Erreger bei Lymphadenitis

- Eitrige Lymphadenitis: selten, kommt im Rahmen von Streptokokken und Staphylococcus-aureus-Infekten vor
- Pilzorganismen verursachen eine granulomatöse Lymphadenitis (s. u.)
- Manchmal sind Parasiten nachweisbar.

Granulomatöse Lymphadenitis

Vorkommen mit und ohne Nekrosen.

Ursachen.
- Eine Tuberkulose kann sich auch als zervikale Lymphknotenvergrößerung manifestieren
- Mykobakterien, die Erreger der Tuberkulose, sind die häufigsten Errreger bei einer nekrotisierenden granulomatösen Lymphadenitis
- Andere Erreger, wie Pilzorganismen u.a. sind viel seltener
- Nichtinfektiös bedingte granulomatöse Lymphadenitiden sind auch möglich, z. B. bei Sarkoidose u. a. (→ Tab. 19.3).

Makroskopie.
Die vergrößerten Lymphknoten zeigen eine weißgelbe Schnittfläche. Cremig-weiche Abschnitte, so genannte verkäsende Nekrosen, sind möglich.

Mikroskopie.
- Granulome, die aus kugeligen Aggregaten von epitheloidzelligen Makrophagen mit schuhsohlenartigen Zellkernen bestehen
- Mehrkernige Riesenzellen können eingestreut sein
- Bei der nekrotiserenden granulomatösen Lymphadenitis, die typischerweise bei Tuberkulose auftritt, sind epitheloidzellige Makrophagen palisadenartig um eine zentrale nekrotische Zone angeordnet.

Sonderform.
Abszedierende retikulohistiozytäre Lymphadenitis mit landkartenartig verschmelzenden Granulomen z. B. bei Bartonellen, Yersinien oder Francisellen. Hier weisen die zentralen Nekrosen neutrophile Granulozyten auf.

Tab. 19.2 Seltenere Erreger einer Lymphadenitis.

Erreger	Morphologie	Besonderheiten
Treponema pallidum, bei Lues oder Syphilis	• Massive Vermehrung von Plasmazellen, perivaskulär betont • Granulome sind möglich (s. u.)	• Lues-Fälle nehmen wieder zu • Nachweis mit Warthin-Starry-Versilberung oder Immunhistochemie möglich
Tropheryma whipplei, bei Morbus Whipple	Reichlich Schaumzellen	Erreger in den Schaumzellen sind PAS-positiv
Toxoplasmosa gondii, bei Toxoplasmose	Piringer-Kuchinka-Lymphadenitis: kleine epitheliodzellige Aggregate (Minigranulome)	• Protozoen. Wirt: Katzen • Hohe Durchseuchung • Nachweis mit Immunhistochmie möglich
Leishmanien	Erreger intrazellulär konventionell-morphologisch nachweisbar	Protozoen, übertragen durch Sandmücken in Subtropen und Tropen

Tab. 19.3 Differenzialdiagnose: Granulomatöse Lymphadenitis.

Infektiös bedingt	Nichtinfektiös bedingt
Bakterien • Mykobakterien, bei Tuberkulose und Lepra • Treponemen, bei Syphilis • Bartonellen, bei der Katzenkratzkrankheit • Francisellen, bei Tularämie • Chlamydien, bei Lymphogranulome venereum **Pilze** • Kryptokokkose • Histoplasmose • Kokzidioidomykose **Parasiten** • Toxoplasmose (s. o.)	**Idiopathisch** • Sarkoidose • Kikuchi-Lymphadenopathie **Tumorassoziiert** • Lymphome, z. B. Hodgkin-Lymphom • Metastasen **Fremdkörper** • Kristalline: Silikate, Metalle etc. **Systemerkrankungen** • Wegener-Granulomatose • Rheumaknoten • Postinfektiös

■ CHECK-UP

- ☐ Was sind die häufigsten Ursachen einer Lymphadenopathie oder Lymphadenitis?
- ☐ Welche Erreger können histopathologisch in Lymphknoten nachgewiesen werden? Auf welche Art und Weise?
- ☐ Welches ist die häufigste Ursache einer nekrotisierenden granulomatösen Lymphadenitis?
- ☐ An welche Differenzialdiagnosen müssen Sie bei einer granulomatösen Lymphadenitis denken?

Maligne Veränderungen in Lymphknoten

Klinische Malignitätskriterien von Lymphknoten sind:

- Derbe Konsistenz und fehlende Verschiebbarkeit
- **Formveränderungen sind gut in der Bildgebung zu beurteilen** (v. a. Ultraschall): Das normale Größenverhältnis Länge zu Breite beträgt 2:1 („bohnenförmig“). Maligne Lymphknotenprozesse fallen durch kugelige oder entrundete nichtovaläre Formen auf. Der Hilusbereich ist häufig nicht abgrenzbar
- Bei Befall von mehreren Lymphknotenstationen (bilateral und verschiedene Körperregionen) Verdacht auf Lymphom
- Ein solitärer, pathologisch veränderter Lymphknoten deutet eher auf das Vorliegen einer Metastase.

Die Größenzunahme allein ist kein Malignitätskriterium, da Lymphknoten auch bei nicht neoplastisch bedingten Störungen erheblich anschwellen können (siehe → Abb. 19.1 und 19.2). Allerdings können sich Lymphome mit einer generalisierten Lymphadenopathie manifestieren.

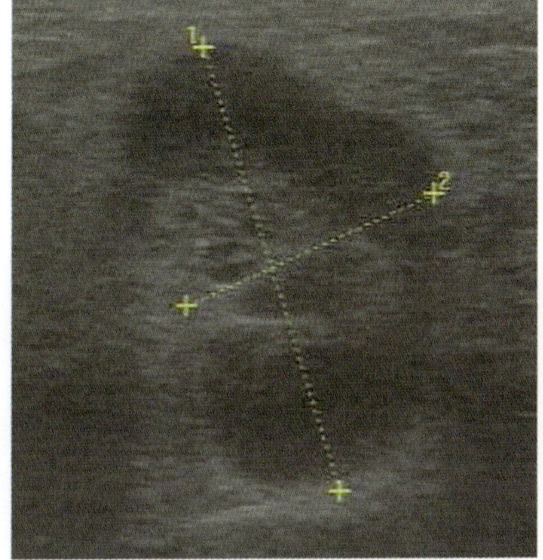

Abb. 19.1 Sonografie HIV-Lymphadenopathie: Vergrößerter Lymphknoten ohne eindeutige Malignitätskriterien [O521].

■ Metastasen

- Lymphknotenmetastasen sind Bestandteil der TNM-Klassifikation und somit stadiumbestimmend (→ Abb. 19.2)
- Treten in fortgeschrittenem Tumorstadium auf
- Metastasen können praktisch in allen Lymphknotenstationen auftreten
- Am häufigsten **Karzinome**
- Die Lokalisation der Lymphknotenmetastasen erlaubt Rückschlüsse auf den Primärtumor (→ Tab. 19.4)

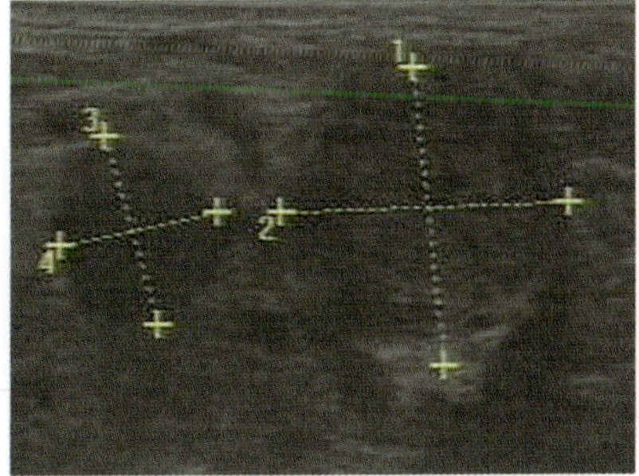

Abb. 19.2 Sonografie Lymphknotenmetastasen: rundliche Form der Lymphknoten als Malignitätskriterium [O521].

Tab. 19.4 Primärtumoren.

Lokalisation	Möglicher Primärtumor
Zervikale Lymphknoten	• Plattenepithelkarzinome im HNO-Bereich • Schilddrüse, v. a. papilläres Karzinom • Speicheldrüsen
Supraklavikuläre Lymphknoten	• **Linksseitig** (Virchow-Knoten): Magen • **Beidseits:** – Magen – Mamma – Lunge – Seltener: Ovarien, Pankreas, Gallenwege
Axilläre Lymphknoten	Mamma (Sentinel-Lymphknoten!)
Inguinale Lymphknoten	• Vulva, Vagina und Cervix uteri • Penis • Distales Rektum und Anus
Pelvine bis paraaortale Lymphknoten	• Ovarien und Hoden (paraaortal) • Prostata • Uterus und Cervix uteri • Niere (paraaortal), Pankreas (paraaortal) • Harnblase (pelvin)
Mesenteriale Lymphknoten	Kolon und Rektum

- Das maligne **Melanom** metastasiert ebenfalls häufig in Lymphknoten. Da es praktisch an jeder Stelle der Haut entstehen kann, sind Lymphknotenmetastasen prinzipiell überall im jeweiligen Abflussgebiet möglich
- **Sarkome** metastasieren meist hämatogen und sehr selten lymphogen.

Lymphome

- Maligne Lymphome: heterogene Tumorgruppe mit unterschiedlicher Morphologie, Therapie und Prognose
- Diagnostik richtet sich nach der aktuellen WHO-Klassifikation. Frühere Systeme wie die Kiel- und REAL-Klassifikation sind nicht mehr in Gebrauch
- Prinzipiell eine Systemerkrankung → Bestimmung des Tumorstadiums mittels TNM-System daher nicht möglich (vgl. Ann-Arbor-Klassifikation, → Tab. 19.7)
- Chemotherapie ist häufig die Therapie der Wahl.

Symptomatik

Indolente Lymphome: bleiben häufig asymptomatisch.

Aggressive Lymphome: Klinik mit generalisierter Lymphknotenschwellung und reduziertem Allgemeinzustand. Leistungsknick, Müdigkeit, Appetitlosigkeit.

B-Symptome: Fieber, Nachtschweiß und Gewichtsverlust.

Ausfallsymptome: Eine Infiltration und Verdrängung des Knochenmarks äußert sich durch Ausfallsymptome der verschiedenen myeloischen Reihen:

- Erythropoese: Anämie, Müdigkeit, Erschöpfung, Kurzatmigkeit
- Granulopoese: Neigung zu schweren Infekten
- Thrombopoese: Hämatome, Blutungen.

Diagnose

- Mittels Histologie: Zytomorphologie, Architektur (Wachstum) und Immunphänotyp, evtl. Klonalitätsanalysen (Molekularpathologie)
- **Immunphänotyp**: praktisch der „Fingerabdruck" eines Lymphoms. Typisches Expressionsmuster jeder Lymphomzelle, das mit Antikörpern untersucht werden kann. Hilfsmittel hierfür sind Immunhistochemie und Flow-Zytometrie.

Klassifikation

Tab. 19.5 Überblick zur Lymphom-Klassifikation nach WHO.

Hodgkin-Lymphome	Non-Hodgkin-Lymphome
Klassisches HL: Subtypen sind – Noduläre Sklerose – Lymphoyztenreich – Lymphozytendepletiert Noduläres lymphozytenprädominantes HL	Lymphoblastische Lymphome • B-ALL • T-ALL Reife B-Zell-Lymphome • Kleinzellige (meist indolenter Verlauf) • Blastäre (aggressiver Verlauf) Reife T-Zell-Lymphome

Hodgkin-Lymphome

Akronym: **HL**, veraltet: **Morbus Hodgkin**.

- Entsteht in Lymphknoten (häufig zervikal) und praktisch nie extranodal
- Chemotherapie- und strahlensensibel → hohe Heilungschancen

– Bis zu 90 % im lokalisierten Stadium
– 50–60 % im fortgeschrittenen Stadium.

Pathogenese. Es wird eine Beteiligung des Epstein-Barr-Virus diskutiert.

Histologische Differenzialdiagnosen. Die wichtigste Abgrenzung ist das diffus großzellige B-Zell-Lymphom (Non-Hodgkin-Lymphom): Die Therapieschemata sind unterschiedlich! Auch eine EBV-Infektion (infektiöse Mononukleose) im Lymphknoten kann morphologisch ein Hodgkin-Lymphom imitieren.

Subtypen.
- Klassisches Hodgkin-Lymphom mit den (klinisch nicht relevanten) Subtypen
  - Noduläre Sklerose;
  - Lymphozytenreich
  - Lymphozytendepletiert
- Noduläres lymphozytenprädominantes Hodgkin-Lymphom.

Histologie.
- Die eigentlichen Tumorzellen machen nur < 5 % der Tumormasse aus
- Sie werden umgeben von einem bunten Begleitinfiltrat aus eosinophilen Granulozyten, Lymphozyten, Plasmazellen und Makrophagen
- Charakteristische Morphologie der Tumorzellen:
  - Hodgkin-Zellen: einkernig, große unregelmäßige Kerne mit rot leuchtenden Makronukleolen
  - **Reed-Sternberg-Zellen**: mehrkernig, Kernmorphologie wie bei Hodgkin-Zellen
  - Popcorn-Zellen: stark gekerbte Zellkerne mit mehreren kleinen Nukleolen
  - Mumifizierte Zellen: Geschrumpfte, apoptotische Tumorzellen.

Komplikationen.
- Gefürchtete Spätkomplikation einer aggressiven Chemotherapie: Zweitmalignome
- Therapie deswegen stadiengerecht gemäß der Ann-Arbor-Klassifikation (→ Tab. 19.7).

Non-Hodgkin-Lymphome

Unter Non-Hodgkin-Lymphomen werden unterschiedliche Tumorerkrankungen des lymphatischen Gewebes zusammengefasst. Insgesamt können sie in drei große Gruppen unterteilt werden:

Tab. 19.7 Ann-Arbor-Klassifikation.

Stadium I	Befall einer Lymphknotenregion oder einer anderen lymphatischen Struktur, z. B. Milz, Thymus, Waldeyer-Rachenring
Stadium II	Befall von ≥2 Lymphknotenregionen auf einer Seite des Zwerchfells
Stadium III	Befall von Lymphknoten auf beiden Seiten des Zwerchfells
Stadium IV	Befall extranodaler Strukturen, z. B. Knochenmark
Zusatz A	Ohne B-Symptomatik
Zusatz B	Mit B-Symptomatik: Fieber, Gewichtsverlust, Nachtschweiß

Tab. 19.6 Abgrenzung Hodgkin-Lymphome.

	Klassisches HL	Noduläres lymphozytenprädominantes HL
Häufigkeit	95 %	5 %
Epidemiologie	• 1. Altersgipfel zwischen 20 und 30 Jahren • 2. Altersgipfel jenseits des 60. Lebensjahrs	Häufig Männer zwischen 30 und 50 Jahren
Lokalisation	• Zervikale Lymphknoten • Mediastinale und axilläre Lymphknoten an 2. Stelle • Milz in 20 % betroffen • Knochenmark in 5 %	• Zervikale, axilläre und inguinale Lymphknoten • Sehr selten Mediastinum, Milz und Knochenmark betroffen
Morphologie	• Hodgkin-Zellen • Reed-Sternberg-Zellen	**Popcorn-Zellen**
Immunphänotyp	CD20-, CD30+, CD15+	CD20+, CD30-, CD15-
Prognose	Stadienabhängig	Insgesamt sehr gut

- Reife B-Zell-Lymphome: kleinzellige (überwiegend indolent) und blastäre (aggressiv)
- Reife T-Zell-Lymphome
- Akute lymphatische Leukämien bzw. lymphoblastische Lymphome: → Kapitel 18.

Reife B-Zell-Lymphome

- Größte Gruppe unter den Non-Hodgkin-Lymphomen, am häufigsten
- Tumorzellen leiten sich von reifen Lymphozyten des peripheren lymphatischen Gewebes ab (→Unterschied zur ALL)
- Eine Primärmanifestation ist auch **extranodal** möglich, z. B. MALT-Lymphom des Magens
- Viele reife B-Zell-Lymphome exprimieren den B-Zell-Marker CD20, sodass eine zielgerichtete Therapie mit Rituximab, einem monoklonalen Antikörper gegen CD20, möglich ist.

Klinik. Bedeutsam ist die Unterscheidung:

- **Kleinzellige** B-Zell-Lymphome mit einem meist indolenten Verlauf: symptomatische Therapie, kein kurativer Ansatz
- **Blastäre** B-Zell-Lymphome mit einem aggressiven Verlauf: kurativer Ansatz mit aggressiven Chemotherapien.

Morphologie.

- Morphologisch ist eine Unterscheidung zwischen kleinzelligem Lymphom (wie reife Lymphozyten) und blastärem Lymphom (große pleomorphe Zellen) möglich
- Weitere Subtypisierung erfolgt mittels Immunphänotypisierung, v. a. bei den kleinzelligen Lymphomen, → Tabelle 19.9
- Manche Lymphome weisen darüber hinaus spezifische Translokationen auf.

Kleinzellige Non-Hodgkin-Lymphome vom B-Zell-Typ

- Erkrankung des älteren Menschen, selten im jungen Erwachsenenalter
- Tumorzellen proliferieren langsam
- Verlauf in den meisten Fällen indolent (Ausnahme: Mantelzell-Lymphom!)
- Kleinzellige B-Zell-Lymphome werden deswegen tendenziell eher symptomatisch und selten kurativ behandelt. Therapie-Devise „so spät und so schonend wie möglich“
- Transformation in ein blastäres Lymphom ist möglich und prognostisch ungünstig (→ Tab. 19.8).

Blastäre Non-Hodgkin-Lymphome vom B-Zell-Typ

- Aggressiver Verlauf
- Tumorzellen hoch proliferativ → sensibel für Zytostatika → es wird ein kurativer Therapieansatz verfolgt.

Wichtigste Vertreter:

- Diffus großzelliges B-Zell-Lymphom
- Burkitt-Lymphom.

Diffuses großzelliges B-Zell-Lymphom

Akronym: **DLBCL**, Diffuse large B-cell Lymphoma.

- 20 % aller Non-Hodgkin-Lymphome
- 60–70 % der aggressiven Lymphome
- Breites Altersspektrum.

Ätiologie.

- Können aus einem niedrig malignen B-Zell-Lymphom (z. B. CLL) hervorgehen: Richter-Transformation
- Evtl. EBV-Assoziation
- Immunsuppression.

Klinik.

- Kurze Anamnese mit generalisierter Lymphadenopathie, Allgemeinsymptomen, B-Symptomatik
- Extranodale Manifestationen möglich: primäre ZNS-Lymphome, kutane Formen
- Bei Diagnosestellung häufig fortgeschrittenes Stadium
- Stadieneinteilung gemäß Ann-Arbor-Klassifikation, → Tabelle 19.7.

Morphologie.

- Rasen von pleomorphen Lymphomzellen (Blasten) mit großen gekerbten Kernen mit unregelmäßigen Konturen, grobem Chromatin und Nukleolen
- Immunhistochemische Expression von CD20.

Prognose.

- Ohne Therapie: infaust
- Remissionsraten von 60–80 % nach intensiver Chemotherapie.

Burkitt-Lymphom

- Akronym: **BL**
- Hoch aggressives Lymphom
- Proliferationsrate von nahezu 100 %
- Junge Erwachsene und Kinder sind betroffen
- Extranodale Manifestation ist sehr häufig.

Ätiologie.

- **Endemisches BL** in Afrika: Kinder. Enge Assoziation zur Malaria und EBV

Tab. 19.8 Übersicht über die häufigsten kleinzelligen Non-Hodgkin-Lymphome.

	Chronisch lymphatische Leukämie (CLL) oder lymphozytisches Lymphom	Follikuläres Lymphom	Mantelzell-Lymphom	Marginalzonen-Lymphom
Häufigkeit	30 % aller Leukämien	15–20 % aller NHL	3–5 % aller NHL	• Nodal < 2 % • Extranodal bei MALT-Lymphomen: 7–8 % aller NHL
Wachstum	Diffus wachsend	Follikulär und diffus	Nodulär und diffus	Diffus
Zellmorphologie	Lymphozytär	Zentrozyten und Zentroblasten	Lymphozytär (Außnahme: blastoide Variante)	Lymphozytär bis plasmozytoid
Häufige Manifestation	• Peripheres Blut • Knochenmark • Lymphknoten • Leber • Milz	• Lymphknoten • GIT	• Lymphknoten • Knochenmark • Milz	• Nodal eher selten • Extranodal: – Magen, bei Helicobacter – Tränen- und Speicheldrüsen, beim Sjögren-Syndrom – Schilddrüse auf dem Boden einer Hashimoto-Thyreoiditis
Prognose	Insgesamt gut. Manche Patienten mit schlechtem Verlauf	Gut. Im lokalisierten Stadium kurative Radiotherapie möglich	Schlecht	• Beste Prognose aller NHL • Helicobacter-pylori-Eradikation
Komplikation	Richter-Transformation in DLBCL*	Mögliche Transformation in DLBCL* und Burkitt-ähnliches Lymphom	Blastoide Variante mit aggressivem Verlauf	Blastäre Transformation möglich, selbst dann noch gute Prognose

* DLBCL= Diffuses großzelliges B-Zell-Lymphom (siehe blastäre Lymphome)

Tab. 19.9 Immunphänotyp der häufigsten kleinzelligen Non-Hodgkin-Lymphome vom B-Zell-Typ.

	CD5	CD23	CD10	Zyklin D1	Translokation
CLL	+	+	–	–	Keine
Follikuläres Lymphom	–	–	+	–	t(14;18)
Mantelzell-Lymphom	+	–	–	+	t(11;14)
Marginalzonen-Lymphom	–	–	–	–	t(11;18)

- **Sporadisches BL**: 1–2 % aller Lymphome. EBV nur in 30 % nachweisbar
- HIV-assoziiert.

Klinik.

- Kurze Anamnese
- Plötzlich auftretende und schnell wachsende Tumormasse (z. B. im Mediastinum mit oberer Einfluss-Stauung oder im Gastrointestinaltrakt mit Ileus-Symptomatik).

Morphologie.

- Diffuses Infiltrat von mittelgroßen Zellen mit rundlichen Kernen, grobem Chromatin und mehreren kleinen Nukleolen
- Reichlich eingestreute Sternhimmel-Makrophagen
- Immunhistochemische Expression von CD20 und CD10.

Molekulargenetik.
Assoziation mit Translokationen, die das c-myc-Gen betreffen.

Reife T-Zell-Lymphome

- Seltener als B-Zell-Lymphome: 15 % aller Non-HL
- Prognose überwiegend ungünstig
- Keine Expression von CD20, aber von CD3 und anderen T-Zell-Markern
- Subtypen siehe → Tabelle 19.10.

Tab. 19.10 T-Zell-Lymphome (Beispiele).

Peripheres T-Zell-Lymphom, NOS (= not otherwise specified)	• Häufigstes NHL vom T-Zell-Typ (30 %) • Nodale und extranodale Manifestation • Schlechte Prognose
Mycosis fungoides	• Manifestation in der Haut mit plaqueartigen Veränderungen, Juckreiz und Lymphadenopathie • **Sézary-Syndrom**: leukämische Ausschwemmung und Erythrodermie mit infaustem Verlauf
Anaplastisches großzelliges Lymphom vom T-Zell-Typ	• Kinder häufiger betroffen als Erwachsene • Sehr pleomorphe Tumorzellkerne • Expression von ALK
Enteropathie assoziiertes T-Zell-Lymphom	• Intestinale Manifestation • Assoziation mit Zöliakie • Infauste Prognose

CHECK-UP

- ☐ Was ist ein malignes Lymphom? Wie manifestiert es sich klinisch? Was klären Sie bei der Diagnose ab?
- ☐ Wie können Lymphome eingeteilt werden? Erklären Sie Unterschiede in Morphologie, Klinik, Therapie und Prognose.
- ☐ Welche Risikofaktoren von malignen Lymphomen kennen Sie?

Milz

Normale Struktur

- Normgewicht 150 g
- Normmaße 4×7×11 cm
- Lage im linken Oberbauch
- Blutversorgung über A. und V. splenica/lienalis
- Rote Pulpa: retikuloendotheliales Gerüst
- Weiße Pulpa: Lymphfollikel
- Pathologische Veränderungen der Milz sind meist sekundär im Rahmen anderer Erkrankungen. Primäre Milzläsionen sind selten.

Hauptaufgaben.

- Als Bestandteil des Blutkreislaufs und des Immunsystems die Beseitigung von Zelldetritus und defekten Blutzellen
- Involviert in die Immunreaktion gegen Antigene aus dem Blut.

Trotz ihrer Aufgaben ist die Milz kein lebenswichtiges Organ. Da mit einer Splenektomie die Infektanfälligkeit für Haemophilus influenzae, Pneumokokken und Meningokokken steigt, sollten prophylaktisch Impfungen gegen diese Keime vor einer Splenektomie durchgeführt werden.

Fehlbildungen

Ektopes Milzgewebe in Form von kleinen kugeligen Nebenmilzen im Bereich der großen Magenkurvatur, des Pankreas, im Omentum oder im mesenterialen Fettgewebe. Nebenmilzen können auch sekundär nach Bauch-Traumata entstehen.

Kreislaufbedingte Veränderungen

Milzinfarkt

Ursache
- Verschluss der A. splenica oder ihrer Äste
- Auslöser thrombotische, septische oder tumorbedingte Embolien
- Häufiger bei Splenomegalie.

Morphologie.
- Keilförmige, blass-gelbe Zonen unterhalb der Kapsel
- Abgeheilte Infarkte imponieren als eingezogene Narben.

Stauungsmilz

Ursache.
- Kardial bedingt bei Rechtsherzinsuffizienz
- Portal bedingt bei Leberzirrhose oder Milzvenenthrombose.

Morphologie.
- Vergrößerte Milz: **Splenomegalie** bei einem Gewicht von > 350 g
  - Kardiale Stauungsmilz, < 500 g
  - Portale Stauungsmilz, > 500 g
- Fibrosiertes Parenchym und Kapselverdickung.

Klinik.
- Oberbauchschmerzen
- **Hypersplenismus**: Splenomegalie mit peripherer Zytopenie aller drei Blutreihen bei hyperregeneratorischem Knochenmark. Ultima Ratio: Splenektomie.

Differenzialdiagnose Splenomegalie
- Infektionen, v. a. EBV-Infektion oder infektiöse Mononukleose
- Lymphome, v. a. Hodgkin-Lymphom, kleinzellige Lymphome, blastäre Lymphome
- Myeloproliferative Erkrankungen: CML, Osteomyelofibrose
- Metabolische Erkrankungen: Schinkenmilz bei Amyloidose, Morbus Gaucher, Mukopolysaccharidosen
- Autoimmunerkrankungen, z. B. Felty Syndrom: chronische Polyarthritis, Splenomegalie und Leukopenie.

Entzündungen

Septische Milz
- Vergrößerte, blutgestaute Milz mit zerfließender Schnittfläche
- Histologisch Vermehrung von neutrophilen Granulozyten: normale Milz enthält kaum neutrophile Granulozyten.

Granulomatöse Splenitis
- Im Rahmen von Infektionen wie Tuberkulose, Pilze, Yersinien
- Bei Sarkoidose.

Perisplenitis cartilaginea
So genannte **Zuckergussmilz** mit hyalinartiger Verdickung der Kapsel bei chronischen Störungen wie Stauung oder Infektionen.

Tumoren

- Lymphome kommen vor und können sich als Splenomegalie manifestieren
- Primärtumoren insgesamt sehr selten
- Hämangiome am häufigsten
- Metastasen selten, obwohl die Milz als Kreislauforgan sehr gut durchblutet wird.

CHECK-UP

- ☐ Beschreiben Sie die normale Form und Funktion der Milz.
- ☐ Was sind die wichtigsten Differenzialdiagnosen bei Splenomegalie?
- ☐ Nennen Sie Entzündungen der Milz.

Thymus

- Lokalisiert retrosternal im vorderen Mediastinum
- Besteht aus zwei konfluierenden Lappen
- Maximalgewicht von 20–50 g wird während der Pubertät erreicht
- Atrophiert physiologischerweise im Erwachsenenalter (Involutionsatrophie)
- Hauptaufgabe: Produktion von T-Lymphozyten (→ Kap. 3)
- Histologisch ist die Thymusrinde mit den Lymphozyten vom Mark abgrenzbar
- Das Mark wird von spindeligen Epithelzellen gebildet
- Charakteristisch sind die zwiebelschalenartigen **Hassall-Körperchen**.

Fehlbildungen

- **DiGeorge-Syndrom**: Thymushypoplasie/-aplasie (Infektanfälligkeit durch T-Zell-Defekt) kombiniert mit Nebenschilddrüsenaplasie (Hypokalzämie und Tetanie) und Lippen-Kiefer-Gaumenspalten
- **Thymuszysten**: Meist asymptomatisch
- Ektopes Thymusgewebe.

Lymphofollikuläre Thymitis

- Ausbildung von Lymphfollikeln wie im Lymphknoten: B-Zellen kommen sonst nicht im Thymus vor
- Vorkommen bei Autoimmunerkrankungen wie Lupus, Morbus Basedow, rheumatoide Arthritis, Sklerodermie.

Am häufigsten assoziiert mit **Myasthenia gravis**:
- Muskelschwäche und schnelle Muskelermüdung aufgrund von Auto-Antikörpern gegen den Acetylcholinrezeptor der motorischen Endplatte
- Assoziation mit lymphofollikulärer Thymitis oder Thymom
- Auch paraneoplastisch, z. B. beim kleinzelligen Bronchialkarzinom.

Tumoren

Thymome und Thymuskarzinome

- Seltene epitheliale Neoplasien des Thymus
- Jährliche Inzidenzrate von 1–5/Mio. Einwohner
- Altersgipfel zwischen 55 und 65 Jahren
- Keine Risikofaktoren bekannt
- Klassifikation der Thymome: Je nach Morphologie der epithelialen Elemente und des Anteils an Lymphozyten.

Makroskopie. Teilweise große Tumoren mit weißlicher, lobulierter Schnittfläche.

Klinik.
- Häufig asymptomatisch und Zufallsbefund
- Möglicherweise liegt Myasthenia gravis vor
- Kompression von Nachbarstrukturen, z. B. obere Einfluss-Stauung, Dyspnoe, Schluckstörungen
- Aplastische Anämie.

Prognose. Abhängig von:
- Histologischem Typ:
  - Günstig: Thymom Typ A, AB und B1
  - Ungünstig: Thymom Typ B2, B3 und Thymuskarzinom
- Vollständiger Resektion
- Tumorstadium.

Rezidive können auch noch nach Jahrzehnten auftreten.

Andere Tumoren im Mediastinum

Differenzialdiagnose mediastinale Masse:
- Lymphome, v. a. Hodgkin-Lymphome, lymphoblastische Lymphome, mediastinales B-Zell-Lymphom
- Retrosternale Struma und Schilddrüsenkarzinome, v. a. anaplastisches Schilddrüsenkarzinom
- Nebenschilddrüsentumoren
- Keimzelltumoren, v. a. bei Kindern und Jugendlichen
- Benigne und maligne neurogene Tumoren, v.a. im hinteren Mediastinum
- Perikardiale und bronchogene Zysten
- Paragangliome.

CHECK-UP

- ☐ Was ist das DiGeorge-Syndrom?
- ☐ Was kommt differenzialdiagnostisch bei verbreitertem Mediastinum in Frage?

20 Obere Atemwege

Nase und Nasennebenhöhlen

Entzündliche Läsionen

Akute Rhinitiden und Sinusitiden

Ursachen.
- Viren (katarrhalisch): häufigste Ursache, meist RNA-Viren
- Bakterien: z. B. durch Corynebacterium diphtheriae (pseudomembranös)
- Allergien
- Pilze: eher selten
- Es kann auch eine Mitbeteiligung bei Tuberkulose oder Wegener-Granulomatose vorliegen.

Chronische Rhinitiden und Sinusitiden

Klinik.
- Polypen: häufigste Tumoren der Nase und Nasennebenhöhlen
- Mukozelen (= Schleimretetionszysten).

Histologie.
- Fibrose
- Verbreiterte Basalmembran
- Lymphozytäres Entzündungsinfiltrat
- Zum Teil vermehrt eosinophile Granulozyten → Anhaltspunkt für allergische Genese.

Benigne Tumoren

Schneidersches Papillom

- Benigner Tumor mit meist mehrreihigem transitionalem Oberflächenepithel
- Z. T. auch mit Respirationsepithel oder plattenepithelialer Metaplasie →Abgrenzung zu Plattenepithelkarzinomen manchmal schwierig
- Typische intraepitheliale Mikroabszesse
- Drei Formen: exophytisch, endophytisch, onkozytär
- Oft HPV-assoziiert, meist bei Männern.

Juveniles Nasen-Rachen-Fibrom

Synonym: **Juveniles Angiofibrom**
- Seltener gefäßreicher, benigner Tumor
- Verdrängendes, teils destruierendes Wachstum
- Rezidivneigung
- Vorkommen: Typischerweise junge Männer
- Symptome: Nasenbluten und Atmungsbehinderung
- Spontane Rückbildung möglich
- Vor Operation möglichst Embolisation wegen Blutungsgefahr.

Andere mesenchymale Tumoren wie Hämangiome, Fibrome, Myxome und Chrondrome sind ebenfalls selten.

Maligne Tumoren

Plattenepithelkarzinom

Abkürzung: **PECA**
- Häufigster maligner Tumor im HNO-Bereich
- Oft verhornend
- Meist infolge chronischer Reizung durch z. B. Noxen wie Chrom oder Nickel.

Lymphoepitheliales Karzinom

Synonym: **Undifferenziertes nasopharyngeales Karzinom**.
- EBV-assoziiertes Karzinom
- Wachstum epithelialer Tumorzellen in lymphozytenreichem Hintergrund:
  - Typ Regaud: Solide flächiges Tumorzellwachstum

  - Typ Schmincke: Disseminiert gruppiertes Tumorzellwachstum
- Strahlensensibel.

Sinunasales undifferenziertes Karzinom

Abkürzung: **SNUC.**
- Seltener, flächig wachsender, undifferenzierter Zytokeratin positiver Tumor
- Strahlenresistent
- Sehr schlechte Prognose.

Adenokarzinom

- Selten
- Holzstaubexposition als Risikofaktor.

Ästhesioneuroblastom

Synonym: **Olfaktorius-Neuroblastom**.
- Neuroektodermaler Tumor aus N.-olfactorius-Anteilen
- Vorkommen: V.a. Erwachsene mittleren Alters.

Histologie. Blau-rundzelliger Tumor mit Rosettenbildung, Positivität für NSE und meist auch Synaptophysin, typische S100-positive Sustentakularzellen und Zytokeratin-negativ.

Rhinophym

- **Pseudotumor**
- Bildlich auch als Kartoffelnase bezeichnetes Endstadium der Rosazea, einer akneähnlichen Erkrankung mit knotiger Hyperplasie der Talgdrüsen
- Ätiologie unklar: Alkoholabusus, scharfe Gewürze, Sonnenbäder und Milben werden als potenzielle Mitursachen gesehen.

CHECK-UP

- ☐ Nennen Sie Ursachen und Erscheinungsbild von Rhinitiden.
- ☐ Welche benignen Nasen- und Nasennebenhöhlen-Tumoren kennen Sie? Welche diagnostischen Probleme können auftreten?
- ☐ Was charakterisiert das juvenile Angiofibrom bezüglich Geschlechtspräferenz, Wachstumsverhalten und Symptomen?
- ☐ Was ist das Ästhesioneuroblastom?
- ☐ Was unterscheidet sinunasale undifferenzierte Karzinome von undifferenzierten nasopharyngealen Karzinomen?

Larynx

- Durch die Stimmlippen wird der Larynx in einen **supraglottischen, glottischen und infraglottischen** Raum unterteilt
- Die **Stimmbänder** grenzen an das respiratorische Epithel an und werden selbst von mehrschichtigem Plattenepithel ausgekleidet.

Quincke-Ödem

- Schmerzlose, anfallsartige und ödematöse Schwellung der Schleimhaut oder Haut, z. B. Lippe und Augenlider
- Komponente des anaphylaktischen Schocks
- Komplikation jeder akuten Schwellung im Larynxbereich ist die Erstickungsgefahr.

Ursachen.
- Allergischer Reiz (häufig)
- Erbliche Fehlregulation des Komplementsystems wie C1-Esterase-Inhibitor-Mangel (selten).

Akute Laryngitiden

Ursachen.
- Viren
- Bakterien
- Mechanisch-chemische Reize.

Subtypen.
- **Pseudokrupp:** durch Parainfluenzaviren, v. a. bei Kindern im Herbst oder Winter.
- **Bakterielle Epiglottitis**: durch Haemophilus influenzae →medizinischer Notfall, da ohne Intubation recht hohe Mortalität

- Grippe Laryngitis: durch Influenzaviren.
- Echter **Krupp**: pseudomembranös-nekrotische Entzündung, ausgelöst durch Corynebacterium diphtheriae.

Chronische Laryngitiden

Ursachen. Chronische Reize, v. a. Nikotinabusus.

Symptome.
- **Stimmbandpolypen**: Granulationsgewebspolypen
- **Sängerknötchen**: Polypöse Schleimhautverdickung mit Ödem und Fibrinexsudation – oft bei stimmlicher Überbelastung.

Papillom

Benigner, plattenepithelialer Tumor.

Während juvenile HPV-assoziierte Papillome meist multipel auftreten, sind Papillome im Erwachsenenalter meist solitär.

Leukoplakie

- Präkanzerose in Anhängigkeit von vorhandenen Dysplasien
- Makroskopisch: weißliche Verfärbung der Schleimhaut.

Morphologie.
- **Akanthose**: Verbreiterung der Stachelzellenschicht
- **Verhornung** des sonst unverhornten Plattenepithels
- Eventuell Dysplasien.

Maligne Tumoren

- Fast ausschließlich Plattenepithelkarzinome
- Männer häufiger betroffen
- Bessere Prognose bei Tumoren der Glottis, da sie infolge der Dysphonie früher entdeckt werden
- Assoziiert mit Alkohol- und Nikotinabusus.

CHECK-UP

- [ ] Was bezeichnet das Quincke-Ödem?
- [ ] Bei welchen Personen treten Sängerknötchen auf und was ist das?
- [ ] Was charakterisiert die malignen Tumoren des Larynx und wie unterscheiden sie sich prognostisch?

Pharynx

- Gemeinsamer Teil des Luft- und Speisewegs
- Schließt an Nasen- und Mundhöhle an.

Anatomische Unterscheidung.
- **Epipharynx:** Nasenmuscheln bis Uvula: Respiratorisches Epithel
- **Mesopharynx**: Uvula bis Larynxeingang: Unverhorntes Plattenepithel
- **Hypopharynx**: Larynxeingang bis Unterrand des Ringknorpels: Unverhorntes Plattenepithel.

Akute Pharyngitiden

Meist durch virale oder bakterielle Infektionen.

Chronische Pharyngitiden

Meist durch physikalisch-chemische Noxen, z. B. Alkohol- oder Nikotinabusus.

Benigne Tumoren

- Papillome
- Hämangiome
- Juvenile Angiofibrome
- Myome
- Von außen einwachsend: Kraniopharyngeome und Chordome.

Maligne Tumoren

- Fast ausschließlich Plattenepithelkarzinome
- Oft ist das **Epstein-Barr-Virus**, zum Teil auch **HPV** im Tumor nachweisbar.

Waldeyer-Rachenring

Anatomische Unterscheidung:

- **Tonsilla lingualis**: Zungengrundmandel
- **Tonsilla pharyngealis**: Rachenmandel
- **Tonsilla palatinae**: Gaumenmandel
- Unbenannte Ansammlungen lymphatischen Gewebes im Epipharynx.

Nichtneoplastische Erkrankungen der Tonsillen

Rachenmandelhyperplasie

- Im Kindesalter physiologisch
- **Adenoide** oder adenoide Vegetation: Wenn die Hyperplasie die Atmung behindert
- Therapie: Resektion.

Gaumenmandelentzündung

Akute und chronisch-rezidivierende Entzündungen der Gaumenmandeln.

Ursachen

- Streptokokken, Staphylokokken, Pneumokokken
- Viren.

Entzündungsformen

- Katarrhalisch
- Phlegmonös
- Pseudomembranös
- Ulzerös
- Nekrotisierend
- Abszedierend.

Histologie

- Hyperplasie der Lymphfollikel
- Floride Kryptitis
- Häufig auch Actinomyceten (Bakterien!) in den Tonsillenkrypten (→ Abb. 20.1).

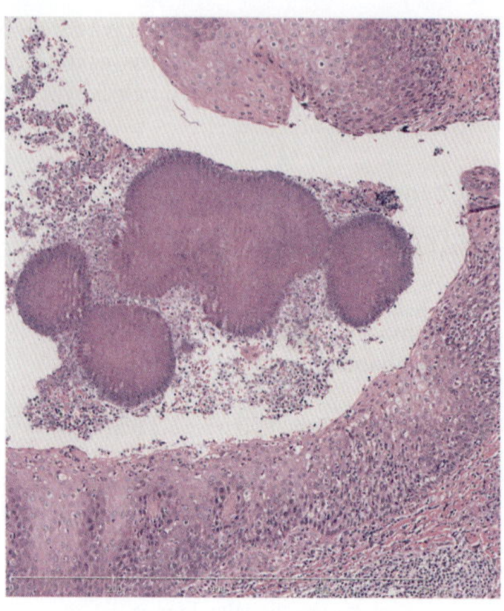

Abb. 20.1 Tonsille mit Actinomyces [O521].

Komplikationen

- Sekundäre Organschäden von z. B. Herz und Niere bei rheumatischem Fieber
- Weichgewebsabszesse und -phlegmonen, meist Peritonsillarabszess
- Tonsillogene Sepsis.

Sonderformen

- **Mononukleose**: EBV-bedingt
- **Maserntonsillitis**: Typische **Warthin-Finkeldey-Riesenzellen**
- Tonsillitis im Rahmen von AIDS.

Maligne Tumoren der Tonsillen

- Meist Plattenepithelkarzinome
- EBV und HPV zum Teil nachweisbar
- Lymphome: Etwa 5 % der Tonsillenmalignome, meist diffus großzellige B-Zell-Lymphome.

CHECK-UP

- ☐ Wie werden Larynx und Pharynx anatomisch unterteilt?
- ☐ Woraus besteht der Waldeyer-Rachenring?
- ☐ Was sind die häufigsten Tumoren im HNO-Bereich? Wodurch zeichnen sie sich aus?
- ☐ Welche Mikroorganismen findet man häufig bei chronischen Tonsillitiden?
- ☐ Wie entstehen Tonsillitiden und welche Komplikationen können auftreten?

21 Lunge

Grundlagen

Lebenswichtige Funktion:
- Sauerstoffaufnahme aus der Atemluft
- Abgabe von Kohlendioxid aus dem Blut.

Morphologie

- Rechte Lunge: zehn Segmente in drei Lappen
- Linke Lunge: neun Segmente in zwei Lappen.

Alveolen (Lungenbläschen): Von Pneumozyten ausgekleidet
- Ca. 95 % flache Typ-I-Pneumozyten
- Wenige kubische Typ-II-Pneumozyten. Sie bilden das für die korrekte Lungenentfaltung wichtige **Surfactant**
- Vereinzelt kommen auch **Alveolarmakrophagen**, die Schadstoffe phagozytieren, vor.

Der **Gasaustausch** in der Lunge findet in den Kapillaren der Alveolen statt.

Blutversorgung

Die Lunge wird von zwei Blutkreisläufen versorgt:
- Die **Bronchialarterien** aus der Aorta liefern sauerstoffreiches Blut für die Organversorgung
- Über die **Pulmonalarterien** kommt sauerstoffarmes Blut zur Sauerstoffanreicherung in die Lunge.

Störungen der Atmung

Störungen der Atmung führen zur so genannten **respiratorischen Insuffizienz**. Dabei werden unterschieden:

Partialinsuffizienz. Die Sauerstoffkonzentration im arteriellen Blut ist vermindert, aber die CO_2-Konzentration ist normal oder sogar erniedrigt.

Globalinsuffizienz. Die Sauerstoffkonzentration im arteriellen Blut ist vermindert und zudem die CO_2-Konzentration erhöht.

Ursachen von Lungenfunktionsstörungen.
- **Ventilationsstörungen**:
  - **Obstruktiv**: Jede mechanische Blockade im Luftleitungssystem
  - **Restriktiv**: Jede Einschränkung funktionsfähigen Lungenparenchyms; z. B. Lungenfibrosen, Atelektasen, Pneumothorax
- **Diffusionsstörungen**: Störungen des Gastransports zwischen alveolärer Kapillare und alveolärer Luft, z. B. Lungenfibrose
- **Perfusionsstörungen**: Störungen des Blutflusses durch die Lungen, z. B. Embolien oder Stauung bei Linksherzinsuffizienz.

CHECK-UP

- ☐ Beschreiben Sie die Blutversorgung der Lunge und den Aufbau der Alveolen.
- ☐ Wie unterscheidet sich die Kohlendioxidkonzentration bei Partial- und Globalinsuffizienz?
- ☐ Beschreiben Sie die Unterschiede zwischen Ventilations-, Diffusions- und Perfusionsstörungen.

Erkrankungen der Trachea

Tracheomalazie

- Zwei Formen:
  - Kongenital bei Neugeborenen → durch Entwicklungsstörung der Trachealknorpel → selten
  - Erworben bei Erwachsenen → mit chronisch-obstruktiver Lungenerkrankung assoziiert → häufigere Form
- Durch entzündliche Veränderungen in den Trachealknorpeln werden diese weich und verlieren ihre Formstabilität
- Kann zur Stenose führen.

Säbelscheidentrachea

- Verkalkungen der Tracheaknorpelspangen führen zu einer Stenosierung der Trachea
- Trachea im Querschnitt nicht mehr rundlich, sondern abgeflacht ovalär wie bei einer Säbelscheide (→ Abb. 21.1).

Akute Tracheitis

- Entzündung, meist viral bedingt, v. a. Influenzaviren
- Symptome: Von katarrhalisch geröteter Schleimhaut bis zu Hämorrhagien, Nekrosen und Pseudomembranen.

CHECK-UP

- [ ] Wie kommt es zu einer Säbelscheidentrachea?

Erkrankungen der Bronchien

Chronische Bronchitis

- Weltweit häufigste Atemwegserkrankung
- Meist ältere Männer betroffen.

Ursachen.
V. a. exogene Faktoren (Nikotinabusus und Luftschadstoffe).

WHO-Definition.
Symptom-Trias:
- Schleimsekretion
- Husten
- Auswurf.

Dauer der Symptome je mindestens drei Monate in zwei aufeinanderfolgenden Jahren.

Morphologie.
- Katarrhalische Bronchitis: Becherzell- und Schleimdrüsenhyperplasie
- Intramurale Bronchitis: Lymphoplasmazellreiche Entzündung mit Stromaödem
- Hypertrophische Bronchitis: Polypoide Schleimhauthypertrophie mit Obstruktion

Abb. 21.1 Säbelscheidentrachea [V485].

- Destruierende Bronchitis: Zerstörung der mesenchymalen Bronchialwandstrukturen.

Komplikationen.
- Chronische Überblähung einzelner Lungenabschnitte mit Emphysembildung
- Vermehrt Bronchopneumonien
- Fibrose
- Steigerung des Blutdrucks auf das rechte Herz mit möglicher Insuffizienz: **Cor pulmonale**.

Asthma bronchiale

Anfallsweise Dyspnoe mit akuter Lungenblähung und Luftnot.

Ursachen.
- **Exogen allergischer oder extrinsischer Typ:** IgE-vermittelte Überempfindlichkeitsreaktion gegen Umweltallergene
- **Endogener oder intrinsischer Typ:** Durch Infekte der Atemwege und chemisch-physikalische Reizstoffe ausgelöst.

Histologie.
Histologisch aufgefaltete Bronchiallichtungen:
- Überblähte Lungen
- Schleimhaut- und Becherzellhyperplasie
- Erhöhter Muskeltonus in den Bronchien.

Zytologisch hinweisend ist der Nachweis von:
- **Curschmann-Spiralen:** Verdrehte Schleimfasern, → Abbildung 21.2
- **Charcot-Leyden-Kristallen:** Gelbliche Kristalle, die aus eosinophilen Granulozyten entstanden sind.

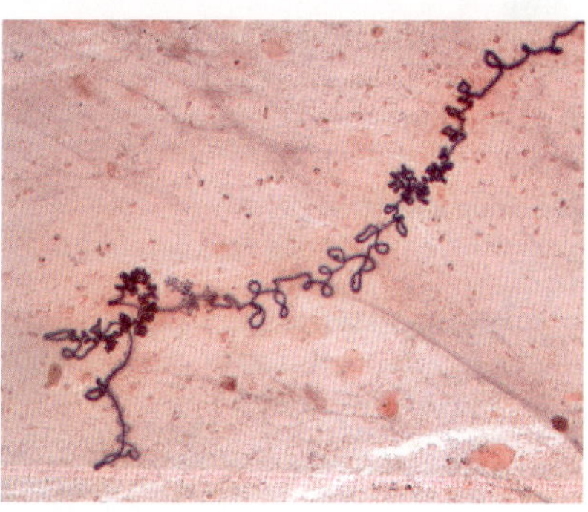

Abb. 21.2 Curshmann-Spirale [O521].

Komplikationen.
- Dyspnoe
- Tachykardie
- Status asthmaticus →kann selten auch tödlich enden.

Bronchiektasen

Irreversibel erweiterte Bronchien.

Ursachen.
- Chronische Infekte
- Andere Sektretabfluss-Störungen wie Tumoren oder zystische Fibrose
- Selten angeboren.

Komplikationen.
- Husten mit oder ohne Auswurf
- Schlechter Sekretabfluss fördert Infektionen und die Entstehung von Bronchiektasen.

CHECK-UP

- ☐ Nennen Sie Definition, Unterformen und Komplikationen der chronischen Bronchitis.
- ☐ Erklären Sie die Ätiologie des Asthma bronchiale unter Berücksichtigung von exogener und endogener Form.
- ☐ Wie sieht die Histologie bzw. Zytologie einer Lungenprobe eines Asthmapatienten aus?

Belüftungsstörungen der Lungen

Atelektasen

Definition und Ätiologie.
Lungenareale mit vermindertem oder fehlendem Luftgehalt.

- **Primäre Atelektasen:** Durch Atem- oder Atemwegsstörungen, die eine regelrechte Entfaltung der Lungen beim Neugeborenen behindern, trotz grundsätzlichem Anschluss an die Luftwege. **Cave**: Beim Lungensequester handelt es sich um fehlentwickeltes, oft zystisches Lungengewebe ohne Anschluss an die Lungenwege
- **Sekundäre Atelektasen:** Häufiger. Atelektasen in vormals luftgefüllten Lungenarealen. Ursachen:
  - Obstruktion, z. B. Fremdkörperaspiration, Tumoren, Schleim oder Entzündungen
  - Kompression, z. B. Pleuraergüsse, Tumoren
  - Pleuradruckverlust, z. B. Pneumothorax.

Komplikationen.

- Fibrotischer Umbau der Areale
- Bakterielle Infektion.

Emphysem

Irreversible Zerstörung der Lungenarchitektur mit Dilatation der Lufträume distal der Bronchioli terminales.

Leichte Formen sind häufig.

Ursachen.

- Vermehrte Proteaseaktivität mit Zerstörung der Lungenstrukturen. Multifaktoriell bedingt: Beispiele: Quarzstaub, Tabakrauch, α_1-Antitrypsinmangel
- Chronische Überblähung der Lunge.

Histologie.
Verschiedene Emphysemformen werden anhand des histologischen Musters unterschieden:

- Zentroazinäres Emphysem: Vom Zentrum des Azinus nach außen ausbreitend, häufig bei Kohlearbeitern und Rauchern
- Panazinäres Emphysem: Alle Azinusanteile sind gleichmäßig betroffen, z. B. α_1-Antitrypsinmangel
- Bullöses Emphysem: Bildung von über 1 cm großen Blasen, so genannten Bullae
- Interstitielles Emphysem: Luftansammlung im interstitiellen Bindegewebe, z. B. nach Überdruckbeatmung oder Reanimation
- Narbenemphysem: Irreguläres, durch die Narbenform bestimmtes, lokalisiertes Emphysem.

Komplikationen.

- Respiratorische Insuffizienz
- Cor pulmonale durch Blutdruckerhöhung für das rechte Herz.

CHECK-UP

- ☐ Was sind Atelektasen und was kompliziert sie?
- ☐ Welche unterschiedlichen Emphysemtypen kennen Sie?

Kreislaufstörungen der Lungen

Blutstauung der Lungen

Akute oder chronische Abflussbehinderung des Lungenbluts.

Ursache.
Meist Insuffizienz des linken Herzens.

Akute Blutstauung:

- Postmortal, meist unspezifisch.
- Histologie: Blutstauung mit prall von Erythrozyten gefüllten Alveolarkapillaren und alveolärem Ödem.

Chronische Blutstauung:

- Abflussstörung besteht über längeren Zeitraum
- Histologie: Fibrose des alveolären Interstitiums und Ansammlungen von intraalveolären, eisenspeichernden Makrophagen, so genannten **Herzfehlerzellen** (→ Abb. 3.2).

Lungenödem

Austritt von Flüssigkeit in das Interstitium und die Alveolen.

Ursachen.
- Erkrankungen, die zu einem verminderten Blutabfluss aus der Lunge führen, z. B. Linksherzinsuffizienz
- Toxische Schädigungen der Kapillarwände, z. B. Lungenentzündung oder giftige Gase
- Osmotische Fehlregulationen, z. B. bei Überwässerung oder Eiweißverlust.

Sonderform. Alveolarproteinose. Surfactant-Fehlregulation führt zu granulär-eiweißreichem Ödem.

Acute Respiratory Distress Syndrome

Abkürzung: **ARDS**. Synonym: Atemnot-Syndrom.
- Akutes Lungenversagen bei Erwachsenen
- Dem klinischen Bild ARDS entspricht pathologisch meist der **diffuse Alveolarwandschaden**, Akronym: **DAD**.

Bei Neugeborenen. Infant Respiratory Distress Syndrome, **IRDS**. Auslöser Surfactant-Mangel.

Ursachen.
Schwere entzündliche oder systemische Erkrankungen wie Pneumonie, Sepsis, Schock oder Pankreatitis.

Morphologie.
- Massives Lungenödem
- Gewichtszunahme der Lungen
- Lungen durch Fibrose formstabil → „stehende Lungen und Schnittkanten"
- Charakteristische hyaline Membranen: Proteinreste und Zelldetritus auf der Alveolarinnenfläche.

Komplikationen.
- Atemnot
- Lungenfibrose
- Respiratorische Insuffizienz, nicht selten tödlich.

Lungenembolie

Verschluss von Pulmonalarterien-Ästen durch Thromben. 90 % der Thromben stammen aus den Venen der unteren Extremitäten oder des Beckens.

Fulminante Lungenembolie.
- Große Haupt- oder Lappenäste werden plötzlich verstopft
- Die resultierende akute Rechtsherzbelastung ist meist tödlich.

Periphere Lungenembolie.
- Kleinere Gefäßäste werden verstopft
- Die Symptome variieren entsprechend der Größe des verschlossenen Areals.

Risikofaktoren.
- Immobilisierung
- Adipositas
- Störungen der Blutgerinnung z. B. auch durch Antikonzeptiva, Rauchen und Gerinnungsfaktordefekte.

Morphologie und Komplikationen.
- Bei zusätzliche behindertem venösen Blutabfluss z. B. Linksherzinduffizienz → Gefahr eines hämorrhagischen Infarkts im von der Embolie betroffenen Bereich
- **Infarktpneumonie**: Bakterielle Infektion des von der Embolie betroffenen Bereichs
- **Strickleiterphänomen**: Endothelnarben nach einer Thromboembolie. Imponieren wie Strickleitersprossen in den Gefäßen.

Klinik.
Breites Spektrum von symptomlos bis hin zu plötzlichem Tod.
- Meist starke thorakale Schmerzen
- Atemnot
- Tachykardie.

Cor pulmonale

Belastung des rechten Herzens durch eine aus einer primären Lungenerkrankung resultierenden Blutdruckerhöhung im kleinen Kreislauf.

Ursachen.
- Akut: Meist Lungenembolien
- Chronisch → chronisch pulmonale Hypertonien:
  - Meist alveoläre Hypoxien über Von-Euler-Liljestrand-Mechanismus → hypoxische Areale werde weniger durchblutet → pulmonalvaskulärer Widerstand erhöht
  - Chronisch-rezidivierende, periphere Lungenembolien
  - Lungenfibrose
  - Idiopathische pulmonale Hypertonie.

Morphologie.
Akut:
- Bei fulminanter Embolie oft tödlicher Verlauf
- Morphologisch ist nur eine Dilatation des rechten Herzventrikels erkennbar.

Chronisch: Dem rechten Herzen bleibt Zeit zur Adaptation an den erhöhten Widerstand → muskuläre Hypertrophie oder Wandverdickung (Normaldicke: 3–5 mm) des rechten Ventrikels.

CHECK-UP

- ☐ Nennen Sie Ursachen eines Lungenödems.
- ☐ Nennen Sie Ursachen und typische Morphologie des ARDS.
- ☐ Was sind Ursachen einer Lungenarterienembolie? Welche Formen kennen Sie und was sind Residuen und Komplikationen?
- ☐ Wie ist das Cor pulmonale definiert?

Pneumonien

Alveoläre Pneumonien

Lungenentzündung mit Schwerpunkt in den Alveolen.
Therapeutisch relevante Unterscheidung:
- **Nosokomial**, im Krankenhaus erworben. Haupterreger: Pseudomonas aeruginosa und Staphylokokken
- **Ambulant**, zu Hause erworben. Haupterreger: Spreptococcus pneumoniae und Haemophilus influenzae, letzterer vor allem bei Kindern.

Pilzpneumonie: Ausgelöst durch Pilzinfektionen mit z. B. Candida oder Aspergillus.

Sonderformen.
- Friedländer-Pneumonie, Erreger: Klebsiellen
- Legionellenpneumonie: Infektionsgefahr bei schlecht gewarteten Klimaanlagen und Wasserleitungen/-reservoirs
- Hämorrhagische Pneumonie, Erreger: Influenzaviren
- Aspirationspneumonie, oft bei Reanimationspatienten oder neurologischen Patienten.

Lobärpneumonie

- Betrifft meist **gleichmäßig ganze Lungenlappen**
- Prototyp der ambulanten Pneumonie.

Stadien.
- Nach Stunden: Anschoppung. Hyperämie und Ödem
- Nach zwei Tagen: Rote Hepatisation. Intraalveolär Erythrozyten und Fibrin
- Nach vier Tagen: Graue Hepatisation. Intraalveolär Fibrin, wenige Leukozyten und zerfallende Erythrozyten
- Nach einer Woche: Gelbe Hepatisation. Intraalveolär viele Leukozyten und Fibrin
- Nach 1–2 Wochen: Lyse. Exsudatabbau und Epithelregeneration.

Bronchopneumonie

- Anders als bei der Lobärpneumonie finden sich **zahlreiche kleine Pneumonieherde** in den Lungen verteilt
- Einzelne Herde befinden sich oft in **unterschiedlichen Entwicklungsstadien**.

Komplikationen

- Chronische Entzündung: Granulationsgewebsbildung und fibrotischer Umbau im Sinne einer chronisch-karnifizierenden Pneumonie
- Lungenabszesse
- Pleuritis
- Pleuraempyem
- Sepsis.

Interstitielle Pneumonien

Lungenentzündung mit Schwerpunkt im Stütz- und Bindegewebe der Lungen.
Die Ursache ist in vielen Fällen ungeklärt.

Akute interstitielle Pneumonien

Ursachen.
- Meistens Viren. Je nach Alter überwiegen respiratorische Synzytialviren, Adenoviren,

Parainfluenzaviren, Influenzaviren oder auch Mykoplasmen (Bakterien!)
- Mykoplasmenpneumonie häufig bei Kindern.

Sonderformen.
- **Riesenzellpneumonie**, Erreger: Masernvirus
- **Zytomegalieviruspneumonie**, bei Immunsupprimierten, typische Eulenaugenzellen
- **Pneumocystis-jirovecii-Pneumonie**, Nachweis der schaumig imponierenden Erregeraggregate in den Alveolen (→ Abb. 21.3).

Chronische interstitielle Pneumonien
- Ätiologisch sehr heterogene Gruppe
- Auslöser: Viren, Medikamente, Bestrahlung, Metallstäube, Nikotinabusus, Allergien, immunologisch oder idiopathisch
- Endstadium: Interstitielle Lungenfibrose.

Gewöhnliche interstitielle Pneumonie.
Abkürzung: **UIP**, Usual interstial Pneumonia.
Typisch heterogenes Bild:
- Abwechselnd fibrotisch und entzündlich veränderte Areale in unterschiedlichen Krankheitsstadien
- Daneben unauffällige normale Lungenareale (→ Abb. 21.4).

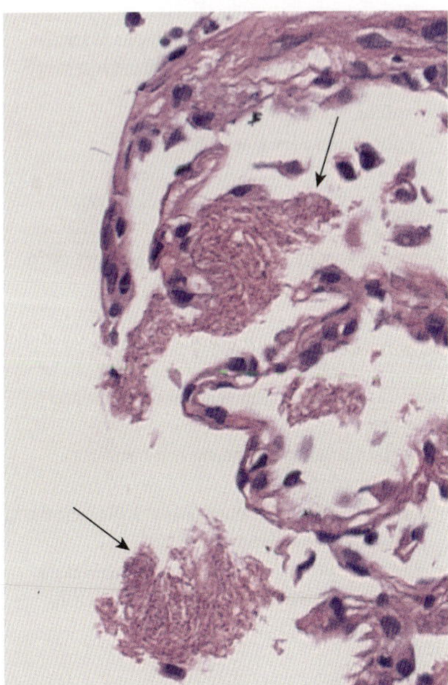

Abb. 21.3 Pneumozystis jirovecii [O521].

Diagnostik: Wedge-Resektat und nur mit klinischer und radiologischer (CT) Korrelation der Befunde.
Prognose: Schlecht. Medianes Überleben drei Jahre.
Fulminate Form: Hamman- Rich- Syndrom.
Endstadium: Wabenlunge (→ Abb. 21.5).

Nichtspezifische interstitielle Pneumonie.
- Abkürzung: **NSIP**
- Peribronchiolär betonte Entzündung und Fibrose
- Alle Läsionen im gleichen Stadium
- Gute Prognose.

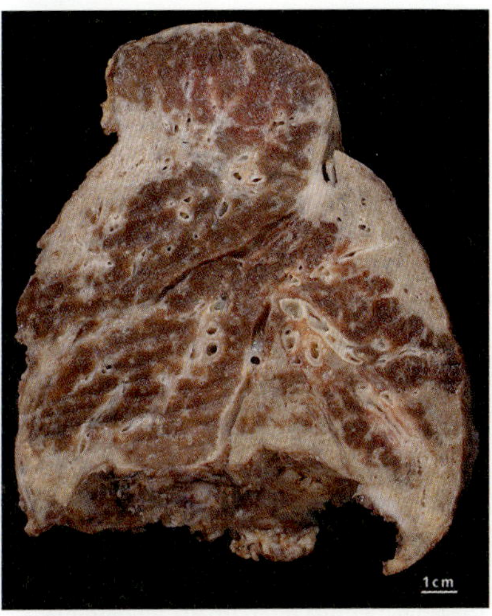

Abb. 21.4 Lungenfibrose [O521].

Abb. 21.5 Wabenlunge [O521].

Kryptogene organisierende Pneumonie.
- Abkürzung: **COP**
- Charakteristisch sind **mesenchymale Proliferate**, die die Bronchiolen okkludieren. Dies erklärt die ältere Bezeichnung Bronchiolitis obliterans und organisierende Pneumonie, BOOP
- Gute Prognose und Ansprechen auf Steroide.

Desquamative interstitielle Pneumonie.
- Abkürzung: **DIP**
- Charakteristisch sind zahlreiche **aktivierte Makrophagen**, die disseminiert in die Alveolarräume eingewandert (also diapedetisch und nicht desquamativ) sind
- Mit Nikotinabusus assoziiert
- Gute Prognose, besonders bei Nikotinabstinenz.

Respiratorische Bronchiolitis mit interstitieller Lungenerkrankung.
- Abkürzung: **RB-ILD**
- Ähnliches Bild wie bei der DIP, aber auf die peribronchialen Bereiche begrenzt
- Die Makrophagen speichern Kondensatpartikel aus dem ursächlichen Nikotinabusus
- Gute Prognose, besonders bei Nikotinabstinenz.

Lymphatische interstitielle Pneumonie.
- Abkürzung: **LIP**
- Charakteristisch sind zahlreiche interstitielle Lymphozyten
- Teilweise mit Lymphfollikelbildung
- Mäßig gute Prognose.

Riesenzellhaltige interstitielle Pneumonie.
- Abkürzung: **GIP**, Synonym: **Hartmetallpneumonie**
- Neben Fibrose und Entzündung zusätzlich Riesenzellen
- Hauptursache: Hartmetallstäube.

Klinik und Komplikationen.
Je nach Ausdehnung und Fortschreiten der Erkrankung:
- Husten
- Dyspnoe
- Zyanose
- Cor pulmonale
- Erhöhte Infektanfälligkeit.

Hypersensitivitätspneumonie

Synonyme: **Exogen allergische Alveolitis, Farmerlunge, Vogelzüchterlunge**.

Ursache.
Immunreaktion auf Umweltallergene, z. B. Actinomyceten, Pilze, Chemikalien (z. B. aus Gummiproduktion).

Klinik.
Dyspnoe, Husten, Krankheitsgefühl.

Histologie.
- Chronisch interstitielle Entzündung
- Nicht-nekrotisierende Granulome mit mehrkernigen Riesenzellen.

Diagnose.
- Bekannte Exposition und spezifische IgG im Serum
- Symptome (s. o.) und Radiologie: Röntgen, CT
- BAL: Lymphozytose, erniedrigter CD4/CD8-Quotient
- Histologie
- Antigen-Expositionstest.

Prognose.
Ohne Antigenkarenz z. T. Progression zu letaler Lungenfibrose.

Granulomatöse Lungenerkrankungen

Lungenerkrankungen, die durch das Vorhandensein von Granulomen gekennzeichnet sind.

Beispiele.
- Tuberkulose (→ Kap. 4)
- Sarkoidose (→ Kap. 4)
- Wegener Granulomatose (→ Kap. 17)
- Silikose
- Verschiedene Überempfindlichkeitsreaktionen auf inhalierte Substanzen.

Sarkoidose

Granulomatöse Systemerkrankung unklarer Ätiologie.
- Meist Lungenbeteiligung mit bihilärer Lymphadenopathie
- Sonstige Lokalisationen: Milz, Knochenmark, Iris, Speicheldrüsen und Haut
- Oft asymptomatisch. Sonst Kurzatmigkeit, Husten, Brustschmerz, Krankheitsgefühl
- Meist junge Erwachsene

Diagnose.
- Bronchoskopische Biopsie, Bronchiallavage (BAL) → Lymphozytose mit erhöhtem

CD4/CD8-Quotient, Bildgebung, erhöhtes Angiotensin-Converting-Enzyme im Serum
- Ausschlussdiagnose gegenüber Infektionskrankheiten, z. B. Mykobakterien, Pilze.

Histologie.
Nicht-nekrotisierende Granulome, Fibrose, oft Riesenzellen mit Einschlusskörpern: **Schaumann**- oder **Asteroid-Körper**.

Prognose.
- Oft Besserung durch Steroide und volle Remission
- Lungenfunktionseinschränkungen und Lungenfibrose (z. T. letal) möglich.

Lungentuberkulose

- Zunehmende Inzidenz in Industrieländern
- Ca. ⅓ der Weltbevölkerung infiziert, Erkrankungen aber seltener
- Außerhalb der Industrieländer eine der häufigsten Todesursachen
- Tröpfcheninfektion
- Ursache: Meist Mykobacterium tuberculosis
- Erkrankung und Tod sind meldepflichtig
- Häufigste Primärlokalisation: Lunge, seltener Intestinum und Haut.

Primär.
- Meist asymptomatisch
- Selten, z. B. Kinder oder Immunsupprimierte, Progression → Pneumonie, pulmonale und extrapulmonale Streuung (Miliartuberkulose: zahlreiche kleine Granulomknötchen) oder Sepsis (Landouzy-Sepsis)
- **Ghon-Komplex**: Peripherer Lungenherd kombiniert mit vergrößertem, teils verkalktem Hiluslymphknoten.

Post-primär.
- Meist Reaktivierung der Primärinfektion, seltener Zweitinfektion
- Herde apikal in Oberlappen: **Simon-Spitzenherde**
- Oft kavernenbildend
- Häufiger Progression (s. o.).

Diagnostik.
- Klinik: Krankheitsgefühl, Nachtschweiß
- Röntgen-Thorax: Rundherd-Differentialdiagnose: Malignom
- Mykobakteriennachweis z. B. aus BAL, Sputum oder histologischen Präparaten mit Ziehl-Neelsen-Färbung oder PCR und Kultur (lange Dauer) zur Resistenzbestimmung. Zum Teil auch mit PCR möglich.

Histologie.
- Nekrotisierende Granulome: Epitheloidzellen um zentrale Nekrose mit Zelltrümmern
- Meist Langhans Riesenzellen und säurefeste Stäbchen in Ziehl-Neelsen-Färbung.

Prognose. Abhängig von Ansprechen der Antibiotika-Therapie.

Silikose

Synonym: **Quarzstaublunge**.

Ursachen. Quarzstaubinhalation bei z. B. Minen- oder Keramikindustriearbeitern.

Klinik. Asymptomatisch bis Dyspnoe.

Bildgebung. Multiple Knoten im CT. Meist Oberlappen und oft subpleural.

Mikroskopie.
- Silikoseknoten: scharf umschriebener Knoten aus wirbeligen Kollagenbündeln um zentral dichtes hyalinisiertes Kollagen. Z. T. Verkalkungen oder Verknöcherungen. Kleine doppelbrechende Silikatkristalle. Zum Teil pigmentiert bei gleichzeitiger Anthrakose
- Silikoproteinose: Alveolen mit granulärem eosinophilen Detritus gefüllt, erinnert an Alveoplarproteinose.

Differentialdiagnose. Sarkoidose: mehrkernige Riesenzellen, keine Kristallablagerungen und keine wesentlichen Staubablagerungen.

Prognose. Meist gut.

CHECK-UP

- ☐ Wie unterscheiden sich die beiden Hauptformen der akuten alveolären Pneumonie?
- ☐ In welche Phasen wird die akute alveoläre Pneumonie unterteilt?
- ☐ Was versteht man unter karnifizierender Pneumonie?
- ☐ Wie unterscheiden sich Lobär- und Bronchopneumonie?

- [ ] Nennen Sie Ursachen interstitieller Pneumonien.
- [ ] Nennen Sie Ursachen granulomatöser Lungenerkrankungen.
- [ ] Welche Formen interstitieller Pneumonien kennen Sie?

Tumoren der Lunge

Grundlagen

- Epidemiologisch die häufigste krebsbedingte Todesursache bei Männern und Frauen in Industrieländern
- Genetisch instabil und variabel in ihren Mutationen
- Unterscheidung nach Lokalisation:
  - Zentraler, hilusnaher Tumor
  - Peripherer Tumor
- Entscheidend für die Therapie ist die Unterscheidung in:
  - **Kleinzelliges Lungenkarzinom, SCLC**: wird meist nicht operiert
  - **Nicht kleinzelliges Lungenkarzinom, NSCLC**: wird meist operiert.

Hauptursachen. Nikotinabusus weit vor anderen Luftschadstoffen, Fein-, Metall- und Holzstaub und radiogener Strahlung.

Karzinomarten

Plattenepithelkarzinom

- Meist zentral gelegen
- Zweithäufigster Karzinomsubtyp
- Prognose: Besser als beim Adenokarzinom
- Therapie: Meist Resektion und Chemotherapie.

Kleinzelliges Karzinom

- Meist zentral gelegen
- Typisch: Kleine blaue Zellen, charakteristische Quetschartefakte und wenig kohäsives Wachstum
- Hohe Proliferationsrate: meist deutlich > 10 Mitosen/10 HPF
- Zellgröße: 1,5–3 Lymphozytendurchmesser
- **Cave**: Die Zellgröße ist nicht entscheidend für die Diagnose „Kleinzeller“
- Typisch sind paraneoplastische Syndrome
- Immunhistologisch sind die Tumorzellen positiv für neuroendokrine Marker (z. B. Synaptophysin) und auch für Zytokeratin
- Medianes Überleben 6–20 Monate, in 25 % der Fälle Langzeitüberlebende.

Therapie. Kleine Tumoren (Stadium I–II) werde operiert, sonst nur Chemotherapie ohne Operation.

Adenokarzinome

- Häufigster Karzinomsubtyp
- Meist peripher gelegen
- Histologische Wuchsformen:
  - Papillär
  - Azinär
  - Solide
  - Schleimbildend u. a.
- Wichtig ist die Abgrenzung zu Metastasen anderer Tumoren in der Lunge → Unterscheidung gelingt meist immunhistologisch (TTF-1-positiv)
- Konventionelle Abgrenzung zum Plattenepithelkarzinom: Muzinnachweis (PAS-Färbung) in ≥ fünf Tumorzellen in ≥ zwei HPF.

Therapie.

- Meist Resektion und Chemotherapie
- in 15–20 % der Fälle EGFR-Mutation → Therapie mit EGFR-Inhibitoren (→ Kap. 1).

Bronchioloalveoläres Karzinom

Akronym: **BAC**, Synonym: **Karzinom mit lepidischem Wachstum.**

- Die Alveolen werden von atypischen Tumorzellen ausgekleidet (→ Abb. 21.6)
- Kein invasives Wachstum (sonst Adenokarzinom mit bronchioloalveolärem Wachstumsmuster)
- **Atypische adenomatöse Hyperplasie**, AAH: Abgrenzung etwas unscharf gegen das BAC über die Größe des Tumors. AAH < 0,5 cm.

Großzelliges Karzinom

- Ausschlussdiagnose: undifferenziertes Karzinom, das nicht zu den kleinzelligen Karzinomen zählt
- Eindeutig plattenepitheliale oder glanduläre Strukturen dürfen nicht erkennbar sein.

Tab. 21.1 Tumorstatuseinteilung Lungenkarzinome.

T-Status	Charakteristik
T1	≤3 cm: • (a): ≤2 cm • (b): ≤3 cm
T2	• ≥2 cm von Karina entfernt im Hauptbronchus • Viszerale Pleura infiltriert • Partielle Atelektase – (a): ≤5 cm – (b): › 5 bis 7 cm
T3	• ≤2 cm von Karina • Totale Atelektase • Filiae im selben Lappen • Zwerchfell-, Perikard-, Brustwand-, mediastinale Pleurainfiltration • › 7 cm
T4	• Filiae in anderen ipsilateralen Lappen • Infiltration von: – Mediastinum – Herz – Carina – Trachea – Ösophagus – Wirbelkörper – Großen Gefäßen

Neuroendokrines Karzinom Grad 2

Synonym: **Atypisches Karzinoid**.

- 2–10 Mitosen/10 HPF, mindestens fokal Nekrosen, leichte Kernpleomorphie, fokal nichtorganoid
- Gleicht Adenokarzinomen, aber: Salz-und-Pfeffer-Chromatinmuster, welches für neuroendokrine Tumoren typisch ist
- Positiv für neuroendokrine Immunmarker, z. B. Synaptophysin
- 5-Jahres-Mortalität ca. 35 %.

Sonderformen und seltene Tumoren

Frühkarzinom

- Auf die Bronchialwand begrenztes Karzinom
- Ohne Lungenparenchyminfiltration.

Okkultes Karzinom

Zytologischer Tumorzellnachweis ohne entsprechenden bildgebenden Befund.

Pancoasttumor

- Meist Adenokarzinom

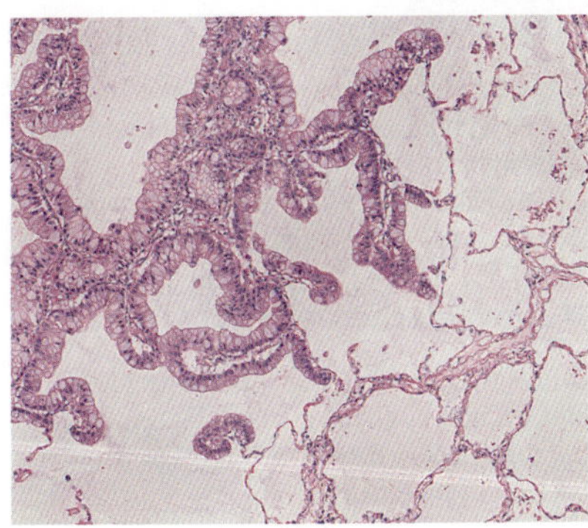

Abb. 21.6 Bronchioloalveoläres Lungenkarzinom [O521].

- Infiltriert im Lungenspitzenbereich frühzeitig in die Thoraxweichgewebe
- Führt manchmal durch Infiltration des Truncus sympathicus zum so genannten **Horner-Syndrom**:
  - Enophthalmus
  - Ptosis
  - Miosis.

Neuroendokrine Tumorlets

- Mikroskopisch kleine, oft multiple Tumoren aus neuroendokrinen Tumorzellen
- Es besteht Bezug zum Bronchus
- Sehr gute Prognose.

Kleine Meningothelialknoten

- Mikroskopisch kleine Tumorknötchen aus EMA-positiven Zellen (Analogie zu Meningothelzellen)
- Es besteht Bezug zu Septumvenen
- Keine klinische Relevanz.

Hamartome

- Gutartige Fehlbildungstumoren
- Scharf begrenzt
- Meist knorpelig.

Beispiel: Chondrohamartom z. B. bei Carney-Trias.

Neuroendokrines Karzinom Grad 1

Synonym: **Typisches Karzinoid, klassisches Karzinoid**.

- Neuroendokrine Tumoren mit guter Prognose (→ Abb. 21.7)
- Minimale mitotische Aktivität und ohne Zellatypien
- Maligne, aber Metastasen sehr selten.

Metastasierung

- Maligne Lungentumoren metastasieren meist früh lymphogen in intrapulmonale und hiläre Lymphknoten
- Eine hämatologische Streuung erfolgt oft in Leber, Skelett, Nebennieren und Gehirn.

Zytologische Lungendiagnostik

Zytologisch werden oft Sputum, Bronchialsekret, bronchoalveoläre Lavagen, Lungenfeinnadelbiopsien oder Pleuraergussflüssigkeit (→ Kap. 22) untersucht.
Diese Untersuchungsmethoden:

- Erlauben in den meisten Fällen eine Dignitätsbeurteilung und Tumortypeinstufung oder Metastasenzuordnung
- Lassen sich meist problemlos durch molekulare Zusatzuntersuchungen ergänzen:
  - Immunzytologische Tumortypbestimmung
  - Differenzierung zwischen reaktivem Mesothel und Mesotheliom (EMA, Desmin, CD146).

Bronchoalveoläre Lavage (BAL): Dient auch der Einstufung/Diagnostik von:

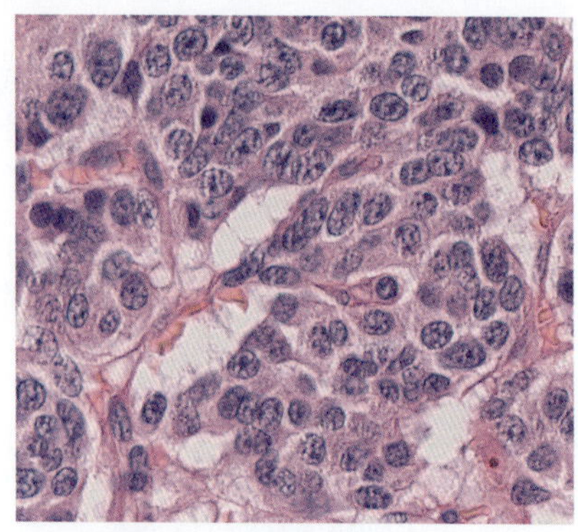

Abb. 21.7 Karzinoid [O521].

- Akuten Pneumonie-Sonderformen, z. B. durch Legionellen, Pneumocystis, Zytomegalie-Virus oder Mykobakterien. Vor allem bei immunsupprimierten Patienten
- Interstitiellen Pneumonien
- Sarkoidose.

CHECK-UP

- ☐ Was wissen Sie zu Epidemiologie und Ätiologie von Lungenkarzinomen?
- ☐ Was ist die typische Lokalisation von Adeno-, Plattenepithel- bzw. kleinzelligen Lungenkarzinomen?
- ☐ Welche neuroendokrinen Tumoren der Lunge kennen Sie?
- ☐ Bei welchem Tumor sind paraneoplastische Syndrome typisch?
- ☐ Was ist die Besonderheit beim reinen bronchioloalveolären Karzinom?
- ☐ Was sind Besonderheiten beim Pancoasttumor?
- ☐ Wie metastasieren Lungenkarzinome?
- ☐ Welche zytologischen Untersuchungen der Lunge kennen Sie und was kann mit diesen diagnostiziert werden?

22 Pleura

Normale Funktion und Struktur

Pleurablätter:
- **Pleura parietalis**: Kleidet die Thoraxhöhle aus
- **Pleura visceralis**: Bedeckt die Lunge.

Dazwischen: **Pleuraspalt** mit seröser Flüssigkeit, ca. 15 ml.

Histologie.
- Oberfläche von einem flachen Mesothel bedeckt, welches seröse Flüssigkeit sezerniert und resorbiert
- Darunter liegt lockeres Bindegewebe mit vermehrten elastischen Fasern.

Pathologien der Pleura

Pleuraerguss

Meist sekundär aufgrund anderer Erkrankungen, die nicht primär die Pleura betreffen.

Mechanismen.
- Erhöhter hydrostatischer Druck, wie bei Linksherzinsuffizienz
- Erhöhte Permeabilität der Gefäße, wie bei Entzündungen
- Verminderter osmotischer Druck, wie bei Leberzirrhose oder nephrotischem Syndrom
- Verminderte Resorption von Flüssigkeit, wie bei Pleurakarzinose.

Klinik und Diagnostik.
- Leitsymptom: Dyspnoe
- Verminderter Klopfschall bei Perkussion des Thorax
- Abklärungen bei unklarem Pleuraerguss: Zytologie, klinische Chemie.

Transsudat: Wenig Zellen, wenig Protein, z. B. Linksherzinsuffizienz, Leberzirrhose.
Exsudat: Viel Zellen, viel Protein, z. B. Entzündungen, Tumoren.

Maligner Pleuraerguss

- Meist rezidivierende Ergüsse im Rahmen einer Pleurakarzinose, d. h. metastatische Besiedlung der Pleura
- Häufigste Primärtumoren sind Adenokarzinome der Lunge, Mamma und Ovarien
- Auch bei Non-Hodgkin-Lymphomen
- Bei malignem Pleuramesotheliom, s. u.
- Plattenepithelkarzinome sind selten in Ergussflüssigkeiten nachweisbar.

Morphologie. Meist hämorrhagische oder trübe Ergussflüssigkeit.

Zytologie. Die Tumorzellen sind als zweite Zellpopulation von den „ortsständigen Mesothelien" abgrenzbar.

Prognose. Ungünstig, da maligne Pleuraergüsse häufig erst bei fortgeschrittener Tumorerkrankung auftreten.

Pneumothorax

Ansammlung von Luft im Pleuraspalt.

Ursachen.
- **Traumatisch**. Sonderform Spannungspneumothorax: Absoluter Notfall
- **Iatrogen** bei Lungenperforation durch Endoskop oder Pleurapunktion
- **Emphysemassoziiert**
- **Idiopathischer Spontanpneumothorax**: Meist rezidivierend bei schlanken, jungen Männern. Die Ursache sind subpleural gelegene Blasen, die plötzlich rupturieren können.

Tab. 22.1 Pathogenese von Pleuraergüssen.

Pathologie	Erguss	Ätiologie
Entzündlich bedingte Veränderungen		
Seröse oder fibrinöse Pleuritis	Fibrinöses Exsudat	1. Frühstadium vieler pathologischer Lungenprozesse wie Infektionen, Infarkt 2. Systemische Erkrankungen: Autoimmunerkrankungen, Urämie, systemische Infektionen
Eitrige Pleuritis	Pleuraempyem (Eiter in der Pleurahöhle)	Bakterielle Pneumonie, Lungenabszess
Nichtentzündlich bedingte Veränderungen		
Hydrothorax	Transsudat	Linksherzinsuffizienz, Leberzirrhose, nephrotisches Syndrom
Hämatothorax	Blut	Rupturiertes Aortenaneurysma, Trauma
Chylothorax	Lymphe	Verletzung oder Obstruktion des Ductus thoracicus

Morphologie.
- Das Mesothel reagiert mit einer Hyperplasie
- Fibrinöses Begleitexsudat
- Eosinophilie im Erguss.

Primärtumoren der Pleura

Primärtumoren der Pleura sind wesentlich seltener als eine Pleurakarzinose.

Malignes Mesotheliom

- Mit 0,2 % aller malignen Tumoren sehr selten
- Hauptsächlich Männer ab dem 50. Lebensjahr
- Häufigste Lokalisation ist die Pleura, viel seltener Peritoneum.

Klinik.
- Zunehmende Dyspnoe
- Thoraxschmerzen
- Rezidivierende Pleuraergüsse.

Hauptrisikofaktor. Asbestexposition (bis 90 % aller Mesotheliome sind asbestassoziiert) → Berufserkrankung!

Morphologie.
- Makroskopisch wachsen derbe weißliche Tumormassen entlang des Pleuraspalts und ummauern die Lunge
- Infiltration des Lungenparenchyms und der Thoraxwand.

Mikroskopie. Unterscheidung von drei Typen:
1. Epitheloider Typ
   - Kohäsive kubische Zellen und papilläre Formationen
   - Auch im Erguss nachweisbar
   - Häufig schwierig von Adenokarzinomen der Lunge abgrenzbar → differenzialdiagnostisch hilfreich sind immunhistochemische Färbungen für Calretinin, TTF1 und BerEP4 (→ Tab. 22.2).
2. Sarkomatoider Typ
   - Spindelige Zellen
   - Fibrose
   - Nicht nachweisbar im Erguss.
3. Biphasischer Typ. Mischform.

Tab. 22.2 Differenzialdiagnose malignes Mesotheliom und Adenokarzinom der Lunge im Erguss.

	Calretinin	TTF1 und BerEP4
Malignes Mesotheliom	Positiv	Negativ
Adenokarzinom der Lunge	Negativ	Positiv

Prognose.
- Insgesamt schlecht
- 50 % der Patienten versterben ein Jahr nach Diagnosestellung.

Solitärer fibröser Tumor

Abkürzung **SFT.**
- Ursprünglich beschrieben als Pleuratumor, kommt jedoch im gesamten Körper vor: vorwiegend in den Weichteilen, geht nicht von den Mesothelien aus
- Langsam wachsender Tumor
- Häufig über einen Stiel mit der Pleuraoberfläche verbunden

- Histologisch zeigen sich wirbelig angeordnete Spindelzellen und Gefäße in kollagenreicher Matrix
- Charakteristisch ist eine Expression von CD34
- Meist benigner Verlauf, allerdings sind aggressive, metastasierende SFT beschrieben.

CHECK-UP

- [ ] Wie klären Sie einen unklaren Pleuraerguss ab?
- [ ] Nennen Sie Differenzialdiagnosen des Pleuraergusses.
- [ ] Bei welcher Pleuraerkrankung spielt die Berufsanamnese eine wichtige Rolle?

23 Mundhöhle, Zähne und Speicheldrüsen

Mundhöhle

- Die Mundhöhle repräsentiert den ersten Abschnitt des Verdauungstrakts
- Die Mundhöhle und der Rachen (Pharynx) werden von einem nicht verhornenden Plattenepithel ausgekleidet.

Schluckakt

Koordinierter Ablauf mit Beteiligung von:

- Zunge
- Skelettmuskulatur des Rachens
- Der glatten Muskulatur, die sich in die Muskulatur des Ösophagus fortsetzt.

Kongenitale Fehlbildungen

Spaltbildungen (dysraphische Störungen), je nach Ausprägung:

- Lippen-, Kiefer-, Gaumenspalte
- Einseitig oder beidseitig
- Isoliert auftretend oder assoziiert mit anderen Fehlbildungen.

Lokalisation von Entzündungen

Je nach Lokalisation werden unterschieden:

- Gingivitis: Zahnfleisch
- Cheilitis: Lippen
- Glossitis: Zunge
- Stomatitis: Große Teile der Mundhöhle.

Infektionen

s. → Tab. 23.1.

Nichtinfektiös bedingte Entzündungen

Aphthen

- Schmerzhafte bis 5 mm große Ulzera
- Sehr häufig
- Unklare Pathogenese
- Spontane Regression.

Morbus Behçet

- Vaskulitis mit rezidivierenden Aphthen der Mund- und Genitalschleimhaut
- Kombiniert mit Uveitis, Arthritis, Erythema nodosum und manchmal ZNS-Symptomen
- HLA-B51-assoziiert
- Typischerweise sind türkische Männer betroffen.

Mitbeteiligung bei Hauterkrankungen

Beispiele:

- Lichen ruber planus: Netzförmiges, weißliches Muster an der Wangenschleimhaut
- Pemphigus vulgaris: Bläschenbildung.

Medikamentös-toxisch bedingte Veränderungen

- Blei: schwarzer Saum an der Gingiva
- Phenytoin: Gingivahyperplasie
- Stomatitis bei Zytostatika
- Raucherleukokeratose: flächenhafte Hyperkeratose und Weißfärbung, keine Präkanzerose.

Metabolisch bedingte Veränderungen

- Hunter-Glossitis (Papillen-Atrophie und Rötung) im Rahmen eines Vitamin-B_{12}-Mangels (perniziöse oder megaloblastäre Anämie, → Kap. 18)

Tab. 23.1 Infektionen der Mundhöhle.

	Morphologie	Besonderheiten
Lokalisierte Infektionen		
Candida albicans (Soor)	Weißliche, abstreifbare Beläge	Opportunistische Infektion bei Immunsuppression
Herpes simplex Typ 1	• Stomatitis herpetica: zahlreiche Bläschen in der Mundhöhle • Herpes labialis: lokalisierte Bläschenbildung	• Primärinfektion bei Kleinkindern verbunden mit Fieber und Schmerzen • Reinfektion beim Erwachsenen: milder Verlauf
Generalisierte Infektionen		
Varizellen, Zoster	• Bläschen • Ulzera	Bei endogenem Rezidiv (Zoster) entlang eines Trigeminus-Dermatoms im Gegensatz zur Primärinfektion
Masern	Koplik-Flecken: weißliche Papeln an der Wangenschleimhaut	Noch vor Ausbruch des Exanthems am Stamm
EBV-Infektion	• Pharyngitis • Seitenstrangangina • Zervikale Lymphadenopathie	Synonyme: Pfeiffersches Drüsenfieber, infektiöse Mononukleose
HIV-Infektion	Haarleukoplakie: fadenförmige weißliche Hyperparakeratose am Zungenrand	Sehr frühes Symptom einer HIV-Infektion
Scharlach	• Enanthem: düsterrote Verfärbung des Gaumens • Himbeerzunge	Bedingt durch Ektotoxin der A-Streptokokken
Diphtherie	Weiß-graue, nicht abstreifbare Beläge an Rachen und Gaumen	Faulig-süßlicher Mundgeruch
Lues, Syphilis	• Plaques muqueuses • Ulzera	Im Stadium II–III der Lues

- **Plummer-Vinson-Syndrom** (→ Kap. 18):
  - Atrophe und ulzeröse Glossitis mit Mundwinkelrhagaden
  - Schluckstörungen (Dysphagie)
  - Anämie bei Eisenmangel.
- Skorbut. Vitamin-C-Mangel mit:
  - Ulzerös-nekrotisierender Gingivitis
  - Zahnausfall.

Tumorartige Läsionen

Reizfibrom

Gutartiges Knötchen bestehend aus entzündlich durchsetztem Weichteilgewebe

- Meist nach Bissverletzungen im Bereich der Wangenschleimhaut
- Bei schlecht sitzender Zahnprothese im Bereich der Kauleiste
- Therapie: Exzision.

Pyogenes Granulom

Gutartige schnell wachsende, polypoide und rötliche (stark vaskularisiert) Raumforderung.

- Im Bereich der Gingiva, kann bluten
- Histologie ähnelt Granulationsgewebe bzw. kapillärem Hämangiom
- Bei Kindern, Jugendlichen und Schwangeren
- Therapie: Exzision.

Peripheres Riesenzellgranulom

Auch: Epulis gigantocellularis.
Pseudotumor der Gingiva, aus:

- Vaskularisiertem Bindegewebe
- Zahlreichen, charakteristischen Riesenzellen vom Osteoklasten-Typ
- Lokalrezidive nach Exzision sind möglich.

Retentionsmukozele

Auch: **Ranula**.

- Prall-elastische, kugelige Zyste mit Schleim ausgefüllt
- Ausgehend von ortsständigem Speicheldrüsengewebe
- Gutartig.

Neoplasien der Mundhöhle

Plattenepitheldysplasie

Präkanzerose des Plattenepithelkarzinoms.

Morphologie.

- Leukoplakie: nicht wegwischbarer weißer Fleck der Mundschleimhaut
- Erythroplakie: samtartige rote Veränderung der Mundschleimhaut, meist hochgradige Dysplasie. Bioptische Abklärung dringend empfohlen.

Histologie.

- Gesteigerte Proliferation: erhöhte Mitoserate mit aufsteigenden Mitosefiguren bis an die Oberfläche, erhöhte Kern-Zytoplasmarelation, Kernatypien
- Reifungsstörung: aufgehobene Schichtung, Verlust der Polarität, Kernpolymorphie, irreguläre Verhornung.

Differenzialdiagnose: Leukoplakie.

- Plattenepitheldysplasie
- Nicht dysplastische Veränderungen, z. B. Leukokeratose bei Rauchern oder andere. Siehe auch „Nicht-infektiös bedingte Entzündungen".

→Um eine Dysplasie auszuschließen, ist eine Biopsie bei Leukoplakie indiziert.

Oropharyngeales Plattenepithelkarzinom

- 95 % aller Karzinome im Kopf- und Halsbereich sind Plattenepithelkarzinome
- Je nach Lokalisation: Zungen-, Mundboden-, Tonsillen- oder Pharynxkarzinom
- Etwa 5 % aller malignen Tumoren
- Altersgipfel 60.–70. Lebensjahr
- Vorwiegend Männer
- Erstdiagnose eher im fortgeschrittenen Stadium
- Zweitkarzinome (oropharyngeal, Lunge oder Ösophagus) kommen vor, bedingt durch die kanzerogene Wirkung auf die gesamte Schleimhaut („field cancerisation").

Risikofaktoren.

- Alkohol und Nikotin
- Schlechte Mundhygiene.

Morphologie.

- Exophytische oder ulzeröse, grau-weißliche Tumoren
- Im Frühstadium manchmal als Entzündung verkannt.

Histologie.

- Meistens dysplastisches Plattenepithel im Randbereich (s. o.), das in ein invasives, häufig verhornendes Karzinom übergeht.

Verlauf.

- Erste Metastasen in den regionalen, zervikalen Lymphknoten (mögliche Erstmanifestation eines oropharyngealen Plattenepithelkarzinoms)
- Später Lunge und Leber.

Therapie. Chirurgie, Bestrahlung, Chemotherapie.

HPV-assoziiertes Plattenepithelkarzinom

- **Sonderform** des oropharyngealen Plattenepithelkarzinoms
- Jüngere männliche und weibliche Patienten ohne Alkohol- und Nikotinabusus
- Häufige Lokalisation: Tonsille
- Histologisch zeigen sich v. a. wenig differenzierte, basaloide Plattenepithelkarzinome
- Molekularbiologisch lässt sich DNA des humanen Papillomavirus nachweisen (Typ 16 u. a.)
- Prognostisch günstiger als HPV-negative Plattenepithelkarzinome.

Andere maligne Tumoren

- Adenokarzinome: ausgehend von ortsständigem Speicheldrüsengewebe
- Maligne Melanome der Schleimhaut
- Kaposi-Sarkom: flache bis leicht erhabene, rotviolette Tumoren der Schleimhaut, assoziiert mit AIDS.

CHECK-UP

- ☐ Nennen Sie infektiöse Erkrankungen des Mundraums.
- ☐ Welche tumorartigen Läsionen des Mundraums kennen Sie?
- ☐ Was ist eine Leukoplakie? Wie gehen Sie klinisch vor?
- ☐ Beschreiben Sie das oropharyngeale Plattenepithelkarzinom mit seinen Risikofaktoren, Morphologie, Histologie und Therapiemöglichkeiten.

Zähne

- Kauapparat, der die Nahrung zerkleinert und somit den Schluckakt erleichert
- Das härteste Gewebe des menschlichen Organismus
- Die Krone bildet der extrem harte Zahnschmelz, der das Zahnbein (Dentin) bedeckt
- Darin eingelagert ist die Pulpa, die Gefäße und Nerven enthält
- Die Verankerung im Ober- und Unterkieferknochen erfolgt über den Zahnzement
- Häufigste Erkrankungen der Zähne sind Karies, Pulpitis und Parodontitis.

Odontogene Zysten und Tumoren

Odontogene Zysten

- Aus Resten der embryonalen Kiefer- und Zahnanlage
- Echte Zysten
- Werden von einem flachen, dysplasiefreien Plattenepithel ausgekleidet
- Der häufigste Typ ist die radikuläre Zyste. Meist Zufallsbefund.

Cave: Der **keratozystische odontogene Tumor** neigt zu Lokalrezidiven.

Odontogene Tumoren

- Extrem selten
- Heterogene Gruppe von Tumoren bezüglich Morphologie und Prognose
- Die häufigsten sind Ameloblastom und Odontom.

Ameloblastom.

- Ausschließlich aus odontogenem Epithel aufgebaut
- Ohne ektomesenchymale Anteile
- Meist im Unterkiefer erwachsener Männer
- Zystisches, lokal aggressives Wachstum: radiologisch „seifenblasenartig“
- Häufig benigner Verlauf
- Rezidivneigung.

Odontom.

- Mix aus odontogenem Epithel, ektomesenchymalen Anteilen und Zahnschmelz sowie Dentin
- Eher Fehlbildung als Neoplasie
- Benigne.

CHECK-UP

- ☐ Was wissen Sie über odontogene Zysten?
- ☐ Beschreiben Sie Ameloblastom und Odontom.

Speicheldrüsen

- Die großen Speicheldrüsen:
  - Glandula parotis: vorwiegend seröse Drüsen
  - Glandula submandibularis: gemischte Drüsen
  - Glandula sublingualis: vorwiegend muköse Drüsen.
- Verstreutes Speicheldrüsengewebe kommt auch v. a. im Rachen- und Gaumenbereich vor. Das sind auch mögliche Lokalisationen für Speicheldrüsentumoren
- Speichel wird in den Azini produziert und über die Speicheldrüsengänge in die Mundhöhle abgegeben. Er enthält vor allem Amylase, die im Rahmen der Verdauung den Abbau von Kohlenhydraten einleitet.

Entzündungen

Auch: **Sialadenitis.**

Viral

Parotitis epidemica bei Mumps:

- Lymphoplasmazelluläre Entzündung und Nekrosen
- Mögliche Mitbeteiligung von Hoden (Orchitis) und Pankreas.

Autoimmun

Sjögren-Syndrom:

- Parenchymatrophie (Speichel- und/oder Tränendrüsen) und lymphozytäres Infiltrat
- Klinik: trockener Mund (Xerostomie), Keratoconjunctivitis sicca

- Erhöhtes Risiko für extranodale Non-Hodgkin-Lymphome (v. a. MALT-Lymphom).

Sialolithiasis

Obstruktion durch Steine und sekundäre bakterielle Besiedlung verursachen eine eitrige Entzündung.

Küttner-Tumor

Chronische lymphozytäre Sialadenitis mit stark ausgeprägter Sklerosierung der Glandula submandibularis („steinharter Tumor").

Heerfordt-Syndrom

Granulomatöse Parotitis mit Uveitis und Fieber als Manifestation einer Sarkoidose.

Neoplasien

- Insgesamt selten
- V. a. epitheliale Speicheldrüsenneoplasien, die eine ausgesprochene Vielfalt an Subtypen aufweisen
- Meistens benigne
- V. a. in der Parotis lokalisiert (bis zu 80 %)
- Risiko für einen malignen Tumor steigt, je kleiner die Speicheldrüse und je älter der Patient: Glandula sublingualis > Gl. submandibularis > Gl. parotis
- Klinik: schmerzlose, gut abgrenzbare, tastbare Knoten prä- oder retroaurikulär bzw. submandibulär oder sublingual
- Fazialisparese und unscharfe Begrenzung deutet auf einen invasiven Prozess hin
- Diagnostik: bildgebende Verfahren (Ultraschall) in Kombination mit Feinnadelpunktionen und zytologischer Untersuchung
- Therapie der ersten Wahl ist die Exzision.

Benigne epitheliale Speicheldrüsenneoplasien

- Am häufigsten sind das pleomorphe Adenom und der Warthin-Tumor
- Seltener sind Basalzelladenom, Myoepitheliom, Onkozytom etc.

Pleomorphes Adenom.

- Etwa 50–70 % aller Speicheldrüsentumoren
- Häufigste Lokalisation: Parotis, gefolgt von Gaumen und Glandula submandibularis
- Makroskopie: Knoten mit verschieblicher Kapsel und glasig glänzender, grau-blauer Schnittfläche
- Breites histomorphologisches Spektrum
- Mischtumor aus epithelialen und myoepithelialen Zellverbänden in einer chondromyxoiden Matrix zu unterschiedlichen Anteilen.

Komplikationen:

- Hohe Lokalrezidivrate bei unvollständiger Exzision
- Maligne Transformation: Karzinom in pleomorphem Adenom.

Warthin-Tumor.

Synonym: **Zystadenolymphom.**

- Zweithäufigster Speicheldrüsentumor
- Fast ausschließlich in der Parotis
- Häufig Raucher betroffen
- Makroskopie: Knoten mit bunter, zystischer Schnittfläche
- Sehr charakteristische Histologie: Papilläre Formationen mit lymphozytenreichem Stroma werden von Onkozyten bedeckt.

Speicheldrüsenkarzinom

- Insgesamt seltener als benigne Tumoren
- Betreffen vor allem ältere Patienten.

Mukoepidermoides Karzinom.

Häufigster maligner Speicheldrüsentumor.

Makroskopie: unscharfe Begrenzung, teilweise kleine Zysten.

Histologie: Zusammensetzung aus:

- Plattenepithelien
- Schleimbildenden Zylinderzellen
- Intermediärzellen.

Prognose: abhängig vom Differenzierungsgrad:

- Low-grade-Karzinome rezidivieren, aber metastasieren selten
- High-grade-Karzinome sind hoch invasiv und metastasieren.

Andere Speicheldrüsenkarzinome.

Adenokarzinom, NOS:

- Zweithäufigstes Speicheldrüsenkarzinom
- **Cave**: Differenzialdiagnose Metastase! Ausschluss eines anderen Primärtumors.

Azinuszellkarzinom: Tumorzellen ähneln normalen serösen, azinären Drüsen.

Adenoid-zystisches Karzinom:

- Kribriforme Architektur mit kugeliger, hyaliner Matrix in den Hohlräumen
- Langsames, aber diffus-infiltratives Wachstum, v. a. entlang der Nervenscheiden (Fazialisparese!).

CHECK-UP

- ☐ Nennen Sie Entzündungen der Speicheldrüse.
- ☐ Welche Speicheldrüsenkarzinome kennen Sie?

24 Ösophagus

Fehlbildungen, Motilitätsstörungen und Erkrankungen der Ösophaguswand

Normaler Aufbau

- Ca. 25 cm lang
- Von unverhorntem Plattenepithel ausgekleidet
- Im Bereich des gastroösophagealen Übergangs stellt die gezackte Z-Linie den Übergang zur Magenschleimhaut dar
- Drei Ösophagusengen:
  - 1. Ringknorpel
  - 2. Aorten- und linke Bronchusquerung
  - 3. Hiatus oesophageus (→ Abb. 24.1).

Fehlbildungen

Ösophagusatresie

Ösophaguslumen nicht durchgängig.

Ösophagusstenose

Ösophaguslumen zu eng.

Ösophagotracheale Fistel

Verbindung zwischen Ösophagus und Trachea → kann zur Aspiration von Mageninhalt führen.

- Meist mit Ösophagusatresie assoziiert
- Unterschiedliche Formen und Lokalisationen der Fistel
- Komponente der VACTERL-Assoziation (→ Kap. 37)
- **Cave**: Erworbene ösophagotracheale Fisteln können z. B. durch Ösophaguskarzinome, traumatisch, durch Verätzung oder iatrogen bedingt sein.

Magenschleimhautheterotopie

- Synonym: **Inlet patch**
- Rötliche Magenschleimhautinseln inmitten der weißlich wirkenden Plattenepithelschleimhaut der meist mediokranialen Ösophagusabschnitte
- Auch Pankreasheterotopien kommen vor.

Motilitätsstörungen

Achalasie

Definition.

- Funktionelle Stenose durch Nichterschlaffung des distalen Ösophagussphinkters
- Lokale Zerstörung der Ganglienzellen des Plexus myentericus
- Ursache der primären Achalasie unklar, möglicherweise entzündlich
- Sekundäre Achalasie durch Magenkarzinome möglich.

Morphologie.

- Stenose im Bereich des Ganglienzellverlusts
- Histologisch: Entzündung und Fibrose
- Kranial der Stenose erweiterter Ösophagus.

Erkrankungen der Ösophaguswand und Hernien

Die genannten Läsionen können zu Schluckstörungen und Regurgitation führen.

Divertikel

Umschriebene Aussackungen der Ösophaguswand. In ihnen können sich unverdaute Nahrungsreste sammeln und zur Regurgitation führen (→ Abb. 24.1).

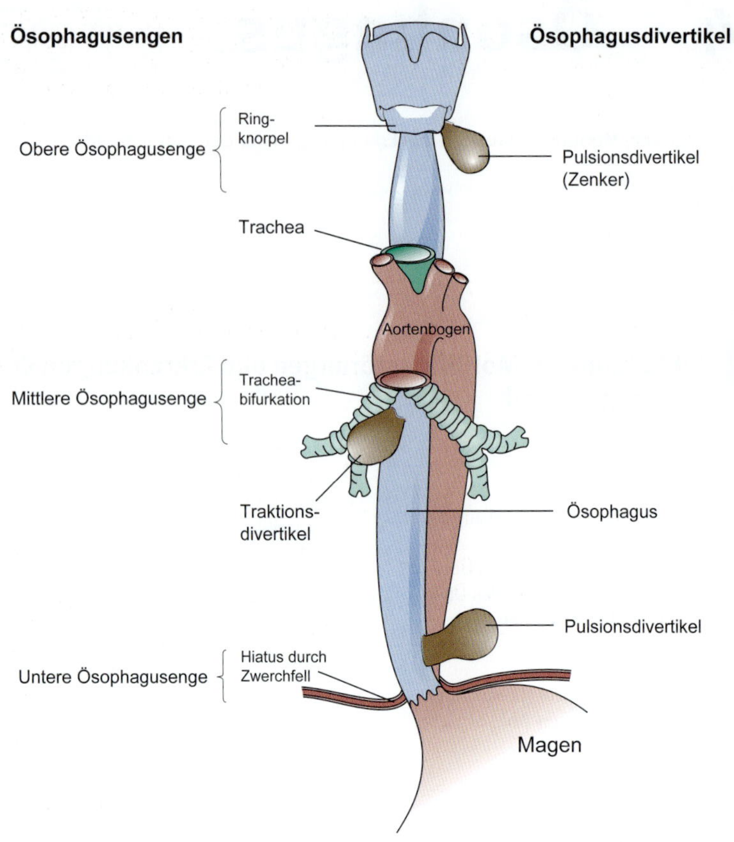

Abb. 24.1 Ösophagusengen und -divertikel [V485].

Echte Divertikel.

- Synonym: **Traktionsdivertikel**
- Betreffen alle Wandschichten
- Entstehen durch Narbenzug im mittleren Ösophagus.

Falsche Divertikel.

- Synonym: **Pulsionsdivertikel**
- Betreffen nur die Mukosa, die sich zwischen den andern Schichten (Muscularis, Adventitia) hindurchdrückt
- Häufiger als echte Divertikel
- Entstehen durch erhöhten intraluminalen Druck an Loci minoris resistentiae wie dem Kiliandreieck entweder kranial (Zenkerdivertikel) oder kaudal (epiphrenisches Divertikel) im Ösophagus.

Ösophagusmembranen und Ösophagusringe

- Erworbene semizirkuläre oder leistenartige Verdopplung der Ösophagusschleimhaut
- Meist kranial oder kaudal (dann als Schatzki-Ring bezeichnet) im Ösophagus.

Sonderformen

- **Ösophageale Pseudodivertikulose:** Dilatation intramuraler Drüsen
- **Dysphagia lusoria**: A. subclavia dextra entspringt als Variante links aus der Aorta und drückt beim Verlauf nach rechts auf den Ösophagus.

Hiatushernien

Verlagerung des gastroösophagealen Übergangs oder anderer Abdominalorgane durch den Hiatus oesophageus in den Thorax.
Ursächlich sind Bindegewebsschwäche und jede Form der abdominalen Drucksteigerung.

Formen.

- Axiale Hernie: Verlagerung des gastroösophagealen Übergangs in den Thorax.
- Paraösophagealhernie: Bei regelrechter Lage des gastroösophagealen Übergangs sind andere Magenanteile in den Thorax verlegt. **Upside-down-Magen**, wenn der ganze Magen im Thorax liegt.

CHECK-UP

- [ ] Nennen Sie Ösophagusfehlbildungen und deren Komplikationen.
- [ ] Welche Formen der Ösophagusdivertikel kennen Sie?
- [ ] Welche Ösophagusengen kennen Sie?
- [ ] Wie entsteht die Hiatushernie und welche Formen gibt es?

Ösophagitis

Die Symptome einer Ösophagitis reichen von Sodbrennen, Dysphagie und Schluckschmerzen bis zur Perforation mit Mediastinitis oder Sepsis.

Refluxösophagitis

Entzündung, die durch den Rückfluss saurer Magen- oder basischer Duodenalflüssigkeit ensteht.

Risikofaktoren.

- Magenübersäuerung
- Erhöhter intraabdomineller Druck
- Magenausgangsstenosen
- Gestörter Ösophagusverschluss, z. B. durch Hernien oder horizontale Körperlage.

Gradierung.

Klinisch wird die Refluxösophagitis gradiert:

- Grad I: Einzelne rötliche Längsstreifen
- Grad II: Konfluierende Läsionen
- Grad III: Gesamte Zirkumferenz betroffen
- Grad IV: Ulzera, Narben, Stenosen oder intestinale Metaplasie kommen vor.

Morphologie.

- Akut: Lymphozyten, Granulozyten, ödematöse plattenepitheliale Schleimhaut mit Erosionen und Ulzera
- Chronisch: verbreiterte Schleimhaut, Basalzellhyperplasie, bis in die obere Epidermishälfte reichende Schleimhautpapillen
- Spätfolgen: Ersatz des Plattenepithels durch Zylinderepithel (intestinale Metaplasie).

Soorösophagitis

- Durch Kandida hervorgerufene Ösophagitis
- Begünstigt durch Immunsuppression und Antibiotikatherapie
- Makroskopisch typisch sind gelbweiße, abwischbare Beläge und rötliche Ulzerationsareale
- Histologie: Neben den Entzündungszellen lassen sich die unterschiedlichen Formen der Kandida-Organismen (Pseudomyzel, Myzel, Hefen) darstellen
- PAS-Färbung zu Detektion hilfreich.

Eosinophile Ösophagitis

- Ösophagitis mit vielen eosinophilen Granulozyten (> 15–20/HPF)
- Oft assoziiert mit allergischen Erkrankungen
- Endoskopisch: Oft dezente rötliche Längsfurchen, weißliche Schleimhautauflagerungen und tracheaartige Segmentation durch Querringe der Mukosa: An Katzenösophagus erinnernd
- Histologie: Vermehrte eosinophile Granulozyten vor allem im medio-proximalen Ösophagus (anderer Schwerpunkt als Refluxösophagitis!) und herdförmig ödematös verbreiterte Schleimhaut (→ Abb. 24.2).

Andere Ösophagitiden

Verätzungsösophagitis.

Durch Säuren oder Laugen geschädigte Ösophaguswand.

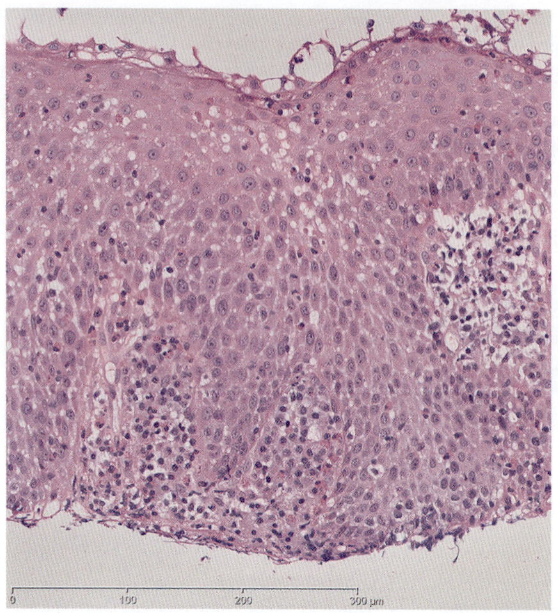

Abb. 24.2 Eosinophile Ösophagitis [O521].

Herpesösophagitis.

- Durch Herpes-simplex-Viren bedingt
- Meist bei Immunsupprimierten
- Mehrkernige Epithelzellen mit Herpes-Einschlusskörperchen im Plattenepithel.

Zytomegalie-Ösophagitis.

- Meist bei Immunsupprimierten
- Typische Eulenaugenzellen: Virusbefallene Endothel- oder Stromazellen (→ Abb. 24.3).

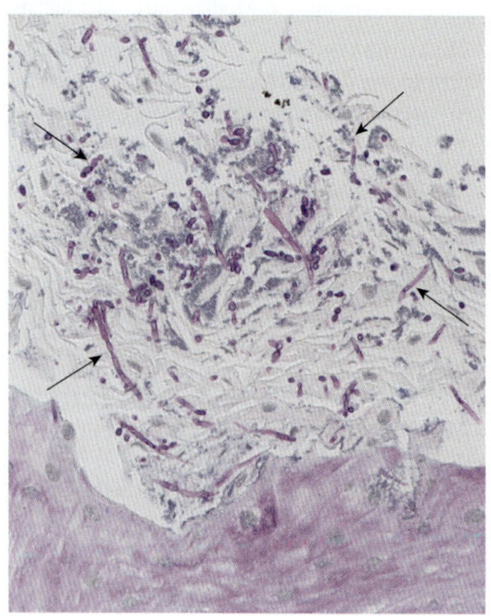

Abb. 24.3 CMV in der Lunge mit Eulenaugenzellen (Pfeile) [O521].

Blutungen und Perforationen

Blutungen

Komplikationen bei Ösophagitis, Tumoren, Varizen oder **Mallory-Weiss-Läsionen** (kaudale Schleimhautlängsrisse durch wiederholtes Erbrechen, oft bei Alkoholikern).

Perforationen und Rupturen

- Multiple Ursachen sind möglich, z. B. Fremdkörper oder Tumoren
- In Zusammenhang mit Erbrechen als **Boerhaave-Syndrom** bezeichnet
- Symptome: Pneumothorax, retrosternale und abdominale Schmerzen
- Oft tödlich.

Glykogenakanthose

Plaqueartige Schleimhautverdickungen durch Glykogeneinlagerungen.

Keratose

- Verhornung des eigentlich unverhornten Plattenepithels
- Oft bei Rauchern.

CHECK-UP

- ☐ Nennen Sie unterschiedliche Formen und Charakteristika von Ösophagitiden.
- ☐ Was sind Ursachen und Gradierung der häufigsten Ösophagitisform?
- ☐ Wie weisen Sie eine Soorösophagitis und wie eine eosinophile Ösophagitis nach?
- ☐ Was versteht man unter dem Boerhaave-Syndrom? Und was unter Mallory-Weiss-Läsionen?

Tumoren

- Im frühen Stadium symptomlos → maligne Tumoren werden daher meist erst im fortgeschrittenen Stadium klinisch apparent
- Symptome:
  - Dysphagie
  - Schmerzen
  - Regurgitation
  - Gewichtsverlust
- Therapiemöglichkeiten sind Operation, Bestrahlung und Chemotherapie
- Regelmäßige Kontrollen können gerade bei **Barrett-Karzinomen** die frühzeitige Entdeckung ermöglichen und somit die Prognose deutlich verbessern.

Papillome

- Gutartig
- Kleine, polypöse Tumoren
- Histologie: Polypös verzweigtes, hyperplastisches Plattenepithel.

Barrett-Mukosa

- Ersatz des ösophagealen Plattenepithels durch Zylinderepithel mit bislang zwingendem Nachweis von Becherzellen. Vermutlich ist die intestinale Metaplasie ohne Becherzellen lokalisationsabhängig ähnlich zu bewerten
- Präkanzerose, wenn Dysplasie vorhanden
- Unterscheidung anhand der Länge der Läsion:
  - Long-segment-Barrett (> 3 cm)
  - Short-segment-Barrett (< 3 cm)
- Hauptursache ist eine Refluxösophagitis
- Bei Versagen der konservativen Therapie kann eine **Fundoplicatio** zur Therapie des Refluxes helfen.

Morphologie.

- Makroskopisch ist die Schleimhaut lachsfarben gerötet
- Histologisch erinnert die Schleimhaut an Magen- oder Darmschleimhaut
- Eingestreute Becherzellen sind das Hauptmerkmal
- Sie lassen sich gut in einer Alcianblau-PAS-Färbung nachweisen
- Zellatypien, die bis an die Oberfläche reichen sind ein Zeichen für eine Dysplasie, wobei aber auch reine Kryptendysplasien vorkommen können

- Dysplastische Veränderungen werden je nach Schweregrad in gering- und hochgradig unterschieden
- Adenokarzinome sind die Folgeläsionen/ -komplikationen.

Klinik.
- Die Barrett-Mukosa ist symptomlos
- Nach Erstdiagnose regelmäßige Kontrollen
- Bei Zeichen einer Dysplasie sind engmaschigere Kontrollen (Low grade) oder eine endoskopische Mukosaresektion (High grade) nötig.

Intraepitheliale Plattenepithelneoplasie
- Präkanzerose des Plattenepithels
- Architekturstörungen, Zellatypien und aufsteigenden Mitosen
- Plattenepithelkarzinome sind die Folgeläsionen und -komplikationen.

Plattenepithelkarzinome
- Häufigster Typ des Ösophaguskarzinoms
- Meist im mittleren oder unteren Ösophagus lokalisiert
- Risikofaktoren:
  - Alkohol- und Nikotinabusus
  - Chronische Entzündungen
  - Nahrungsmittelkanzerogene
  - Bestrahlung
- Die Vorläuferläsion ist die intraepitheliale Plattenepithelneoplasie
- Die Metastasierung erfolgt primär in die regionalen Lymphknoten.

Barrett-Karzinome
- Adenokarzinom auf dem Boden einer Barrett-Mukosa
- Vor allem in westlichen Ländern steigende Inzidenz, etwa gleich häufig wie Plattenepithelkarzinom
- Refluxkrankheit ist Hauptursache
- Lokalisation im unteren Ösophagusdrittel
- Meist tubuläre oder papilläre Adenokarzinome
- Die Metastasierung erfolgt primär in die regionalen Lymphknoten.

CHECK-UP
- ☐ Was definiert die Barrett-Mukosa, was sind Ursachen und Folgen?
- ☐ Was sind Formen, Ursachen und prognostische Probleme beim Ösophaguskarzinom?
- ☐ Wo sind Ösophaguskarzinome lokalisiert?

25 Magen

Normaler Aufbau

- Der Magen ist von zwei histologisch unterschiedlichen Schleimhautvarianten ausgekleidet:
  - Schleimhaut mit kurzen Foveolen im Magenkorpus und Fundus (→ Abb. 25.1)
  - Längere Foveolen, die etwa die Hälfte der Schleimhautdicke einnehmen, in Kardia und Antrum
- Die Foveolarepithelien und das aus muzinösen Zellen bestehende darunterliegende Drüsenlager des Antrums dienen der Schleimbildung
- Im Antrum finden sich auch gastrinproduzierende Zellen. Gastrin bewirkt über Histaminfreisetzung eine Steigerung der Salzsäureproduktion
- Im Magenkorpus und Fundus besteht das Drüsenlager überwiegend aus Belegzellen (Parietalzellen), die Salzsäure und Intrinsic-Faktor herstellen
- Weiterhin kommen hier pepsinogenproduzierende Hauptzellen und neuroendokrine Zellen vor.

CHECK-UP

- [ ] Welche morphologischen und funktionellen Unterschiede der Magenschleimhaut kennen Sie?

Gastritiden

Gastritiden werden in aktiv und chronisch unterschieden.

- **Chronisch** bedeutet in dem Fall, dass keine neutrophilen Granulozyten, sondern ein lymphozytäres Entzündungsinfiltrat vorliegt
- Sobald neutrophile Granulozyten vorliegen, handelt es sich um eine **aktive** Gastritis. Bei chronisch-aktiven Gastritiden liegt eine Kombination vor
- Sowohl die Aktivität als auch die Chronizität der Gastritis werden separat gradiert.

Anhand der so genannten **Sydney-Klassifikation** werden Gastritiden unter Berücksichtigung von endoskopischen und histologischen Kriterien ätiopathogenetisch eingeteilt in:

- Aktiv
- Chronisch atroph
- Chronisch nicht atroph
- Sonderformen.

Der Befund sollte daher folgende Punkte enthalten, um eine Zuordnung nach Sydney zu ermöglichen:

- Lokalisation der Entzündung (Antrum, Korpus)
- Gradierung der aktiven Entzündung: keine, gering, mäßig, schwer
- Gradierung der chronischen Entzündung: gering, mäßig, schwer
- Atrophie des Drüsenkörpers
- Vorhandensein einer intestinalen Metaplasie

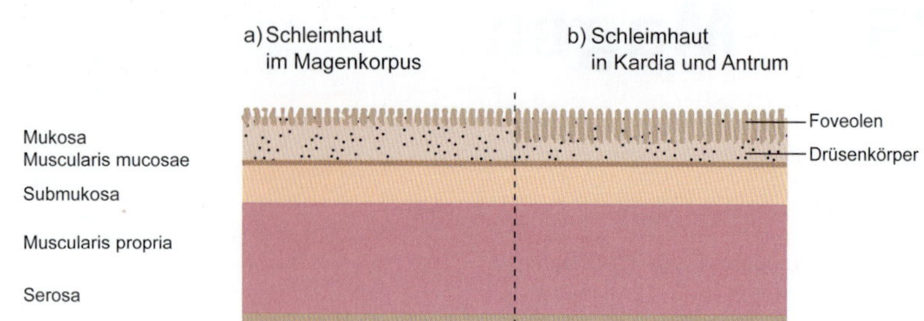

Abb. 25.1 Magenschleimhautformen [V485].

- Gradierung der Besiedelung durch Helicobacter pylori: vereinzelt, mäßig viel, zahlreich (→ Abb. 25.2).

Weiterhin werden Gastritiden auch nach dem **ABCD-Schema** eingeteilt (s. u.).

Typ-A-Gastritis

- **A**utoimmune Gastritis
- Vorkommen von Autoantikörpern gegen die Protonenpumpe und den Intrinsic-Faktor der Belegzellen → Die Säurebildung ist dadurch vermindert
- Perniziöse Anämie (→ Kap. 18) durch Mangel an Intrinsic-Faktor und Vitamin B_{12} ist eine Komplikation.

Morphologie.
- Typisches lymphozytenreiches Schleimhautinfiltrat
- Atrophie der Kopus-Schleimhaut wegen Belegzelluntergangs
- Reaktive Hyperplasie der neuroendokrinen Zellen (Synaptophysin positiv).

Typ-B-Gastritis

- **B**akterielle Gastritis
- Durch Helicobacter pylori (H. p.) bedingt
- Sehr selten und in milderer Form durch Helicobacter heilmannii (2–3-mal so groß wie H. p.)
- Häufigste Gastritisform
- Die Schleimhaut wird nicht direkt durch die außerhalb den Foveolen anliegenden Erreger, sondern durch die gegen sie gerichtete Abwehrreaktion geschädigt.

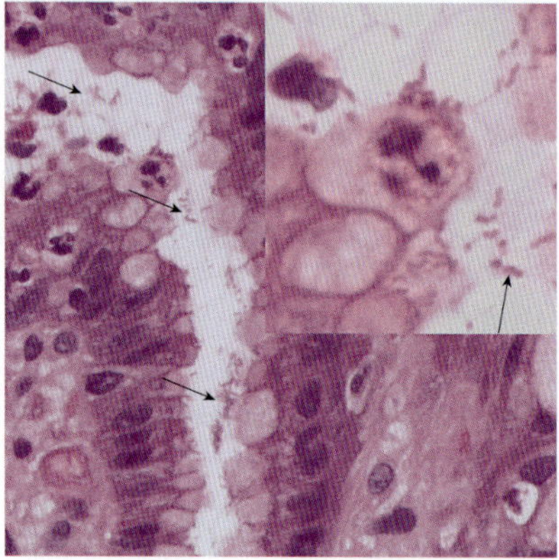

Abb. 25.2 H.-p.-Gastritis mit zahlreichen korkenzieherförmigen H.-p.-Bakterien (Pfeile) [O521].

Morphologie.
- Meist chronisch-aktive Entzündung im Magenantrum oder, vor allem nach Protonenpumpeninhibitor-Therapie, im Korpus
- Selten Schwerpunkt im Korpus
- H. p. ist sowohl in der H&E-, als auch in einer modifizierten Giemsa-Färbung gut nachweisbar und es existieren Antikörper (Immunhistologie)
- Zudem Nachweis im Urease-Test durch Ammoniakbildung (Atemtest)
- Oft kommen auch intestinale Metaplasie, Drüsenkörperatrophie und Fibrose vor
- Nach Eradikationstherapie bleibt oft eine leichte chronische Entzündung noch bestehen, während die Granulozyten verschwinden.

Komplikationen.
- Ulzera in Magen und Duodenum
- Magenkarzinome und MALT-Lymphome bei chronischer H.-p.-Gastritis.

Typ-C-Gastritis

- **C**hemische oder reaktive Gastritis
- Ausgelöst durch Gallerückfluss oder Medikamente: meist NSAR
- Zweithäufigste Gastritis-Form
- Die Substanzen schädigen die schützende Schleimschicht des Magens.

Morphologie.
- Typisch im Antrum lokalisiert
- Hyperplasie der Foveolen
- Fibromuskuläre Obliteration des mukosalen Stromas
- Geringes lymphozytäres Entzündungszellinfiltrat.

Typ-D-Gastritis

Diverse andere Formen wie:
- Granulomatöse Gastritis, z. B. Mykobakterien, Morbus Crohn
- Eosinophile Gastritis: Zahlreiche eosinophile Granulozyten
- Soor-Gastritis: Candidabesiedelung
- CMV-Gastritis: Typische Eulenaugenzellen.

CHECK-UP

- ☐ Welche Formen der Gastritis kennen Sie? Und wonach werden Gastritiden eingeteilt?
- ☐ Welche Angaben sollte der pathologische Befund zu Gastritiden enthalten?
- ☐ Welche Komplikationen und Therapien der Typ-B-Gastritis kennen Sie?

Andere nichtneoplastische Erkrankungen

Magenulkus

- Die Lamina muscularis mucosae durchdringender Schleimhautdefekt des Magens
- Eine Erosion bleibt im Vergleich dazu oberflächlicher und ist meist kleiner.

Ursachen. Schwächung der Schleimhautprotektion:
- Protektive Faktoren: Intakte Schleimschicht, Bikarbonate, Prostaglandine, intakte Blutversorgung
- Schädigende Faktoren: H. p., NSAR, Tabakrauchen, Zollinger-Ellison-Syndrom
- Hauptlokalisation ist die kleine Kurvatur am Korpus-Antrum-Übergang
- Männer und Blutgruppe null sind häufiger betroffen.

Klinik. Schmerzen und Übelkeit beim oder direkt nach dem Essen.

Morphologie.
- Akute Ulzera haben einen flachen Rand
- Chronische Ulzera haben einen Randwall (→ Abb. 25.3).

Histologie. Typisch sind (von der Oberfläche in die Tiefe):
- Zelldetritus
- Fibrinoide Nekrose
- Granulationsgewebe.

Im Rahmen der Ausheilung wird oft intestinales Epithel gebildet: Intestinale Metaplasie.

Komplikationen.
- Blutungen. Kardianahe Sonderform: Exulceratio simplex Diculafoy
- Perforation oder Penetration in ein Nachbarorgan
- Motilitätsstörungen durch narbige Deformation
- Malignität: Große (> 2 cm) und atypisch gelegene Ulzera sind malignitätsverdächtig.

Hyperplastische Polypen

- Entzündlich-reaktive, gastritis-assoziierte Hyperplasie der Magenschleimhaut
- Meist im Antrum lokalisiert und oft multipel
- Im ödematösen Stroma sind zystisch erweiterte Drüsen eingelagert
- Oft weisen die Polypen Erosionen auf

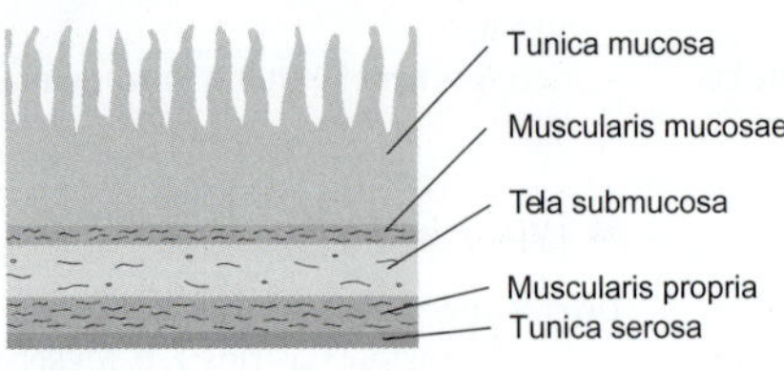

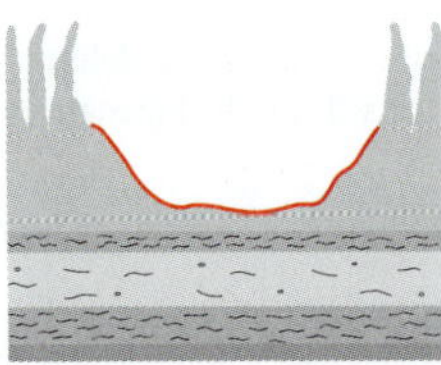

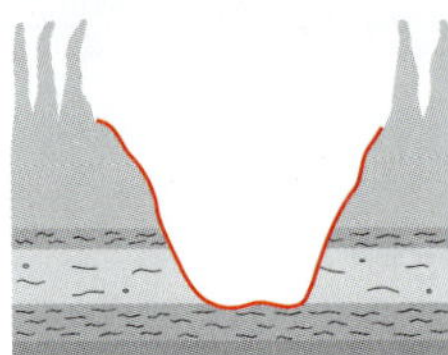

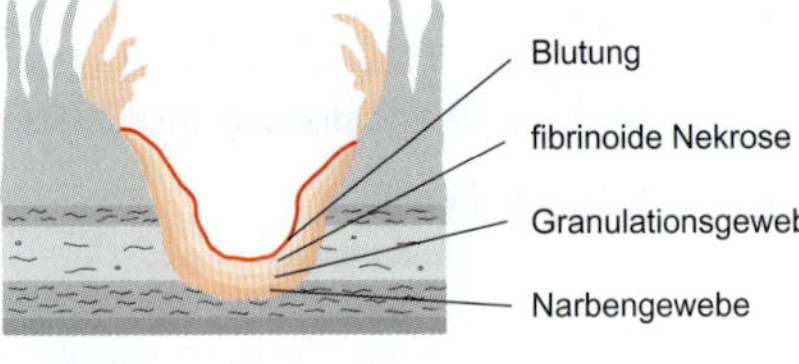

Abb. 25.3 Magenulkus [R118-04].

- Eine maligne Entartung kommt quasi nicht vor.

Drüsenkörperzysten

- Synonym: **Funduspolypen**
- Häufigste Magenpolypen in entwickelten Ländern
- Zystisch erweiterte Drüsen des Drüsenkörpers des Magenkorpus, zum Teil als Polypen (Funduspolypen) imponierend
- Meist sporadisches Auftreten in Zusammenhang mit Protonenpumpeninhibitor-Therapie (PPI)
- Da auch mit Adenomen des Kolons im Rahmen der familiären adenomatösen Polypose (→ Kap. 31) assoziiert, empfiehlt sich eine Koloskopie, falls nicht PPI-bedingt.

Diffuse foveoläre Hyperplasie

- Synonym: **Morbus Ménétrier**
- Sehr selten

- Als Riesenfaltenmagen imponierende Vermehrung der Foveolarepithelien
- Zystisch dilatierte und geschlängelte Foveolen mit oberflächiger Schleimzellhyperplasie
- Basal: glanduläre Atrophie
- Oft Eiweißverlust →Hypoproteinämie
- **Cave**: Beim **Zollinger-Ellison-Syndrom** kommt es zu einer basalen, glandulären Hyperplasie ohne Zysten.

Hyperplasie der neuroendokrinen Zellen der Magenschleimhaut

Typische Folge einer autoimmunen Gastritis (→ Kap. 28).

Intestinale Metaplasie

Ersatz gastraler Schleimhaut durch darmspezifische Epithelien.

- **Komplette intestinale Metaplasie (Typ I)**: Enthält Becherzellen und bürstensaumtragende Enterozyten. Beide negativ für MUC1 und MUC5AC
- **Inkomplette intestinale Metaplasie (Typ II)**: Becherzellen (unregelmäßiger Besatz) mit Expression von MUC1 und MUC5AC, welches hier auch von Enterozyten und unreifen schleimbildenden Zellen exprimiert wird
- **Inkomplette intestinale Metaplasie (Typ IIb oder III)**: Variante von Typ II mit einem erhöhten Karzinomrisiko assoziiert, mit Expression von Sulfomuzinen in Nicht-Becherzellen.

Pankreasheterotopie

Als Polypen imponierende Inseln von Pankreasgewebe im Magen.

Bezoare

- Unverdauliche, kugelige Fremdkörper im Magen
- Meist pflanzliches Material oder Haare.

Lipidinseln

- Synonym: **Xanthelasmen**
- Makroskopisch gelbliche Flecken im Rahmen chronischer Gastritiden
- Histologisch: Mukosale lipidreiche Schaumzellen
- Kein Krankheitswert.

Gefäßstauungen

Im Rahmen des venösen Rückstaus bei portaler Hypertonie (→ Kap. 32) können auch gastrale Gefäße vor allem im Korpus erweitert und gestaut sein.

Wassermelonenmagen

- Synonym: **Gastric antral vascular ectasia, GAVE.**
- Nicht durch eine portale Hypertonie bedingt und auf den antralen Bereich begrenzt
- Die Gefäße sind erweitert →makroskopisches Muster hat Ähnlichkeit mit einer Wassermelonenoberfläche.

Klinik. Bei allen Formen der gastralen Gefäßstauung →Blutungsgefahr.

Magenschleimhautblutungen

Flohstichartige/petechiale Blutungen.
Ursachen:

- Medikamentös, z. B. NSAR
- Hämorrhagische Diathesen
- Schock.

Angiodysplasien.

- Gefäßfehlbildungen
- Können durch Arrosion zu ernsthaften Blutungen führen.

Mallory-Weiss-Syndrom.

- Schleimhaut-Längsriss im gastroösophagealen Übergang
- Bei Alkoholikern durch wiederholtes Erbrechen mit Bluterbrechen und Teerstuhl (nach Kontakt des Blutes mit der Magensäure).

CHECK-UP

- ☐ Nennen Sie Formen, Ursachen und Komplikationen von Magenulzerationen.
- ☐ Welche Arten von Magenschleimhautpolypen kennen Sie?
- ☐ Was ist eine intestinale Metaplasie und welche Formen gibt es?
- ☐ Wie kann es zu einer gastralen Gefäßstauung kommen?

Tumoren

Adenom

- Weisen Zytologie- und Architekturveränderungen der Adenome des Kolons auf (→ Kap. 31)
- Sehr selten und meist im höheren Lebensalter.

Magenkarzinom

Adenokarzinom.

Frühkarzinom.

- Auf Mukosa und Submukosa beschränkt
- Lymphknotenmetastasen nur in ca. 10 % der Fälle.

Fortgeschrittenes Karzinom.

- Infiltriert in oder durch die Lamina muscularis propria
- In Osteuropa und Asien häufiger
- In Japan durch ausgedehntes Screening hoher Anteil an Frühkarzinomen
- Die Ätiologie ist multifaktoriell, wobei ein hoher Salzgehalt der Nahrung, Blutgruppe A, genetische Prädisposition und chronische H. p.-Gastritiden hervorgehoben seien.

Morphologie.
Hauptlokalisation ist die kleine Kurvatur.

Makroskopie.

- Polypös
- Flach
- Ulzeriert
- Diffus.

Histologie.

- Tubulär, papillär, muzinös und oder siegelringzellig
- Bei Siegelringzellen wird der Zellkern durch intrazellulären Schleim an den Rand gedrückt → ähnelt Siegelring
- Nach **Laurén** unterscheidet man histologisch:
  - Intestinaler Typ: tubuläre Strukturen erkennbar
  - Diffuser Typ: diffuse Einzelzellproliferate
  - Mischtypen kommen vor.

Klinik und Metastasierung.

- Frühkarzinome sind meist asymptomatisch
- Spätere Symptome sind
  - Völlegefühl
  - Erbrechen
  - Schmerzen
  - Blutungsbedingte Anämie
- Blut, das in Kontakt mit Magensäure kommt, wird durch den Umbau von Häm in Hämatin schwarz und äußert sich als Kaffeesatzerbrechen oder Teerstuhl
- Eine Magenwandversteifung durch Karzinominfiltrate beim diffusen Typ wird **Linitis plastica** genannt
- Metastasen sind meist lymphogen und finden sich vermehrt bei größerer Infiltrationstiefe mit entsprechend schlechterer Prognose
- **Krukenberg-Tumor**: Sonderform der kavitären Abtropfmetastasen auf die Ovarien
- Tumoren mit HER2-Amplifikation scheinen in gewissem Maße auf eine HER2-Antikörpertherapie anzusprechen.

Neuroendokriner Tumor

- Oft submukosales Wachstum
- Als Folge einer chronisch atrophischen Gastritis möglich
- Häufig blande Zytomorphologie
- Expression neuroendokriner Marker, z. B. Synaptophysin und Chromogranin.

Mesenchymaler Tumor

- Am häufigsten ist der **gastrointestinale Stromatumor, GIST**
- Selten: Lipome, Leiomyome und Neurinome.

Gastrintestinaler Stromatumor.

- Im gesamtem Verdauungstrakt, aber auch außerhalb davon vorkommend
- Hauptlokalisation ist der Magen
- Ursprungszellen: Cajal-Zellen (interstitielle Schrittmacherzellen).

Ursache. Mutation im **KIT-Gen** (ca. 90 %) oder im PDGFRA-Gen:

- KIT kodiert einen Tyrosinkinaserezeptor und die Mutation wirkt meist unkontrolliert aktivierend
- KIT-Mutationen treffen in absteigender Häufigkeit die Exone 11, 9, 13 und 17 → Dies ist relevant, da Mutationen in den verschiedenen Exonen unterschiedlich auf Therapien mit verschiedenen Tyrosinkinase-Inhibitoren (z. B. Imatinib, Sunitinib) ansprechen
- Die Dignität wird anhand von Tumorgröße und Mitosenzahl lokalisationsspezifisch bestimmt
- Im Magen bessere Prognose als in anderen Lokalisationen.

Morphologie.

- Der submukös gelegene Tumor imponiert als Polyp oder Ulzeration
- Histologisch finden sich spindelige Tumorzellen mit paranukleären Vakuolen, die typischerweise CD117 (c-kit), CD34 und/oder DOG-1 exprimieren.

Extraintestinale GIST zeigen oft keine spindelzellige, sondern epitheloide Zytomorphologie.

MALT-Lymphom

- MALT: Mucosa-associated lymphatic tissue, Marginalzonenlymphom, → Kapitel 22
- Häufigstes Lymphom des Magens
- Gehört zu den kleinzelligen B-Zell-Non-Hodgkin-Lymphomen
- Indolent und langsam wachsend
- Ursache hängt mit chronischer H.-p.-Infektion zusammen → Eine H.-p.-Eradikation ist daher manchmal therapeutisch wirksam
- Zur Lymphomdiagnostik im Magen werden die so genannten **Wotherspoon-Kriterien** herangezogen, bei denen lymphoepitheliale Läsionen (Cluster von B-Zellen im Drüsenepithel) entscheidend sind.

CHECK-UP

- ☐ Welche Tumoren sind mit H. p. assoziiert?
- ☐ Was sind Merkmale und Besonderheiten des MALT-Lymphoms des Magens?
- ☐ Was wissen Sie zu Diagnostik und Therapie des häufigsten mesenchymalen Magentumors?
- ☐ Welche Formen des Magenkarzinoms werden nach Laurén unterschieden?
- ☐ Was sind Ursachen des Magenkarzinoms und wohin metastasiert es?

26 Dünndarm

Normale Struktur und Funktion

- Länge des Dünndarms: 4–6 Meter
- Anatomische Unterteilung in Duodenum, Jejunum und Ileum (Unterteilung in Jejunum und Ileum ist praktisch willkürlich, da morphologisch keine Unterscheidung möglich ist)
- Das Treitz-Band markiert den Übergang vom retroperitoneal gelegenen Duodenum zum intraperitoneal gelegenen Dünndarmkonvolut
- Charakteristisch für den Dünndarm sind die fingerartigen Schleimhautzotten. Sie sind mit den Enterozyten besetzt, die oberflächlich einen Bürstenbesatz aufweisen (Mikrovilli) → die Oberfläche wird damit maximal vergrößert, um die Hauptaufgabe des Dünndarms zu gewährleisten: die Resorption der Nährstoffe
- Die Peristaltik wird von zahlreichen Ganglienzellen und Nervengewebe in der glatten Muskulatur gesteuert.

CHECK-UP

- ☐ Rekapitulieren Sie Makroskopie und Mikroskopie des Dünndarms.

Duodenum

Das Duodenum wird anatomisch in vier Abschnitte unterteilt:

- Pars superior
- Pars descendens
- Pars horizontalis
- Pars ascendens

- Proximal (Pars superior) findet sich eine Aussackung, die als **Bulbus duodeni** bezeichnet wird
- Im Bereich der Papilla Vateri des Pars descendens liegen die Einmündungen des Gallengangs und des Pankreasgangs, die von hier aus sondiert werden können

- Unter der Schleimhaut liegen im Duodenum die von proximal nach distal weniger werdenden muzinösen Brunnerschen Drüsen.

Nichtneoplastische Erkrankungen

Heterotopie

Vor allem im proximalen Duodenum kommen inselförmige Gewebseinsprengungen von Magenschleimhaut und Pankreasgewebe vor. Sie führen zu chronischer Duodenitis.

Brunnerom

Hyperplasie der Brunnerschen Drüsen. Meist reaktiv bei Duodenitis.

Duodenitis

Entzündung der Duodenalschleimhaut, meistens im Bereich des Bulbus.

Ursachen.
Meist eine H. p.-Besiedelung:

- Durch Schädigung der Magenscheimhaut durch H. p. wird die Gastrin-Produktion erhöht → Übersäuerung des Magens und des proximalen Duodenums → die folgende gastrale Metaplasie aber auch Heterotopien begünstigen die Ansiedlung von H. p. im Duodenum → entzündliche Reaktion.
- Ein **Zollinger-Ellison-Syndrom** (z. B. durch Gastrinom) kann ähnliche Folgen haben.

Weitere Ursachen einer Duodenitis sind:

- Lamblien
- Sprue/Zöliakie (→ Kap. 26)
- Morbus Whipple (→ Kap. 26)
- Morbus Crohn (→ Kap. 31).

Morphologie.

- Die gerötete Schleimhaut weist Erosionen und in schweren Fällen auch Ulzerationen auf
- In den verplumpten Zotten findet man neben vermehrten Lymphozyten auch neutrophile Granulozyten
- H. p. kann meist nur in der gastral-metaplastischen oder heterotopen Schleimhaut nachgewiesen werden
- Oft auch Hyperplasie der Brunnerschen Drüsen
- Bei Lamblien kann der Entzündungsbefund sehr dezent sein oder fehlen. Die papierdrachenförmigen Organismen liegen in kleinen Gruppen zwischen den Zotten (→ Abb. 26.1)
- Beim Morbus Whipple liegen in der Mukosa zahlreiche Makrophagen, die in der PAS-Färbung mit den PAS-positiven Mikroorganismen angefüllt sind (→ Abb. 26.2).

Ulcus duodeni

- Schleimhautdefekt, der über die Lamina muscularis mucosae hinausreicht
- Ätiologisch ist wie beim Magenulkus ein Ungleichgewicht von Säure und schützendem Schleim
- Die Hauptlokalisation ist der Bulbus duodeni
- Klinik: Nüchternschmerz, Stunden nach Nahrungsaufnahme. DD zu Magenulkus.

Ursachen.
Häufigste Ursache ist H. p.
In großem Abstand folgen:

- Nikotinabusus
- NSAR
- Zollinger-Ellison-Syndrom
- Andere chronische Infektionen.

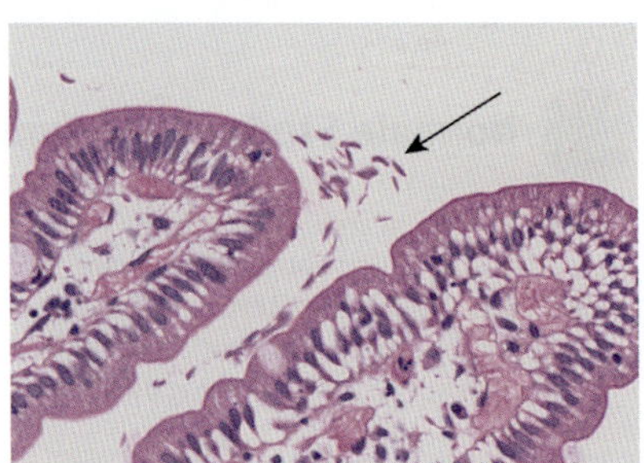

Abb. 26.1 Lamblien (Pfeile) [O521].

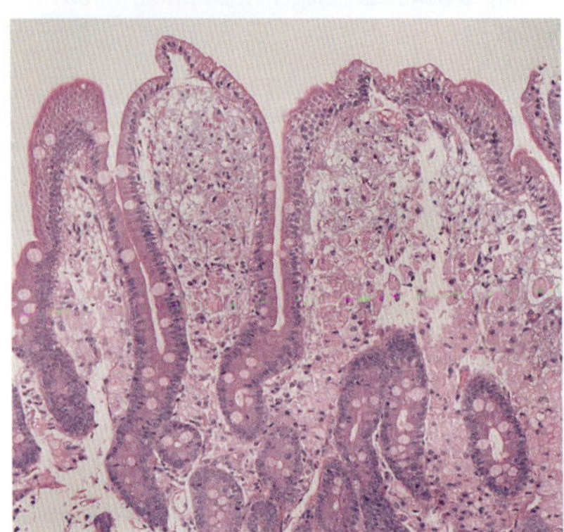

Abb. 26.2 Morbus Whipple [O521].

Komplikationen.
Meist heilt die Läsion folgenlos ab.
Seltene Komplikationen sind:

- Arrosionsblutungen
- Perforationen
- Penetrationen in Nachbarorgane
- Vernarbung und konsekutive Stenose.

Tumoren

Adenome

- Selten
- Meist im Bereich der Papilla Vateri
- Histologisch wie kolorektale Adenome (→ Kap. 31).

Karzinome

- Adenokarzinome des Duodenums sind selten
- Meist im Bereich der Papilla Vateri lokalisiert
- Gehen aus Adenomen hervor.

Neuroendokrine Tumoren

- Meist subepitheliale Tumoren mit typischem Salz-und-Pfeffer-Chromatinmuster
- Immunhistologischer Nachweis neuroendokriner Marker.

Mesenchymale Tumoren

- Selten
- Wie im Magen: Meist gastrointestinale Stromatumoren, jedoch mit schlechterer Prognose. Noch seltener Leiomyome oder Neurinome.

CHECK-UP

- ☐ Welche Formen und typischen Pathologien der Duodenitis kennen Sie?
- ☐ Wie entsteht ein Duodenalulkus und was sind Komplikationen?
- ☐ Welche Tumoren des Duodenums kennen Sie?

Kongenitale Fehlbildungen

- Lageanomalien durch Malrotation während der embryologischen Entwicklung
- Morbus Hirschsprung (kongenitale Aganglionose): siehe → Kapitel 28.

Atresien und Stenosen

Können im gesamten Gastrointestinaltrakt sporadisch oder im Rahmen eines Syndroms auftreten.

Divertikel

Das häufigste Divertikel ist das **Meckel-Divertikel** als Rest des Ductus omphaloentericus.

- Lokalisierung etwa 50 cm aboral der Ileozökalklappe
- Enthält häufig ektope Magenschleimhaut oder Pankreasgewebe
- Komplikation: Meckel-Divertikulitis. Symptome wie bei akuter Appendizitis.

CHECK-UP

- ☐ Welche angeborenen Erkrankungen des Dünndarms kennen Sie?

Ileus

- Kein eigenes Krankheitsbild, sondern Symptom: Behinderung der Darmpassage bedingt durch Darmverschluss oder Darmlähmung
- Klinik: akutes Abdomen
- Je nach Lokalisation hoher oder tiefer Ileus
- Unterteilung in mechanischen und paralytischen Ileus
- Typische Spiegelbildung in der Röntgen-Abdomen-Übersichtsaufnahme.

Mechanischer Ileus

Obstruktion durch:

- Neoplastische oder entzündlich bedingte Tumoren (Divertikulitis)

- Fremdkörper: Koprolithen, Bezoare, Mekonium, Gallensteine etc.
- Verwachsungen: Bridenileus
- Strangulation: Invagination oder Volvulus.

Invagination
- Vorwiegend bei Säuglingen
- Ein Darmsegment stülpt sich in ein anderes in Richtung der Peristaltik
- Häufige Lokalisation im Übergang zwischen Ileum und Kolon wegen prominentem lymphatischem Gewebe im Bereich der Ileozökalklappe
- Begünstigende Faktoren: Polypen u. a. andere tumoröse Prozesse
- Folge sind Zirkulationsstörungen bis hin zur Gangrän (blutige Stühle)
- Therapie: Hydrostatische Reposition durch Darmeinlauf im Frühstadium möglich, sonst chirurgisch.

Volvulus
- Drehungen einer Darmschlinge um die Mesenterialachse
- Therapie: häufig chirurgisches Vorgehen.

Paralytischer Ileus
Lähmung der Peristaltik, verschiedene Ursachen:
- Entzündlich-toxische Prozesse: toxisches Megakolon bei Morbus Crohn, Colitis ulcerosa
- Medikamente: Opiate u. a.
- Metabolische Entgleisungen: Hypokaliämie, Ketoazidose, Urämie
- Vaskulär: Mesenterialinfarkt
- Neurogen, siehe auch Morbus Hirschsprung (→ Kap. 28)
- Postoperativ.

CHECK-UP
- ☐ Wie diagnostizieren Sie in der Klinik einen Ileus?
- ☐ Welche Ursachen kommen in Frage und wie gehen Sie bei weiteren Abklärungen vor?

Vaskulär bedingte Erkrankungen

Arterielle Störungen:
- Arteriosklerose als häufigste Ursache
- Kompression von außen, z. B. durch Tumoren, retroperitoneale Fibrose (Morbus Ormond)
- Vaskulitiden.

Einteilung nach Verlauf:
- Akut, z. B. beim Mesentarialinfarkt
- Chronisch, z. B. bei der Angina abdominalis.

Venöse Störungen, z. B. Mesenterialthrombosen, sind selten.

Mesenterialinfarkt
Akute Durchblutungsstörung.
- Häufigste Ursachen sind Thrombembolien aus dem linken Herzen (Endokarditis, Thromben) und aus der Aorta und Mesenterialarterien durch Plaquerupturen und Cholesterinembolien
- Morphologisch zunächst Ödem, dann Einblutungen und Nekrosen bis hin zur Darmgangrän mit Perforation
- Begleitende eitrige Peritonitis.

Typische **Klinik** in drei Phasen:
1. Akute Bauchschmerzen mit Schockzeichen und blutigen Durchfällen
2. „Fauler Friede": weicher Bauch bei zunehmender Verschlechterung des Allgemeinzustands
3. Durchwanderungsperitonitis mit akutem Abdomen, Erbrechen, Durchfall.

Angina abdominalis
Chronische Durchblutungsstörung.
Analog zur Angina pectoris bei koronarer Herzkrankheit:
- Minderdurchblutung bedingt durch Arteriosklerose der Mesenterialgefäße
- Risikofaktor für Mesenterialinfarkt.

Klinik: Bauchschmerzen typischerweise nach dem Essen.

Mesenterialvenenthrombose
Bedingt durch:
- Venöse Abflussstörung, z. B. Leberzirrhose mit Pfortaderhochdruck, tumorbedingt, Verwachsungen

- Hyperkoagulabilität
- Gefäßwandschädigungen.

Klinik und Morphologie analog zum Mesenterialinfarkt.

CHECK-UP

- ☐ Wie äußert sich klinisch ein akuter Mesenterialinfarkt?
- ☐ Welche Patienten können von einem akuten Mesenterialinfarkt betroffen sein? Welches sind typische Risikofaktoren?

Entzündliche Erkrankungen

Infektiöse Enterokolitiden

Viren

Erreger der „klassischen Magen-Darm-Grippe" mit akuten Brechdurchfällen und rascher Besserung.

- Hochansteckend: Rota- und Norovirus (Kinder, ältere Menschen), andere wie enterische Adenoviren, Calicivirus, Astrovirus etc.
- Übertragung durch Tröpfcheninfektion und kontaminierte Lebensmittel
- Keine spezifische Morphologie: Lymphozytäre Infiltration der Schleimhaut
- Sonderfall bei immunkomprimierten Patienten: CMV (Eulenaugen) und HSV (milchglasartige Kerneinschlüsse und mehrkernige Zellen).

Bakterien

Typische Klinik: Diarrhö.
Ursachen:

- Aufgenommene Toxine z. B. bei der so genannten Lebensmittelvergiftung. Häufigster Keim: Staphylococcus aureus; perakuter Verlauf
- Der Erreger selbst, der sich im Darm vermehrt
- Unterschieden werden Erreger, die ins Gewebe eindringen und somit eine Entzündung auslösen und Erreger, die nichtinvasiv sind, jedoch das Gewebe mit ihren Toxinen schädigen.

Parasiten

- Vorkommen überwiegend in den Tropen und Entwicklungsländern (Reiseanamnese!)
- Übertragung meist durch kontaminierte Lebensmittel
- Nachweis im Stuhl möglich
- Häufige Protozoen:
  - Entamoeba histolytica (Amöbenruhr betrifft hauptsächlich das Kolon, Leberabszesse)
  - Giardia lamblia: Erreger der Lambliasis, häufig asymptomatisch. Wichtige DD zur Zöliakie → Duodenalbiopsien
- Bei Immunkompression:
  - Kryptosporidium
  - Isospora belli
- Häufigere Helminthen (Würmer):
  - Ascaris lumbricoides: Spulwurm
  - Taenia solium: Schweinebandwurm
  - Taenia saginata: Rinderbandwurm
  - Enterobius vermicularis: Oxyuriasis, manchmal Zufallsbefund bei Appendizitis
  - Schistosoma-Arten: Erreger der Bilharziose.

Pilze

- Extrem selten
- Allenfalls bei Immunkomprimierten und chronisch Kranken: Candida albicans, Aspergillus- und Mucor-Arten, Histoplasma capsulatum.

Nichtinfektiöse Enterokolitiden

- Zöliakie: siehe Malabsorptionssyndrome.
- Morbus Crohn: siehe → Kapitel 28.

Tab. 26.1 Wichtige Erreger der infektiösen Enterokolitiden.

Erreger	Pathogenetischer Mechanismus	Reservoir, Infektionsweg	Morphologie, Klinik, Besonderheiten
Salmonellen			
S. typhi (Typhus abdominalis)	Invasiv, zuerst lymphogene Ausbreitung, dann disseminiert	• Mensch: Kranke und Dauerausscheider • Infektionsdosis klein	**Morphologie:** • Hyperplasie des lymphatischen Gewebes mit „Typhusgranulomen", dann Ulzera und Nekrose • Organbefall: Leber, Milz, Knochenmark und Lymphknoten • Dauerausscheider: Gallenblase betroffen **Klinik**: Systemisch. • Lange Inkubationszeit • Hohes Fieber, Hautausschlag (Roseola), erbsbreiartige Diarrhö **Komplikationen**: Myokarditis **Therapie**: Antibiotika
S. enteritidis	Invasiv, aber lokalisiert	• Kontaminierte Nahrungsmittel • Infektionsdosis groß	**Morphologie**: granulozytäre Entzündung **Klinik**: Lokalisiert. • Brechdurchfälle • Kurze Inkubation **Therapie**: symptomatisch
Shigellen (bakterielle Ruhr)	Invasiv und Endotoxin (Shigatoxin)	Mensch: hochinfektiös, minimale Infektionsdosis	**Morphologie**: granulozytäre Entzündung mit Erosionen, hauptsächlich im Kolon **Klinik**: wässrige Diarrhö, Fieber und Bauchkrämpfe (Tenesmen)
Yersinien Y. enterocolitica (**Cave**: Y. pestis Erreger der Pest)	Invasiv	Nutztiere und kontaminierte Lebensmittel	**Morphologie**: • Retikulär-abszedierende (pseudotuberkulöse Entzündung) mit lymphatischer Hyperplasie (mesenteriale Lymphadenitis) • Häufig im Bereich terminales Ileum, Appendix (DD Morbus Crohn) **Klinik**: Fieber und Diarrhö
Escherichia coli			
Enterotoxische (ETEC)	Nichtinvasiv, Cholera-like toxin	Mensch und Tier, kontaminierte Lebensmittel	Massive Diarrhö (Reisediarrhö)
Enterohämorrhagische (EHEC)	Nichtinvasiv, Shiga-like toxin		• Hämorrhagische Kolitis • Hämolytisches Urämiesyndrom (HUS): akutes Nierenversagen, Thrombozytopenie, Anämie
Enteropathogene (EPEC)	Nichtinvasiv		Säuglingsdiarrhö in Entwicklungsländern
Enteroinvasive (EIEC)	Invasiv		Wie bakterielle Ruhr (s. o.)
Vibrio cholerae	• Choleratoxin • Vermehrte Sekretion von Elektrolyten	Mensch: Erkrankte (hohe Infektionsdosis da Erreger abgetötet durch Magensäure)	**Morphologie**: uncharakteristisch, Schleimhautödem und Fibrinexsudat **Klinik**: • „Reiswasserähnliche" Diarrhö, Fieber und Exsikkose • Unbehandelt hohe Letalität • Epidemien bei schlechter Hygiene, v. a. durch kontaminiertes Wasser

Tab. 26.1 Wichtige Erreger der infektiösen Enterokolitiden. (Forts.)

Erreger	Pathogenetischer Mechanismus	Reservoir, Infektionsweg	Morphologie, Klinik, Besonderheiten
Escherichia coli			
Campylobacter jejuni	Invasiv und Toxin	• Tiere • Kontaminierte Lebensmittel • Selten Mensch-Mensch (Schmierinfektion, z. B. Kindergarten, Seniorenheim)	**Morphologie**: granulozytäre Entzündung mit Ulzera und Kryptenabszessen (DD Colitis ulcerosa) **Klinik**: Wässrige Diarrhö, Fieber
Clostridium difficile (pseudomembranöse Kolitis)	Enterotoxine	Bestandteil normaler Darmflora gesunder Erwachsener	**Morphologie**: ödematöse Schleimhaut mit schmutzigen Belägen, fortschreitende Darmwandnekrose **Klinik**: • Nach Antibiotika-Therapie Störung der Darmflora mit Überwucherung durch C. difficile • Schleimig-blutige Diarrhö mit Fieber • Unbehandelt hohe Letalität **Therapie**: Metronidazol
Mycobacterium tuberculosis (s. a. → Tuberkulose)	Invasiv	• Kontaminierte Milch • Eigenes geschlucktes Sputum	**Morphologie**: nekrotisierende granulomatöse Entzündung **Klinik**: chronischer Verlauf mit Bauchschmerzen und Malabsorption **Komplikationen**: Fisteln, Perforation, Hämorrhagie

CHECK-UP

- ☐ Welche Differenzialdiagnosen kommen bei Diarrhö in Frage? Unterscheiden Sie infektiöse und nichtinfektiöse Ursachen.
- ☐ Worauf achten Sie bei der Anamnese?
- ☐ Welches sind häufige Erreger?

Malabsorptionssyndrome

Mangelnde Aufnahme von Nährstoffen, Mineralien, Vitaminen, Elektrolyten und Wasser durch die Enterozyten.

Klinische Leitsymptome.

- Diarrhö, insbesondere übel riechende Fettstühle (Steatorrhö)
- Flatulenz
- Gewichtsverlust.

Sekundär betroffen sind:

- Hämatopoetisches System: Vitamin-B_{12}-Mangelanämie, Blutungsneigung bei Vitamin-K-Mangel
- Kalzium-Phosphat-Haushalt: Osteopenie, Hyperparathyreoidismus
- Periphere Nerven: Neuropathie bei Vitamin-B_{12}- und Vitamin-A-Mangel.

Morbus Whipple

- Systemische Erkrankung durch das Bakterium Tropheryma whipplei
- Betroffen sind hauptsächlich Männer in der 4.–5. Lebensdekade.

Diagnose.
Dünndarmbiopsien (Duodenum oder terminales Ileum) mit typischer Morphologie:
- Ansammlungen von zahlreichen Schaumzellen in den Zotten, die in einer PAS-Färbung leuchtend violett erscheinen (= angefärbte intrazelluläre Bakterien)
- Nachweisbar auch in anderen Organen, z. B. Lymphknoten.

Klinik.
- Unspezifisch, deswegen Diagnosestellung erst nach langer Zeit
- Jahrelange Malabsorptionssymptomatik
- Polyarthritis (häufig initiales Symptom)
- Lymphadenopathien
- Psychiatrische Auffälligkeiten
- Hauthyperpigmentierung.

Prognose.
- Bei antibiotischer Therapie gut
- Unbehandelt infaust.

Zöliakie

Synonyme: **Glutensensitive Enteropathie**, **Sprue**.

- Ursache ist eine angeborene Unverträglichkeit des Weizen-Kleberproteins Gluten oder Gliadin
- Morphologisch zeigt sich eine Verplumpung der Dünndarmzotten bis hin zur Atrophie, was bereits endoskopisch erkannt werden kann
- Histologisch werden die Enterozyten von CD8-positiven T-Lymphozyten infiltriert
- Eingeteilt werden die histologischen Veränderungen nach der Marsh-Klassifikation (→ Abb. 26.3)
- Die Histologie allein ist niemals beweisend, Diagnostellung nur in Korrelation mit Klinik (Besserung unter glutenfreier Diät) und Serologie (Autoantikörper gegen Gliadin und Endomysium).

Klinik.
- Malabsorptionssymptomatik mit Wachstumsretardierung im Kindesalter nach Einführung von glutenhaltiger Nahrung
- Auch spätere Manifestation möglich.

Komplikationen.
- Dermatitis herpetiformis Duhring (bullöse Hauterkrankung, s. → Kap. 39)
- Intestinale Lymphome, meist vom T-Zell-Typ mit aggressivem Verlauf.

Prognose.
Bei strikt glutenfreier Diät sehr gute Prognose mit Symptomfreiheit.

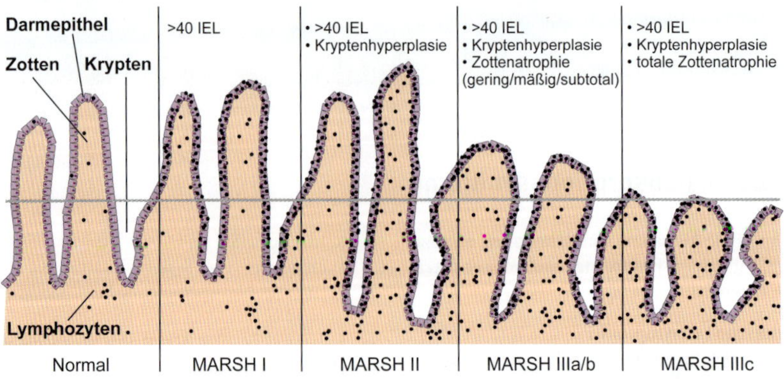

Abb. 26.3 MARSH-Klassifikation [V485].

Tropische Sprue

- Ursache unbekannt, es werden Bakterien vermutet
- Endemisches, selten epidemisches Auftreten in den tropischen Breitengraden
- Auftreten Tage bis Wochen nach infektiös bedingter Diarrhö
- Symptome und Morphologie ähneln der Zöliakie
- Therapie durch Breitband-Antibiotika.

CHECK-UP

- [ ] Welche Differenzialdiagnosen kommen bei Diarrhö in Frage? Unterscheiden Sie infektiöse und nichtinfektiöse Ursachen.

Neoplasien

- Primärtumoren des Dünndarms sind insgesamt selten
- Adenome und Adenokarzinome des Dünndarms sind eine Rarität. **Cave**: anders im Kolon.
- Am häufigsten: neuroendokrine Tumoren. Teilweise sezernierend mit entsprechender Symptomatik: Serotonin u. a.
- Bei den mesenchymalen Tumoren: **gastrointestinaler Stromatumor, GIST**
- Im Vergleich zum Magen haben die GIST an anderen Lokalisationen des GIT eine ungünstigere Prognose
- Weiterhin Lymphome und Metastasen.

CHECK-UP

- [ ] Welche Unterschiede ergeben sich beim Vergleich von neoplastischen Tumoren des Dünndarms und des Dickdarms?

3

27 Appendix vermiformis

Normale Struktur und Funktion

- Synonym: **Wurmfortsatz**
- Lokalisation am Pol des Zökums, dem eigentlichen Blinddarm
- Die Schleimhaut ist kolorektal
- Typisch ist prominentes lymphatisches Gewebe in der Submukosa. Deshalb werden der Appendix Aufgaben in der Erregerabwehr zugesprochen.

Pathologien der Appendix

Kongenitale Fehlbildungen

- Lage- und Fixationsanomalien
- Verantwortlich für atypische klinische Präsentation bei akuter Appendizitis.

Entzündliche Erkrankungen

Akute Appendizitis

Häufigste Ursache eines akuten Abdomens bei jungen Patienten.

Klinik.

- Epigastrische Schmerzen mit Verlagerung in den rechten Unterbauch
- Erbrechen
- Obstipation
- Fieber
- Abwehrspannung.

Falls die typische Klinik nicht vorhanden ist, kann die Diagnose erst intraoperativ gestellt werden. Assoziation mit einer Obstruktion des Lumens durch Kotsteine, Gallensteine, Fremdkörper, Würmer (→ Abb. 27.1).

Morphologie.

- Aufgetriebene Appendix mit eitrigen Belägen auf der Serosa
- Je nach Stadium eine ausgeprägte Wandnekrose.

Histologie.

Hauptmerkmal ist ein granulozytäres Infiltrat, das je nach Ausprägung, Schädigung und Stadium in Form einer erosiven, ulzerophlegmonösen, abszedierenden oder nekrotisierend-gangränösen Entzündung auftritt.

Komplikationen.

- Perforation
- Peritonitis
- Perityphlitischer Abszess.

> Grundsätzlich muss jedes Appendektomiepräparat histopathologisch untersucht werden, um eine Neoplasie auszuschließen.

Differenzialdiagnose.

Rechtsseitige Unterbauchschmerzen: Wichtige Erkrankungen, die eine Appendizitis **vortäuschen** können.

- Akute Salpingitis
- Extrauteringravidität
- Meckel-Divertikulitis
- Menstruationsbeschwerden
- Mesenterische Lymphadenitis bei Yersinien und Virus-Infektionen (s. o.).

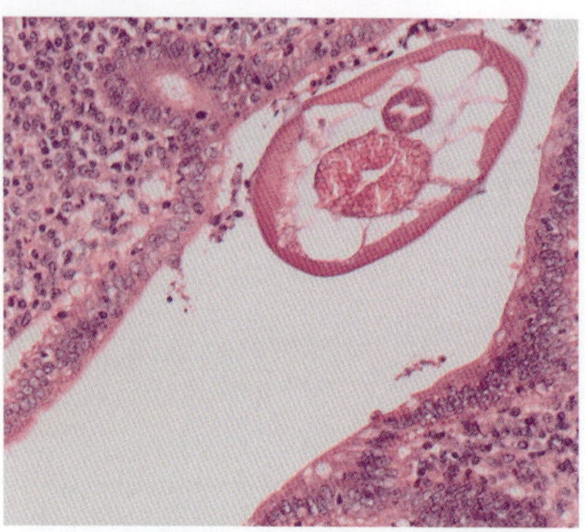

Abb. 27.1 Oxuriasis [O521].

Neoplasien

- Gut differenzierte neuroendokrine Tumoren sind die häufigsten Tumoren der Appendix
- Adenome oder Adenokarzinome sind extrem selten.

Neuroendokriner Tumor

Synonym: **Karzinoid.**

- Meist Zufallsbefund im Rahmen einer Appendektomie
- Morphologie: häufig in der Spitze gelegen, scharf begrenzt und von gelber Farbe
- Histologisch uniforme Zellpopulation mit „Pfeffer-und-Salz-Chromatin"
- Wichtige immunhistochemische Marker sind Synaptophysin und Chromogranin
- Prognose eher gut, abhängig von Größe und mitotischer Aktivität.

Karzinoid-Syndrom.

- Flush-Symptomatik
- Intermittierender Subileus
- Diarrhö
- Gewichtsverlust
- Bedingt durch Serotonin-Sekretion durch neuroendokrine Tumoren
- Häufiger beobachtet bei metastasierten Tumoren
- Nachweis von 5-Hydroxyindol-Essigsäure im 24-h-Urin.

Mukozele

Massive Auftreibung der Appendix durch Schleimretention bei muzinösen Tumoren: muzinöses Zystadenom, muzinöses Adenokarzinom.

Komplikationen.

- Pseudomyxoma peritonei: Schleimmassen im Bauchraum. Infauste Prognose, da nicht therapierbar
- Häufig auch muzinöse Tumoren der Ovarien. Infauste Prognose, da nicht therapierbar.

CHECK-UP

- ☐ Welches ist die klinisch wichtigste Pathologie der Appendix und wie äußert sie sich?
- ☐ Warum sollte jedes Appendektomie-Präparat histopathologisch untersucht werden?

28 Dickdarm

Normale Struktur und Funktion

- Der Dickdarm ist der letzte Teil des Verdauungskanals
- Das terminale Ileum mündet in das Zökum (Blinddarm), von dem die Appendix vermiformis (Wurmfortsatz) abgeht
- Der so genannte **Kolonrahmen** wird gebildet von
  - Colon ascendens
  - Colon transversum mit rechter und linker Flexur
  - Colon descendens
- Das Colon sigmoideum und Rektum mit Übergang in den Analkanal bilden den letzten Teil des Kolons
- Makroskopisch lässt sich Dick- von Dünndarm unterscheiden. Typisch für den Dickdarm sind:
  - Haustren (segmentierter Aspekt des Dickdarms)
  - Tänien (verstärkte Längsmuskelstreifen)
  - Appendices epiploicae (Fettgewebsanhängsel)
- Mikroskopisch zeigt die Schleimhaut keine Zotten, sondern Krypten
- Der restliche Wandaufbau ist analog zum Dünndarm
- Hauptaufgabe des Kolons ist die Rückresorption von Flüssigkeit und die Ausscheidung des Kots.

CHECK-UP

☐ Wie lassen sich Dickdarm und Dünndarm makroskopisch und mikroskopisch unterscheiden?

Kongenitale Fehlbildungen

Anorektale Stenosen und Atresien sind die häufigsten strukturellen Fehlbildungen.

Morbus Hirschsprung

Synonym: **Aganglionose**.

Pathogenese.

- Durch das Fehlen der Ganglienzellen im Plexus submucosus (Meißner) und im Plexus myentericus (Auerbach) und der Hypertrophie von parasympathischen Fasern kommt es zu einer spastischen Dauerkontraktion und Engstellung des Kolons
- Proximal des betroffenen Segments zeigt sich eine massive Dilatation des Kolons
- Die Aganglionose kann ein einzelnes Segment oder das gesamte Kolon (totale Aganglionose) betreffen
- Sehr selten in höheren Abschnitten des Gastrointestinaltrakts.

Klinik. Verzögertes Absetzen von Mekonium nach der Geburt und Subileus schon in den ersten Lebenstagen, Nahrungsverweigerung. Komplikation: toxischer Megakolon.

- Röntgen-Abdomen
- Schleimhautbiopsien mit erfasster Submukosa (Meißner-Plexus). **Cave**: unfixiert einsenden, damit histochemische Färbungen mit Acetylcholinesterase und SDH möglich sind. Häufig zahlreiche Stufenschnitte notwendig. Typischer Befund: fehlende Ganglienzellen und vermehrte parasympathische Fasern in Lamina propria und Lamina muscularis mucosae.

Therapie.

- Resektion des betroffenen Segments
- Bei vollständiger Resektion gute Prognose.

CHECK-UP

- ☐ Wie diagnostizieren und therapieren Sie einen Morbus Hirschsprung?
- ☐ Wodurch kommt die typische Klinik mit verzögertem Absetzen von Mekonium und Subileus zustande?

Divertikel

Ausstülpungen der Darmwand.

Echte Divertikel

- Angeboren
- Mit Beteiligung aller Darmwandschichten, z. B. Meckel-Divertikel des Dünndarms
- Klinisch weniger bedeutsam als falsche Divertikel.

Falsche Divertikel

- Erworben
- Nur die Mukosa und Submukosa stülpen sich durch die muskuläre Schicht nach außen
- Meistens im Bereich präformierter Lücken im Bereich der Gefäßeintritte
- Wichtiger Faktor bei der Entstehung: Druckerhöhung bedingt durch Obstipation
- Häufigste Lokalisation im Colon sigmoideum (Sigmadivertikulose)
- Betroffen sind v. a. ältere Menschen
- Komplikation: akute Entzündung (Divertikulitis) mit Gefahr der Perforation und Peritonitis

Klinik. „Appendizitis des alten Menschen".

- Linksseitige Bauchschmerzen
- Abwehrspannung
- Diarrhö Exsikkose
- Erbrechen
- Fieber.

■ CHECK-UP

- ☐ Wie unterscheiden sich echte von falschen Divertikeln? Welche haben klinisch größere Bedeutung?

Vaskulär bedingte Erkrankungen

Siehe auch → Kapitel 26.

■ Ischämische Kolitis

- Häufig bei älteren Menschen
- Bedingt durch Arteriosklerose, Kreislaufdepression (z. B. bei Herzinfarkt), Medikamente.

Morphologie.

- Schleimhautnekrosen mit „ausgestanzt" wirkenden Kolonkrypten
- Pseudomembranen (DD Clostridium difficile)
- Hämorrhagie
- Kapillarthromben.

■ Solitäres Ulkus-Syndrom

Synonyme: **Ulcus recti simplex**, **Mukosaprolaps-Syndrom**, **Colitis cystica profunda**, **kloakogener Polyp**.

Pathogenese.

- Bindegewebsschwäche → Mukosaprolaps
- Gesteigerter Schließmuskeltonus → Mukosa wird abgeklemmt → gedrosselte Blutzufuhr mit Ischämie → Nekrose
- Manchmal assoziiert mit Divertikulose.

Morphologie.
Ulzera im Rektum.

Histologie.

- Hyperplastische Schleimhaut und Architekturstörung
- Zunahme der muskulären Fasern.

■ CHECK-UP

- ☐ Was löst ein solitäres Ulkus-Syndrom aus?
- ☐ Wie kann sich eine Arteriosklerose gastrointestinal manifestieren?

Entzündliche Erkrankungen

Die infektiös bedingten Enterokolitiden wurden bereits im Dünndarm-Kapitel abgehandelt. Im Folgenden liegt der Schwerpunkt auf den nicht-infektiös bedingten Erkrankungen.

■ Chronisch-entzündliche Darmerkrankungen

Unter dieser Bezeichnung werden Morbus Crohn (Synonym: **Ileitis terminalis**) und Colitis ulcerosa zusammengefasst.

- Erkrankungen v. a. der Industrieländern
- Etwa 5–20 Fälle pro 100.000 Einwohner
- Männer und Frauen gleichermaßen betroffen
- Altersgipfel in der dritten Dekade, ein zweiter kleinerer Gipfel jenseits des 60. Lebensjahrs.

Pathogenese.

- Noch immer ungeklärt
- Aktuell wird eine überschießende Entzündungsreaktion auf Bestandteile der Darmflora

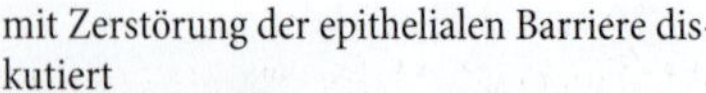

mit Zerstörung der epithelialen Barriere diskutiert
- Genetische und ethnische Faktoren spielen ebenfalls eine Rolle.

Mögliche extraintestinale Manifestationen.
- Primär sklerosierende Cholangitis, PSC
- Erythema nodosum
- Arthritis
- Uveitis
- Hämolytische Anämie.

Eine Übersicht zu den Unterschieden der Erkrankungen gibt folgende Tabelle (→ Tab. 28.1).

■ Andere nichtinfektiöse Kolitiden

Mikroskopische Kolitis

Kollagene und lymphozytäre Kolitis.
- Hauptmerkmal ist die Diskrepanz zwischen Klinik (rezidivierende, wässrige Durchfälle und Bauchkrämpfe) und völlig unauffälligem endoskopischem Befund
- Die Diagnose wird histologisch gestellt, indem Biopsien aus unterschiedlichen Dickdarmsegmenten untersucht werden
- Histologisch fallen bei der **lymphozytären Kolitis** vermehrte Lymphozyten zwischen den Enterozyten auf
- Bei der **kollagenen Kolitis** zeigt sich eine deutlich verdickte Basalmembran
- Es besteht eine Assoziation mit anderen Autoimmunerkrankungen (Zöliakie, Thyroiditis, Arthritis und autoimmune Gastritis). Rasche Besserung unter Steroiden.

Strahlenkolitis

Akut:
- Bauchkrämpfe und Diarrhö
- Schleimhautulzera.

Chronisch:
- Unspezifische Symptome
- Fibrose und Strikturen.

Tab. 28.1 Colitis ulcerosa und Morbus Crohn.

	Colitis ulcerosa	Morbus Crohn
Klinik bei Erstmanifestation	Rezidivierende blutige Diarrhö	• Milde, nicht blutige Diarrhö • Bauchschmerzen • Gewichtsverlust
Verteilungsmuster	Beginn im Rektum mit kontinuierlicher Ausbreitung nach proximal bis zur Pankolitis	• Häufige Erstmanifestation im terminalen Ileum • Kann vom Mund bis Anus den gesamten GIT betreffen
Makroskopie	• Gerötete und vulnerable Schleimhaut • Landkartenartige Ulzera mit dazwischen pseudopolypös aufgeworfener Schleimhaut	• Diskontinuierlicher, segmentaler Befall mit aphthösen Erosionen („skip lesions") • Pflastersteinrelief • „Fahrradschlauch-Phänomen" (fibrosierte starre Darmwand und eng gestelltes Lumen) • Ausbildung von entzündlichen Konglomerattumoren
Mikroskopie	• Entzündliches Infiltrat auf die Mukosa beschränkt • Kryptenabszesse • Entzündliche Pseudopolypen	• Transmurale Ausbreitung des entzündlichen Infiltrats • Epitheloidzellige Granulome (nicht immer zu sehen) • Fissurale Entzündung (Fistelbildung)
Komplikationen	• Toxisches Megakolon • Erhöhtes Karzinomrisiko: korreliert mit Krankheitsdauer und Entzündungsgrad	• Stenosen und Fisteln • Malabsorption bei Dünndarmbefall • Erhöhtes Karzinomrisiko
Chirurgie	Pankolektomie ist kurativ	So wenig wie möglich operieren wegen der Gefahr von Fistelbildung und Stenosen

Medikamentös-induzierte Kolitis

Ulzera.
Bei nicht steroidalen Antiphlogistika, wie im Magen.

Neutropenische Kolitis.
- Bei Agranulozytose nach Zytostatika und Immunsuppressiva bei Leukämie- und Lymphom-Patienten
- Morphologie: Nekrotisierende Entzündung mit schlechter Prognose.

Pseudomembranöse Kolitis.
Clostridium-difficile-Infekt nach Antibiotika-Therapie siehe → Kapitel 26.

Graft-versus-Host-Disease
- Nach allogener Knochenmarktransplantation kommt es zu einer Reaktion der gespendeten Zellen des Immunsystems gegen Empfänger-Gewebe (z. B. Kolon)
- Klinik: Wässrige Diarrhö
- Mikroskopisch: Vermehrt Apoptosen in den Krypten.

CHECK-UP
- ☐ Welche Differenzialdiagnosen bei Diarrhö fallen Ihnen ein? Unterscheiden Sie infektiöse und nichtinfektiöse Ursachen.
- ☐ Welche Fragen könnten wichtig sein bei der Anamnese? Welche Untersuchungen veranlassen Sie zur weiteren Abklärung?

Tumorartige Läsionen

Hyperplastische Polypen
- Häufigste Polypen des Dickdarms
- Zufallsbefund bei Koloskopie, da asymptomatisch.

Morphologie.
- < 5 mm
- Pseudopapilläre Architektur
- Hoher Becherzellgehalt mit korkenzieherartigen Krypten.

Bei solitärem Auftreten kein malignes Potenzial im Gegensatz zur hyperplastischen Polyposis, s. u.

Andere Läsionen
- Lymphoide Polypen, bedingt durch hyperplastisches, ortsständiges, lymphatisches Gewebe
- Endometriose.

CHECK-UP
- ☐ Welche Polypenform ist im Kolon die häufigste? Wodurch unterscheidet sie sich von kolorektalen Adenomen?

Neoplasien

Epitheliale Neoplasien

Kolorektale Adenome
- Meist polypös imponierende, intraepitheliale Neoplasien
- Sehr häufig und nehmen mit dem Alter zu
- Klinik: manchmal Blut im Stuhl, ansonsten asymptomatisch, meistens Zufallsbefund bei Koloskopie.

Kolorektale Adenome weisen geringe bis hochgradige dysplastische Veränderungen auf. Deswegen gelten Adenome als Vorläuferläsionen des kolorektalen Karzinoms (siehe Kasten Adenom-Karzinom-Sequenz). Das Entartungsrisiko hängt von Dysplasiegrad und Größe ab. Deswegen gilt: Jeder Polyp, der koloskopisch entdeckt wird, **muss histologisch untersucht werden**, um eine hochgradige Dysplasie oder ein kolorektales Karzinom auszuschließen.

Folgende Typen werden je nach Architektur unterschieden:
- **Tubuläre Adenome**:
  - Verzweigte Tubuli
  - Ähneln Krypten mit Verlust der Becherzellen
  - Häufig klein und gestielt
  - Im gesamten Kolon zu finden.
- **Villöse Adenome**:
  - Fingerförmige Fortsätze mit Zylinderzellen besetzt
  - Eher breitbasig und groß
  - Meist im Sigma und Rektum
  - Bei älteren Patienten.
- **Tubulo-villöse Adenome**: Mischformen.

Adenom-Karzinom-Sequenz
- Erstbeschreibung durch Vogelstein und Fearon
- Gilt als eines der ersten Modelle zur Krebsentstehung (Kanzerogenese)
- Schrittweise Anhäufung von Gen-Mutationen, die letztendlich Einfluss nehmen auf das Verhalten einer Zelle hinsichtlich Differenzierung, Proliferation, Dysplasiegrad, infiltratives Wachstum sowie Metastasierungspotenzial
- Beim kolorektalen Karzinom ist die Inaktivierung des **APC-Gens (adenomatöse Polyposis coli)** oft der erste Schritt (s. a. FAP)
- Hinzu kommen aktivierende Mutationen des **K-Ras**-Onkogens, Inaktivierung des Tumorsupressorgens **p53** und andere Veränderungen bis zur Entstehung eines invasiven Karzinoms.

Kolorektales Karzinom
- 98 % aller malignen Neoplasien des Kolons
- Etwa 10 % aller soliden Tumoren
- Zweithäufigste tumorbedingte Todesursache
- Männer und Frauen sind gleichermaßen betroffen
- Altersgipfel zwischen dem 50. und 70. Lebensjahr.

Ätiologie.
- Bei einem Auftreten vor dem 40. Lebensjahr sollte eine Abklärung hinsichtlich eines hereditären Syndroms in Erwägung gezogen werden (vgl. HNPCC, gastrointestinale Polyposis-Syndrome)
- Neben des genetischen Hintergrunds spielen chronisch-entzündliche Darmerkrankungen (v. a. Colitis ulcerosa), Ernährung und Adipositas wohl eine Rolle als Risikofaktoren.

Klinik.
- Meist asymptomatisch oder unspezifisch
- Alarmzeichen: Blut im Stuhl. Sollte mittels Koloskopie abgeklärt werden
- Anämie. Bei Anämieabklärung des älteren Patienten an okkulte Blutungen im Gastrointestinaltrakt denken!
- Früherkennung: Vorsorge-Koloskopie bei Patienten ab dem 55. Lebensjahr.

Makroskopie.
- Schüsselförmig ulzerierend oder exophytisch wachsende Tumoren
- Über die Hälfte sind rektosigmoidal lokalisiert.

Mikroskopie. Ausbildung von unregelmäßigen Drüsen mit so genannten intraluminalen schmutzigen Nekrosen.

Andere Typen.
- Muzinöse Karzinome mit hoher Schleim-Ausbildung
- Siegelringzellige Karzinome, analog zum Magen
- Neuroendokrine Karzinome mit Expression von Synaptophysin.

TNM-Stadium
- Analog zum restlichen GIT
- Wichtiger Prognosefaktor
- Entscheidend für das weitere Management.

T1 Infiltration der Submukosa
T2 Infiltration der Muscularis propria
T3 Infiltration der Subserosa oder perikolischen Gewebes
T4 Perforation des viszeralen Peritoneums und/oder Infiltration von Nachbarorganen
N0 Keine regionären Lymphknotenmetastasen
N1 Metastase(n) in 1–3 regionären Lymphknoten
N2 Metastasen in mehr als 4 Lymphknoten

Bei positiven Lymphknoten schließt sich eine adjuvante Chemotherapie an. Bei isolierten, resezierbaren Metastasen (v. a. Leber) ist weiterhin ein kuratives Vorgehen möglich.

Lynch-Syndrom

Synonym: **HNPCC**, **Hereditary nonpolyposis colorectal cancer**.

- Patienten typischerweise jünger als 50 Jahre
- Häufig eine positive Familienanamnese
- Im Gegensatz zu den sporadisch auftretenden kolorektalen Karzinomen besteht beim Lynch-Syndrom ein autosomal-dominanter Erbgang mit hoher Penetranz (80–85 %)
- Zugrunde liegt eine Keimbahnmutation im DNA-Reparatur-System, s. Kasten Mikrosatelliten-Instabilität
- Adenome nicht vermehrt
- Neben kolorektalen Karzinomen kommen gehäuft Magen-Karzinome sowie Karzinome aus dem pankreatobiliären und Urogenitaltrakt (v. a. Endometrium-Karzinome) vor
- Morphologie: häufiger muzinöse Karzinome und Karzinome mit einem ausgeprägten Entzündungsinfiltrat
- Lokalisation eher im rechtsseitigen Kolon.

Sonderformen.

- **Muir-Torre-Syndrom**: zusätzlich typischerweise Talgdrüsentumoren im Kopfbereich
- **Turcot-Syndrom** (Untergruppe HNPPC): zusätzlich Glioblastome und Medulloblastome.

Mikrosatelliten-Instabilität

- Als Mikrosatelliten bezeichnet man Abschnitte in der DNA, die aus sich wiederholenden Basensequenzen (2–3 Basen) bestehen → anfällig für Fehler in der Replikation, die jedoch von Reparaturenzymen (MLH1, MSH2, MSH6 und PMS2) korrigiert werden
- Bei gezielter Untersuchung dieser Abschnitte mittels PCR sollten bei Patienten ohne HNPCC gleich lange PCR-Produkte entstehen
- Lassen sich in der PCR unterschiedlich lange Fragmente dieser Mikrosatelliten finden, ist das ein Hinweis auf das Vorliegen eines Defekts im Reparatursystem
- Ist das Reparatursystem defekt, so sind Replikationsfehler der gesamten DNA möglich, was Mutationen und somit die Krebsentstehung begünstigt.

Neuroendokrine Tumoren

Siehe → Kapitel 26.

Nichtepitheliale Neoplasien

Insgesamt selten. Zu erwähnen sind:

- Lymphome
- Gastrointestinale Stromatumoren (GIST, s. → Kap. 25)
- Myogene Tumoren
- Lipome.

CHECK-UP

- ☐ Was könnten Erklärungen für Blut im Stuhl eines älteren Patienten sein?
- ☐ Welche Abklärungen ordnen Sie an?
- ☐ Was bedeutet der Begriff Adenom-Karzinom-Sequenz?
- ☐ Bei welchen Kolonkarzinompatienten spielt die Mikrosatelliten-Instabilität eine Rolle?

Gastrointestinale Polypose-Syndrome

Etwa 1 % aller kolorektalen Karzinome sind mit familiären Polypose-Syndromen assoziiert.

Tab. 28.2 Auswahl gastrointestinaler Polypose-Syndrome.

	Gen und Vererbungsmodus	Befunde	Besonderheiten und extraintestinale Manifestationen
Familiäre adenomatöse Polyposis coli (FAP)	• APC • Autosomal-dominant	• Unzählige kolorektale Adenome (> 100), Karzinomrisiko bei praktisch 100 % • Im Duodenum seltener • Drüsenkörperzysten im Magen • Attenuierte FAP: weniger Adenome und gering niedrigeres Karzinomrisiko	• Hyperpigmentierung der Retina • Desmoid-Tumoren • Osteome • Gardner-Syndrom: zusätzlich kutane Fibrome • Turcot-Syndrom (Untergruppe FAP): zusätzlich Glioblastome und Medulloblastome
MUTYH-assoziierte Polypose (MAP)	• MUTYH • Autosomal-rezessiv	Ähnlich wie bei attenuierter FAP	• Wichtigste DD zur FAP • Extraintestinale Manifestationen sind selten
Peutz-Jeghers-Syndrom	• STK11 (LKB1) • Autosomal-dominant	Hamartomatöse „baumartige" Polypen (< 20), v. a. Dünndarm, Karzinomrisiko bei 40 %	• Hyperpigmentierung der Schleimhäute (v. a. perioral) • Benigne Ovar- und Hoden-Tumoren • Mamma-, Zervix- und Pankreaskarzinome
Familiäre juvenile Polyposis	• SMAD4, BMPR1A • Autosomal-dominant	Hamartomatöse, teils zystische Polypen mit erodierter Oberfläche (5–100), v. a. rektosigmoidal gelegen, Karzinomrisiko erhöht (20–70 %)	Nicht familiäre Form häufiger mit extraintestinalen Manifestationen assoziiert (Herzanomalien, Hydrozephalus, intestinale Malrotation)
Cowden-Syndrom	• PTEN • Autosomal-dominant	• Kleine hamartomatöse Polypen im gesamten GIT • Morphologisch ähneln sie meist juvenilen Polypen • Werden häufig erst nach Diagnosestellung entdeckt	• Charakteristisch sind multiple Hauttumoren im Gesicht (Trichilemmome) • Café-au-Lait-Flecken der (Schleim-)Haut • Makrozephalie und neurologische Auffälligkeiten • Erhöhtes Risiko für Schilddrüsen- und Mamma-Karzinom
Cronkhite-Canada-Syndrom	• Nicht hereditär • Selten	Breitbasige Polypen mit Stroma-Ödem und wechselndem Gehalt an Entzündungszellen, im gesamten GIT	• Sporadisch, Diagnosestellung erst spät (ab 6. Dekade), vorwiegend Männer • Klinik: Malabsorption, Gewichts- und Proteinverlust, Elektrolyt-Entgleisungen • Schlechte Prognose ohne Therapie

Tab. 28.2 Auswahl gastrointestinaler Polypose-Syndrome. (Forts.)

	Gen und Vererbungsmodus	Befunde	Besonderheiten und extraintestinale Manifestationen
Hyperplastische Polyposis	• Nicht hereditär • Selten	> 100 hyperplastische Polypen, vorwiegend kolorektal	• Sporadisch, Diagnosestellung erst spät (ab 5.–6. Dekade) • Teilweise Mikrosatelliten-Instabilität • Erhöhtes Karzinomrisiko (im Gegensatz zu zufällig entdeckten hyperplastischen Polypen)

CHECK-UP

- [ ] Bei welchen extraintestinalen Symptomen kommt ein gastrointestinales Polypose-Syndrom in Betracht, sodass eine koloskopische Abklärung sinnvoll ist?
- [ ] Warum sollte eine Abklärung erfolgen?
- [ ] Welche Altersgruppen sind betroffen?

Tumorartige Läsionen und Neoplasien des Analkanals

Anderes Spektrum, da die kolorektale Schleimhaut in das Plattenepithel des Anus übergeht.

Tumorartige Läsionen

- Hämorrhoiden
- Marisken
- Kondylome:
  - Hervorgerufen durch HPV Typ 6 und 11
  - Perianal und anorektal lokalisiert
  - (Multiple) Polypen mit blumenkohlartiger Oberfläche
  - Riesenkondylome werden auch als **Buschke-Löwenstein-Tumoren** bezeichnet.

Neoplasien

- Basalzellkarzinome und Plattenepithelkarzinome sowie deren Vorläuferläsionen, z. B. bowenoide Papulose
- Klinik:
  - Juckreiz
  - brennende Schmerzen
  - Stenosen
- Melanome.

CHECK-UP

- [ ] Welche Neoplasien müssen im analen Bereich differenzialdiagnostisch in Betracht gezogen werden, die kolorektal nicht vorkommen?

29 Leber und intrahepatische Gallenwege

Grundlagen

Struktur der Leber

Die Leber wird in zwei Lappen und acht Segmente unterteilt.
Ihre metabolischen, synthetischen, sekretorischen und Speicher-Aufgaben sind:

- Fettstoffwechsel, Glykogenstoffwechsel
- Gerinnungsfaktorproduktion
- Serumproteinherstellung
- Gallenproduktion und -sekretion
- Glykogen-, Fett- und Vitaminspeicherung
- Medikamenten- und Schadstoffabbau.

Histoarchitektonisch wird eine morphologische und eine funktionelle Architektureinteilung unterschieden (→ Abb. 29.1):

- Morphologisch ist das **Leberläppchen** mit der zentral gelegenen Zentralvene und äußeren Portalfeldern bestimmend
- Funktionell hat sich die **Azinus**struktur von Rappaport durchgesetzt, in der die Portalfelder zentral und die Zentralvenen peripher liegen. Hintergrund ist der Fluss des sauerstoff- und nährstoffreichen Blutes:
  - Von den Portalfeldern (Zone 1)
  - Über einen Zwischenbereich (Zone 2)
  - Zur Abflusszone um die Zentralvene (Zone 3)
- **Glisson-Trias**: ein Portalfeld enthält im Idealfall einen Gallengang, einen Leberarterien-Ast und einen Portalvenen-Ast
- Das Blut gelangt dann in die Sinusoide. Diese sind zur besseren Durchlässigkeit gefenstert und von Endothelzellen und Kupffer-Sternzellen (Makrophagen) ausgekleidet. Die Sinusoide münden in die Zentralvenen.
- Zwischen den Sinusendothelien und den Leberzellen (Hepatozyten) liegt der Disse-Raum, in dem die fett- und vitaminspeichernden Ito-Zellen liegen
- Die Galle wird von Hepatozyten gebildet und in Kanälchen sezerniert, die durch die aneinanderliegenden Membranen der Zellen gebildet werden.

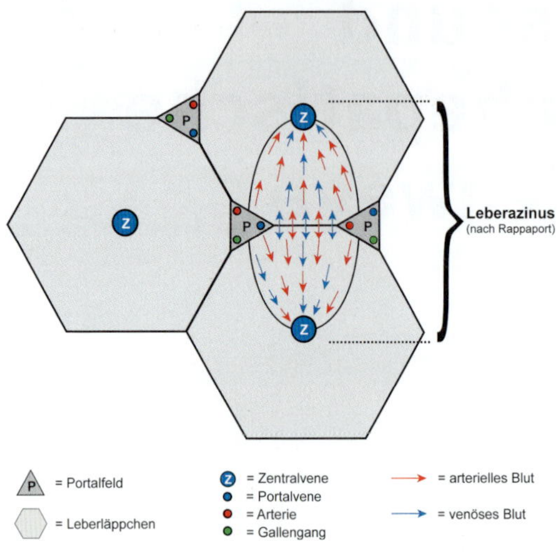

Abb. 29.1 Histoarchitektur der Leber [V485].

CHECK-UP

- [ ] Was sind die Aufgaben der Leber?
- [ ] Wie wird die Leber mikroarchitektonisch eingeteilt?

Fehlbildungen

Situs inversus

Leber liegt links statt rechts.

Ektopes Lebergewebe

Ektope Lebergewebsansammlungen im Bauchraum.

Zysten

- Multiple Leberzysten, wie auch solche in Pankreas und anderen Organen, sind oft mit der polyzystischen Nierenerkrankung (PKD) und entsprechenden Mutationen der PKD-Gene 1–3 assoziiert.
- Daneben kommen auch solitäre Leberzysten unklarer Genese vor.

Kongenitale Leberfibrose

- Autosomal-rezessive Leberfibrose mit portaler Hypertonie
- Kann mit Caroli-Krankheit zusammen als Caroli-Syndrom auftreten.

Caroli-Krankheit

- Kongenitale intrahepatische Gallengangsdilatation
- Betrifft meist Knaben.

Von-Meyenburg-Komplex

- Intrahepatisches Gallengangsmikrohamartom
- Singulär oder multipel
- Kein Krankheitswert
- Kleine weiße Knötchen, die aus zystisch erweiterten Gallengängen bestehen. Luminal kann Galle vorkommen. Das Epithel ist flach.

Bilirubin-Stoffwechsel

- Bilirubin entstammt überwiegend dem Hämoglobinabbau
- Es gelangt an Albumin gebunden zur Leber
- Dort wird es von den Hepatozyten aufgenommen (→ Abb. 29.2)

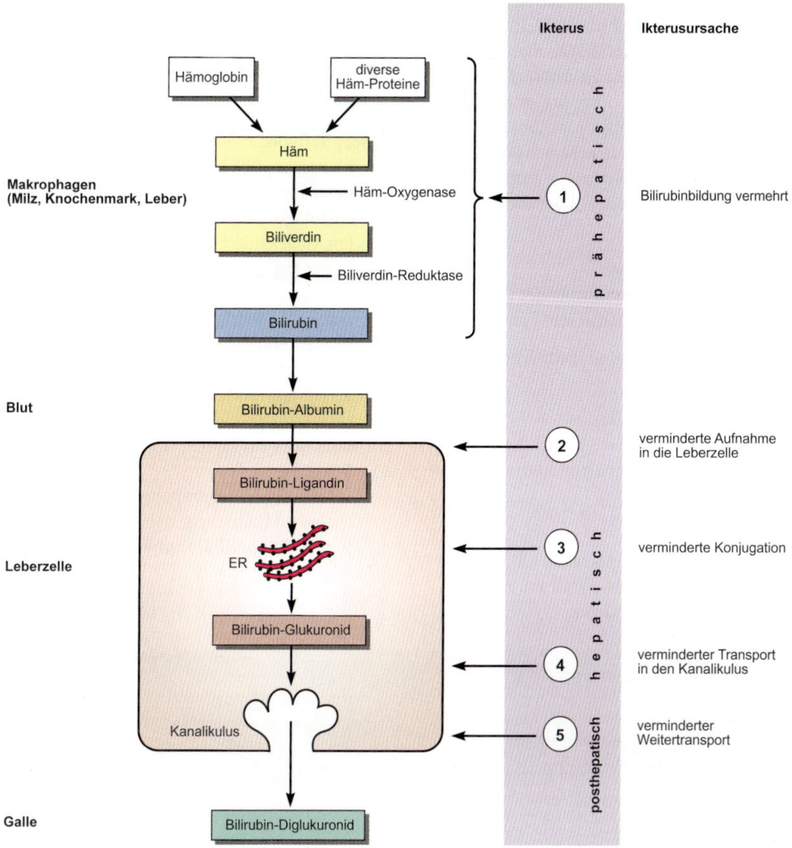

Ikterus
Ikterusursache
Hämoglobin
diverse Häm-Proteine
Häm
Makrophagen (Milz, Knochenmark, Leber)
Häm-Oxygenase
Biliverdin
Biliverdin-Reduktase
Bilirubin
prähepatisch
1 Bilirubinbildung vermehrt
Blut
Bilirubin-Albumin
2 verminderte Aufnahme in die Leberzelle
Bilirubin-Ligandin
Leberzelle
ER
3 verminderte Konjugation
hepatisch
Bilirubin-Glukuronid
4 verminderter Transport in den Kanalikulus
Kanalikulus
5 verminderter Weitertransport
posthepatisch
Galle
Bilirubin-Diglukuronid

Abb. 29.2 Bilirubin-Stoffwechsel [R175-04].

- Aus dem wasserunlöslichen **Bilirubin** entsteht hier wasserlösliches konjugiertes **Bilirubin-Diglukuronid**, das über die Galle ausgeschieden wird
- Im Darm wird es zu freiem Bilirubin und **Urobilinogen** umgebaut und ausgeschieden
- Ein kleiner Teil wird im Ileum rückresorbiert und in der Leber erneut zu Galle verarbeitet: **Enterohepatischer Kreislauf**.

Ikterus

- Beim Ikterus ist die Bilirubinkonzentration im Blut auf über 2 mg/dl erhöht → Es kommt zur Gelbfärbung von Organen, Haut und Skleren
- Wasserlösliches, konjugiertes Bilirubin hat dabei einen stärkeren ikterischen Färbeeffekt als wasser**un**lösliches, **un**konjugiertes Bilirubin
- Ursächlich lassen sich prähepatischer, hepatischer und posthepatischer Ikterus unterscheiden.

Prähepatischer Iktertus.
Vermehrtes Anfallen unkonjugierten Bilirubins, z. B. Neugeborenen-Ikterus (→ Kap. 37).

Hepatischer Ikterus.

1. Leberzellschäden verhindern Bilirubin-Aufnahme in die Zelle → **unkonjugierte** Hyperbilirubinämie.

2. Störung der Bilirubinkonjugation → **unkonjugierte** Hyperbilirubinämie, z. B. Morbus Meulengracht, Crigler-Najjar-Syndrom.
3. Störung der Sekretion des konjugierten Bilirubins aus der Zelle → **konjugierte** Hyperbilirubinämie, z. B. Dubin-Johnson-Syndrom, Rotor-Syndrom, virale Leberschäden
4. Intrahepatische Cholestase → **konjugierte** Hyperbilirubinämie, z. B. Cholangitis, Gallengangsschäden.

Posthepatischer Ikterus.
Extrahepatische Abflussstörung des konjugierten Bilirubins, z. B. Gallensteine, Tumoren.

Klinik: bräunlicher Urin und entfärbter Stuhl.

Cholestase

- Störung des Galleabflusses
- Je nach Lokalisation der Schädigung wird zwischen **intra- und extrahepatischer Cholestase** unterschieden.

Ursachen.

- Genetische Transportdefekte, z. B. Morbus Byler, Dubin-Johnson-Syndrom, zystische Fibrose, Alagille-Syndrom
- Leberzellschäden z. B. durch Medikamente, Hepatitis, Alkohol
- Gallengangsschäden, z. B. Cholangitis
- Mechanische Stenosen, z. B. Gallensteine, Tumoren.

Morphologie.

- Makroskopisch ist die Leber in fortgeschrittenen Fällen gelb-grünlich verfärbt
- Histologisch: Gallepigment in den Hepatozyten, Gallekanälchen und Gallengängen
- In der EvG-Färbung grünes Gallepigment
- Wenn Gallensalze ausfallen, kommt es zur so genannten **fedrigen Degeneration** der Hepatozyten und man spricht von **Cholatstase**
- Ausgedehnte Gallenstau-Nekrosen werden als **Galleinfarkte** bezeichnet
- Im Laufe der folgenden Entzündungsreaktion kommt es zur Fibrose und im Extremfall zur **Zirrhose**
- In der Bildgebung imponieren die stenotisch gestauten Gallenwege neben den Portalgefäßen als **Doppelflintenphänomen**.

CHECK-UP

- ☐ Welche Formen des Ikterus kennen Sie?
- ☐ Was sind Von-Meyenburg-Komplexe?
- ☐ Wie äußern sich Cholestase und Cholatstase morphologisch?

Entzündliche Lebererkrankungen

Virushepatitis

- Entzündliche virusbedingte Lebererkrankung
- Wird anhand der Krankheitsdauer in akut (< 6 Monate) und chronisch (> 6 Monate) unterschieden
- Neben den klassischen Hepatitisviren (→ Tab. 29.1) kommen auch andere Viren als Ursachen in Frage, z. B. Coxsackie, EBV, CMV, Gelbfieber, Mumps, HSV
- Bei chronischen Hepatitiden können auch Auslöser sein:
  - Medikamente, z. B. Minocyclin
  - Stoffwechselstörungen, z. B. Morbus Wilson
  - Autoimmunerkrankungen, z. B. Autoimmun-Hepatitis
- Hepatitis A–G sind **meldepflichtig**.

Akute Hepatitis

Morphologie.

- Geschwollene, ballonierte Hepatozyten
- Nekrosen
- Entzündungsinfiltrat in Läppchen und Portalfeldern
- Kollaps des Gitterfasergerüsts, Cholestase sowie Apoptosen von Hepatozyten: So genannte **Councilman-Körperchen**
- Bei schweren Verläufen ausgeprägte Nekrosen.

Tab. 29.1 Klassische Hepatitiden und ihre Charakteristika.

	Hepatitis A	Hepatitis B	Hepatitis C	Hepatitis D	Hepatitis E
Virustyp	RNA	DANN	RNA	RNA	RNA
Inkubationszeit in Tagen	15–50	30–180	14–180	100	40
Übertragung	Oral	Parenteral	Parenteral	Parenteral	Oral
Übertragungswege	• Kontaminiertes Wasser • Obst • Gemüse • Muscheln	• Geschlechtsverkehr • i.v.-Drogen • Perinatale Infektion bei infizierter Mutter	• i.v.-Drogen • Kontaminierte Instrumente (unprofessionelle Tätowierungen und Piercings) • Selten Geschlechtsverkehr und perinatale Infektion	HBV Infektion, da das HDV die Hüllproteine des HBV benötigt	Kontaminiertes Wasser
Impfung	• Aktiv/passiv • Schutz 10 Jahre	• Aktiv/passiv • Schutz ca. 10 Jahre • Titerbestimmung möglich	Nicht verfügbar	Schutz durch HBV-Impfung	Impfung in Probephase
Klinik	Akut mit Fieber, Übelkeit und Ikterus oder auch symptomarm oder selten fulminant	• 30 % mit akutem, 70 % mit subklinischem Verlauf • Beim chronischen Verlauf meist asymptomatisch, sonst Allgemeinsymptome	• 20 % akuter Verlauf • 20 % der chronischen Verläufe führen zur Leberzirrhose; daneben Arthritis und Glomerulonephritis • Sechs therapeutisch wichtige Genotypen →unterschiedliche Verbreitungsregionen und unterschiedliches Ansprechen auf Interferon-Therapie	Fulminant akuter Verlauf möglich	• Ähnlich HAV • Bei Schwangeren fulminante und letale Verläufe möglich
Chronischer Verlauf	Nein	5–10 %	50–80 %	› 10 %	Nein

Chronische Hepatitis

Morphologie.

- Meist portales lymphozytäres Infiltrat
- Bei HBV oft Milchglaszellen, die mit HBsAg angefüllt sind
- Im weiteren Verlauf:
  - Übergreifen auf die Läppchen → Grenzzonenhepatitis
  - Vermehrt Hepatozytenzerstörung am Portalfeld-Läppchen-Übergang, so genannte **Mottenfraßnekrosen**
  - Folge: Fibrose und, im Rahmen des Architekturumbaus, Zirrhose.

Das Ausmaß der Fibrose wird als **Staging**, das Entzündungsausmaß als **Grading** angegeben, wobei verschiedene Klassifizierungssysteme (ISHAK, Metavir, Desmet) möglich sind.

Leberabszess

- Entzündung durch Bakterien: Streptokokken, Staphylokokken, E.-coli-Bakterien oder Anaerobier
- Gelangen meist hämatogen oder über die Gallenwege in die Leber.

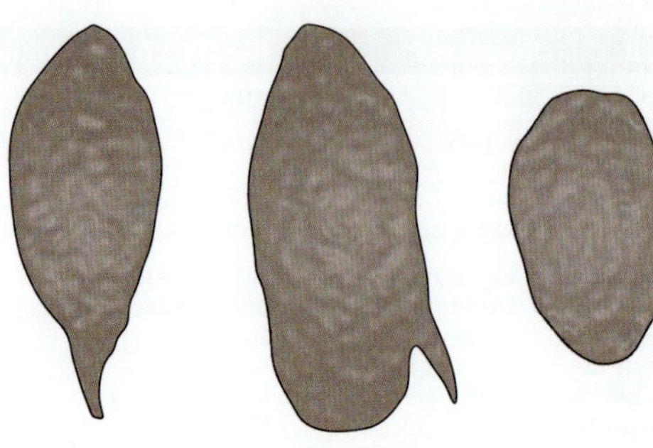

Abb. 29.3 Schistosomeneier [V485].

Klinik. Schmerzen und Fieber.

Komplikationen. Sepsis und Ruptur mit Peritonitis.

Protozoen

Malaria

Typische Einlagerung von braunem Malariapigment in Makrophagen.

Leishmaniose

Synonym: **Kala-Azar**.
Leishman-Donovan-Körper in Kupffer-Sternzellen.

Amöbiasis

Abszesse mit Nachweis von Entamoeba histolytica.

Würmer

Schistosomen

- Befall aus dem Darm über die Pfortader
- Granulomatöse Entzündung mit Fibrose und portaler Hypertonie
- Häufigste Arten: S. mansoni oder S. japonicum
- Die Eier lassen sich anhand der Lokalisation des Sporns unterscheiden (→ Abb. 29.3).

Echinokokkose

Hundebandwurm: Echinococcus granulosus/cysticus.
Weltweit zu finden, aber v. a. im Mittelmeerraum
Fuchsbandwurm: E. multilocularis/alveolaris.

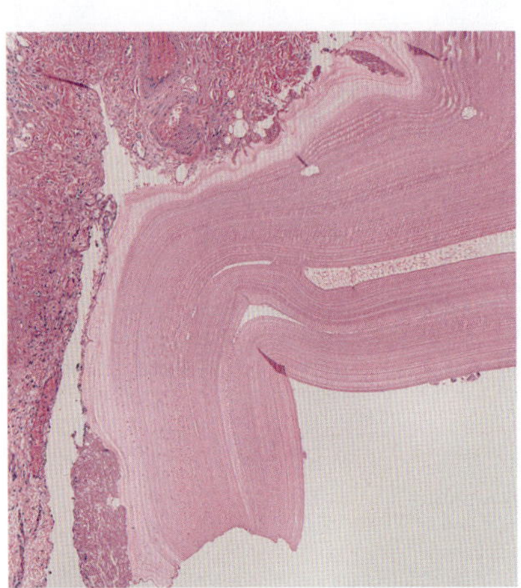

Abb. 29.4 Hundebandwurm Cuticula [O521].

- Kommt nur auf der Nordhalbkugel vor
- Häufiger in Süddeutschland, Österreisch und Schweiz.

Beide können in der Leber Zysten bilden.

> Fuchsbandwurmbefall kann bildgebend tumorsuspekt imponieren. Unterscheidung histologisch anhand der Dicke und Schichtung der PAS-positiven Cuticula der Würmer:
> - Granulosus: Breit und mehrschichtig
> - Alveolaris: Dünner, nicht geschichtet (→ Abb. 29.4, → Abb. 29.5).

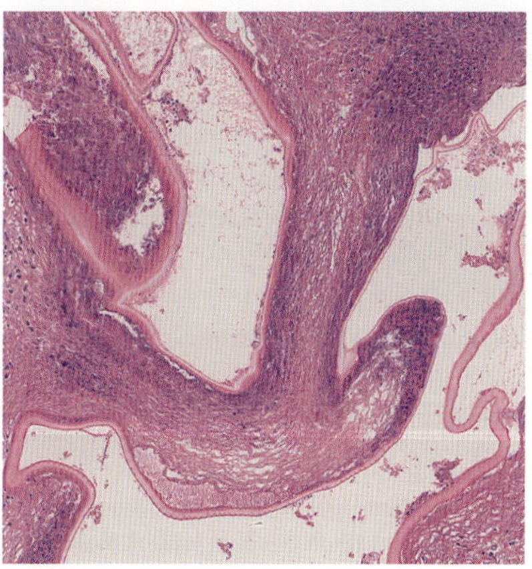

Abb. 29.5 Fuchsbandwurm Cuticula [O521].

CHECK-UP

- ☐ Wie unterscheiden sich die viralen Hepatitiden in Bezug auf Chronizität, Virus-Typ, Übertragungsweg und Meldepflicht?
- ☐ Wie äußert sich eine Hepatitis morphologisch und was sind Komplikationen?
- ☐ Was bezeichnen Grading und Staging bei der Hepatitis?
- ☐ Welche Schistosomenarten kennen Sie?
- ☐ Wie können Sie Fuchs- und Hundebandwurm morphologisch unterscheiden?

Nichtneoplastische Leberschäden

Toxische Leberschäden

Die unterschiedlichen morphologischen Schädigungsmuster sind nicht streng mit einer spezifischen Noxe korreliert. Die Schockleber mit zentrolobulären Nekrosen und Transaminasenanstieg kann Folge eines toxischen Leberschadens sein. Man unterscheidet bei toxischen Leberschäden zwischen obligaten und fakultativen Toxinen.

- **Obligate** Lebertoxine: Gut reproduzierbar und dosisabhängig, z. B. Paracetamol, Tetrachlorkohlenstoff, Knollenblätterpilzgifte
- **Fakultative** Lebertoxine: Schlecht reproduzierbar, individuell, nicht dosisabhängig, z. B. viele Medikamente.

Morphologie des toxischen Leberschadens

Steatose.
Leberzellverfettung: Übermäßige Einlagerung von Fetten in Hepatozyten.

Unterscheidung:

- **Makrovesikulär**: Der Zellkern wird von der Fettvakuole an den Rand gedrückt, z. B. bei Tetrazyklinen, Virostatika, Aspirinüberdosierung
- **Mikrovesikulär**: Der zentral stehende Zellkern wird von kleinen Fettvakuolen umschlossen, z. B. bei Alkohol oder Methotrexat.

Leberzellnekrose.

- Zellnekrosen im Bereich der Zone 1 (Portalfelder) entstehen oft durch Toxine, die **primär lebertoxisch** sind, d. h. so wie sie aus dem Blut in die Leber gelangen, z. B. durch Kokain oder Eisensulfat
- Nekrosen im Bereich der Zone 3 um die Zentralvene entstehen häufig durch Toxine, die erst **sekundär lebertoxisch** sind, d. h. erst nach Biotransformation, z. B. durch Paracetamol, Halothan oder Diclofenac

- Als Regenerat kann bei größeren Nekrosen die **Kartoffelsackleber** mit grobknotiger Ober- oder Schnittfläche entstehen. Sie ist von einer Zirrhose abzugrenzen.

Cholestase.
Häufige Folge von medikamentösen Leberschädigungen, z. B. durch Anabolika, Kontrazeptiva oder Erythromycin.

Entzündungen.
Entzündliche Veränderungen mit gemischtem leukozytärem Infiltrat, aber besonders auch eosinophilen Granulozyten oder Granulomen können auf eine toxische Leberschädigung hinweisen, z. B. durch Diazepam, Minocyclin, Tamoxifen oder Allopurinol.

Vaskuläre Schäden.
Mögliche toxisch bedingte vaskuläre Schäden, z. B. durch Kontrazeptiva, Anabolika, Tamoxifen, Chemotherapeutika oder Vitamin A:
- Gefäßverschlüsse
- Dilatierte Sinusoide
- Blutgefüllte zystische Räume (Peliosis).

Neoplasien.
- Anabolika und Kontrazeptiva sind mit Leberzelladenomen assoziiert
- Arsen und Vinylchlorid können zu Angiosarkomen führen.

Alkohol

Alkohol ist ein obligates Lebertoxin.

Kritische Alkoholmenge.
- 60–80 g reinen Alkohols pro Tag bei Männern (0,33 l Bier: ca. 10–13 g Alkohol; 0,2 l Wein: ca. 15–18 g Alkohol)
- 20–40 g bei Frauen
- Bei Überschreitung ist mit Leberschäden zu rechnen
- Aber es gibt individuelle, z. B. von der Genetik und restlichen Ernährung abhängige Unterschiede.

Carbodefizientes Transferrin CDT gilt als guter klinischer Alkoholismus-Marker.

Alkoholmetabolismus

Schädigend ist der vermehrte Anfall von NADH:
- Ändert den Redoxstatus der Zelle
- Führt zur Azidose
- Stört den Fettstoffwechsel im Sinne einer Akkumulation von Fetten in der Zelle.

Toxisch schädigend ist das aus Ethanol gebildete Acetaldehyd, das zahlreiche zelluläre Prozesse stört.

Morphologie

Steatose.
Die Verfettung beginnt meist läppchenzentral, wird schließlich diffus und ist meist makrovesikulär.

Alkoholische Steatohepatitis.
Akronym: **ASH**.
- Leberzellverfettung
- Neutrophile Granulozyten im Läppchenparenchym
- Vergrößerte, ballonierte Hepatozyten mit eosinophilem alkoholischem Hyalin: **Mallory-Körper**. Diese lassen sich gut in der CAB-Färbung oder Ubiquitin-Immunhistologie darstellen
- Perizelluläre Fibrose oder **Maschendrahtfibrose**. Darstellung in Bindegewebsfärbungen: CAB, Sirius, EvG
- Nekrosen kommen vor.

Wenn diese Veränderungen bei sicher nichtalkoholisch bedingter Leberschädigung auftreten, spricht man von **nichtalkoholischer Steatohepatitis, NASH**.

Alkoholische Leberzirrhose.
Als Endstadium der alkoholischen Leberschädigung.

Fettleber

- Leberverfettung in über 50 % der Hepatozyten
- Meist handelt sich um eingelagerte Triglyzeride
- Reversibel.

Ursachen.
- Erhöhtes Fettsäureangebot aus dem Blut, z. B. bei Adipositas oder kurzzeitigem Hungern
- Vermehrte Fettsäuresynthese, z. B. durch Alkohol
- Verminderte Proteinsynthese → somit verminderte VLDL-Bildung oder -Sekretion → statt dessen Fetteinlagerung, z. B. durch Toxine oder bei Kwashiorkor (Proteinmangelernährung)
- Störungen des intrahepatischen Fettsäureabbaus, z. B. Schwangerschaftsfettleber: Typische, mikrovesikuläre Verfettung.

Leberfibrose

Bindegewebsvermehrung bei (anders als bei der Zirrhose) weitgehend erhaltener Leberarchitektur.

Unterscheidung.
- Nach Lokalisation: Portale und zentral-perivenöse Fibrose
- Nach Ausmaß: Septenbildende Fibrose.

Ursachen.
- Meist virale Entzündungen
- Genetische Störungen
- Toxische Schäden, z. B. Alkohol
- Blutrückstau in die Leber.

Leberzirrhose

Septenbildende Fibrose mit Zerstörung der histologischen Leberarchitektur (→ Abb. 29.6).

Morphologie

Die reine Morphologie lässt häufig keine sicheren Rückschlüsse auf die Ursache der Zirrhose zu.
Es werden drei makroskopische Formen unterschieden:
- **Makronoduläre Zirrhose**: Zirrhoseknoten > 3–5 cm
- **Mikronoduläre Zirrhose**: Knoten < 5–3 cm
- **Gemischtknotige Zirrhose**: Beide Knotentypen sind annähernd gleich häufig vorhanden.

Klinik

- Leberinsuffizienz durch Parenchymverlust
- Portale Hypertonie durch fehlende Blutverteilungsmöglichkeiten in der Leber.

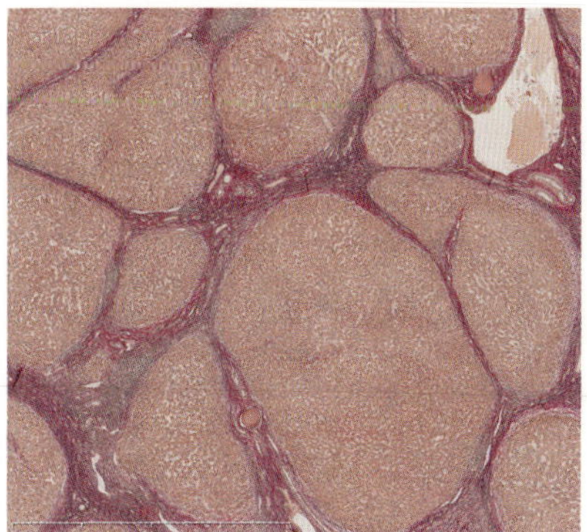

Abb. 29.6 Leberzirrhose EvG [O521].

Komplikationen

- Hepatozelluläres Karzinom
- Varizenblutungen durch portale Hypertonie
- Leberinsuffizienz:
  - Aszites
  - Ödeme (mangelnde Albuminsynthese)
  - Gerinnungsstörungen
  - Hepatorenales Syndrom: Verminderte glomeruläre Filtration bis zur Anurie und Urämie
  - Abwehrschwäche
  - Enzephalopathie (Ammoniak erhöht)
  - Östrogendominierte Hormonlage.

Prognose

Einteilung anhand der Child-Pugh-Kriterien in A, B und C mit zunehmend schlechterer Prognose. In die Klassifikation fließen ein:
- Serum-Bilirubin
- Serum-Albumin
- Blutgerinnung, INR
- Aszites
- Hepatische Enzephalopathie.

Ähnlich wird der MELD-Score (Model of End-stage Liver Disease) berechnet, der besonders bei Transplantationen von Bedeutung ist.

Zirkulationsstörungen der Leber

- Die Pfortader bringt 50 % des Sauerstoffbedarfs und den Hauptteil an Nährstoffen in die Leber. Der Rest erfolgt über die A. hepatica
- Infarkte der Leber sind wegen der doppelten Blutversorgung selten
- Ein intrahepatischer Verschluss der Pfortader führt zur Erweiterung der Sinusoide im nachgeschalteten Teilstück → imponiert makroskopisch als blutreicher, so genannter **Zahn'scher Infarkt**. Es kommt jedoch nicht zum Zelltod, somit kein echter Infarkt
- Im Rahmen eines Kreislaufschocks kann die Blutversorgung der Leber eingeschränkt sein → in den Läppchen, die am weitesten peripher oder venös liegen und damit am schlechtesten versorgt sind, kommt es zu Nekrosen – also läppchenzentral (Schockleber). Das Bild der Schockleber kann auch Folge einer toxischen Leberschädigung sein
- Die Schockleber ist ein häufiger Grund für einen Transaminasenanstieg.

Blutabflussstörungen

Budd-Chiari-Syndrom.
Thrombotischer Verschluss der Lebervenen oder V. cava inferior, z. B. bei Tumoren oder Gerinnungsstörungen.

Sinusoidal obstruction syndrome.
- Akronym: SOS, früher: Venoocclusive disease VOD
- Oft medikamentös (meist Chemotherapeutika) bedingter Verschluss kleinerer intrahepatischer Venen.

Kardiale Stauungsleber.
- Blutrückstau bei Rechtsherzinsuffizienz → bewirkt eine Erweiterung der Zentralvenen und Sinusoide sowie im Verlauf eine Fibrose
- Führt in seltenen Fällen zur so genannten **Cirrhose cardiaque**. **Cave**: keine echte Zirrhose
- Das makroskopische Bild aus bräunlichen, blutgestauten Gefäßen, weißlicher Fibrose und zum Teil gelblicher Verfettung wird als **Muskatnuss**- oder **Herbstlaubleber** bezeichnet.

Portale Hypertension.
- Die Blutdrucksteigerung im venösen Niedrigdrucksystem der Pfortader kann analog der Cholestase in prähepatische, hepatische oder posthepatische Ursachen unterschieden werden
- Während die Ursache der prä- und posthepatischen portalen Hypertension meist Thrombosen oder Tumoren sind, können bei der hepatischen Variante verschiedenste zu Entzündung, Fibrose oder Zirrhose führende Krankheiten ursächlich sein.

Komplikationen. Rückstaubedingte Schäden wie Aszites, Splenomegalie und Varizen im Bereich der Umgehungskreisläufe in Magen, Ösophagus (Ösophagusvarizen) und Darm (Hämorrhoiden). Letztere können zu klinisch relevanten Blutungen führen. Venenerweiterungen um den Bauchnabel herum werden als **Caput medusa** bezeichnet.

CHECK-UP

- ☐ Welche Formen der Leberzellverfettung kennen Sie?
- ☐ Wie ist der alkoholische Leberschaden charakterisiert und was sind mögliche Folgen?
- ☐ Was bezeichnet die Fettleber und was die Steatohepatitis?
- ☐ Welche Formen der Leberzirrhose werden morphologisch unterschieden und wonach erfolgt die klinische Einteilung?
- ☐ Was sind Komplikationen der Leberzirrhose?
- ☐ Welche Zirkulationsstörungen der Leber kennen Sie?

Entzündung der intrahepatischen Gallenwege

Akute eitrige Cholangitis

Akute bakterielle Entzündung der Gallenwege.

Ursache. Meist E.-coli-Bakterien oder Streptokokken, die retrograd über die Gallengänge oder hämatogen in die Leber gelangen.

Morphologie.
- Entzündung der portalen Gallengänge mit neutrophilen Granulozyten
- Folge: Cholestase, bei langer Krankheitsdauer auch Fibrose bis zur Zirrhose.

Klinik. Schmerzhafte Lebervergrößerung und Ikterus.

Primär biliäre Zirrhose

Akronym: **PBC**.
- Chronische, destruierende intrahepatische Gallengangsentzündung
- Führt zu Cholestase, Fibrose und Zirrhose
- 95 % der Betroffenen sind Frauen
- Ursache: Autoimmunerkrankung mit nachweisbaren antimitochondrialen Antikörpern und Assoziation mit andern Autoimmunkrankheiten.

Morphologie.
- Zerstörung der portalen Gallengänge mit lymphozytärem Infiltrat und Granulomen

- Reaktiv kommt es zur Gallengangsproliferation im Randbereich
- Am Ende stehen Fibrose und Zirrhose.

Primär sklerosierende Cholangitis

Akronym: **PSC**.

- Fibrosierende Entzündung der großen (auch extrahepatischen) Gallengänge
- Meist Männer im jüngeren bis mittleren Erwachsenenalter betroffen
- Assoziation mit Colitis ulcerosa
- Erhöhtes Risiko für cholangiozelluläres Karzinom.

Morphologie.

- Typisch ist eine zwiebelschalenartige Fibrose um die Gallengänge
- Cholestase kommt vor.

CHECK-UP

- ☐ Mit welchen Erkrankungen ist die PSC assoziiert?
- ☐ Wie unterscheiden sich PBC und PSC morphologisch und bezüglich der betroffenen Patienten?
- ☐ Womit ist die PBC assoziiert?

Metabolische Lebererkrankungen

Hämochromatose

- Eisenspeicherkrankheiten
- Manifestieren sich vor allem in Ablagerungen von eisenhaltigem Pigment in Leber und Pankreas.

- Die **hereditäre Form** geht auf einen autosomal-rezessiven Defekt des HFE-Gens, meist C282Y, zurück → gestörter transferrinabhängiger Eisentransport
- Bei der **nichthereditären**, sekundären Hämochromatose liegt die Ursache in einer vermehrten Eisenaufnahme durch Nahrungsmittel oder dem gesteigerten Erythrozytenabbau, z. B. nach Bluttransfusionen.

Morphologie.

- Bei der hereditären Form lagert sich das Eisen primär in den Hepatozyten und anderen Organen ab
- Sekundäre Form: Eisen primär in den Kupffer-Sternzellen der Leber, eher selten in andern Organen oder den Hepatozyten. Hilfreich ist die Berliner-Blau-Eisenfärbung.

Das mit dem Alter physiologisch zunehmende, bräunliche Lipofuszin-Pigment liegt perinukleär und bleibt in der Eisenfärbung negativ.

Klinik.

- Hautverfärbungen.
- Zerstörung und entsprechende Funktionsverluste der von der Ablagerung betroffenen Organe.
- Leberfibrose, Zirrhose, HCC.

Morbus Wilson

- Kupferspeicherkrankheit
- Kupferablagerungen in Leber, Niere, Hirn und Auge
- Autosomal-rezessiv vererbt
- Die Funktion eines membranären Kupfertransportproteins der Hepatozyten ist gestört.

Morphologie.

- Die Morphologie der Leberveränderungen beim Morbus Wilson ist wenig spezifisch
- Das toxische Kupfer zerstört die Zellen und kann in der Leber zu Entzündungen, Fibrose und Zirrhose führen. Oft auch Lochkerne
- Histologisch hilfreich sind die Kupferfärbungen mit Rhodanin oder Orcein
- Nekrosen im Hirn möglich.

Irisdiagnostik: Typisch ist der **Kayser-Fleischer-Kornealring**, ein bräunlicher Ring am Kornearand, durch Pigmenteinlagerung in die Descemet-Membran.

Klinik.

- Bei Erstmanifestation zwischen 6 und 25 Jahren stehen Leber- und Nierenfunktionsstörungen im Vordergrund
- Später kommen ZNS-bedingte Störungen hinzu
- Therapeutisch lässt sich das Kupfer medikamentös eliminieren und die enterale Aufnahme verhindern.

α_1-Antitrypsin-Mangel

Synonym: **ATT-Mangel**.

- Pathologische Ansammlung von fehlerhaftem ATT in den Leberzellen.
- Folge: Allgemeine Leberfunktionsschädigung.
- Ursache: Autosomal-rezessiver Defekt des Akute-Phase-Proteins ATT, das für die Inhibition von Proteasen und Elastasen wichtig ist.

Morphologie.
Die geschädigten Leberzellen zeigen in der Diastase-PAS charakteristische PAS-positive globuläre Einschlüsse, die sich auch durch ATT-Antikörper immunhistologisch darstellen lassen.

Klinik.

- Leberschäden bis zur Zirrhose (auch schon bei Kindern möglich)
- Die Lunge ist in Form von Emphysemen durch unkontrollierte Elastasen betroffen.

CHECK-UP

- ☐ Wie unterscheidet sich die Eiseneinlagerung bei der primären und sekundären Hämochromatose?
- ☐ Welche Morphologie und Symptome erwarten Sie bei einem Morbus Wilson?
- ☐ Wie weisen Sie ATT-Ablagerungen im Gewebe nach? Welche Gewebe sind besonders betroffen?

Lebererkrankungen bei Kindern und Schwangeren

Neugeborenenikterus

Siehe auch → Kapitel 37.

- Ikterus durch unkonjugiertes Bilirubin mit Maximum vier Tage post partum und Verschwinden nach 14 Tagen
- 90 % der Neugeborenen sind betroffen.

Ursache. Reifungsbedingte Insuffizienz der Leber, das durch den vermehrten Erythrozytenzerfall (Austausch des fetalen Hämoglobins gegen adultes Hämoglobin) anfallende Bilirubin zu verarbeiten.

Riesenzellhepatitis

Unabhängig von der jeweiligen Ursache verläuft die Hepatitis bei Neugeborenen oft mit Bildung mehrkerniger Riesenzellen in der Leber.

Infantile Gallengangserkrankung

Die Gallengänge können mäßig bis stark reduziert sein und somit zu Cholestase und Ikterus bis zur Zirrhose führen.

Ursachen.

- Entzündlich (Viren)
- Syndromale Erkrankungen (z. B. Alagille-Syndrom).

Therapie. Bei einem Verschluss der extrahepatischen Gallengänge: Portoenterostomie (Kasai-Operation).

Reye-Syndrom

- Virusbedingte (Influenza, Varizellen) Leberverfettung und Hirnschädigung nach Atemwegsinfekt bei Kindern
- Relativ hohe Letalität
- Assoziation mit ASS-Einnahme →restriktive Anwendung von ASS bei Kindern →nicht bei akuten viralen Infekten verwenden.

Leberzirrhose bei Kindern

Ursachen. Verschiedene Speicherkrankheiten und Stoffwechselerkrankungen wie

- Morbus Wilson
- Galaktosämie

- Glykogenosen
- ATT-Mangel
- Gallengangserkrankungen
- Hepatitiden
- Indische frühkindliche Zirrhose.

Icterus e graviditate

Hängt **ursächlich** mit der Schwangerschaft zusammen.

Schwangerschaftscholestase

- Ca. 1 % der Schwangerschaften
- Ab zweitem Trimenon
- Juckreiz und Ikterus
- Harmloser Verlauf
- Ursache: Genetisch und veränderter Steroidspiegel.

Akute Schwangerschaftsfettleber

Auslöser: Störungen von Mitochondrien- und Ribosomenfunktion.

- Sehr selten
- Im dritten Trimenon
- Typisch mikrovesikuläre Verfettung
- Ikterus und Leberversagen
- Hohe Letalität.

Icterus in graviditate

Ikterus während der Schwangerschaft **ohne ursächliche Beziehung** zur Schwangerschaft. Ursachen: Hepatitiden oder Gallensteine.

CHECK-UP

- ☐ Was unterscheidet den Icterus in graviditate von dem e graviditate?
- ☐ Wodurch ist der Neugeborenenikterus hervorgerufen und charakterisiert?
- ☐ Welche Leberschädigungen der Kindheit kennen Sie?
- ☐ Was ist typisch für die Hepatitis im Kindesalter?

Neoplastische Lebererkrankungen

Benigne Tumoren und tumorähnliche Erkrankungen

Hepatozelluläres Adenom

- Gutartiger Hepatozytentumor
- Meist bei Frauen
- Assoziation mit Kontrazeptiva.

Morphologie.

- Umschriebener Tumor aus Hepatozyten
- Trabekel: Nicht mehr als zwei Hepatozyten breit
- Keine Portalfelder im Tumor vorhanden.

Klinik. Als Komplikationen können Hämorrhagien vorkommen.

Gallengangsadenom

- Bis zu 1 cm großer, weißlicher Knoten
- Meist subkapsulär
- Gallengangsproliferate ohne Nachweis von Galle in den Lumina.

Zystadenom

- Von zylindrischem Gallengangsepithelien ausgekleidete Zysten
- Mit schleimiger Flüssigkeit gefüllt
- Maligne Entartung im Sinne eines Zystadenokarzinoms möglich.

Biliäre Papillomatose

- Papilläre Tumoren mit Zylinderepithelüberkleidung in den Gallengängen
- Maligne Entartung möglich.

Hämangiom

- Häufigster benigner Lebertumor
- Meist kavernöser Typ
- Blutungen möglich
- Neigt zu Sklerosierung.

Angioleiomyolipom. Gutartiger Mischtumor aus drei Komponenten.

Noduläre regenerative Hyperplasie

Akronym: **NRH**.

- Tumorartige pseudozirrhotische Umwandlung des Leberparenchyms durch Nebeneinander von Atrophie und Hyperplasie
- Keine Fibrose
- Läppchenarchitektur erhalten
- Vermutlich Reaktion auf Schädigung, z. B. medikamentös oder vaskulär
- Klinik: Portale Hypertonie kommt vor.

Fokale noduläre Hyperplasie

Akronym: **FNH**.

- Tumorartige knotig abgegrenzte hepatozytäre Läsion
- Ursache: Vermutlich lokale Durchblutungsstörungen
- Meist Frauen betroffen
- Histologisch: Zentrale, sternförmige Narbe und dickwandig dysplastische Gefäße
- Portalfelder sind im Gegensatz zum Adenom vorhanden (→ Abb. 29.7).

Maligne Tumoren der Leber

Hepatozelluläres Karzinom

Akronym: **HCC**.

- Karzinom der Hepatozyten
- Häufigster primärer Lebertumor
- In Afrika und Asien einer der häufigsten malignen Tumoren. Dort auch, anders als im Westen, oft bei jüngeren Patienten und nichtzirrhotischer Leber.

Risikofaktoren.

- Leberzirrhose
- Hepatitis B oder C
- Aflatoxine
- Alkoholismus
- Speicherkrankheiten.

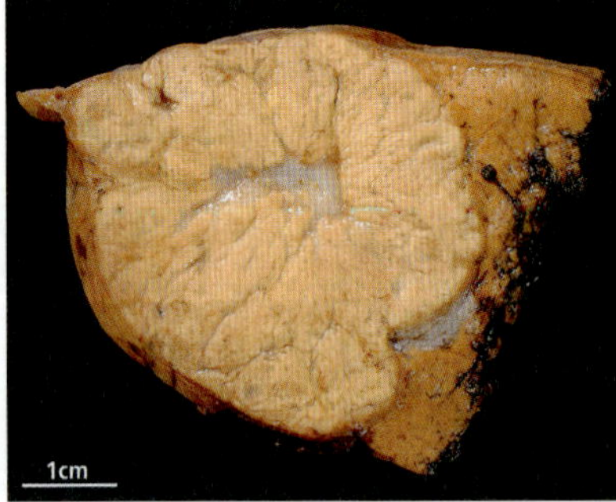

Abb. 29.7 Fokale noduläre Hyperplasie [O521].

Morphologie.

- Makroskopisch einzelne oder multiple Tumoren
- Farbe: weiß oder grün (Galleproduktion)
- Histologisch sind die Trabekel mehr als zwei Zelllagen breit und das retikuläre Fasergerüst ist zerstört → gut erkennbar in Versilberungsfärbung
- Zellpleomorphie kann erheblich sein
- Zahlreiche Wachstumsformen existieren, z. B. tubulär, papillär, hellzellig, szirrhös
- Metastasierung erfolgt früh hämatogen in Leber, Lunge und Knochen sowie lymphogen in regionäre Lymphknoten
- Immunhistologisch sind Hepar-1, pCEA, CD10 und AFP hilfreich.

Klinik.

- Oft unspezifische Allgemeinzustandsverschlechterung
- α-Fetoprotein (AFP) als Tumormarker im Serum
- Therapie: Bei fehlender Metastasierung Transplantation.

Fibrolamelläres Karzinom

- **Sonderform des HCC**: Bei jungen Erwachsenen ohne Hepatitis oder Zirrhose
- Die eosinophilen Tumorzellen liegen in einer Matrix aus eosinophilem kollagenem Bindegewebe
- AFP nicht erhöht
- Prognose: Eher günstig.

Cholangiozelluläres Karzinom

Akronym: **CCC**.

- Karzinom der Gallengangsepithelien
- Meist ältere Menschen betroffen
- Die Prognose des früh lymphatisch metastasierenden CCC ist schlecht.

Ursachen.

- In Asien: Infektionen durch Leberegel
- Ansonsten bestehen Assoziationen mit:
  - Kongenitalen Gallengangsschädigungen
  - Colitis ulcerosa
  - Primär sklerosierender Cholangitis.

Morphologie.

- Meist grauweißer Tumor aus histologisch tubuloglandulären Adenokarzinom-Zellverbänden
- Mischformen mit dem HCC als cholangiohepatozelluläres Karzinom sind möglich

- Immunhistologische Marker sind CK19, CK7 und mCEA
- Die Abgrenzung zu Karzinomen des Pankreas oder oberen Gastrointestinaltrakts kann schwierig bis unmöglich sein.

Angiosarkom

- Maligner endothelialer Tumor
- Ursächlich sind Toxine wie Arsen oder Vinylchlorid
- Meist ältere Patienten
- Überlebenszeit meist unter einem Jahr.

Morphologie.

- Von zahlreichen Einblutungen durchsetzter Tumor
- Tumor besteht aus pleomorphen Zellen, die solide wachsen oder ein kapillarähnliches Geflecht bilden.

Leber-Mitbeteiligung bei anderen malignen Erkrankungen

Lebermetastasen sind die häufigsten malignen Tumoren der Leber.

- Primärtumoren liegen meist in Gastrointestinaltrakt, Mamma, Lunge, oder Pankreas
- Melanome metastasieren ebenfalls häufig in die Leber
- Mitbeteiligung im Rahmen von Lymphomen.

Metastasen kolorektaler Karzinome nehmen eine Sonderrolle ein → bei ihnen ist bei begrenztem Befall eine Resektion prognostisch sinnvoll.

CHECK-UP

- ☐ Welche benignen Lebertumoren kennen Sie und womit sind diese assoziiert?
- ☐ Was sind morphologische Kennzeichen der FNH?
- ☐ Nennen Sie Ursachen für das hepatozelluläre Karzinom.
- ☐ Was sind morphologische und immunhistochemische Eigenschaften des HCC?
- ☐ Mit welchen Substanzen ist das Angiosarkom assoziiert?
- ☐ Womit ist das CCC assoziiert?

30 Gallenblase und extrahepatische Gallenwege

Grundlagen

- Die Gallenblase dient als Gallereservoir und Eindickungsort der Gallenflüssigkeit.
- Pro Tag wird ca. 1 l Gallenflüssigkeit produziert
- Missverhältnisse in der Zusammensetzung der Galle führen zum Ausfall von **Konkrementen** → Gallensteinen.
- Physiologisch dient die Galle dem Nahrungsaufschluss im Darm.
- Es kommen Anomalien der Gallenblase wie Agenesie, Formvariationen, Septierungen oder Zysten der Gallengänge vor. Wenn diese den Gallenabfluss stören, ist eine chirurgische Therapie nötig.

Cholesteatose

- Klinisch irrelevant
- Häufiger Befund bei Cholezystektomien
- Gelbliche Stippchen in der Gallenblasenschleimhaut: **Erdbeergallenblase**
- Ursache: Kleine subepitheliale Ansammlungen von cholesterinesterhaltigen Schaumzellmakrophagen.

CHECK-UP

- [ ] Sie finden gelbliche Stippchen in der Gallenblasenschleimhaut. Wie deuten Sie diesen Befund?

Gallensteine

Cholelithiasis

Definition, Ätiologie.

- Konkrementbildung (Cholelithiasis) in der Gallenblase oder den Gallengängen
- Frauen häufiger betroffen. Merkhilfe der Risikofaktoren: **„5F": fat, fourty, fertile, female, fair**
- Ursache ist eine veränderte Zusammensetzung der Gallesubstanzen: Cholesterin, Phospholipide, Gallensäuren, Bilirubin und Proteine
- Insbesondere Vermehrung von Cholesterin oder unkonjugiertem Bilirubin bei Verminderung von Gallensäuren.

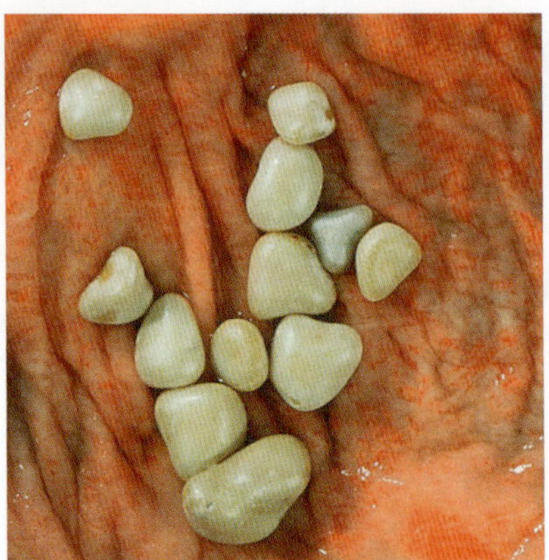

Abb. 30.1 Mischsteine [O521].

Abb. 30.2 Pigmentsteine [O521].

- Gallenblasenmotilitätsstörungen und Kondensationskerne um Entzündungsprozesse sind ebenfalls Risikofaktoren.
- Meist handelt es sich um **Mischsteine** aus Pigment, Cholesterin und Kalziumkarbonat
- Kalziumhaltige Steine sind bei entzündlichen Ursachen häufiger.

Morphologie.
Mischstein: Häufigster Typ aus Cholesterin, Pigment und Kalk (→ Abb. 30.1).
Cholesterinstein:
- > 98 % Cholesterin
- Selten
- Variable Größe, weiß-gelblich
- Typische „5F"-Steine.

Pigmentstein:
- Enthalten vor allem Bilirubin (Pigment)
- Braun-schwärzlich
- Meist klein (< 2 cm) (→ Abb. 30.2).

Klinik.
- Meist symptomlos und damit nicht behandlungsbedürftig
- Bei Symptomen müssen die Steine oder gleich die ganze Gallenblase entfernt werden
- Symptome/Komplikationen entstehen durch Verschlüsse des D. cysticus oder D. choledochus:
  - Cholestase
  - Eitrige Entzündung von Gallengängen oder Gallenblase
  - Ulzerationen
  - Pankreatitis
- Vor allem kleine Steine können die genannten Gänge verlegen → sie stellen daher eine größere Gefahr dar als große Steine.

Mirizzi-Syndrom: seltener Fall eines Ikterus durch Verschluss des D. choledochus durch ein Konkrement im parallel verlaufenden D. cysticus.

CHECK-UP

- [ ] Nennen Sie Risikofaktoren für Gallensteine.
- [ ] Welche Gallenstein-Typen kennen Sie?
- [ ] Was ist das Mirizzi-Syndrom?

Entzündungen der Gallenblase und Gallengänge

Akute Cholezystitis

- Akute Entzündung
- Meist mechanisch durch Steine oder Tumorstenose bedingt
- Sekundär bakteriell besiedelt.

Morphologie.
- Gerötete, ödematös verbreiterte Gallenblasenwand
- Ulzerationen
- Neutrophile Granulozyten.

Klinik.
- Oberbauchschmerzen mit Fieber und Erbrechen
- **Murphy-Zeichen**: Druckschmerzhafte Gallenblase bei Cholezystitis
- Gefahr von Empyem, Ruptur, Peritonitis, Fistelung und Fibrose.

Chronische Cholezystitis

Chronische Entzündung und häufigster Befund bei Cholezystolithiasis.

Morphologie.
- Fibrosiert verdickte Gallenblasenwand
- Lymphozytäres Infiltrat
- Atrophe Schleimhaut
- Wandverkalkungen bis zur so genannten **Porzellangallenblase** möglich.

Cholangitis

Analog zur Gallenblase können auch die Gallengänge entzündet sein.

CHECK-UP

- [ ] Wodurch entstehen akute und chronische Cholezystitiden?
- [ ] Wie unterscheiden sich akute und chronische Cholezystitis morphologisch?

Tumoren der Gallenblase

Benigne Tumoren der Gallenblase und Gallenwege sind sehr selten.

Gallenblasenkarzinom

- Adenokarzinom
- Anfänglich keine oder wenige Symptome → schlechte Prognose weil spät entdeckt
- Meist bei älteren Frauen
- In Mittelamerika deutlich häufiger als in Europa
- Gallensteine und familiäre Vorbelastung prädisponieren.

Karzinom der extrahepatischen Gallenwege

- Oft schleimbildendes Adenokarzinom
- Bevorzugt bei älteren Menschen
- Wie beim Karzinom der intrahepatischen Gallenwege besteht eine Assoziation zu Colitis ulcerosa, PSC und Leberegelinfektionen (in Asien)
- Symptome: Mechanische Cholestase → Ikterus
- Trotz früher Symptome ist die Prognose schlecht.

Klatskin-Tumoren

Tumoren im Bereich des rechten und linken Ductus hepaticus bzw. an deren Zusammenfluss zum Ductus choledochus (→ Abb. 30.3).

Courvoisier-Zeichen

- Schmerzfreie, prall gefüllte Gallenblase und Ikterus
- Auslöser: Tumorstenose.

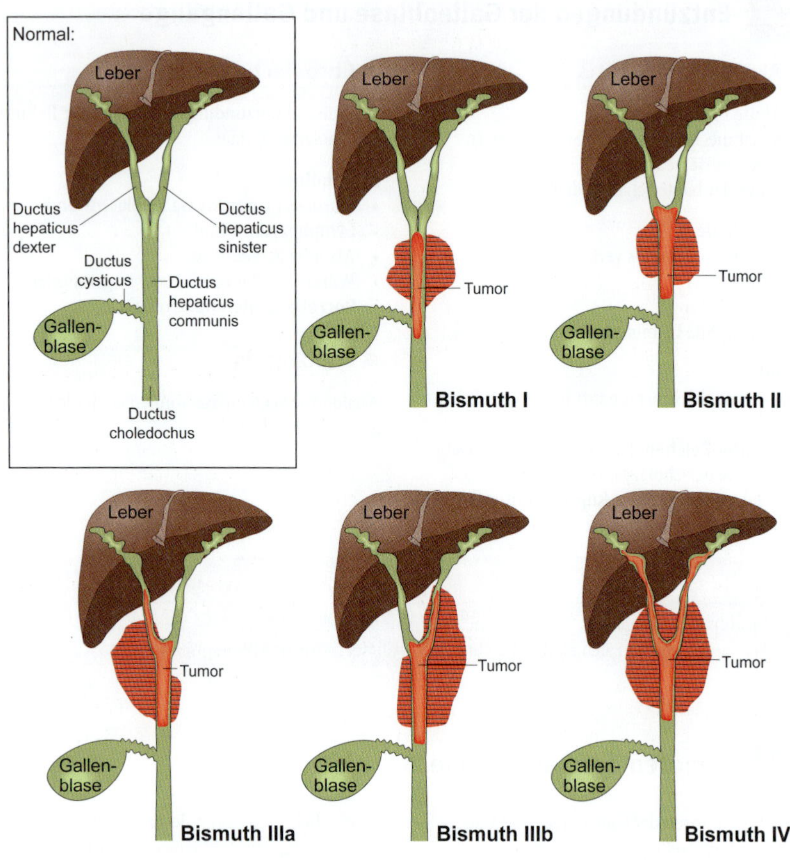

Abb. 30.3 Bismuth-Corlette-Einteilung der Klatskin-Tumoren [V485].

CHECK-UP

- ☐ Erklären Sie die Unterschiede zwischen Murphy- und Courvoisier-Zeichen.
- ☐ Wo sind Klatskin-Tumoren lokalisiert?
- ☐ Mit welchen Erkrankungen sind Gallenwegskarzinome assoziiert?

31 Pankreas

Normales Pankreas

- Das Pankreas (Bauchspeicheldrüse) liegt retroperitoneal im duodenalen „C"
- Enger Kontakt zu Magen, Milz, extrahepatischen Gallenwegen und Truncus coeliacus → bedeutsam für die Whipple-Operation
- Das Organ wird eingeteilt in Kopf, Korpus und Schwanz
- Die Bauchspeicheldrüse hat exokrine und endokrine Anteile.

Exokrines Pankreas

- Besteht aus den azinären Drüsen und den Ausführungsgängen
- Die Azini sezernieren Enzyme, die über das Gangsystem und die Papilla Vateri ins Duodenum abgegeben werden
- Die Enzyme dienen hauptsächlich zur Verdauung von Kohlenhydraten, Proteinen und Fetten: Amylase, Lipase, Trypsin und Chymotrypsin.

Endokrines Pankreas

- Besteht aus den Langhans-Inseln
- Dort werden Insulin, Glukagon und weitere Hormone sezerniert (s. u. endokrine Tumoren).

CHECK-UP

- [ ] Erklären Sie Aufbau und Funktion des Pankreas. Unterscheiden Sie dabei exo- und endokrines Pankreas.

Erkrankungen des Pankreas

Anlagestörungen und kongenitale Anomalien

- **Pancreas anulare**: Eine der häufigsten Fehlbildungen des Pankreas. Die Bauchspeicheldrüse umschlingt im Kopfbereich das Duodenum → Duodenalstenose
- Das Pankreas ist auch im Rahmen anderer angeborener Erkrankungen wie z. B. der zystischen Fibrose betroffen → exokrine Pankreasinsuffizienz mit Steatorrhö
- **Ektopes** (= akzessorisches) Pankreasgewebe kann im gesamten Gastrointestinaltrakt vorkommen, v. a. auch im Meckel-Divertikel
- **Aplasie**: Ein komplettes Fehlen des Pankreas ist sehr selten.

Pankreatitiden

Akute Pankreatitis

Klinik.

- Akute und heftige, gürtelförmig ausstrahlende Oberbauchschmerzen. **Cave**: schwierige DD Herzinfarkt, akutes Abdomen, u. a.
- Übelkeit und Erbrechen.

Ursachen.

- Häufig Gallenwegserkrankungen mit Sekretstau („biliäre Pankreatitis"), Alkohol
- Seltener: iatrogen nach ERCP, medikamentös, viral (Mumps).

Morphologie.

- Milde Formen mit Ödem und „Kalkspritzernekrosen" bis hin zu schweren Formen mit

konfluierenden Nekrosen und Hämorrhagien
- Nekrosen sind durch Autodigestion („Selbstverdau“ durch Pankreasenzyme) bedingt.

Komplikationen.
- Arrosionsblutungen, Abszess mit Sepsis, Pfortaderthrombose, Kreislaufschock
- Erhöhte Pankreasenzyme (Amylase, Lipase) im Serum
- Hypokalzämie prognostisch ungünstig.

Chronische Pankreatitis

Klinik.
- Rezidivierende, gürtelförmige Schmerzen
- Nahrungsintoleranz
- Maldigestion (bei exokriner Pankreasinsuffizienz)
- Verlauf in Schüben mit symptomarmen Phasen.

Ursache.
Am häufigsten Alkoholabusus.

Morphologie.
- Fibrose mit Verlust der azinären Drüsen
- Die verbleibenden Inselzellen erwecken den Eindruck einer Pseudoinselzellhyperplasie
- Ausbildung von Pseudozysten möglich
- Ein Pankreaskarzinom kann durch eine chronische Pankreatitis imitiert werden.

Neoplasien des Pankreas

Der häufigste Tumor des Pankreas ist das duktale Adenokarzinom. Andere maligne und benigne Tumoren sind seltener.

Duktales Adenokarzinom

- Mit Abstand der häufigste Tumor des Pankreas (> 90 %)
- Insgesamt 2–3 % aller maligner Tumoren
- Häufigkeitsgipfel zwischen 60. und 80. Lebensjahr
- Keine sicheren Risikofaktoren bekannt. Vermutet wird ein Zusammenhang mit Rauchen, langjähriger chronischer Pankreatitis, fettreicher Ernährung und Softdrinks.

Klinik.
- Symptomarm und unspezifisch
- Gewichtsverlust
- Diffuse Oberbauchbeschwerden
- Paraneoplastische Thrombose-Neigung
- Bei tumorbedingtem Verschlussikterus meist schon weit fortgeschritten.

> **Courvoisier-Zeichen**
> Prall-elastische, schmerzlose Gallenblase am unteren Rippenbogen tastbar. Ursache ist eine Galleabflussstörung.

Diagnose.
- Endoskopische Feinnadelpunktion des Pankreas
- Asziteszytologie
- Histologische und zytologische Abklärung von Metastasen: gut geeignet ist die Leber.

Morphologie.
- Makroskopisch lässt sich häufig im Pankreaskopf ein derber, weiß-grauer, unscharf begrenzter Knoten im Pankreas erkennen
- Tumorbedingte Stenosen des Ductus pancreaticus
- Infiltration von Nachbarstrukturen, häufig nach retroperitoneal und des Truncus coeliacus → kurative Resektion nicht mehr möglich
- Frühzeitige Metastasierung in regionäre Lymphknoten
- Aszites mit Peritonealkarzinose
- Fernmetastasen v. a. in Leber und Lunge
- Mikroskopisch zeigen sich unregelmäßige, gangartige Strukturen mit desmoplastischer Reaktion (= fibrosiertes Tumorstroma)
- Perineuralscheiden-Infiltration
- Molekularbiologisch zeigt sich bei 80–90 % der Tumoren eine KRAS-Mutation, die eine Aktivierung des EGFR-Pathways bewirkt
- Bedeutsam ist auch eine Inaktivierung der Tumorsuppressorgens p53.

Prognose.
- Extrem schlecht
- Wegen der anatomischen Lokalisation und der frühen Metastasierung bei Diagnosestellung häufig inoperabel
- 5 JÜR bei 1–2 %.

Azinuszellkarzinom

- Im Gegensatz zum duktalen Adenokarzinom, das sich von den Gangstrukturen ableitet, geht das Azinuszellkarzinom von den Azini aus
- Klinik und Prognose sind analog zum duktalen Adenokarzinom.

Zysten

Am häufigsten **Pseudozysten**: flüssigkeitsgefüllter Hohlraum ohne epitheliale Auskleidung.

Nichtneoplastisch, im Rahmen einer chronischen Pankreatitis.

Neoplastische Zysten:

- Muzinöse Zysten
  - Intraduktale papilläre muzinöse Neoplasie und muzinöses Zystadenom
  - Entartungsrisiko → Resektion empfohlen
- Nichtmuzinöse Zysten
  - Mikrozystisches seröses Zystadenom
  - Überwiegend benigner Verlauf.

Tumoren des endokrinen Pankreas

- Hoch differenzierte, neuroendokrine Tumoren
- Sporadisch oder im Rahmen eines MEN 1
- Immunhistochemisch lassen sich Synaptophysin und Chromogranin nachweisen (neuroendokrine Marker)
- Unterscheidung in hormonell aktive und inaktive Tumoren.

Hormonell aktive Tumoren.
Tumoren fallen durch das jeweilige hormonale Syndrom auf.

- **Insulinom**: Heißhunger, Synkopen
- **Gastrinom**: Zollinger-Ellison-Syndrom mit Ulzera in Magen und Duodenum bei vermehrter Säureproduktion
- **Glukagonom**: Hyperglykämie, Gewichtsverlust, nekrotisierendes Exanthem
- **VIPom**: Verner-Morrison-Syndrom mit wässrigen Durchfällen, Hypokaliämie und Achlorhydrie.

Hormonell inaktive Tumoren.
Meist Zufallsbefund, da keine Symptome.

Prognose.

- Durchmesser < 2 cm: Prognose gut
- Durchmesser > 2 cm: Dignität unklar.

Invasives Wachstum und Metastasen sind möglich.

CHECK-UP

- [ ] Was sind Komplikationen einer Pankreatitis?
- [ ] Was ist der häufigste Pankreastumor und wie manifestiert er sich? Prognose?
- [ ] Nennen Sie andere Pankreastumoren.

32 Peritoneum

Grundlagen

- Oberfläche von Mesothelzellen bedeckt
- Gewährleistet durch eine geringe Menge seröser Flüssigkeit die Gleitfähigkeit der intraabdominalen Organe.

Man unterscheidet:

- **Peritoneum parietale**: Kleidet die Bauchhöhle aus
- **Peritoneum viscerale**: Kleidet die in der Bauchhöhle gelegen Organe aus:
  - Magen
  - Dünndarm
  - Duodenum (außer Pars superior)
  - Dickdarm
  - Leber
  - Gallenblase und Milz.

Aszites

Synonym: **Bauchwassersucht**.
Ansammlung von freier Flüssigkeit in der Bauchhöhle.

Transsudat.
Eiweißarme Flüssigkeit bei druckbedingtem Aszites, z. B. portale Hypertension.

Exsudat.

- Eiweißreiche, meist trübe Flüssigkeit.
- Bei entzündungs- oder tumorbedingtem (= malignem) Aszites.

Chylöser Aszites.
Durch Obstruktion des Lymphabflusses bedingt, meist durch Tumoren.

Kotiger oder hämorrhagischer Aszites.
Beimengung von Kot oder Blut.

Hämaskos.

- Blutansammlung im Bauchraum
- Meist als Folge von Traumen oder Rupturen.

Pneumoperitoneum.

- Luftansammlung in der Bauchhöhle
- Ursachen können Hohlorganperforationen, iatrogene Eingriffe oder gasbildende Bakterien sein.

CHECK-UP

- [ ] Welche Formen von Aszites kennen Sie und was sind ihre Ursachen?

Peritonitis

Akute Peritonitis

- Meist bakteriell-eitrige Entzündung nach Perforation oder Penetration von Hohlorganen
- Seltener: Bei Aszites als spontane bakterielle Peritonitis
- Auch abakterielle Formen durch Magen-, Pankreas-, Gallensaft oder Fremdkörper sind möglich, werden dann aber oft bakteriell superinfiziert.
- Auch eine tuberkulöse Peritonitis kommt vor.

Morphologie.
Verschiedene Stadien:
1. Rötung mit fibrinösem Exsudat (matt-körniges statt glänzendes Peritoneum)
2. Eitrige Entzündung mit neutrophilen Granulozyten.
3. Hämorrhagische Peritonitis mit Einblutungen.

Residuen sind oft Verwachsungen (Briden und Adhäsionen).

Klinik.
Akutes hartes Abdomen mit Schmerzen und Fieber.

Komplikationen.
- Abszesse im Bauchraum
- Paralytischer Ileus und Sepsis
- Mechanischer Ileus durch die im Rahmen der Organisation der Entzündung entstehenden fibrösen Verwachsungen.

Chronische Peritonitis

- Myofibroblastäre und kollagenreiche Verdickung des Peritoneums über den Organen
- Erinnert an Zuckerguss, z. B. Zuckergussmilz.

CHECK-UP

☐ Wie äußert sich eine akute Peritonitis klinisch und welche möglichen Ursachen kennen Sie?

Hernien

Echte Hernie
Verlagerung von Baucheingeweiden in peritoneale Ausstülpungen.

Falsche Hernie
Synonym: **Prolaps.**
Keine Ausstülpung, sondern Durchtritt der Eingeweide durch einen Defekt (Öffnung) der peritonealen Auskleidung.

Äußere und innere Hernie
Äußere Hernien: Unter der Haut sicht- oder tastbar.
Innere Hernien: Nicht sicht- oder tastbar.

Ursache
Meist Kombination aus:
- Erhöhtem intraabdominalem Druck
- Vermindertem Widerstand bzw. Gewebsschwäche.

Komplikationen
- Nekrose
- Infarzierung bei Inkarzeration der eingeklemmten Eingeweide mit möglicher Perforation und Peritonitis.

Als **irreponibel** werden Hernien bezeichnet, die entweder:
- Sehr groß sind
- Mit dem Bruchsack verwachsen sind
- Inkarzeriert sind und somit eine Schmerz- bis Ileus-Symptomatik aufweisen.

Allgemein werden Hernien chirurgisch therapiert.

Inguinalhernie

- Häufigste echte Hernien: Ca. 90 %
- Erhöhter intraabdominaler Druck und Bindegewebsschwäche sind begünstigend.

Man unterscheidet zwei Formen (→ Abb. 32.1).

Indirekte Leistenhernie

Synonym: **Laterale** Leistenhernie.

- Die Bruchpforte liegt lateral der Vasa epigastrica
- Eintrittspforte ist der innere Leistenring in der Fossa inguinalis lateralis.
- Austrittspunkt ist der äußere Leistenring
- Bei der angeborenen Variante ist der Processus vaginalis peritonaei offen und der Bruchsack liegt dem Hoden unmittelbar an
- Bei der erworbenen Hernie ist der Processus vaginalis geschlossen und der Hoden durch das Cavum serosum vom Bruchsack getrennt liegend.

Direkte Leistenhernie

Synonym: **Mediale** Leistenhernie.

- Die Bruchpforte liegt medial der Vasa epigastrica.
- Eintrittspforte ist die Fossa inguinalis medialis.
- Austrittspunkt, wie bei der indirekten Hernie, der äußere Leistenring.
- Diese Hernien sind stets erworben und der Bruchsack liegt vom Hoden getrennt.

Femoralhernie

Synonym: **Schenkelbruch**.

- Erworben
- Überwiegend bei Frauen
- Bruchpforte unter dem medialen Anteil des Leistenbands.

Littré-Richter-Hernie: Sonderform, bei der nur ein Teil der Darmwandzirkumferenz in der Hernie liegt.

Umbilikalhernie

Synonym: **Nabelbruch**.

Hernie der Umbilikalregion in zwei Varianten:

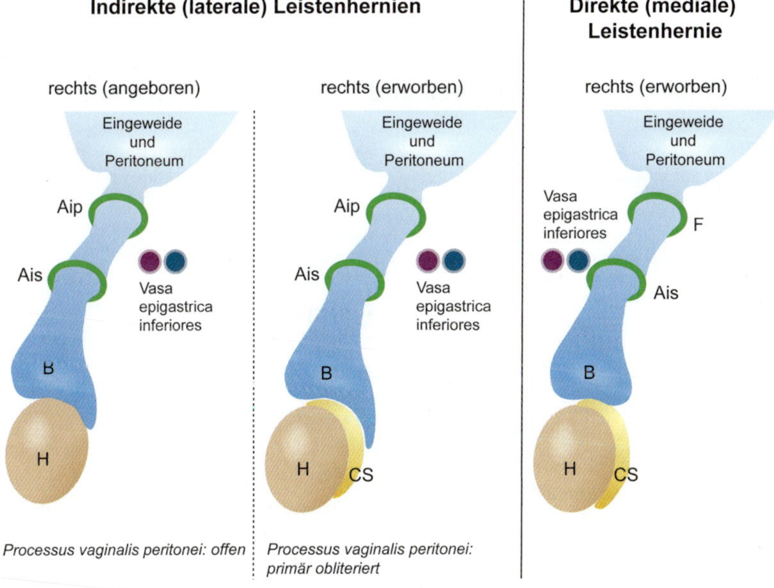

Abb. 32.1 Inguinalhernien [V485].

- **Angeborene (direkte) Variante**
  - Hernie durch den Nabelring bei Neugeborenen und Kleinkindern
  - Spontane Rückbildung in der Kindheit
- **Erworbene (indirekte) Variante**
  - Durch lokale Bindegewebsschwächung bedingt
  - Meist Frauen nach mehreren Schwangerschaften.

Weitere erworbene äußere Hernien

- **Obturatoriushernie**: Canalis obturatorius
- **Ischiadikushernie**: Foramina ischiadica
- **Abdominalhernie**: Im Verlauf des M. rectus abdominis nach Operationen oder Schwangerschaften.

Innere Hernien

Z. B. **Hiatushernien**, (s. a. → Kap. 24, Subtyp der Zwerchfellhernien), oder Herniationen in die Bursa omentalis.

CHECK-UP

- ☐ Erklären Sie die echte und falsche bzw. innere und äußere Hernie.
- ☐ Nennen Sie Häufigkeiten und Komplikationen von Hernien.
- ☐ Skizzieren Sie die Unterschiede zwischen medialer/lateraler Leistenhernie und einer Femoralhernie.

Tumorähnliche Läsionen und Tumoren des Peritoneums

Papilläre mesotheliale Hyperplasie

Als Reaktion auf Irritationen, z. B. Entzündungsreize.

Zysten

Lymphatischer oder mesothelialer Ursprung.

Endometriose-Herde

Häufig als peritoneale Auflagerungen (→ Kap. 36).

Pseudomyxoma peritonae

- Ansammlung von Schleim im Bauchraum
- Ursächlich sind meist muzinöse Tumoren der Appendix, seltener des Ovars.

Idiopathische retroperitoneale Fibrose

Synonym: **Morbus Ormond**.

- Fibrose mit begleitender Entzündung (oft mit okklusiver Phlebitis)
- Vermutlich autoimmunologisch bedingt
- Engt die meist nach medial verlagerten Ureteren ein →Hydronephrose →Nierenversagen
- Differenzialdiagnose: andere retroperitoneale Tumoren verdrängen die Ureteren meist nach lateral
- Assoziation mit anderen fibrosierenden Prozessen, z. B. sklerosierende Cholangitis oder Riedel-Thyreoiditis.

Benige Tumoren

- Lipome
- Leiomyome
- Lymphangiome
- Benigne multizystische Mesotheliome.

Malignes Mesotheliom

- Selten
- Morphologie und Asbestassoziation entsprechen den weit häufigeren pleuralen malignen Mesotheliomen (→ Kap. 22).

Seröses papilläres Oberflächenkarzinom

- Seltener Primärtumor des Peritoneums
- Morphologie: Wie seröses Karzinom des Ovars (→ Kap. 36)
- Sehr schlechte Prognose.

Metastasen

- Häufigster maligner Tumor des Peritoneums: Peritonealkarzinose extraperitonealer Primärtumoren →maligner Aszites

- Zytologische Untersuchungen sind hilfreich bei der Fragestellung nach einer peritonealen Tumoraussaat.

CHECK-UP

- [ ] Welche primären und sekundären Tumoren des Peritoneums kennen Sie?

33 Niere

Normale Struktur und Funktion

Eine normale Niere wiegt ca. 120–150 g.

Funktion

- Ausscheidung von wasserlöslichen Stoffwechselprodukten
- Regulation des Wasser- und Elektrolythaushalts
- Hormonsynthese: Erythropoetin, 1,25 Dihydroxycholecalciferol, Prostaglandine
- Die Niere bildet aus den 1.500 l Blut, die täglich durch sie fließen, etwa 150 l Primärharn und aus diesem schließlich rund 1,5 l Endharn
- Blutdruckregulation über das Renin-Angiotensin-Aldosteron-System.

Nephron

- Funktionseinheit der Niere
- Besteht aus einem Glomerulus und dem daran angeschlossenen Tubulus- und Sammelrohrsystem.

Niereninsuffizienz

- Akuter oder chronischer Verlust der Nierenfunktion
- Führt zum Verbleib der normalerweise durch die Niere entfernten Stoffwechselprodukte im Blut: **Urämie**.

CHECK-UP

- [ ] Woraus besteht ein Nephron?

Nichtneoplastische Nierenerkrankungen

Fehlbildungen

- Fehlende Organanlage: Agenesie
- Lage- und Formvariationen:
  - Beckenniere
  - Kuchenniere: Beide Nieren komplett verschmolzen, zwei Nierenbecken
  - Hufeisenniere: Verschmelzung beider unterer Nierenpole
- **Hydronephrose**: Druckatrophie des Nierenparenchyms mit Erweiterung des Nierenbeckens. Ursächlich können obstruktive Fehlbildungen der ableitenden Harnwege, Harnsteine oder Tumoren sein. Infektionen (Pyelonephritis) finden sich bei Hydronephrose gehäuft.

Nierenzysten

- Einfache Zysten (solitär oder multipel) kommen im höheren Alter und bei Schrumpfnieren häufiger vor
- Bei multiplen Zysten bzw. polyzystischer Nierenerkrankung spricht man von **Zystennieren.**

Die US-amerikanischen Pathologin **E. Potter** beschrieb Veränderungen an Feten mit Oligohydramnion. Nach ihr ist die heute weniger gebräuchliche Klassifikation verschiedener Nierenfehlbildungen mit Oligohydramnion benannt.

Autosomal rezessive polyzystische Nierenerkrankung

- Veraltet: Potter Typ I
- Schwammartige Niere mit länglichen Zysten rechtwinklig zur Nierenkapsel verlaufend
- Mutation im PKHD1-Gen
- Meist pränatal diagnostizierbar
- Immer beidseitig
- Meist perinatal letal oder Totgeburt wegen Lungenhypoplasie
- Seltener als autosomal dominante Form (s. u.).

Multizystische renale Dysplasie

- Veraltet: Potter Typ II
- Fehlgebildete Niere mit undifferenzierten Tubuli, umgebendem primitivem Mesenchym und multiplen Zysten variabler Größe
- Meist einseitig und symptomfrei.

Autosomal dominante polyzystische Nierenerkrankung

- Veraltet: Potter Typ III (→ Abb. 33.1)
- Mutation im PKD1- oder PKD2-Gen
- Meist Erwachsene im Alter zwischen 30 und 40 Jahren
- Beidseitige zystische Umwandlung der Nieren → Nierenversagen → Dialysepflicht
- Oft auch Zysten in anderen Organen, z. B. Leber und Pankreas.

Obstruktive renale Dysplasie

- Veraltet: Potter Typ IV
- Hydronephrose durch kongenitale Ureterobstruktion.

Vaskuläre Erkrankungen

Athero- und Arteriolosklerose

Stenose großer und kleiner arterieller Gefäße durch fibröse Plaques und hyaline Wandverdickung.

Anämischer Niereninfarkt

- Meist pyramidenartige, lehmgelbe Nekrose
- Klinisch: Schmerzen und Hämaturie.

Hämorrhagische Infarzierung

Durch Nierenvenenverschluss bedingte hämorrhagische Nekrose.

Blutstauungsniere

Dunkelrote Nieren durch venösen Rückstau.

Schrumpfniere

Niere mit einem Gewicht unter 80 g.

Ursache. Meist vaskulär oder entzündlich.

- Größere Narben auf der Oberfläche sprechen für vaskuläre Infarkte oder eine chronische Pyelonephritis
- Fein granulierte Nierenoberfläche: Deutet auf eine Arteriolosklerose oder auf eine Glomerulonephritis hin
- Die genaue Zuordnung zu einer Grunderkrankung ist oft schwierig
- Schrumpfnieren führen zu renaler Hypertonie (über Renin-Angiotensin-Aldosteron-System) und oft zu Urämie.

Nephritiden

Bakterielle interstitielle Nephritiden

Akute Pyelonephritis.

- Meist durch E. coli oder Enterokokken aus den Harnwegen aszendierende Infektion ausgelöst
- Begünstigend sind Harnabflussstörungen jeglicher Art
- Seltener ist eine Infektion aus dem Blut bei Allgemeininfektion
- Korrelat der akuten Pyelonephritis sind eitrige Abszesse im Interstitium mit Schmerzen und schlimmstenfalls Urosepsis
- Die Nieren können auch bei Tuberkulose mitbeteiligt sein. Das ulzerokavernöse

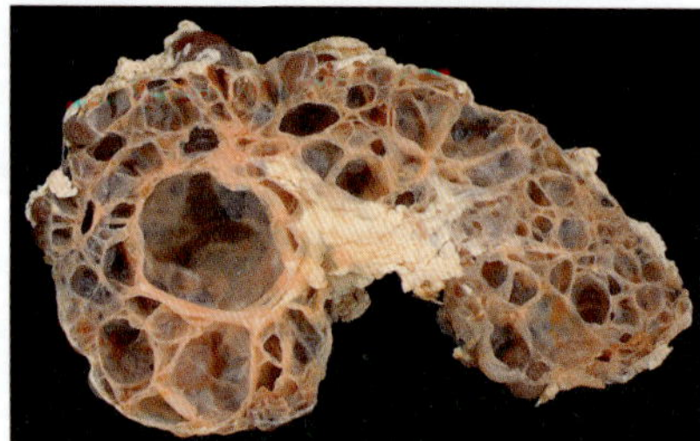

Abb. 33.1 Autosomal dominante polyzystische Nierenerkrankung [O521].

Endstadium bezeichnet man wegen der weißgelben Nekroseareale als **Kittniere**.

Chronische Pyelonephritiden.
Führen zu narbiger Schrumpfung der Nieren und Niereninsuffizienz.

Abakterielle interstitielle Nephritiden

Sie können zu akutem bzw. chronischem Nierenversagen führen.

Ursachen.

- Akut: Meist medikamentös-allergische oder infekt-allergische Reaktionen
- Chronisch, z. B. Phenazetinniere mit braunschwarzen Papillennekrosen, Plasmozytomniere, Speicherkrankheiten: direkte Schädigung.

Neben einem lymphoplasmazellulären Infiltrat steht bei der akuten Form ein interstitielles Ödem und bei der chronischen eine interstitielle Fibrose im Vordergrund.

Tubulopathien

- Tubulusschädigung ischämisch oder toxisch, z. B. durch Schwermetalle, Medikamente, Phenole.
- Nieren oft ödematös und blass, Tubuli erweitert mit intraluminal abgestoßenen und geschädigten Tubulusepithelien
- Folge: Eventuell dystrophische Verkalkungen
- **Cave**: Metabolische Verkalkungen sind hyperkalzämiebedingt.
- Komplikation: Akutes Nierenversagen.

Akute Tubulusnekrose

Synonym: **Schockniere.**

- Mit 86 % häufigste Ursache des akuten Nierenversagens
- Klinik. Oligurie oder Anurie
- Ursache: Meistens ischämisch, auch toxisch kommt vor.

Makroskopie.

- Vergrößerte Niere mit betonter Rinden-Mark-Grenze: Mark blutgestaut rötlich, Rinde blass
- Häufig wenig spezifischer Befund bei Sektionen.

Mikroskopie. Tubulusveränderungen von unterschiedlichem Schweregrad und Ausdehnung.

Beispiele. Degeneration, Nekrose, Abschilferung, ödematöse Schwellung, schaumige Zytoplasmaumwandlung, Apoptose und/oder Bürstensaumverlust der Tubulusepithelien.

Therapie. Nur supportiv, oft Dialyse.

Prognose. Sehr variabel, abhängig von Nebenerkrankungen und Alter.

Gichtniere

- Ablagerungen von **Uratkristallen** bei Gicht:
  - Primäre Gicht: Harnsäureüberproduktion oder -ausscheidungsdefekt
  - Sekundäre Gicht: Vermehrter Zellzerfall bei Tumoren, Leukämien etc.
- Fremdkörper-Entzündungsreaktionen und Nierenfunktionsstörungen möglich.

Plasmozytomniere

- Die beim Plasmozytom anfallenden κ- und λ-Leichtketten lagern sich in der Niere als AL-Amyloid sowie in den distalen Tubuli als Bence-Jones-Proteine ab
- Letztere sind als hyaline Zylinder in der H&E-Färbung gut erkennbar.

Glomeruläre Erkrankungen

Hauptursache für eine Dialysebehandlung sind die immunologischen Glomerulonephritiden und die nichtimmunologischen Glomerulopathien (→ Tab. 33.1, → Abb. 33.2).
Wichtige Grundbegriffe:

- Diffus versus fokal: Alle (> 50 %) oder nur einige (< 50 %) Glomeruli betroffen
- Global versus segmental: Gesamter Glomerulus (> 50 % des Kapillarfächers) oder nur Teile des Glomerulus betroffen.

Wichtige **Sonderfärbungen** in der Nierenpathologie:

- Versilberung: Basalmembran-Konturen.
- PAS: Basalmembranen.
- SFOG: Fibrinablagerungen und -thromben, Immunkomplexdepots.

Nephrotisches Syndrom

- Starke Proteinurie
- Ödeme
- Hyperlipidämie
- Hypoalbuminämie.

Beispiel: Bei membranöser, fokal segmentaler und Minimal-change-Glomerulonephritis.

Nephritisches Syndrom

- Ödeme
- Hypertonie
- Hämaturie
- Proteinurie.

Beispiel: Bei postinfektiöser und membranoproliferativer Glomerulonephritis.

Tab. 33.1 Übersicht über Glomerulonephritiden und Glomerulopathien.

Erkrankung	Ursache	Morphologische Merkmale
Fokal segmentale Glomerulosklerose (FSGS), → Abbildung 33.2 b	• Idiopathisch • Viral • Toxisch	Einzelne Segmente/Läppchen des Glomerulus sind sklerotisch kondensiert und zeigen hier Deposits (Ablagerungen) von IgM, Fußfortsatz-Verlust der Podozyten
Membranöse Glomerulonephritis, → Abbildung 33.2 c	• Idiopathisch • Infektionen • Lupus erythematodes • Medikamente	Verdickte glomeruläre Basalmembran mit kleinen Ausstülpungen der Basalmembran (Spikes), zwischen denen subepitheliale IgG-Deposits abgelagert sind
Membranoproliferative Glomerulonephritis, → Abbildung 33.2 d	• Idiopathisch • Infektionen • Autoimmunkrankheiten • Lebererkrankungen • Mikroangiopathien	Verdickte glomeruläre Basalmembran, Mesangiumproliferation und Doppelkonturen der glomerulären Basalmembran. Zwischen der gedoppelten Basalmembran liegen subendotheliale IgG-/Komplement-Deposits
Postinfektiöse diffus proliferative Glomerulonephritis, → Abbildung 33.2 f	Nach Streptokokkeninfektion	Neutrophile Granulozyten in den Kapillaren und subepithelial (z. T. auch mesangial) Humps (IgG-/Komplement-Deposits)
Mesangioproliferative Glomerulonephritis, → Abbildung 33.2 e	IgA-Nephropathie	Mesangiale Proliferation und mesangiale IgA-Deposits
Extrakapillär proliferative Glomerulonephritis, → Abbildung 33.2 g	• Antiglomeruläre Basalmembran-Nephritis. • ANCA-assoziierte Immunkomplexerkrankungen (z. B. Lupus erythematodes)	Extrakapilläre halbmondförmige Proliferate (Epithelzellen, Makrophagen, neutrophile Granulozyten und Fibrin) – (engl.: crescent)
Diabetische Glomerulopathie (häufig: Kimmelstiel-Wilson)	Diabetes mellitus	Noduläre (christbaumkugelartige) azelluläre eosinophile mesangiale Kollagenablagerungen

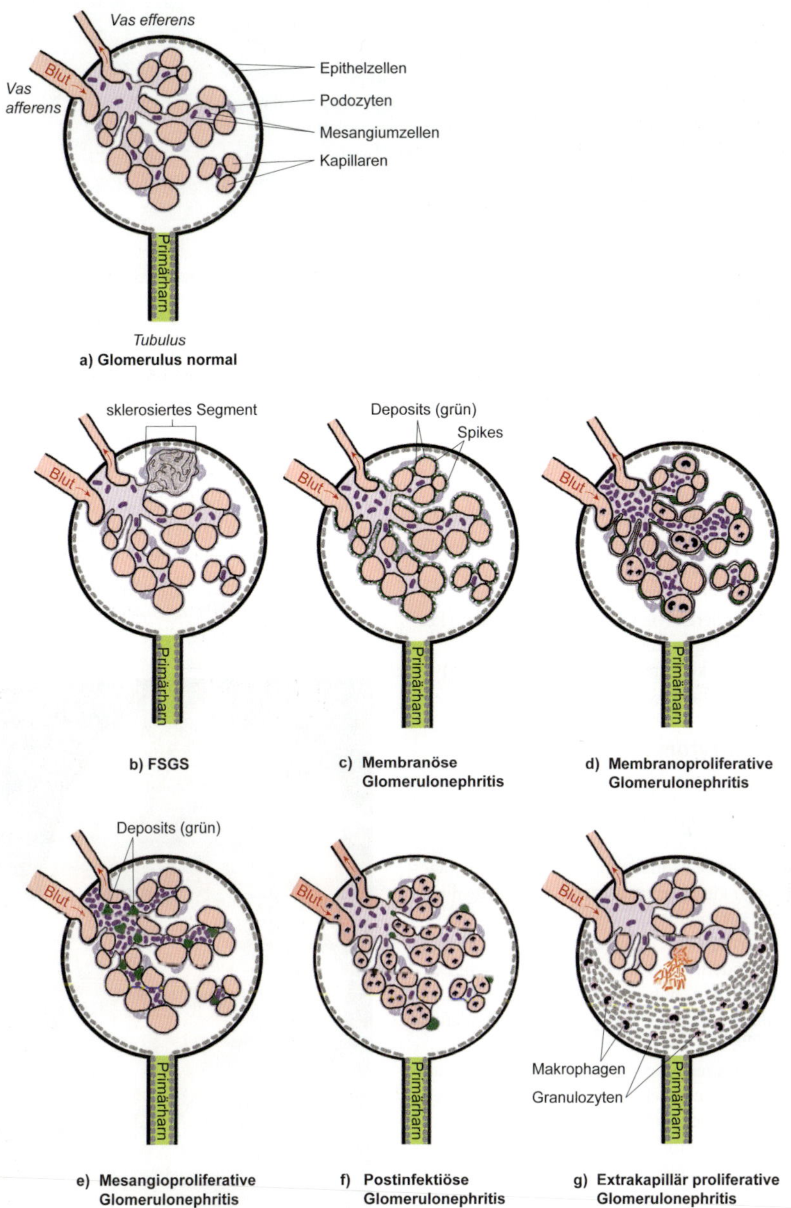

Abb. 33.2 Glomeruli und Glomerulonephritiden [O520].

■ CHECK-UP

- ☐ Definieren Sie Formen von Nierenzysten.
- ☐ Nennen Sie Ursachen und Definition von Schrumpfnieren.
- ☐ Was sind Ursachen einer bakteriellen Nephritis und was sind mögliche Folgen? Welche Nierenveränderungen können beim Plasmozytom vorkommen?
- ☐ Welche Glomerulopathien kennen Sie? Nennen Sie morphologische Merkmale.
- ☐ Welche Glomerulonephritiden kennen Sie? Nennen Sie Unterscheidungsmerkmale.
- ☐ Nennen Sie Ursachen und Morphologie von Tubulopathien.

Neoplastische Nierenerkrankungen

Nierenadenom

- Kleiner, weißer Knoten in der Nierenrinde
- Tubulo-papilläre Architektur
- Rein histomorphologisch nicht von papillären Karzinomen zu unterscheiden
- Entscheidend ist der Tumor-Durchmesser:
  - Papilläre Tumoren ≤0,5 cm: immer gutartig → als **Adenom** bezeichnet
  - Größer 0,5 cm: **papilläres Karzinom.**
- Alle anderen Nierenzellkarzinome haben keine gutartige „Adenomvariante" und sind auch bei kleinsten Tumorgrößen als Karzinom zu diagnostizieren.

Onkozytom

- Gutartiger Tumor
- Fällt makroskopisch durch eine braune Schnittfläche und eine zentrale Narbe auf
- Die Größe kann mehrere Zentimeter betragen
- Sogar kleinherdige Kapseldurchbrüche dürfen vorkommen
- Histologisch: Tumorzellen in Nestern nebeneinanderliegend mit charakteristischem onkozytärem (mitochondrienreichem) Zytoplasma und regelmäßigen, großen runden Zellkernen (→ Abb. 33.3).
- Die Abgrenzung gegenüber dem manchmal ähnlich aussehenden chromophoben Nierenzellkarzinom gelingt durch die Negativität in der Hale-(Eisen-) Färbung und weitgehendes Fehlen einer Zytokeratin-7-Immunreaktivität.

Angiomyolipom

- Meist gutartiger Tumor der Niere bzw. des angrenzenden Gewebes
- Charakteristische Komponenten: Fettgewebe, Blutgefäße und glatte Muskelzellen (→ Abb. 33.4)
- Assoziation mit der tuberösen Sklerose (Morbus Bourneville-Pringle)
- Zur Gruppe der perivaskulären Epitheloidzelltumoren (PECome) gehörig → immunhistologisch positiv für HMB-45.
- Epitheloide Tumorvarianten können auch maligne verlaufen.

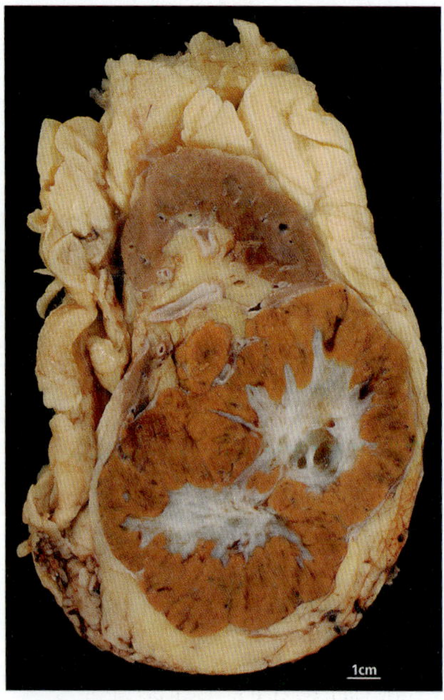

Abb. 33.3 Onkozytom [O521].

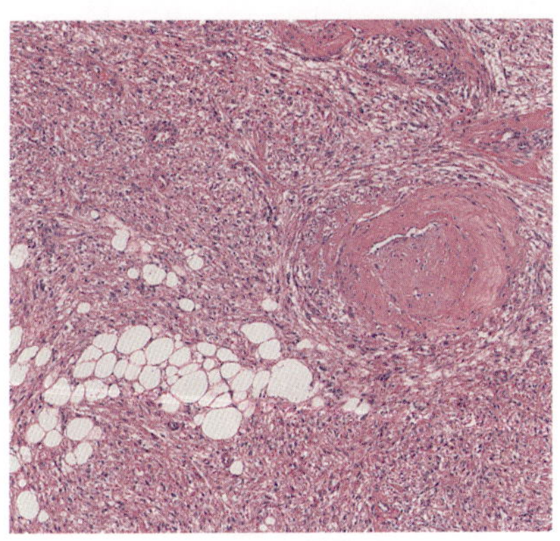

Abb. 33.4 Angiomyolipom [O521].

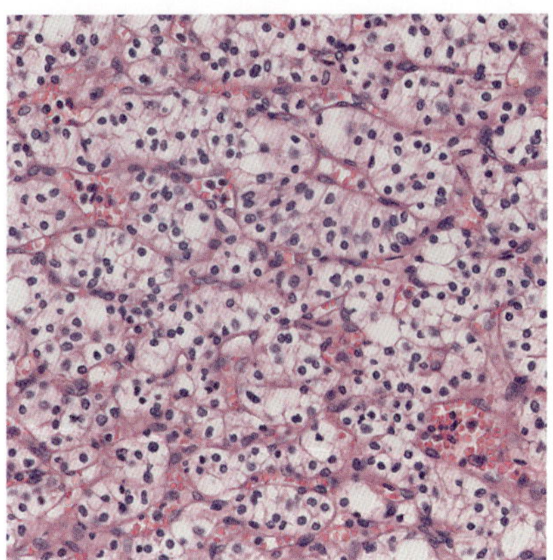

Abb. 33.5 Klarzelliges Karzinom [O521].

Nierenzellkarzinom

- Maligner epithelialer Tumor der Niere
- Häufigkeitsgipfel um das 60. Lebensjahr
- Männer häufiger betroffen
- Risikofaktoren: Rauchen, Bluthochdruck, Adipositas und Mutationen im Von-Hippel-Lindau-Gen (Chromosom 3p)
- Metastasierung erfolgt hämatogen nach dem Cava-Typ
- Tumorzapfen zum Teil sonografisch und makroskopisch bis in die V. cava reichend sichtbar.

Morphologie.

- Tumoren meist von einer Pseudokapsel gut gegen das umgebende Gewebe abgrenzbar.
- Oft mehrere Zentimeter groß
- Schnittfläche bunt, vor allem beim klarzelligen Subtyp: gelbe Schnittfläche mit weißen Fibrosesträngen, frischen (roten) und älteren (schwarzen) Hämorrhagien.

Klarzelliges Karzinom

- Über 80 %: häufigster Subtyp
- Schlechtere Prognose als papilläre und chromophobe Subtypen
- Histologie: pflanzenzellartig mit klarem (Fette und Glykogen-Fette gehen bei der Prozessierung verloren) Zytoplasma und typisch zahlreichen Blutkapillaren (→ Abb. 33.5)
- Immunhistologie: Positivität für RCC, CD10 und Vimentin.

Translokationskarzinom

- Translokation X;17 oder X;1
- Insgesamt selten und selten bei Erwachsenen

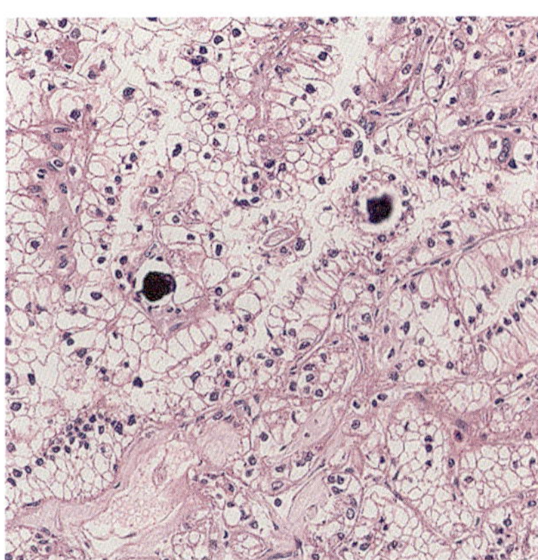

Abb. 33.6 Translokationskarzinom [O521].

- Kommt schon im Kindesalter vor, hier häufigster Nierenzellkarzinomtyp
- Histologisch wie klarzelliges Karzinom aber mit Papillenformation und typischen Verkalkungen (→ Abb. 33.6)
- Immunhistologische Positivität für TFE3 als Korrelat für die Translokation.

Papilläres Karzinom

- Zweithäufigster Subtyp mit 10–15 %.
- Chromosomale Veränderungen liegen auf Chromosom 7 und 17
- Kennzeichnend ist die papilläre Histologie (→ Abb. 33.7)
- Schnittfläche oft weißlich

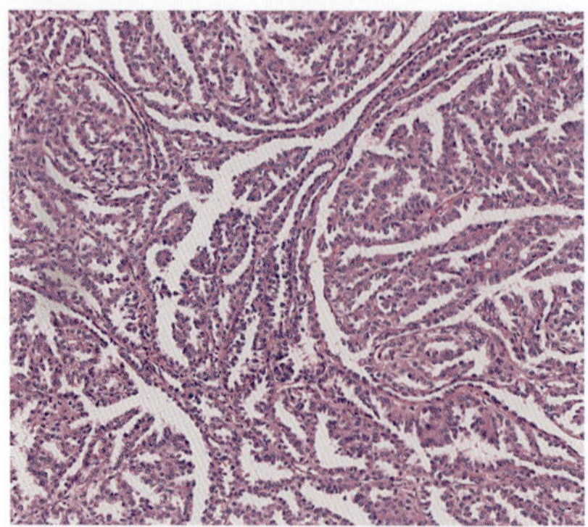

Abb. 33.7 Papilläres Karzinom [O521].

- Größe (> 0,5 cm) entscheidend zur Abgrenzung zum Adenom
- Unterscheidung zwischen einem eher basophilen Typ I mit flachen Epithelien von einem eosinophilen, etwas pleomorpheren Typ II
- Immunhistologie: positiv für Zytokeratin 7.

Chromophobes Karzinom

- Zelluläre Ähnlichkeit zum klarzelligen Karzinom, jedoch kein klares, sondern ein granuliertes Zytoplasma
- Die Abgrenzung zum Onkozytom gelingt meist schon makroskopisch, siehe typische Onkozytommakroskopie
- Sonderfärbungen/Immunhistologie: positiv für Hale (durchgehende himmelblaue Färbung) und für Zytokeratin 7.

Sammelrohrkarzinom

Synonym: **Ductus-Bellini-Karzinom**

- Sehr selten und sehr aggressiv
- Wenig differenziertes Adenokarzinom
- Tubulo-glanduläres Wachstumsmuster und starke Stromadesmoplasie
- Tumorzellen oft spindelzellig
- Immunhistologie: Positivität für Ulex europaeus Lectin.

Nierenbeckenkarzinom

- Urothelkarzinom des Nierenbeckens
- Morphologie und Risikoprofil (chronische lokale Reize, Dysplasien, Kanzerogene) analog zu den Karzinomen der Blase.

Nephroblastom

Synonym: **Wilms-Tumor**

- Maligner embryonaler Tumor der Niere und häufigster Nierentumor des Kindesalters
- Ausgehend vom metanephorgenen Blastem
- Altersgipfel im 2.–3. Lebensjahr
- Pathogenese: Deletionen des kurzen Arms von Chromosom 11 mit Tumorsuppressorgenen WT1 und WT2
- Klinik: schmerzloser tastbarer Tumor im Abdomen, häufig Zufallsbefund
- Differentialdiagnose: Neuroblastom, Nierenzysten
- Gute Prognose bei präoperativer Chemotherapie und vollständiger chirurgischer Resektion.

CHECK-UP

- ☐ Was zeichnet das Nierenzelladenom aus?
- ☐ Welche Formen von Nierenzellkarzinomen kennen Sie und wie unterscheiden sie sich morphologisch?
- ☐ Was versteht man unter Angiomyolipom?
- ☐ Wie unterscheiden Sie Onkozytom und chromophobes Nierenzellkarzinom?

34 Ableitende Harnwege

Fehlbildungen

Fehlbildungen der ableitenden Harnwege sind relativ häufig (→ Abb. 34.1).

Ureter duplex

- Komplette Dopplung des Ureters
- Doppeltes Nierenbecken mit zwei Mündungen in der Blase (→ Abb. 34.1 b).

Ureter fissus

Wie duplex, aber mit Vereinigung der Ureteren vor der Blase → nur eine Mündung in der Blase (→ Abb. 34.1 c).

Idiopathische pelviureterale Obstruktion

- Ureterverschluss
- Führt zur Hydronephrose (→ Abb. 34.2).

Megaloureter

- Dilatierter Ureter
- Ursache: Reflux oder Stenose in der Blasenwand (→ Abb. 34.1 d).

Harnblasenekstrophie

- Harnblase liegt im Niveau der Bauchdecke → Urothel liegt offen

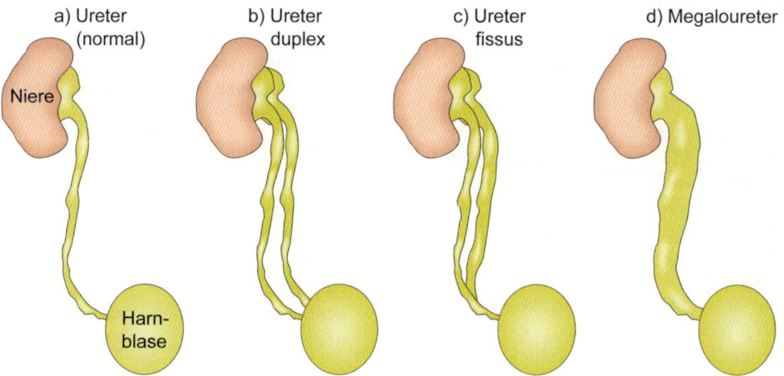

Abb. 34.1 Ureterfehlbildungen [V485].

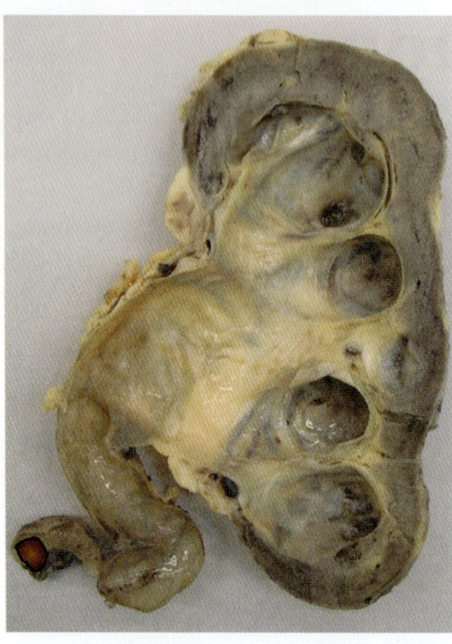

Abb. 34.2 Hydronephrose [C106-11].

- Folgen:
  - Infekte
  - Adenokarzinome.

Urachuszysten

- Residuen des Urachusgangs in der Blasenwand
- Können Ausgangspunkt für muzinöse Adenokarzinome sein.

CHECK-UP

☐ Nennen und beschrieben Sie Fehlbildungen des Ureters.

Entzündungen

Infektiöse Urozystitis

- Meist bakterielle Entzündung der Harnblasenschleimhaut
- Meist Frauen (kurze Urethra) oder ältere Männer (Prostatahyperplasie) betroffen
- Erreger: Bakterien (E. coli, Proteus, Klebsiellen) steigen über die Urethra auf.

Morphologie.

- Akut: Schleimhaut ödematös verdickt, gerötet oder ulzeriert
- Chronische Form: **Cystitis follicularis** (Lymphfollikel). Plattenepithelmetaplasie kann vorkommen (bei Frauen physiologisch im Trigonum vesicae)
- **Sonderformen**: Granulome mit Nekrosen bei Tuberkulose oder nach BCG-Therapie des Urothelkarzinoms. Granulome mit Verkalkungen um Wurmeier herum findet man bei der **Bilharziose** (Schistosoma haematobium) (➔ Abb. 29.5).

Klinik und Komplikationen.

- Akut: Dysurie, Harndrang und eventuell Hämaturie
- Chronisch: meist symptomlos
- Komplizierend ist der Aufstieg der Infektion zur Pyelonephritis
- Bei Bilharziose: gehäuft Plattenepithelkarzinome.

Sonderformen der nichtinfektiösen Urozystitis

Iatrogene Zystitis

Nach Bestrahlung oder Chemotherapie.

Interstitielle Zystitis

- Fibrosierende Urozystitis mit Lymphozyten und vor allem interstitiellen Mastzellen
- Meist ältere Frauen.

Cystitis cystica oder Cystitis glandularis

- Zystische Umwandlung der Von-Brunn-Nester
- Zum Teil mit intestinaler Metaplasie.

Malakoplakie

- Histiozytenreiche, chronische Entzündung mit typischen intra- und extrazellulären Verkalkungen: **Michaelis-Gutmann-Körperchen** (inkomplett abgebaute Bakterien)
- Makroskopisch gelb-braune, weiche Plaques
- Die Michaelis-Gutmann-Körperchen sind in H&E-Färbung basophil und lassen sich gut in Eisen-, Kossa- oder PAS-Färbung darstellen
- Mit bakteriellen Infektionen und Immunsuppression assoziiert
- Therapie meist antibiotisch.

Urolithiasis und Nephrolithiasis

- Steinbildung in den Harnwegen
- Ursachen:
  - Harnstau
  - Entzündungen
  - Hyperkalziurie
  - Saurer Harn-pH-Wert
  - Zystinurie.

Morphologie

Kalziumoxalatstein.

- Häufigster Harnsteintyp
- Oft als Mischform mit anderen Typen
- Meist mit vermehrter Kalziumausscheidung verbunden.

Magnesium-Ammonium-Phosphat-Stein.

- Typischerweise bei Harnwegsinfektionen
- Bei Frauen häufiger.

Uratstein.

Bei Gicht und niedrigem Harn-pH-Wert.

Zystinstein.

- Selten
- Typisch für Zystinurie.

Klinik

- Die mechanische Reizung durch die Steine kann zu weiteren Entzündungen führen
- Obstruktion → Harnstau.

CHECK-UP

- ☐ Nennen Sie Ursachen und Arten von Nierensteinen.
- ☐ Was muss man differenzialdiagnostisch bedenken, wenn man in der Blasenschleimhautbiopsie eine granulomatöse Entzündung findet?
- ☐ Was ist eine Komplikation der Bilharziose?
- ☐ Was ist die Malakoplakie und welche Befunde sind typisch?

Tumoren

Urothelpapillom

- Exophytischer, papillärer Tumor
- Zytologisch mit normalem und normal dickem Urothel überkleidet
- Invertierte Papillome können auch ein verbreitertes Urothel aufweisen!

PUNLMP, Papillary urothelial neoplasia of low malignant potential: Sonderform des exophytischen Papilloms mit minimaler Dysplasie und vermehrter Urotheldicke.

Dysplasie

- Flache urotheliale Schleimhaut mit Epitheldysplasien
- Unterteilung in low und high grade (Carcinoma in situ)
- Gilt als Vorstufe nichtpapillärer Urothelkarzinome.

Urothelkarzinom

Definition.

- Häufigster maligner Tumor der Harnblase, aus urothelialen Zellen entstanden
- Kann auch in Nierenbecken, Ureteren und Urethra vorkommen
- Oft multizentrisch
- Risikofaktoren sind Tabakrauchen, aromatische Amine und Farbstoffe
- Meist ältere Patienten
- Zwei Entstehungsmechanismen des invasiven Karzinoms:
  - **Papilläre invasive Urothelkarzinome** entstehen aus papillären, nichtinvasiven Urothelkarzinomen. Letztere werden als **pTa** kodiert
  - **Nichtpapilläre invasive Urothelkarzinome** entstehen typischerweise aus einer hochgradigen flachen Dysplasie
- Diesen morphologischen Unterschieden entsprechend, finden sich auch auf genetischer Ebene unterschiedliche Veränderungen (Chromosom 9 versus Chromosom 17) bei den beiden Karzinomsubtypen.

Klinik.

- Klinisches Leitsymptom: Hämaturie
- Diagnose:
  - Zytologische Untersuchungen von Blasenspülflüssigkeit
  - Biopsien.

Tab. 34.1 Tumorstatuseinteilung Harnblase.

Tumorstatuseinteilung Harnblase		
T1	Subepitheliale Invasion	
T2	Muskelinvasiv:	(a) Innere Hälfte (b) Äußere Hälfte
T3	Jenseits Muskulatur:	(a) Mikroskopisch (b) Makroskopisch
T4	Infiltration von:	(a) Prostata, Uterus, Vagina (b) Bauchwand, Beckenwand
Nodal	N1: solitär N2: multipel N3: LK bei Vasa Iliaca communes	

Therapie.

Nichtinvasive oder T1-Tumoren und Dysplasien:

- Transurethrale Resektion
- Intravesikale Chemotherapie
- Instillation des Tuberkuloseimpfstoffs BCG.

Ab T2: radikale Zystektomie, falls nicht bereits Fernmetastasen bekannt.

Sobald nodal positiv: immer Chemotherapie.

Primäre Plattenepithelkarzinome und Adenokarzinome

- Selten
- Differenzialdiagnostisch muss vor allem an Metastasen von Zervix-, Prostata- oder kolorektalen Karzinomen gedacht werden
- Primäre Plattenepithelkarzinome der Harnblase werden mit Bilharziose assoziiert.

CHECK-UP

- ☐ Was sind Ursachen, histologische Formen und Therapiemöglichkeiten von intravesikalen Urothelkarzinomen?
- ☐ Was bezeichnet pTa?

35 Männliche Geschlechtsorgane

Hoden

Grundlagen

Der Deszensus des Hodens aus der Nierengegend in den Hodensack erfolgt im 7. Schwangerschaftsmonat.

Sertoli-Zellen

Diese Zellen produzieren das **Anti-Müller-Hormon**. Funktion des Hormons:
- Rückbildung der Müller-Gänge
- Differenzierung der Wolff-Gänge in Nebenhoden und Samenleiter.

Sertoli-Zellen sind Stützzellen der Tubuli und bilden mit der Tubuluswand die **Blut-Hoden-Schranke**, die für Antikörper und Leukozyten nicht passierbar ist.

Tubuli seminiferi

- Orte der Spermatogenese
- Hier entwickeln sich aus Spermatogonien haploide Spermien.

Leydig-Zellen

- Produzieren Testosteron und in geringem Maß auch Östrogen
- Liegen zwischen den Tubuli seminiferi.

Anlagestörungen des Hodens

Ursachen.
- Gendefekte
- Fehlerhafte Sexualhormon-Produktion
- Rezeptordefekte der Zielorgane.

Ovotestikuläre Sexualentwicklungsstörung

Veraltet: **Hermaphroditismus** oder **Intersexualität**
- XX/XY-Genotyp
- Mit Hoden, Ovar und Anlagen aller Geschlechtsorgane.

Testikuläre Feminisierung

- XY-Genotyp
- Androgen-Rezeptordefekt → weibliche Organentwicklung (Hairless woman syndrome)
- Hoden bleiben intraabdominal oder im Leistenkanal
- Blind endende Vagina.

Adrenogenitales Syndrom

Akronym: **AGS**, siehe auch → Kapitel 14.
- Normaler 46×X- oder 46×Y-Genotyp
- Enzymdefekt →Glukokortikoide und Mineralkortikoide vermindert →Adrenokortikotropes Hormon aus Hypophyse durch Kortisol-Feedback erhöht →beidseitige Nebennierenrindenhyperplasie und vermehrte Synthese von Geschlechtshormonen, meist Testosteron.

Klinik.
- Virilisierung, Minderwuchs, Pubertas praecox
- Bei schwerer Form **Salzverlust-Syndrom**: Hyponatriämie, Hyperkaliämie, Hypotonie; unbehandelt letal
- Auch androgenbildende Nebennierenrindentumoren können zum Bild eines AGS führen.

Gonadendysgenesie

- Lediglich Gonadenstränge (Streak-Gonaden) und keine regelrechten Gonaden vorhanden
- Geschlechtsorgane inkomplett ausgebildet
- 46×X-, 46×Y- (z. B. Swyer-Sydrom) oder ×0-Genotyp (Turner-Syndrom).

Kryptorchismus

- Fehlender Deszensus des Hodens
- Hoden verbleibt im Abdomen oder Inguinalkanal
- Ursache meist unbekannt (anatomische Hindernisse möglich)
- Familiäre Prädisposition
- Bei Geburt bei ca. 10 % der Knaben.

Klinik. Die höhere Temperatur im Abdomen schädigt die Keimzellen und kann zu Infertilität führen.

- Es finden sich nur noch Sertoli-Zellen in den Tubuli: **Sertoli-cell-only-Syndrome**
- Keimzelltumoren sind häufiger bei Kryptorchismus-Patienten.

Kreislaufstörungen des Hodens

Torsion

- Verdrehung des Hodens um die Samenstrangachse
- Ursache: mangelnde Fixation der Tunica vaginalis am Skrotum → es kommt zur akuten venösen Stauung
- Meist Kinder und Jugendliche betroffen.

Klinik.

- Akute Schmerzen, Übelkeit und Hodenschwellung
- Der Befund reicht je nach Dauer und Grad der Überdrehung der Torsion von Einblutungen bis zur hämorrhagischen Infarzierung
- Schnelle chirurgische Detorsion und Hodenfixierung am Skrotum innerhalb der ersten Stunden sind notwendig
- Durch Schädigung der Blut-Hoden-Schranke kommt es oft zur immunologischen Reaktion gegen Keimzellen, sodass auch nach kurzer Torsion die Fertilität eingeschränkt sein kann.

Varikozele

- Blutstau und Schlängelung im Plexus pampiniformis
- Ursache: Insuffizienz der Venenklappen der V. spermatica
- Meist linksseitig (ca. 90 %), da Einmündung in die V. renalis → längerer Verlauf als rechts (Einmündung in V. cava inferior)
- Sekundär durch abflussbehindernde Raumforderungen im Verlauf der Venen möglich
- Raucher sind häufiger betroffen.

Klinik.

- Erhöhte Temperatur → kann Fertilität beeinträchtigen
- Rechtsseitige und beidseitige Varikozelen werden operiert.

Entzündungen des Hodens

- Akut mit Schmerz, Schwellung und Fieber möglich
- In den meisten Fällen aber asymptomatisch
- Fertilität und Hormonproduktion können beeinträchtigt werden.

Infektiöse Orchitiden

- Erreger:
  - Bakterien, z. B. E. coli, Chlamydien, Neisserien, Mykobakterien
  - Viren: Mumps und andere
- Infektionsweg: kanalikuläre (Reflux) oder hämatogene Infektion
- Mögliche Folgen: Zerstörung der Keimzellen, Hodenatrophie
- Bei Tuberkulose ist meist erst der Nebenhoden betroffen.

Allergische Orchitiden

- Immunreaktion gegen die Keimzellen → bei infertilen Männern häufiger Befund.
- Ursachen: vorherige Entzündung oder Trauma mit Schädigung der Blut-Hoden-Schranke.

Hypogonadismus

> Bei ungewollter Kinderlosigkeit liegt die Ursache in ca. 50 % der Fälle beim Mann.

Prätestikulärer Hypogonadismus

Ursachen.

- Störungen in der Hypophyse (FSH, LH)
- Östrogenüberschuss (iatrogen, Tumoren, Leberzirrhose).

Je nach Zeitpunkt (prä- oder postpubertal) kann die Ausbildung der Geschlechtsorgane ausbleiben oder der Hoden atroph werden: **Sertoli-cell-only-Syndrome**.

Testikulärer Hypogonadismus

- Rund 80 %: häufigster Hypogonadismus
- Direkte Hodenschädigung durch:
  - Varikozelen
  - Kryptorchismus
  - Entzündungen
  - Chromosomale Defekte
  - Thermo-mechanische Effekte
  - Iatrogen
- Die Zellen werden in umgekehrter Reihenfolge zur Keimzellentwicklung zerstört, sodass am Ende nur noch Sertoli-Zellen oder komplett leere Tubulusstrukturen übrig bleiben
- Beim Reifungsarrest ist die Ausreifung der Spermien auf einer bestimmten Ebene gestört.

Klinefelter-Syndrom.
Form des testikulären Hypogonadismus mit XXY-Genotyp. Merkmale sind:

- Gynäkomastie
- Riesenwuchs
- Kleine fibrosierte Hoden
- Unterentwickeltes Genitale
- FSH und LH meist erhöht.

Diagnostik.
Hodenbiopsie: Beurteilung des regelrechten Aufbaus der Tubuli seminiferi nach dem **Johnsen-Score** von 1–10. Weiterhin Klassifizierung der Hodenatrophie nach C. Sigg möglich.

Spermiogramm:

- Normospermie: Zahl, Beweglichkeit und Morphologie der Spermien normal.
- Oligospermie: verminderte Spermienzahl
- Azoospermie: keine Spermien vorhanden
- Aspermie: kein Ejakulat (Sperma), z. B. bei retrograder Ejakulation
- Asthenozoospermie: < 35 % bewegliche Spermien
- Teratozoospermie: > 70 % der Spermien morphologisch atypisch.

Posttestikulärer Hypogonadismus

Zweithäufigste Ursache für Hypogonadismus.

Ursachen.

- Verschluss der Samenwege: anlagebedingt oder erworben (Entzündungen)
- Sekretionsstörungen (Mukoviszidose)
- Störungen der Spermienmotilität z. B. bei primärer ziliärer Dyskinesie → Zilien und Spermienschwänzen fehlt Dynein und damit Bewegungsfähigkeit. Zusätzliche Bronchiektasen und Sinusitiden. Wenn zusammen mit Situs inversus: **Kartagener- Syndrom**.

CHECK-UP

- [ ] Definieren Sie die verschiedenen Formen der Sexualdifferenzierungsstörung.
- [ ] Was sind die Symptome und Therapie einer Hodentorsion?
- [ ] Was sind Ursachen eines testikulären und posttestikulären Hypogonadismus?
- [ ] Was sind Ursache und Symptome des Klinefelter-Syndroms?
- [ ] Erklären Sie Begriffe aus der Spermiogrammdiagnostik: Azoospermie, Asthenospermie, Teratozoospermie.

Tumoren des Hodens

- Häufigste Tumoren bei Jugendlichen und jungen Erwachsenen
- Besondere Häufung in Nord- und Mitteleuropa
- Inzidenz steigend, Peakinzidenz zwischen 20 und 45 Jahren.

Risikofaktoren.

- Kryptorchismus
- Genetik
- Hodenüberwärmung, z. B. durch zu enge Kleidung.

Klinik. Meist einseitige, schmerzlose Schwellung.

Prognose. Meist sehr gut.

Therapie. Orchiektomie, Radio- und Chemotherapie.

Keimzelltumoren

- Mit fast 90 % häufigste Hodentumoren
- Wegen des späteren Deszensus ist der rechte Hoden etwas häufiger betroffen
- Mischtumoren mit Seminomkomponente werden prognostisch und therapeutisch nach

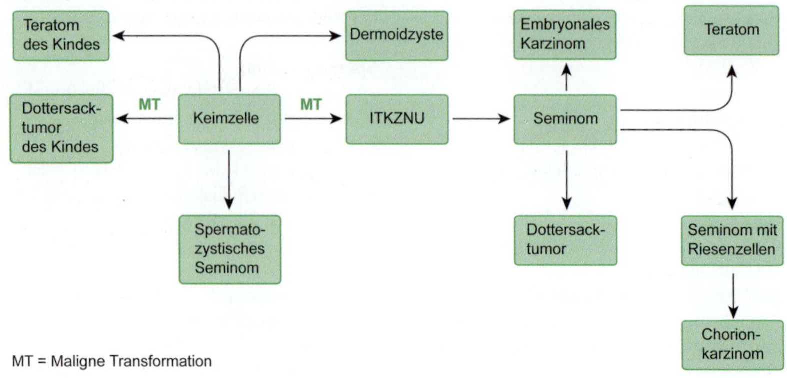

Abb. 35.1 Histogenese der Keimzelltumoren [V485].

der maligneren, nichtseminomatösen Komponente eingeordnet
- Entwickeln sich überwiegend sequenziell aus atypischen Keimzellen: ITKNU (Ausnahmen: spermatozytisches Seminom und präpubertäre Keimzelltumoren) (→ Abb. 35.1)
- Für die Stadieneinteilung ist neben den TNM-Kategorien auch die Bestimmung der Serummarker AFP, LDH und HCG wichtig.

Seminom

- Häufigster Keimzelltumor: fast 50 %
- Erkrankungsalter zwischen 30 und 50 Jahren, nur selten nach dem 60. Lebensjahr.

Klassisches Seminom

- Homogen weißlicher Tumor
- Einheitlich große Tumorzellen in solider bis angedeutet nestförmiger Lagerung
- Große Zellkerne und prominente Nukleolen
- Klares Zytoplasma
- Gleiches Färbeverhalten wie ITKNU (s.u.)
- Typisch sind eingestreute Lymphozyten und Plasmazellen (→ Abb. 35.2).

Seminom mit synzytiotrophoblastären Riesenzellen

- Ähnlich dem klassischen Seminom jedoch mit eingestreuten β-HCG-produzierenden Riesenzellen.

Spermatozytisches Seminom

- Stark polymorphe Tumorzellen: drei Zellgrößen unterscheidbar
- Meist negativ für Marker des klassischen Seminoms
- Durchschnittsalter: 65 Jahre
- Metastasiert nicht → exzellente Prognose

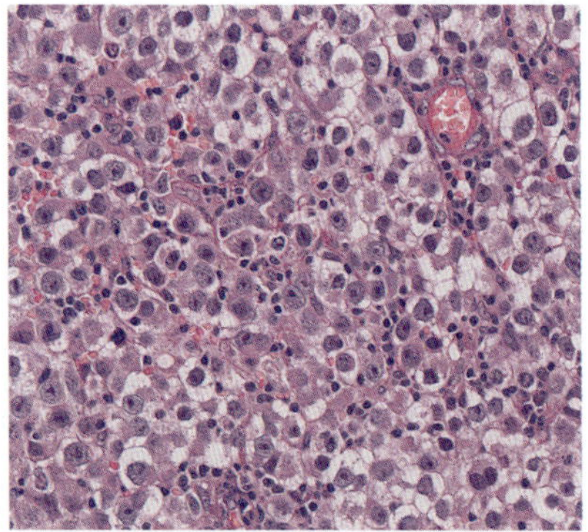

Abb. 35.2 Seminom klassisch [O521].

- Selten mit undifferenzierten Sarkomen assoziiert → schlechte Prognose
- Kommt anders als die anderen Keimzelltumoren nicht im Ovar vor.

Prognose.

- Strahlensensibel
- Meist sehr gute Prognose
- Die Infiltration des Rete testis und der Tumordurchmesser sind wichtige Prognoseparameter beim Seminom (außerhalb des TNM).

Therapieschema.

- Stadium I: Radikale inguinale Orchiektomie und Bestrahlung paraaortaler Lymphknoten
- Stadium II, LK-Befall unterhalb Zwerchfell:
  - Radikale inguinale Orchiektomie
  - Dann Bestrahlung oder Chemotherapie

- Stadium III, LK-Befall oberhalb Zwerchfell oder Fernmetastasen: radikale inguinale Orchiektomie und Chemotherapie.

Intratubuläre Keimzellneoplasie, unklassifiziert

Akronym: **ITK(Z)NU**, engl. IGCNU
- Vorstufe der meisten Keimzelltumoren
- Fast immer als Nebenbefund bei Keimzelltumoren.

Morphologie.
- In Übersichtsvergrößerung gut erkennbar
- Atypische, basisnahe Keimzellen in den Tubuli, nicht invasiv
- Großer Zellkern und klares Zytoplasma
- Zellen färben sich gut in der PAS-Färbung oder immunhistologisch mit PLAP, OCT3/4 oder CD117
- Präkanzerose, die das Risiko für einen Keimzelltumor im ipsilateralen Hoden stark und im kontralateralen Hoden leicht erhöht.

Nichtseminomatöser Keimzelltumor
- Embryonale Karzinome, Teratome, Dottersacktumoren und Chorionkarzinome (s. u.)
- In der Hälfte der Fälle Mischformen der verschiedenen Typen
- Erkrankungsgipfel mit 28 Jahren: früher als das Seminom
- Können auch vor der Pubertät vorkommen
- Gefäßinvasion ist wichtiger Prognosefaktor.

Embryonales Karzinom
- Zweithäufigster Keimzelltumor
- Kann papilläre und drüsenartige Strukturen bilden
- Immunhistologisch durch CD30 und SOx2-Expression leicht vom Seminom unterscheidbar
- Nicht radio-, aber **chemotherapie**sensibel.

Teratom
- Keimzelltumor mit Anteilen aus allen drei Keimblättern (→ Abb. 35.3)
- Häufiger im Kindesalter
- Meist in Form gemischter Keimzelltumoren
- Anhand der Ausreifung der Gewebsbestandteile unterscheidet man reife von unreifen Teratomen
- Alle präpubertären Teratome sind gutartig
- Postpubertäre Teratome sind immer maligne und können metastasieren. Aus den verschiedenen Gewebsarten wie Hautanteilen können sich zudem somatische Tumoren, z. B. Plattenepithelkarzinome entwickeln.

Dottersacktumor
- Häufigster Hodentumor im Kindesalter
- Oft zystisch aufgebaut
- Oft bei Diagnosestellung metastasiert

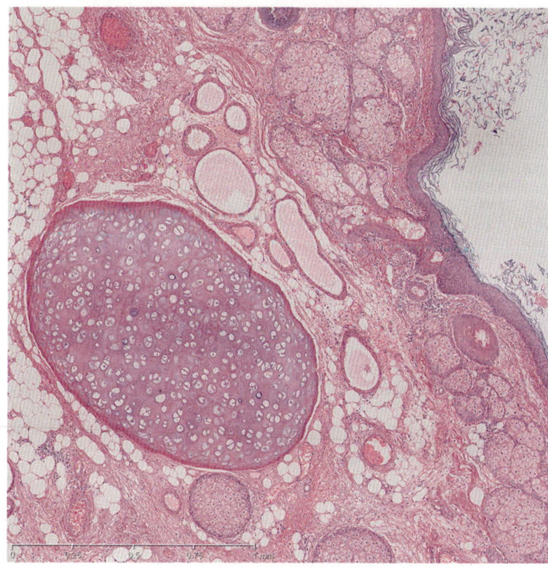

Abb. 35.3 Teratom [O521].

- Zeigt histologisch charakteristische perivaskuläre Tumorformationen: **Schiller-Duval-Körperchen**
- Typische intra- und extrazelluläre PAS-positive hyaline Globuli
- Immunhistologisch ist α-Fetoprotein manchmal hilfreich.

Chorionkarzinom

- Selten solitär, häufiger in Kombination mit anderen Keimzelltumoren
- Schlechteste Prognose aller Keimzelltumoren
- Stromaloser, meist stark hämorrhagischer Tumor
- Tumorzellen: Zytotrophoblasten und Synzytiothrophoblasten (β-HCG-positiv)
- Metastasiert schnell hämatogen, meist in die Lunge
- β-HCG im Serum nachweisbar, meist sehr stark erhöht: > 100.000 mIU/ml.

Keimstrang-Stroma-Tumoren

Leydig-Zelltumor

- Seltener Hodentumor, aber häufigster Keimstrang-Stroma-Tumor
- Kann in jedem Alter vorkommen
- Meist benigne
- Maligne Formen zeigen Gefäßeinbrüche
- Makroskopisch braun-gelbliche Schnittfläche
- Morphologisch unterscheiden sich die Tumorzellen wenig von normalen Leydig-Zellen
- Die Tumoren produzieren Testosteron und Östrogen → Hirsutismus, Gynäkomastie.

Sertoli-Zelltumor

- Seltener Keimstrang-Stroma-Tumor
- Meist im mittleren Erwachsenenalter
- Meist benigne
- Typisch sind tubuläre Strukturen
- Teilweise als Mischform mit Leydig-Zelltumoren
- Östrogenproduktion → Gynäkomastie.

Gonadoblastom

- Seltener **Mischtumor** aus Keimzell- und Keimstrang-Stroma-Tumoren
- Tritt ausschließlich in kryptorchen, genetisch geschädigten Gonaden auf.

Andere Tumoren

- **Lymphome**: meist B-Zell Non-Hodgkin-Lymphome bei älteren Männern, insbesondere diffus großzellige B-Zell-Lymphome
- **Metastasen** von z. B. Melanomen, Prostata- und Lungenkarzinomen.

CHECK-UP

- ☐ Welche Hauptformen von Hodentumoren werden unterschieden?
- ☐ Was ist die Ursprungsläsion der meisten Keimzelltumoren und für welchen Tumor dieser Gruppe ist das nicht so?
- ☐ Wie unterscheiden sich Therapie und Prognose der Keimzelltumoren?
- ☐ Welches sind Keimstrang-Stroma-Tumoren?
- ☐ Welche malignen Neoplasien kann man im Hoden des älteren Mannes finden?
- ☐ Welche immunhistochemischen Untersuchungen eignen sich zur Unterscheidung von klassischem Seminom und embryonalem Karzinom?

Nebenhoden, Samenstrang und Hodenhüllen

Spermatozele

Zystische Aufweitung des Rete testis oder des Samenstrangs durch distalen Gangverschluss.

Hydro- oder Hämatozele

- Idiopathisch, genetisch oder entzündlich bedingte Ansammlung von Flüssigkeit oder Blut im Spaltraum der Tunica vaginalis
- Häufigste Ursache für Hodensackvergrößerung.

Epididymitiden, Funikulitiden und Periorchitiden

Gleiche Ursachen wie Orchitiden.

Spermagranulom

Fremdkörpergranulom durch den Austritt von Sperma aus den Gängen in Nebenhoden oder Samenstrang.

Adenomatoidtumor

- Gutartiger mesothelialer Tumor
- Typische Lokalisation: Nebenhoden
- Netzartige Architektur aus gefäßartigen Spalträumen, die von fibrosiertem Bindegewebe umgeben sind.

Rhabdomyosarkom

Häufigster maligner paratestikulärer Tumor bei Kindern und Jugendlichen.

CHECK-UP

- ☐ Welches ist die häufigste primäre Neoplasie des Nebenhodens?
- ☐ Was ist ein Spermagranulom?

Prostata

- Normalgewicht ca. 30 g
- Unterteilung in zwei Seitenlappen und drei Zonen:
  - Zentral
  - Transitional
  - Peripher (→ Abb. 35.4).

Prostatitis

- Akut oder chronisch
- Ursache: Bakterien und prostatischer Reflux
- In schweren Fällen: Schmerzen und Fieber
- Granulomatöse Form: z. B. nach BCG-Therapie.

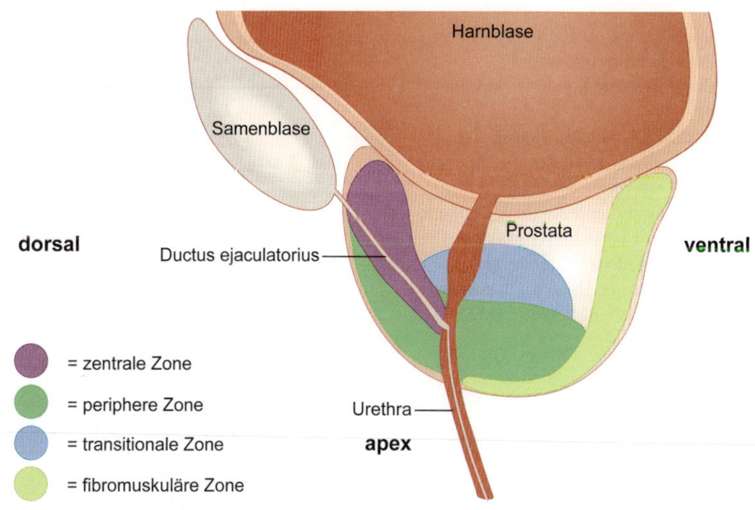

Abb. 35.4 Prostata [V485].

Benigne Prostatahyperplasie

Akronym: **BPH**

- Knotige Proliferation von Drüsen und fibromuskulärem Stroma
- Bei benignen Drüsen ist die luminale Kante meist unregelmäßig und die Zellkerne liegen auf verschiedenen Höhen „tanzend" unregelmäßig nebeneinander
- Führt bei fast allen älteren Männern zur Vergrößerung der Prostata
- Betroffen ist die östrogenabhängige transitionale Zone
- Unter Umständen entwickelt sich zentral unter der Urethra ein so genannter **Home'scher Mittellappen**, der zusätzlich die Urethra obstruieren kann.

Folgen der Hyperplasie:

- Harnentleerungsstörungen
- Harnstau mit Muskelhypertrophie der Blase (Balkenharnblase)
- Infektionen.

Therapie: Chirurgische Enukleationen oder Ausschabungen (transurethrale Resektion der Prostata).

Prostatische intraepitheliale Neoplasie, high grade

Akronym: **High grade PIN**

- Intraduktales, nichtinvasives (in situ) Karzinom
- Präkanzerose und nur als High-grade-Form reproduzierbar zu diagnostizieren
- Meist in der Umgebung invasiver Prostatakarzinome
- Morphologie: bei zumindest fragmentiert erhaltener Basalzellschicht weisen die Tumorzellen in mittlerer Vergrößerung (200-fach) gut erkennbar prominente Nukleolen auf und erscheinen in der Übersichtsvergrößerung einer H&E-Färbung meist bläulicher als die umgebenden normalen Drüsen. Oft positiv für α-Methylacyl-CoA-Racemase (AMACR).

Prostatakarzinom

Definition und Ätiologie.

- Häufigstes Karzinom beim Mann
- Dritthäufigste Krebstodesursache in Deutschland
- Risikofaktoren sind Alter, Genetik, Umweltfaktoren und Androgene
- Protektiv sind hohe Östrogenspiegel, z. B. auch bei Leberzirrhose
- Die meisten Prostatakarzinome entstehen, anders als die BPH, in der androgenregulierten peripheren Zone

Morphologie. Makroskopisch z. T. als derber graugelber Herdbefund erkennbar.

Histologie.

- Man unterscheidet im Rahmen einer modifizierten **Gradierung nach Donald F. Gleason** fünf unterschiedliche Wachstumsmuster (→ Abb. 35.5)
- Von Grad 1 bis 5 weicht die Prostatadrüsenarchitektur immer stärker von der gesunden Form ab
- Beim Karzinom fehlen die Basalzellen (p63 als Marker)
- Typisch sind prominente Nukleolen

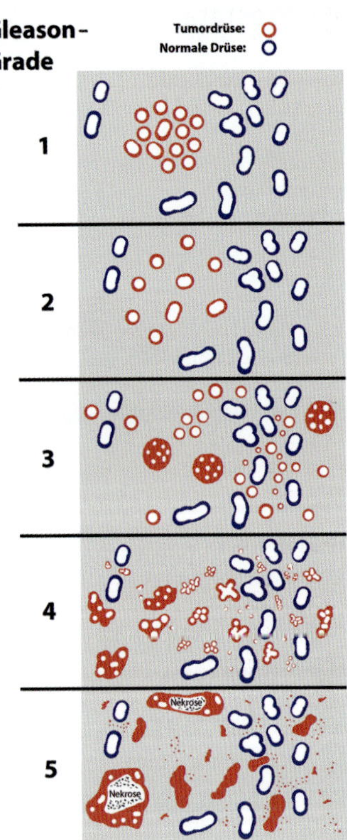

Abb. 35.5 Gleason Grade [O520].

- Das Zytoplasma ist eosinophil, amphophil (saure **und** basische Färbung, eher blass-bläulich wirkend) oder klar
- In den Lumina der Tumordrüsen liegen oft eosinophile Kristalle
- Die Zellkerne liegen zum Teil auf einer gedachten Linie starr nebeneinander und die luminale Kante der Drüsen ist glatt
- Meist sind die Tumordrüsen klein und azinär, selten kommen jedoch auch duktale Karzinome mit großlumigeren Drüsen und länglichen Zellkernen vor
- Die Kombination der beiden vorherrschenden Histoarchitekturmuster ergibt den so genannten **Gleason-Score**, z. B. Muster 3 + Muster 4 = Score 7 → Prognoseparameter!
- Die Tumorzellen sind positiv für prostataspezifisches Antigen (PSA) und anders als normale Prostataepithelien auch meist für AMACR
- Neben dem typischen Adenokarzinom können auch Urothelkarzinome aus der Urethraschleimhaut in der Prostata entstehen.

Tab. 35.1 Tumorstatuseinteilung Prostata.

Tumorstatus	Morphologie	Untergruppen
T1	Weder tastbar noch in Bildgebung sichtbar	• T1a: ≤ 5 % (an TUR-P) • T1b: › 5 % (an TUR-P) • T1c: an Stanzbiopsie **Cave:** KEIN **p**T1, ab T2 auch als **p**T
T2	Organbegrenzt	• T2a: ≤ Hälfte eines Lappens • T2b: › Hälfte eines Lappens • T2c: beide Lappen befallen
T3	Organüberschreitend	• T3a: extrakapsulär • T3b: Samenblaseninfiltration
T4	Infiltriert andere Nachbarorgane, -strukturen	

Klinik.

- Karzinome oft über Jahre symptomlos
- Oft erst anhand der Metastasen entdeckt → **okkultes** Karzinom
- Metastasiert typischerweise in den regionale Lymphknoten und hämatogen in Knochen (osteoplastische Metastasen)
- **Inzidentielle** Karzinome: im Rahmen einer BPH-Resektion entdeckt
- **Latente** Karzinome: im Rahmen einer Autopsie entdeckt
- PSA-Screening und angeschlossene Biopsien sollen helfen, das Prostatakarzinom in den noch gut therapierbaren Frühstadien zu erkennen
- Fortgeschrittene Karzinome werden oft therapieresistent und führen zum Tod
- Nebenwirkungen der radikalen Prostatektomie:
  - Erektile Dysfunktion
  - Harninkontinenz
  - Urethrastrikturen.

Therapie.

- Standardtherapie: radikale Prostatektomie und/oder Strahlentherapie und/oder Brachytherapie und eventuell Hormontherapie
- Fernmetastasen: Symptomatische Therapie und Hormontherapie
- Kleine Tumoren + niedriger PSA + Gleason-Score ≤6: Active surveillance.

CHECK-UP

- ☐ Wodurch unterscheiden sich Prostatakarzinom und PIN?
- ☐ Wodurch unterscheiden sich die Entstehungsorte von BPH und Prostatakarzinom?
- ☐ Was sind Serummarker und was immunhistologische Marker des Prostatakarzinoms?
- ☐ Was sind inzidentelle, okkulte und latente Tumoren?
- ☐ Welche Entzündungsform kann in der Prostata nach BCG-Therapie auftreten?

Penis und Skrotum

Epispadie

Harnröhre mündet auf der Oberseite des Penis.

Hypospadie

Harnröhre mündet auf der Unterseite des Penis.

Phimose

Angeborene oder entzündliche Stenose der Vorhaut.

Priapismus

- Schmerzhafte persistierende Erektion wegen mangelnder Blutentleerung aus dem Penis
- Medizinischer Notfall
- Mögliche Ursachen: idiopathisch, Medikamente (z. B. Antipsychotika und Antihypertensiva), Sichelzellanämie und Tumoren.

Fournier-Gangrän

Subfasziale, bakterielle nekrotisierende Entzündung von Penis und Skrotum.

Peyronie-Krankheit

- Teils schmerzhafte Fibromatose des Penisschafts
- Führt zur Deviation.

Posthitis und Balanitis

Posthitis: Entzündungen der Vorhaut.
Balanitis: Entzündungen der Glans penis.
Ursachen:

- Infektiös: Syphilis mit Nachweis von Treponemen, Chlamydien, Herpes simplex oder Pilze (Candida)
- Nichtinfektiös: Lichen sclerosus et atrophicans.

Condylomata acuminata

- Papillomatöse Epithelwucherungen im Genitalbereich
- Ursache HPV Typ 6 und 11
- Typische koilozytäre Zellen.

Peniskarzinome

- In Lateinamerika häufiges Plattenepithelkarzinom
- Fast nur ältere Männer betroffen
- Kommt bei zirkumzidierten Männern nicht vor
- Vorstufe: Carcinoma in situ (veraltet: **Morbus Bowen** oder **Erythroplasie Queyrat**).

Ursache.

- Rezidivierende Entzündungen, meist auch Nachweis von HPV Typ 16 oder 18
- Mangelnde Genitalhygiene.

CHECK-UP

- ☐ Erklären Sie Hypo- und Epispadie.
- ☐ Was sind Ursachen einer Balanitis?
- ☐ Erklären Sie die Fournier-Gangrän.
- ☐ Was sind Condylomata acuminata und wodurch werden sie hervorgerufen?
- ☐ Nennen Sie Ursache und regionale Verteilung von Peniskarzinomen.

36 Weibliche Geschlechtsorgane

Vagina und Vulva

Vulva

- Äußeres weibliches Genitale
- Übergangszone zwischen Haut und vaginaler Schleimhaut
- Histologisch zeigt sich ein nicht bis schwach verhornendes Plattenepithel mit Hautanhangsgebilden (Talg- und Schweißdrüsen) → viele Hauterkrankungen und Hauttumoren können sich vulvär manifestieren.

Vagina

- Ausgekleidet durch ein nicht verhornendes Plattenepithel, das auf die Portio übergeht
- Charakteristische Fähigkeit zur Glykogeneinlagerung
- Vulväre und vaginale Schleimhäute sind hormonellen Schwankungen unterworfen.

Fehlbildungen

- Vaginale Aplasie und Atresie: meist im Rahmen von Syndromen
- Septierte Vagina: meist assoziiert mit Fehlbildungen des Uterus, z. B. Uterus didelphys.

Entzündungen

Infektiös bedingte Vulvovaginitiden (auch Kolpitiden) sind häufig.
Gängige Symptome:

- Schmerzen
- Fluor genitalis (Ausfluss)
- Juckreiz.

Bartholinitis

Akute Entzündung der schleimbildenden Bartholini-Drüse (Glandula vestibularis major).
Ursache:

- Verklebung des Ausführungsgangs → Aufstau des Sekrets → eitrig-abszedierende Entzündung
- Selten eine Manifestation der Gonorrhö (s. o.)
- Klinisch imponiert eine einseitige, schmerzhafte Schwellung und Rötung der Schamlippen
- Therapie: Abszess-Spaltung (Marsupialisation).

Lichen sclerosus

Synonym: **Chronische atrophe Vulvitis**.

- Unklare Ursache: autoimmun?
- Keine Präkanzerose
- Makroskopisch weiß-graue Schleimhaut mit Verlust des Reliefs
- Charakteristische Histologie mit vier Merkmalen:
  - Atrophie der Epidermis mit verstrichenen Reteleisten
  - Hydropische Degeneration der basalen Keratinozyten
  - Subepidermales kollagenreiches Stroma
  - Bandförmiges (lichenoides) lymphozytäres Infiltrat.

> Lichen sclerosus kann auch bei Männern am Präputium vorkommen.

Tab. 36.1 Häufige Erreger von Vulvovaginitiden.

Erreger	Klinik
Candida albicans	• Sehr häufig • Weißlich krümeliger Ausfluss • Endogene Infektion, vermehrt bei Diabetes mellitus, Kontrazeptiva und Schwangerschaft
Gardnerella vaginalis u. a. Bakterien	• Unspezifische Vaginitis (Vaginose), bei Ungleichgewicht der Vaginalflora • Übel riechender schmieriger Ausfluss („fischartig") • Im Abstrichpräparat so genannte **Clue cells**: Epithelien mit Bakterien bedeckt
Herpes simplex Typ 2	• Sexuell übertragen • Schmerzhafte vulväre Bläschen und Ulzera
Trichomonas vaginalis	• Sexuell übertragen • Eitriger Ausfluss • Im Abstrichpräparat: begeißelte, birnenförmige Protozoen
Neisseria gonorrhoeae	• Sexuell übertragen • Symptomarm • „Untere Gonorrhö": paraurethrale und endozervikale Drüsen • „Obere Gonorrhö": Endometritis, Salpingitis und Adnexitis → **Infertilität**
Chlamydia trachomatis	• Sexuell übertragen • „Lymphogranuloma venereum" • Schmerzloses Ulzus der Vulva mit inguinaler Lymphadenopathie
Haemophilus ducreyi	• Sexuell übertragen • „Weicher Schanker" oder Ulcus molle: schmerzhaftes, leicht blutendes Geschwür
Treponema pallidum	• Sexuell übertragen • Erreger der Lues/Syphilis • „Harter Schanker" oder Condyloma latum: Primäraffekt, schmerzloses, teilweise zerfallendes Geschwür
Humanes Papilloma-Virus, HPV	• Sexuell übertragen • Keine eigentliche Entzündungsreaktion, sondern • Condylomata acuminata, Epitheldysplasien und Plattenepithelkarzinome

Tumoren

Plattenepitheldysplasie und Plattenepithelkarzinom

- Dysplasien und Plattenepithelkarzinome betreffen Vulva und Vagina gleichermaßen
  - **Vulväre intraepitheliale Neoplasie: VIN**
  - **Vaginale intraepitheliale Neoplasie: VaIN**
- Kommen seltener vor als die intraepithelialen und invasiven Plattenepithelneoplasien der Zervix: vaginales 1 % und vulväres Plattenepithelkarzinom 3 % aller malignen Neoplasien des weiblichen Genitaltrakts
- Hauptrisikofaktor: HPV, v. a. Typ 16 und 18 (high risk)
- Eher ältere Patientinnen sind betroffen.

Die Klassifikation der Dysplasie erfolgt analog zur Zervix (→ Tab. 36.2).

Der Begriff **Morbus Bowen** wird v. a. von den Dermatologen gebraucht und entspricht einer VIN III.

Andere Tumoren der Vulva

Papilläres Hidradenom.

- Benigner, epithelialer Tumor der apokrinen Schweißdrüsen
- Bis 2 cm groß
- Scharf abgrenzbarer Knoten
- Papillär-drüsige Histoarchitektur.

Condylomata acuminata.

Warzenförmige Tumoren (auch Feigwarzen), Singular: Condyloma acuminatum

- Sexuell übertragbar
- Ursache: HPV-Infektion, v. a. Typ 6 und 11 (low risk)
- Kommen auch perianal und beim Mann im Bereich des Penis vor

Tab. 36.2 Klassifikation der vulvären und vaginalen Dysplasie.

VIN I, VaIN I	Leichtgradige Epitheldysplasie
VIN II, VaIN II	Mäßiggradige Epitheldysplasie
VIN III, VaIN III	Hochgradige Epitheldysplasie, Carcinoma in situ

- Histologie: plattenepitheliale Tumoren, die sich baumartig verzweigen
- Charakteristisch
  - Akanthose
  - Hyper- und Parakeratose
  - Koilozyten: Zellen mit rosinenartigem Kern und perinukleärem Halo.

Riesenkondylome werden auch als **Buschke-Löwenstein-Tumor** bezeichnet.

Extramammärer Morbus Paget.

- Sehr seltener maligner Tumor (Pendant zum Morbus Paget der Brust)
- Imponiert klinisch wie eine Vulvitis mit Rötung und Juckreiz
- Histologisch sind einzelne oder in kleinen Gruppen liegende Tumorzellen entlang der Epidermis zu erkennen
- Die Tumorzellen sind ballonartig vergrößert und zeigen ein helleres Zytoplasma.

Die Herkunft der Tumorzellen ist unklar, Schweißdrüsen und Progenitorzellen werden vermutet. Der Morbus Paget der Brust ist mit einem invasiv-duktalen Mammakarzinom oder DCIS vergesellschaftet.

Andere Tumoren der Vagina

Häufiger als Primärtumoren sind Metastasen in der Vagina, v. a. Zervix- und Endometriumkarzinom.

Adenokarzinom.

- Sehr selten
- Bei jungen Frauen, deren Mütter in der Schwangerschaft Diethylstilboestrol (DES) zur Vermeidung eines Aborts erhalten haben. Heutzutage obsolet.

Embryonales Rhabdomyosarkom.

Synonym: **Sarcoma botryoides** („traubenförmig“).

- Bei Mädchen < 5 Jahre
- Histologisch sind Rhabdomyoblasten in einem ödematösen Stroma zu sehen
- Gute Prognose bei früher Diagnose, Exzision und Radiotherapie.

CHECK-UP

- ☐ Welches Epithel kleidet Vulva und Vagina aus?
- ☐ Welches sind die häufigsten Tumoren von Vulva und Vagina? Wie werden Vorläuferläsionen klassifiziert? Was sind Risikofaktoren?
- ☐ Nennen Sie häufige Erreger und klinische Symptome von Vulvovaginitiden.

Cervix uteri

- Die Cervix uteri gliedert sich in Ektozervix und Endozervix
- Die Grenze zwischen Ekto- und Endozervix wird als **Transformationszone** bezeichnet → Dort entstehen dysplastische Veränderungen und Plattenepithelkarzinome bei HPV-Infekt.

Ektozervix

- Portio wird bedeckt von einem glykogenreichen, nicht verhornenden Plattenepithel
- Kolposkopisch gut zu erkennen und zu beurteilen.

Endozervix

- In der Kolposkopie nicht einsehbar
- Entspricht dem Zervixkanal, der in den Isthmus und dann ins Cavum uteri übergeht
- Von muzinösen Zylinderepithel bedeckt, das auch die endozervikalen Drüsen auskleidet.

Benigne Veränderungen

Ektopie

- Rötliche endozervikale Schleimhaut auf der Portiooberfläche
- Häufig
- Keine Therapie.

Plattenepithelmetaplasie

- Endozervikale Schleimhaut wird durch Plattenepithel ersetzt
- Häufig
- Keine Therapie.

Retentionszyste

Synonym: **Ovula Nabothi.**

- Verlegung der Drüsenausführungsgänge → Aufstau von Schleim
- Können Durchmesser von > 1 cm erreichen
- Harmlos, keine Therapie.

Endozervikaler Polyp

- Gestielte, exophytisch wachsende Tumoren
- Bestehend aus hyperplastischer und entzündlich veränderter endozervikaler Schleimhaut
- Können mehrere Zentimeter groß werden, prolabieren und bluten
- Harmlos
- Therapie: Exzision, Kürettage.

Chronische Zervizitis

- Nicht infektiös bedingt: nach Eingriffen, hormonell bedingt, mechanische Reize
- Symptomarm und häufig
- Keine Therapie notwendig.

Akute Zervizitis

- Meist infektiös bedingt: Erregerspektrum wie bei den Vulvovaginitiden, s. o.
- Fluor genitalis
- Antibiotische Therapie.

Condylomata acuminata

- HPV-bedingte warzenartige Plattenepithelproliferationen
- Zytologische oder bioptische Abklärung.

Präkanzeröse und maligne Veränderungen

Das plattenepitheliale Zervixkarzinom ist das Paradebeispiel für virusassoziierte Kanzerogenese. Dabei spielen humane Papillomaviren (HPV) im Bereich der Cervix uteri die entscheidende Rolle. Für diese Entdeckung erhielt der deutsche Virologe **Harald zur Hausen** (*1936) 2008 den Nobelpreis für Medizin. Doch noch ein anderer Mediziner soll in diesem Zusammenhang genannt werden: **George Nicolas Papanicolaou** (1883–1962). Der griechische Pathologe etablierte die Diagnose des Zervixkarzinoms und deren Vorläuferläsionen am Abstrich. Mit dieser einfachen und kostengünstigen Methode ließ sich die Inzidenz des Zervixkarzinoms in den letzten 50 Jahren drastisch um etwa 50 % reduzieren. Damit ist der so genannte **Pap-Test** die erfolgreichste Krebs-Screening-Methode aller Zeiten.

Pathogenese.

- Humane Papilloma-Viren (HPV) sind Doppelstrang-DNA-Viren, von denen mittlerweile weit über 100 Typen bekannt sind
- Unterschieden werden:
  - Low-risk-Typen, z. B. Typ 6 und 11: mit Condylomata acuminata assoziiert
  - High-risk-Typen, v. a. Typ 16 und 18: ihre DNA lässt sich in > 95 % aller Zervixkarzinome HPV-DNA nachweisen. HPV-High-risk-Typen können über die viralen Proteine E6 und E7 den Zellzyklus dahingehend beeinflussen, dass der Zelltod (Apoptose) über die Blockade des Tumorsuppressors p53 verhindert und die Proliferation angeregt wird
- HPV sind jedoch nicht der alleinige Faktor zur Kanzerogenese → nicht jede Frau mit einer HPV-Infektion entwickelt ein Zervixkarzinom.

Seit 2006/2007 sind zwei Impfstoffe gegen HPV zugelassen. In Deutschland besteht gemäß STIKO eine Impfempfehlung für Mädchen zwischen 12 und 17 Jahren (in der Schweiz: 11–14 Jahre). Eine Impfung für Knaben wird im deutschsprachigen Raum kontrovers diskutiert.

Zervikale intraepitheliale Neoplasie

Akronym: **CIN.**

Mit der Einführung der gynäkologischen Vorsorgeuntersuchung hat die Inzidenz des Zervixkarzinoms stark abgenommen (s. o.). Dafür ist die Zahl der präkanzerösen Vorläuferläsionen ebenso stark gestiegen, da diese nun früher entdeckt werden.

Grundlagen der Diagnostik.

- Zytologische Untersuchung des Portio-Abstrichs mit Beurteilung der Zell- und insbesondere der Kernmorphologie
- Histologische Untersuchung einer Knips-Biopsie auffälliger Areale auf der Portio-Oberfläche. Neben der Kernmorphologie ist das Ausmaß der Schichtungsstörung ein wichtiges Kriterium für die Diagnose (→ Tab. 36.3)
- Zur Vereinheitlichung der Diagnosen sind verschiedene Klassifikationssysteme in Gebrauch (→ Tab. 36.4). Unter den Gynäkozytologen hat die Bethesda-Klassifikation die mittlerweile veraltete Münchner-Klassifikation weitgehend abgelöst. Da sie jedoch in Deutschland trotzdem noch mancherorts in Gebrauch ist, wurde sie weiterhin mit aufgeführt
- In Abhängigkeit des Dysplasiegrads erfolgt das weitere Management
- Dabei gilt: je höher die Dysplasie → spontane Ausheilung unwahrscheinlicher → Übergang in ein invasives Karzinom wahrscheinlicher → Therapie invasiver und aggressiver (s. a. → Tab. 36.5).

Tab. 36.3 Klassifikation der CIN.

CIN	Dysplasiegrad	Mikroskopische Kriterien und Atypie
CIN I	Leichtgradige Dysplasie	• Basales Drittel mit Schichtungsstörung • Die Kerne sind hyperchromatisch mit perinukleärem Halo (Koilozyten) • Erhöhte Kern-Zytoplasma-Relation
CIN II	Mäßiggradige Dysplasie	• Schichtungsstörung reicht ins mittlere Drittel • Aufsteigende Mitosen • Kern-Zytoplasmarelation ist noch mehr erhöht
CIN III	Hochgradige Dysplasie, Carcinoma in situ	• Komplettes Epithel ist ersetzt durch atypische Zellen mit stark vergrößerten, hyperchromatischen und unregelmäßigen Kernen • Mitosefiguren erreichen die Oberfläche

Tab. 36.4 Klassifikation der Zervixpathologie.

WHO	Normal	Entzündlich reaktiv	Virusinfektion HPV	Leichte Dysplasie	Mäßige Dysplasie	Schwere Dysplasie CIS	Invasives Karzinom
CIN	Normal	Entzündlich reaktiv	HPV Kondylom	CIN I	CIN II	CIN III	Invasives Karzinom
Pap München II	Pap I	Pap II	Pap III D			Pap IV	Pap V
Bethesda	Normal	Entzündlich reaktiv	LSIL		HSIL		Invasives Karzinom
	ASC-US				ASC-H		
Kontrolle	1–3 Jahre	Nach Therapie	In 3–6–12 Monaten		Bioptische Kontrolle/Therapie (Konisation)		

LISL: Low grade squamous intraepithelial lesion
HSIL: High grade squamous intraepithelial lesion
ASC-US: Atypical squamous cells of undetermined significance
ASC-H: Atypical squamous cells – HSIL nicht ausgeschlossen.

Tab. 36.5 Risiko invasiver Zervixkarzinome bei CIN.

Stadium	Rückbildung	Persistenz	Progression zum invasiven Karzinom
CIN I/LSIL	Bis zu 60 %	20–40 %	10–15 %
CIN III/HSIL	20–40 %	35–70 %	20–70 %

Zervixkarzinom

- Vor Einführung des Pap-Tests der häufigste maligne Tumor des weiblichen Genitaltrakts
- Heute seltener als Endometrium- und Ovarialkarzinom
- Etwa 90 % sind Plattenepithelkarzinome und HPV-assoziiert
- Altersgipfel liegt zwischen 35 und 50 Jahren
- CIN gilt als Präkanzerose des Zervixkarzinoms.

Klinik.

- Frühstadium: symptomarm → regelmäßiges Screening wichtig
- Spätstadium: Vaginale Blutungen.

Makroskopie.
Exophytisches oder ulzeröses Wachstum.

Histologie.

- Meist verhornende oder nichtverhornende Plattenepithelkarzinome
- Selten sind neuroendokrine Karzinome („Kleinzeller") und Adenokarzinome, die eine drüsige Architektur aufweisen
- Letztere haben beide eine schlechtere Prognose als Plattenepithelkarzinome.

Das Tumorstadium bestimmt Therapie und Prognose. Die Radikal-Operation (Wertheim) umfasst die Entfernung von Uterus, Parametrien, Vaginalmanschette und regionalen Lymphknoten. In höheren Stadien werden Radio- und Chemotherapie eingesetzt.

CHECK-UP

- ☐ Welche Bedeutung haben HPV-Infektionen in Zusammenhang mit Präkanzerosen und Karzinomen der Cervix uteri?
- ☐ Welche Bedeutung hat die Unterscheidung in Low-risk- und High-risk-Typen?
- ☐ Wie ändert sich das Management von HPV-Infektionen abhängig von der Beurteilung des Pap-Abstrichs?

Corpus uteri

- Besteht aus glatter Muskulatur (Myometrium) und Schleimhaut (Endometrium), die das Cavum uteri auskleidet
- Das Endometrium wird von Drüsenschläuchen gebildet, die von so genanntem **zytogenem Stroma** umgeben werden.

Fehlbildungen

Septierungen und Doppelbildungen des Uterus resultieren aus einer ausbleibenden Verschmelzung der Müller-Gänge. Varianten:

- Uterus septus: Septiertes Cavum uteri
- Uterus bicornis: Doppelt angelegtes Cavum uteri
- Uterus didelphys: Doppelt angelegter Uterus mit zwei Portiones und septierter Vagina.

Funktionelle Störungen des Endometriums

Drüsen und Stroma unterliegen dem Einfluss von Hormonen. Man unterscheidet:

- **Proliferative Phase**, unter Östrogen-Einfluss: vom Follikel sezerniert
- **Sekretorische Phase**, unter Gestagen-Einfluss: vom Corpus luteum sezerniert
- Findet keine Einnistung einer befruchteten Eizelle statt, wird die Schleimhaut abgestoßen und der Zyklus beginnt von neuem
- Beide Phasen können durch Hormonmangel oder -überschuss gestört sein.

Zyklusstörungen äußern sich durch Unregelmäßigkeiten der Menstruationsblutungen:

- Amenorrhö: Ausbleiben der Blutung
- Menorrhagie: verlängerte Blutungen
- Metrorrhagie: Zwischenblutungen
- Dysmenorrhö: schmerzhafte Regelblutung.

Tab. 36.6 Funktionelle Störungen des Endometriums.

Hormonstörung	Folge
Östrogenmangel	• Proliferation bleibt aus → ruhendes oder atrophes Endometrium, z. B. postmenopausal, nach Adnexektomie • **Cave**: paradoxer Effekt bei Tamoxifen (Antiöstrogen = Therapie bei hormonrezeptorpositivem Mammakarzinom): Endometriumpolypen statt Atrophie
Östrogenüberschuss	Gesteigerte Proliferation bis hin zur Endometriumhyperplasie, z. B. • Follikelpersistenz • Anovulatorischer Zyklus bei endokrinen Störungen • Östrogenproduzierender Tumor • Adipositas • Medikamentös
Gestagenmangel	Vorzeitige Abstoßung des Endometriums, z. B. Corpus luteum-Insuffizienz → Infertilität, Amenorrhö oder Hypermenorrhö
Gestagenüberschuss	Verzögerte Abstoßung des Endometriums mit Arias-Stella-Phänomen (sternförmige Drüsen mit polymorphen hyperchromatischen Zellkernen), z. B. Corpus-luteum-Persistenz mit verlängerter Gestagen-Sekretion

Tab. 36.7 Differenzialdiagnose Blutungsanomalien, abhängig vom Alter.

Vor Pubertät	Pubertas praecox: adrenogenitales Syndrom und andere hormonelle Störungen
Erwachsene Frau	• Schwangerschaftskomplikationen: Abort, Extrauterin-Gravidität • Benigne Veränderungen: Leiomyome, Adenomyose, Polypen, Endometriumhyperplasie, Endometritis • Karzinom
Peri-/Postmenopausal	• Benigne Veränderungen: Polypen, Hyperplasie, Atrophie, Endometritis • Karzinom

Nicht nur Zyklusstörungen können Ursache von Blutungsanomalien sein → Jede postmenopausale vaginale Blutung bedarf einer Abklärung durch Kürettage zum Ausschluss eines Karzinoms.

Endometritis

Myometritis: Mitbeteiligung des Myometriums bei Endometritis.

Akute eitrige Endometritis

- Infektiös bedingt
- Insgesamt selten: Im Wochenbett oder bei Abort.

Chronische Endometritis

Häufiger als die akute Variante. Histologisch entscheidend ist das Vorkommen von Plasmazellen.
Ursachen:

- Plazentareste nach Geburt oder Abort
- Intrauterinpessare
- Genitaltuberkulose: Granulomatöse Entzündung. Selten in Industrieländern.

Endometriumhyperplasie

Meist peri- oder postmenopausale Proliferation des Endometriums.

Ursache. Östrogenüberschuss, z. B. bei Adipositas, Hormonersatztherapie mit Östrogen, östrogenproduzierender Granulosazelltumor des Ovars, anovulatorische Zyklen.

Klinik. Meno-Metrorrhagien.

Diagnostik. Kürettage mit histologischer Untersuchung.
Morphologisch werden drei Formen unterschieden.

Einfache Hyperplasie

Synonym: **Glandulär-zystische Hyperplasie**.

- Drüsen sind dilatiert und haben unterschiedliche Durchmesser (Schweizer-Käse-Aspekt)
- Keine Kernatypien
- Kein erhöhtes Karzinomrisiko.

Komplexe Hyperplasie ohne Atypien

- Drüsen verdrängen das Stroma und stehen Rücken an Rücken
- Kernatypien fehlen
- Kein erhöhtes Karzinomrisiko.

Komplexe atypische Hyperplasie

Akronym: **KAH.**

- Drüsen dominieren deutlich und werden ausgekleidet von Epithelien mit vergrößerten atypischen Kernen
- Gilt als präkanzeröse Vorstufe zum endometrioiden Adenokarzinom
- Molekulargenetisch lässt sich bereits ein Verlust der PTEN-Expression (Tumorsuppressor) nachweisen, wie auch beim endometrioiden Adenokarzinom
- Therapie: Hysterektomie muss diskutiert werden.

Tumorartige Läsionen

Endometriose

- Bei jungen Frauen
- Ektope („versprengte") endometriale Schleimhaut außerhalb des Cavum uteri, z. B.
  - In den Ovarien
  - Peritoneal
  - Im kleinen Becken
  - Im Bereich von Laparatomienarben
  - Inguinal
  - (Rekto-)Vaginal
  - Umbilikal
- Da Endometrium überall der hormonellen Stimulation unterliegt, sind zyklisch wiederkehrende Schmerzen (Dysmenorrhö) charakteristisch
- Eine Endometriose kann Infertilität verursachen
- Bei hohem Leidensdruck ist eine operative Sanierung in Erwägung zu ziehen.

Morphologie.

- Bläulich-schwarze bis gelb-braune Knoten
- Derb bis prall-elastisch
- Endometriosezysten im Ovar werden aufgrund des bräunlichen, eingedickten, alten Bluts auch als „Schokoladenzysten" bezeichnet
- **Adenomyose**: Endometriose des Myometriums.

Histologie.

- Reguläre Drüsen in zytogenem Stroma, analog zum normalen Endometrium
- Zum Teil nur noch Granulationsgewebe und Siderophagen als Zeichen älterer Einblutungen nachweisbar

Endometriale Schleimhautpolypen

- Häufig
- In jedem Lebensalter, meist aber postmenopausal
- Breitbasig aufsitzende oder gestielte, bis 3 cm große Gewebemassen bestehend aus meist zystisch verändertem Endometrium: **Zystisch-glandulärer Schleimhautpolyp**
- Schleimhaut kann auch hyperplastisch sein (s. o.)
- Selten auch kleine Adenokarzinome in Schleimhautpolypen
- Bei Tamoxifen-Therapie (ein antiöstrogen wirkendes Medikament bei Mammakarzinom).

Klinik. Blutungen.

Diagnostik und Therapie. Hysteroskopische Kürettage.

Tumoren des Endometriums

Unterscheidung entsprechend des Aufbaus des normalen Endometriums:

- Rein epitheliale Tumoren: am häufigsten
- Stromatumoren
- Mischtumoren.

Endometriumkarzinom

- Häufigster maligner Tumor des weiblichen Genitaltrakts
- Erkrankung von Frauen in der Postmenopause
- Bei jungen Frauen müssen hereditäre Erkrankungen (z. B. HNPCC) ausgeschlossen werden.

Risikofaktoren.

- Östrogenüberschuss, z. B. bei Adipositas, Hormonersatztherapie, östrogenproduzierende Tumoren
- Vorhandensein einer komplex atypischen Hyperplasie des Endometriums (s. o.)
- Diabetes mellitus
- Arterielle Hypertonie
- Nulliparität (Kinderlosigkeit oder Infertilität).

Makroskopie.

- Exophytisch wachsende und das Myometrium infiltrierende Tumoren
- Nekrotisch zerfallende Oberfläche
- Eher spät regionale Lymphknotenmetastasen oder Fernmetastasen (Lunge, Leber).

Mikroskopie.
- Beim endometrioiden Adenokarzinom glanduläres oder villöses Muster
- Das Grading berücksichtigt die Histoarchitektur und den Grad der Kernatypien
- Solides Wachstum ist typisch für wenig differenzierte Endometriumkarzinome
- Relativ häufig ist eine nicht neoplastische, plattenepitheliale Metaplasie nachweisbar
- Molekularbiologisch ist ein Expressionsverlust des Tumorsuppressors PTEN charakteristisch.

Klinik.
- Meno-Metrorrhagien als Frühsymptom → Endometriumkarzinome werden daher häufig im Anfangsstadium diagnostiziert
- Prognose günstig, 5-JÜR von 90 % (bei G1- oder G2-Karzinomen).

Seröse und klarzellige Endometriumkarzinome
- **Sonderfall**: Untergruppe von < 10 %
- Ähneln morphologisch den entsprechenden Ovarialkarzinomen
- Wenig differenziert, weisen aggressiveres Verhalten auf → Prognose generell schlechter
- Molekularbiologische Unterschiede:
  - Nicht östrogenabhängig
  - Kein PTEN-Verlust, sondern p53-Mutationen entscheidend → Die komplexe atypische Hyperplasie gilt hier nicht als Vorläuferläsion
- Betroffen sind Frauen in hohem Alter.

Maligner Müller-Mischtumor
Synonym: **Karzinosarkom**.
- Hoch maligner Tumor
- Wenig differenzierte epitheliale und mesenchymale Anteile:
  - Die epitheliale Komponente gleicht serösen Karzinomen
  - Die mesenchymale Komponente kann sich als Sarkom ohne oder mit Differenzierung (z. B. Skelettmuskulutar, Knorpel, Knochen und Fettgewebe) manifestieren
- Prognose: 5-JÜR < 30 %, deutlich schlechter als beim Endometriumkarzinom.

Endometrialer Stromatumor
- Selten
- Ursprung: zytogenes Stroma der endometrialen Schleimhaut
- Spektrum vom benignen Stromaknoten bis zum malignen, endometrialen Stromasarkom.

Tumoren des Myometriums

Leiomyom
- Benigner Tumor aus glatter Muskulatur
- Häufigster Tumor des Uterus, des weiblichen Genitaltrakts und wahrscheinlich der häufigste Tumor der Frau überhaupt
- Leiomyome treten meist multipel auf, bis hin zum Uterus myomatosus
- Können mehrere Zentimeter Durchmesser erreichen
- Mögliche Lokalisationen:
  - Subserös
  - Intramural, im Myometrium gelegen
  - Submukös
- Makroskopie:
  - Scharf begrenzt
  - Derbe Konsistenz
  - Weißliche, wirbelige Schnittfläche
  - Regressive Veränderungen wie Narben, Zysten und Verkalkungen nehmen mit dem Durchmesser zu.

Klinik.
- Häufig stumm
- Submuköse Leiomyome können Blutungen verursachen
- Plötzliche Schmerzen bei Infarzierung, z. B. bei Stieldrehung eines subserösen Leiomyoms
- Große Leiomyome können Probleme in der Schwangerschaft bereiten
- Eine Transformation in ein Leiomyosarkom ist höchst unwahrscheinlich.

Leiomyosarkom des Uterus
- Selten
- Maligner mesenchymaler Tumor
- Glattmuskuläre Differenzierung
- Altersgipfel 40–60 Jahre
- Im Gegensatz zu Leiomyomen solitär auftretend
- Histologisch wird das Leiomyosarkom vom Leiomyom abgegrenzt durch
  - Ausmaß der Kernatypie
  - Mitoserate
  - Vorhandensein von Tumornekrosen
- Lokalrezidive und Fernmetastasen (Lunge, Knochen und Hirn) sind häufig
- Schlechte Prognose mit einem 5-JÜR von < 40 %.

■ CHECK-UP

- ☐ Nennen Sie Differenzialdiagnosen zur vaginalen Blutung einer postmenopausalen Patientin. Wie gehen Sie bei der Abklärung vor?
- ☐ Was sind Risikofaktoren des endometrioiden Adenokarzinoms des Uterus?
- ☐ Welche anderen Tumoren des Corpus uteri kennen Sie?

Tuba uterina und Ovar

Tuben und Ovarien werden auch als **Adnexe** bezeichnet.

Tuben

- Entspringen den Tubenwinkeln des Uterus
- Werden ausgekleidet von einem flimmertragenden Zylinderepithel
- Ihr Fimbrientrichter umfasst das Ovar und nimmt die Eizelle nach der Ovulation auf.

Ovar

- In den Ovarien befinden sich die weiblichen Keimzellen: **Oozyten**
- Sie liegen in Follikeln, die im Rahmen eines Zyklus zu Sekundär- und Tertiärfollikeln heranreifen
- Nach dem Eisprung werden die Follikelzellen zum Corpus luteum, das Gestagene sezerniert, bis diese Aufgabe von der Plazenta übernommen werden kann
- Findet keine Befruchtung oder Einnistung statt, atrophiert das Corpus luteum zum Corpus albicans.

Fehlbildungen

Agenesie

- Selten
- Häufig im Rahmen von Syndromen.

Gonadendysgenesie

Beim **Ullrich- Turner-Syndrom** (×0-Monosomie): Ovarien stellen nur strangförmige Rudimente ohne Eizellen dar, so genannte Streak-Gonaden. Dadurch primäre Amenorrhö und fehlende Geschlechtsentwicklung in der Pubertät bei sehr niedrigen Östrogenspiegeln.

Entzündungen

Adnexitis

- V. a. Salpingitis
- Selten mit Beteiligung des Ovars: **Oophoritis**
- Erreger v. a. Gonokokken
- Klinisch kann eine Adnexitis mit einer Appendizitis oder Divertikulitis verwechselt werden.

Komplikationen.

- Tuboovarialabszess
- Pyosalpinx
- Saktosalpinx
- Verklebungen können zur Infertilität führen
- Erhöhtes Risiko für Tubargraviditäten.

Granulomatöse Salpingitis

- Im Rahmen einer Genitaltuberkulose
- In den Industrienationen äußerst selten.

Zysten

Paratubare und Hydatidenzysten der Tube

- Dünnwandig, meist gestielt
- Bis zu 2 cm groß
- Mit wasserklarer Flüssigkeit gefüllt
- Auskleidung: flaches, einschichtiges oder flimmertragendes Epithel
- Häufig und harmlos.

Funktionelle Zyste des Ovars

- Zystische Follikel im Ovar sind so häufig, dass sie quasi als Normalbefund gelten
- Zysten können deutlich über 2 cm groß werden
- Harmlos.

Auskleidung:

- Follikelzyste: Granulosazellen
- Corpus-luteum-Zyste: Luteinisierte Granulosazellen.

Seröse Zyste des Ovars

- Einkammerige, bis zu mehrere Zentimeter große Zysten
- Gefüllt mit klarer Flüssigkeit
- Auskleidung: Flimmerepithel, häufig abgeflacht mit nicht mehr gut erkennbaren Flimmerhärchen

- Übergang zum serösen Zystadenom ist fließend, klinisch aber nicht relevant → Beide benigne.

Inklusionszyste

- Lokalisiert in der Ovarrinde
- Kleine, meist nur wenige Millimeter große Zysten
- Auskleidung: Einschichtiges Epithel oder Mesothel.

Endometriosezyste

- Mehrere Zentimeter große, bläulich schimmernde Zysten
- Gefüllt mit eingedicktem alten Blut → Wegen der Farbe der Name „Schokoladenzysten"
- Auskleidung: Endometriumschleimhaut (Drüsen in zytogenem Stroma)
- In der Umgebung zahlreichen Siderophagen als Zeichen älterer Einblutungen.

Syndrom der polyzystischen Ovarien

Akronym: **PCO**, Synonym: **Stein-Leventhal-Syndrom**.

- Betrifft 3–6 % aller Frauen vor der Menopause
- Begleitsymptome: Infertilität, Hirsutismus und Adipositas
- Ursache unklar, Enzymdysfunktion bei Hormonsynthese?
- Assoziation mit Insulinresistenz (Ovulation unter Therapie mit Insulinmediatoren).

Hauptmerkmale.

- Vergrößerte Ovarien wegen multiplen Follikelzysten mit Vernarbung der Ovarrinde
- Oligomenorrhö oder Amenorrhö bei anovulatorischen Zyklen.

Tumoren

Tumoren der Tuba uterina sind selten.

Neoplasien des Ovars. Benigne und maligne Tumoren.

- Etwa 80 % benigne, hauptsächlich bei jungen Frauen im Alter zwischen 20–45 Jahren
- Maligne Ovarialtumoren betreffen eher Frauen zwischen 40 und 65 Jahren
- Ovarialtumoren werden abhängig vom betroffenen Ausgangsgewebe klassifiziert:
  - Epitheliale Tumoren: 65–70 %
  - Keimzelltumoren: 15–20 %
  - Keimstrang-Stroma-Tumoren: 5–10 %
  - Metastasen: 5 %.

Klinik.

- Meist stumm
- Fallen erst ab einer bestimmten Größe auf wegen
  - Kompression von Nachbarorganen: Dysurie, Obstipation etc.
  - Unterbauchschmerzen
  - Palpable Masse
- Maligne Ovarialtumoren können zusätzlich zu Gewichtsverlust und Kachexie führen
- Aszitesbildung mit Nachweis von Tumorzellen (überwiegend bei Karzinomen) ist typisch
- Maligne Ovarialtumoren werden häufig erst spät entdeckt → Prognose schlecht
- Kein etabliertes Screening: Tumormarker CA-125 wenig sensitiv und wenig spezifisch.

Keimstrang-Stroma-Tumoren können Hormone produzieren → können sich sekundär manifestieren als

- Virilisierung oder Hirsutismus (Androgene)
- Meno-Metrorrhagien bei Endometriumhyperplasie (Östrogen).

Epitheliale Ovarialtumoren

- Die häufigsten Ovarialtumoren
- Leiten sich vom so genannten **Müller-Epithel** ab: Aus dem Müller-Gang entwickeln sich während der Embryonalentwicklung Uterus und Tuba uterina
- Unterscheidung in drei histologische Haupttypen:
  - Epithel vom tubalen Typ: Seröse Tumoren
  - Epithel vom endozervikalen Typ: Muzinöse Tumoren
  - Epithel vom endometrialen Typ: Endometrioide Tumoren.

Prognostisch entscheidend ist die Unterteilung in:

- Benigne Tumoren
- Maligne Tumoren
- **Borderline-Tumoren**:
  - Kernatypien und eine zunehmend komplexe Architektur (Papillen, Stratifizierung der Kerne)
  - (Noch) Kein invasives Wachstum.

Die Stadieneinteilung erfolgt bei malignen und Borderline-Tumoren nach der TNM- und FIGO-Klassifikation.

Seröse Tumoren

- Insgesamt 30 % aller Ovarialtumoren
- Meisten benigne: 75 %.

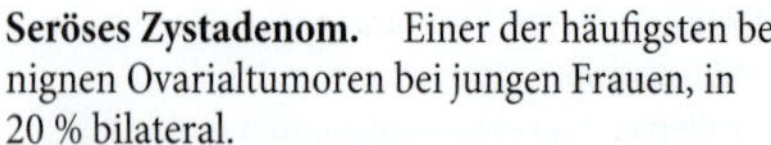

Seröses Zystadenom. Einer der häufigsten benignen Ovarialtumoren bei jungen Frauen, in 20 % bilateral.
Makroskopie:
- Prall-elastische, septierte Zysten, die mehrere Zentimeter groß werden können
- Klare, wässrige Flüssigkeit als Inhalt
- Glatt glänzende Auskleidung.

Mikroskopie: Einschichtiges Zylinderepithel, Flimmerhärchen möglich.
Sonderform: Zystadenofibrom mit zusätzlichem Anteil an kollagenreichem Bindegewebe.

Seröser Borderline-Tumor. 30 % bilateral.
Makroskopie:
- Wie seröses Zystadenom
- Zusätzlich aber papilläre Formationen und Ausbildung von soliden Massen.

Mikroskopie:
- Epithel wirkt nicht mehr einschichtig
- Atypische Kerne liegen übereinander (Stratifizierung)
- Keine Invasion nachweisbar
- Eine peritoneale Aussaat („Implants") ist möglich und verschlechtert die Prognose
- Lokalrezidive kommen gehäuft vor.

Serös papilläres (Zyst-)Adenokarzinom. Häufigster maligner Ovarialtumor (40 %), ⅔ bilateral.
Makroskopie: solide, weiß-graue Tumormasse mit wenigen zystischen Abschnitten.
Mikroskopie:
- Reichlich papilläre Formationen
- Atypische bis stark pleomorphe Tumorzellen
- Konzentrische Verkalkungen (Psammomkörperchen) sind typisch, aber nicht pathognomonisch
- Peritonealkarzinose mit Nachweis von Tumorzellen im Aszites
- Lymphogene und hämatogene Metastasierung, dann sehr schlechte Prognose.

Molekulargenetik: Patientinnen mit BRCA-Mutationen entwickeln gehäuft Mamma- und Ovarialkarzinome.

Muzinöse Tumoren

- Insgesamt 25 % aller Ovarialtumoren
- Selten vor der Pubertät und nach der Menopause
- Im Gegensatz zu serösen Tumoren selten bilateral.

Muzinöses Zystadenom. 80 % der muzinösen Tumoren.
Makroskopie:
- Tendenziell größer als seröse Tumoren: Können mehrere Kilogramm schwer sein
- Eingedickter, visköser Schleim als Inhalt.

Mikroskopie:
- Schleimbildendes, einschichtiges Zylinderepithel
- Klares Zytoplasma
- Basal gelegene Kerne.

Muzinöser Borderline-Tumor.
- Analog zum serösen Borderline-Tumor
- Vorläufer zum muzinösen Zystadenokarzinom
- Makroskopie: Multiple kleine Zysten mit Zunahme der soliden Areale
- Mikroskopie: Kerne liegen nicht mehr basal, sondern geschichtet („Stratifizierung")
- Keine Invasion.

Muzinöses (Zyst-)Adenokarzinom. 10 % der malignen Ovarialtumoren.
Makroskopie: Solide mit zystischen Abschnitten.
Mikroskopie: Komplexe Architektur mit papillären Strukturen, Nekrosen und ausgeprägte Kernatypien.
Prognose:
- Besser als beim serös-papillären Adenokarzinom
- Deutlich schlechtere Prognose bei Pseudomyxoma peritonei: peritoneale Aussaat mit viel Schleim in der Bauchhöhle.

> Ein Pseudomyxoma peritonei kann auch bei muzinösen Appendix-Tumoren auftreten.

Endometrioide Tumoren

- V. a. maligne Formen, z. B. endometrioides Adenokarzinom
- < 10 % Borderline- und benigne Tumoren
- Makroskopisch überwiegen solide Abschnitte
- Zysten enthalten schmutzig-braune Flüssigkeit
- Die Histomorphologie ist dem endometrioiden Adenokarzinom des Corpus uteri vergleichbar
- 20 % sind assoziiert mit einer Endometriose.

> **Cave**: Endometriose gilt als nichtneoplastische Läsion und ist **keine** Präkanzerose.

- Prognose im Stadium I relativ gut.

Andere epitheliale Tumoren des Ovars

Folgende Tumoren sind eher selten:

Klarzelliges Adenokarzinom: Schlechtere Prognose.

Brenner-Tumor:
- Benigne, überwiegend solide Tumoren
- Das Epithel ähnelt Urothel
- Die maligne Form wird als Transitionalzellkarzinom bezeichnet.

Maligner Müller-Mischtumor:
- Analog zum Pendant im Corpus uteri
- Sehr schlechte Prognose.

Keimzelltumoren des Ovars

Etwa 15–20 % aller Ovarialtumoren.

> Es existieren zahlreiche Untertypen, die ihren Gegenpart auch im Hoden haben → ovarielle und testikuläre Keimzelltumoren gleichen sich weitgehend (→ Kap. 35).
> Unterschiede:
> - Das Dysgerminom („Seminom des Ovars") kommt deutlich seltener vor
> - Die häufigsten Keimzelltumoren des Ovars sind reife Teratome (darunter auch die Dermoidzysten). Im Gegensatz zu testikulären Teratomen gelten sie in jedem Alter als benigne.

Teratome

- Häufigsten Keimzelltumoren des Ovars
- Meist bei jungen Frauen.

Reifes Teratom. Sehr häufig und benigne.
- **Dermoidzyste**: Reifes Teratom ohne mesenchymales und neuronales Gewebe
- Sehr selten kann ein Gewebe in einem reifen Teratom maligne entarten, z. B. zu einem Plattenepithelkarzinom
- Makroskopie: Zystische Tumoren, die Haare, Talg und Zähne enthalten können
- Mikroskopie:
  - Am häufigsten Epidermis mit Hautanhangsgebilden (Talgdrüsen)
  - Praktisch kann jedes reife Gewebe vorkommen: Knorpel, Knochen, Fettgewebe, Schilddrüse/Struma ovarii, Darmmukosa etc.

Unreifes Teratom. Selten.
- Mädchen vor der Pubertät und junge Frauen
- Abgrenzung von den reifen Teratomen rein mikroskopisch durch den Nachweis von embryonalem Gewebe (meist unreifes neuronales Gewebe) → Die Unterscheidung ist wichtig, da unreife Teratome metastatisches Potenzial besitzen.

Dysgerminom

- „Seminom des Ovars"
- Im Gegensatz zum testikulären Seminom selten
- Betrifft junge Frauen in der zweiten und dritten Dekade
- Sehr strahlensensibel → Metastasen können gut radiotherapiert werden.

Morphologie praktisch identisch mit der des Seminoms:
- Makroskopisch imponiert ein solider Tumor mit weiß-beiger Schnittfläche
- Mikroskopisch zeigen sich große runde Zellen mit hellem Zytoplasma und rundlichen Kernen
- Häufig begleitet von einem lymphozytären Infiltrat
- Synzytiotrophoblastäre Riesenzellen können eingestreut sein
- Prognose: nach Adnexektomie recht gut.

Andere Keimzelltumoren

Dottersacktumor.
- Insgesamt selten
- Zweithäufigster maligner Keimzelltumor des Ovars
- Produziert α-Fetoprotein → im Serum nachweisbar
- Pathognomonisch sind histologisch Schiller-Duval-Körperchen.

Chorionkarzinom.
- Extrem selten und sehr aggressiv
- Morphologisch wie Chorionkarzinom in der Plazenta
- Hohes Metastasierungspotenzial
- Chemotherapiesensibel.

Embryonales Karzinom. Aggressiv, sehr pleomorphe Zellen.

Gemischte Keimzelltumoren. Mit unterschiedlichen Komponenten.

Keimstrang-Stroma-Tumoren

- Etwa 5–10 % aller Tumoren des Ovars
- Überwiegend unilateral auftretend
- Meist benigne
- Ursprungsgewebe: Ovarielles Stroma
- Keimstrang-Stroma-Tumoren produzieren häufig Geschlechtshormone → Rufen spezifische Symptome hervor → Sind wegweisend für die Diagnose

- Wichtiger Marker für Diagnostik (Immunhistochemie) und Verlaufskontrollen ist α-Inhibin: Wird von allen Keimstrang-Stroma-Tumoren exprimiert und ist im Serum nachweisbar.

Granulosazelltumor.
- Häufigster Keimstrang-Stroma-Tumor
- Kann Östrogen sezernieren → Kann somit zu Meno-Metrorrhagien bei Endometriumhyperplasie führen → Risiko für ein Endometrium-Karzinom ist erhöht
- Das Verhalten von Granulosazelltumoren ist schwierig vorherzusagen
- Meist benigne, bei 5–25 % maligne Verläufe mit Lokalrezidiven und Metastasen
- Makroskopisch fällt eine gelbe Schnittfläche auf
- Mikroskopie:
  - Kleine Zellen mit Kernkerben, die wie Kaffeebohnen imponieren
  - **Call-Exner-Bodies**, follikelähnliche Formationen um eingeschlossenes eosinophiles Material.

Fibrothekom.
- Benigne, derbe Tumoren mit grau-weißer Schnittfläche
- Zusammengesetzt aus spindeligen Fibroblasten und plumperen Thekazellen mit intrazytoplasmatischen Fetttröpfchen
- Östrogensynthese möglich.

Klinik: **Meigs-Syndrom**.
- Aszites
- Hydrothorax
- Tumor im Ovar.

Sertoli-Leydig-Zell-Tumoren.
- Ähneln den Sertoli- und Leydig-Zellen des Hodens
- Können auch Androgene produzieren
- Klinisch fallen die Frauen durch eine Virilisierung auf:
  - Hirsutismus
  - Atrophie der Mammae
  - Amenorrhö
  - Klitoris-Hypertrophie
  - Alopezie
- Überwiegend benigne, maligner Verlauf ist selten.

Metastasen im Ovar
- Andere maligne Tumoren der weiblichen Geschlechtsorgane, z. B. Endometrium-Karzinom, kontralaterales Ovarialkarzinom
- Krukenberg-Tumoren: „Abtropfmetastasen" in beiden Ovarien eines (siegelringzelligen) Magenkarzinoms
- Andere gastrointestinale Karzinome, z. B. Kolon, Appendix und pankreatikobiliärer Trakt
- Mammakarzinome.

CHECK-UP

- ☐ Sonografisch fällt bei einer junger Patientin ein vergrößertes Ovar mit zystischen Anteilen auf. Welche Differenzialdiagnosen kommen in Betracht?
- ☐ Sonografisch fällt bei einer älteren Dame ein vergrößertes Ovar mit zystischen und soliden Anteilen auf. Welche Differenzialdiagnosen kommen in Betracht? Welche zusätzlichen Befunde sprechen für einen malignen Tumor?

37 Pathologie der Schwangerschaft und Pädopathologie

Fetaler Kreislauf und Funktion der Plazenta

Da Mutter, Plazenta und Fetus während der Schwangerschaft eine Einheit bilden, können pathologische Veränderungen alle drei „Mitspieler“ betreffen.

Verknüpfung von fetalem und maternalem Kreislauf

- In der Plazenta findet der Austausch von Sauerstoff, Kohlendioxid und Nährstoffen statt
- Sauerstoff- und nährstoffreiches mütterliches Blut gelangt über die Spiralarterien in den intervillösen Raum. In diesem „schwimmen“ die **Chorionzotten** → Führen die fetalen Blutgefäße, die wiederum über die beiden Nabelschnur-Arterien aus den Iliakalgefäßen gespeist werden
- Das angereicherte fetale Blut gelangt über die Nabelschnurvene zurück in den fetalen Organismus und wird größtenteils über den Ductus venosus an der Leber vorbeigeführt
- In der V. cava inferior vermischt sich das angereicherte Blut mit dem sauerstoffarmen Blut aus den unteren Extremitäten
- Weiter geht es in den rechten Vorhof, wo ein großer Teil des Bluts über das offene Foramen ovale in den linken Vorhof strömt und von dort über den linken Ventrikel in den großen Kreislauf gepumpt wird
- Das restliche Blut, das vom rechten Vorhof über den rechten Ventrikel in die Pulmonalarterie gelangt ist, fließt über den offenen Ductus arteriosus Botalli in die Aorta und den großen Blutkreislauf
- Somit wird der Lungenkreislauf größtenteils umgangen und es liegt eine Parallelschaltung der beiden Kreisläufe vor.

Erst bei der **Geburt** erfolgt die:

- Entfaltung der Lunge
- Senkung des Widerstands im kleinen Kreislaufs
- Verschluss von Foramen ovale und Ductus arteriosus Botalli.

→ Umstellung: kleiner und großer Kreislauf werden hintereinander geschaltet.

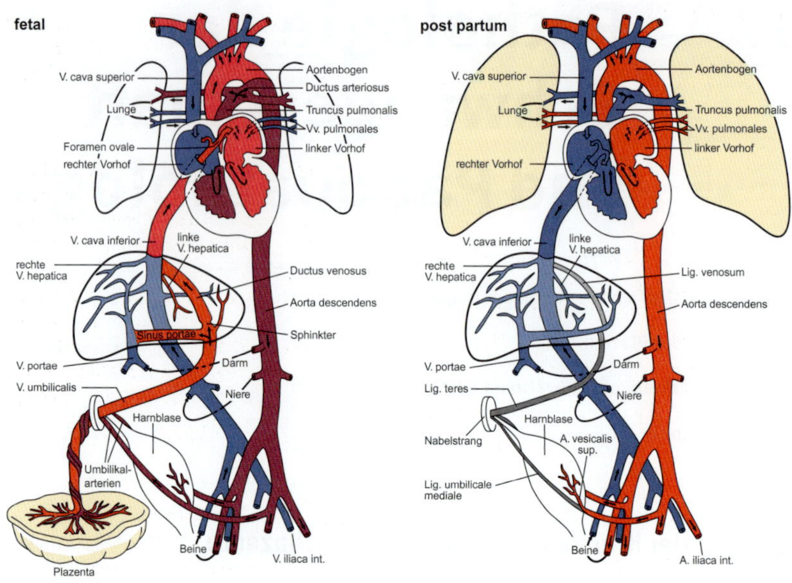

Abb. 37.1 Kreislauf und Oxygenierung beim Fetus und einige Zeit nach der Geburt [R175-04].

CHECK-UP

- [ ] Wie verändert sich der fetale Blutkreislauf nach der Geburt?

Pathologie der Plazenta

Pathologische Veränderungen der Plazenta umfassen Lageanomalien bei Implantationsfehlern, Entzündungen und Durchblutungsstörungen.

Insertionsstörungen der Plazenta

Extrauteringravidität

- Implantation des Embryo außerhalb des Cavum uteri
- Häufigste Lokalisation ist mit 90 % die Tuba uterina
- Prädisponierend sind Vernarbungen nach Salpingitis, z. B. nach Gonokokken-Infektion
- Eine Ruptur stellt einen Notfall dar (→ Differenzialdiagnose des akuten Abdomens bei jungen Frauen)
- Andere Lokalisationen können Ovar und Bauchhöhle sein.

Placenta praevia

- Insertion der Plazenta im unteren Uterussegment oder im Bereich der Zervix uteri
- Klinisches Leitsymptom ist die vaginale Blutung, v. a. im letzten Trimenon
- Eine Entbindung auf vaginalem Wege ist kontraindiziert wegen der Gefahr der Blutung, die so heftig sein kann, dass sie zum Tod der Mutter führen kann.

Placenta accreta, increta und percreta

Üblicherweise ist die Plazenta vom Myometrium durch die Dezidua getrennt. Ist dies nicht der Fall, kann es zu Lösungsstörungen der Plazenta nach der Geburt und Blutungen bis hin zur Uterusruptur kommen. Man unterscheidet

- **Placenta accreta**: die Chorionzotten liegen direkt dem Myometrium an

- **Placenta increta**: die Chorionzotten dringen in das Myometrium
- **Placenta percreta**: die Chorionzotten durchbrechen das Myometrium nach außen (→ Gefahr der Uterusruptur).

Mehrlingsschwangerschaft

Monozygote Zwillingsschwangerschaft

- Eineiige Zwillinge
- Die befruchtete Eizelle (Zygote) teilt sich in zwei genetisch identische Embryoanlagen
- Findet diese Teilung spät und unvollständig statt, entstehen siamesische Zwillinge
- Monozygote Zwillinge können gemeinsame oder separate Amnion- und Chorionhöhlen besitzen, am häufigsten monochorial-diamnial.

Dizygote Zwillingsschwangerschaft

- Zweieiige Zwillinge
- Zwei unterschiedliche Eizellen werden von zwei unterschiedlichen Spermien befruchtet
- Es entstehen zwei genetisch unterschiedliche Embryoanlagen mit getrennten Chorion- und Amnionhöhlen: dichorial-diamnial.

Untersuchung der Eihäute bei Zwillingen:

- Bei monozygoten und dizygoten Zwillingen können in beiden Fällen getrennte Amnion- und Chorionhöhlen auftreten → Daher lässt sich bei einer dichorialen-diamnialen Trennwand keine Aussage zur Zygotie machen
- Liegt jedoch eine monochoriale-diamniale Trennwand vor, so handelt es sich in > 99 % der Fälle um monozygote Zwillinge.

Fetofetales Transfusionssyndrom

- Tritt nur bei monozygoten Zwillingsschwangerschaften auf, bei denen Anastomosen zwischen beiden Plazentaanteilen bestehen
- Kommt es zu einer Umverteilung des Blutvolumens, wird der Empfänger-Zwilling hypervolämisch und hypertroph und der Spender-Zwilling hypovolämisch und hypotroph
- Da die Letalität des fetofetalen Transfusionssyndroms hoch ist, wird neuerdings versucht, intrauterin die Shunts mittels Elektrokoagulation zu unterbinden.

Zirkulationsstörungen

- Da der Fetus von der Blutversorgung über die Plazenta abhängig ist, können akute Unterbrüche im schlimmsten Falle zum **intrauterinen Fruchttod** führen
- Eine chronische Plazentainsuffizienz, wie z. B. bei einer Zottenreifungsstörung, manifestiert sich mit einer Wachstumsretardierung.

Ursachen von Kreislaufstörungen der Plazenta:

- Nabelschnurkomplikationen wie echte Knoten und Umschlingungen

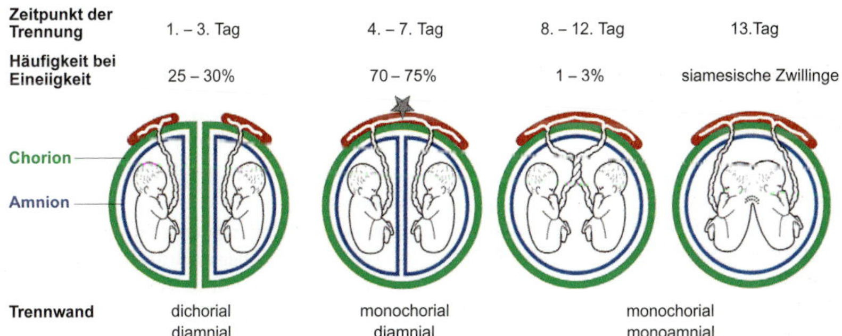

Abb. 37.2 Eineiige Zwillinge. Durch Auftrennung einer befruchteten Zygote entstehen eineiige Zwillinge. Frühzeitige Trennung bis 3. Tag: jeder Embryo bildet eigene Chorionhöhle →Bei Untersuchung der Trennwand: zwei Amnion- und zwei Chorionlamellen (ebenso bei zweieiigen Zwilligen). Spätere Teilung der Zygote: kein Chorion in der Trennwand (monochorial-diamnial), meist Verbindung der Blutkreisläufe innerhalb der Plazenta (Stern). Noch spätere Aufteilung: gemeinsame Fruchthöhle (monochorial-monoamnial), zusätzliche Risiken durch Nabelschnurkomplikationen. Ab 13. Entwicklungstag nach Befruchtung der Eizelle Aufteilung nur noch unvollständig [R175-04].

- Plazentainfarkte bei Unterbruch der maternalen Blutzirkulation
- Ausgedehntes retroplazentares Hämatom mit nachfolgenden intervillösen Durchblutungsstörungen.

CHECK-UP

- ☐ Welche plazentare Pathologien können zu einem intrauterinen Fruchttod führen?
- ☐ Wie werden Zwillingsschwangerschaften klassifiziert?

Maternale Erkrankungen während der Schwangerschaft

Präeklampsie

Synonym: **EPH-Gestose** (Edema, Proteinuria, Hypertension).

- Gestörte Adaption des maternalen Organismus an die Schwangerschaft
- Charakterisiert durch Hypertonie, Proteinurie und Ödeme nach der 20. Schwangerschaftswoche
- Ätiologie unklar.

Morphologie.

- Kleine Plazenta mit intervillösen Durchblutungsstörungen
- Akute Atherose der Spiralarterien: Degeneration mit Einlagerung von Schaumzellen.

Klinik.

Breites Spektrum von nur leichten subjektiven Beschwerden bis hin zu:

- Augenflimmern
- Kopfschmerzen
- Erbrechen bei erhöhtem Hirndruck
- Generalisierten Ödemen
- Schocksymptomatik
- Vorzeitiger Plazentalösung.

Schwere Formen.

Notfälle („Schwangerschaftsvergiftung") mit sofortiger Beendigung der Schwangerschaft per Kaiserschnitt:

- **Eklampsie**: Generalisierte tonisch-klonische Krampfanfälle mit Apnoe und Koma
- **HELLP-Syndrom** (**h**emolysis, **e**levated **l**iver function test, **l**ow **p**latelet counts): Oberbauchschmerzen wegen Leberschwellung, schwere hämolytische Anämie und Übelkeit.

Diabetes mellitus

Ein Diabetes mellitus kann bereits vor der Schwangerschaft bekannt sein oder erst im Rahmen einer Schwangerschaft auftreten → **Gestationsdiabetes**.

Beim Gestationsdiabetes sind die typischen Symptome wie Polyurie, Durst und Gewichtsverlust weniger bis gar nicht ausgeprägt. Er manifestiert sich durch eine **postprandiale Hyperglykämie**, die mit einem oralen Glukosetoleranztest erfasst werden kann.

Risiken.

- Für die Mutter: erhöhtes Infektionsrisiko im Urogenitaltrakt, Präeklampsie
- Für den Fetus:
  - Makrosomie
  - Postnatale Atemdepression wegen Lungenunreife
  - Plazentainsuffizienz: große Plazenta mit unreifen Chorionzotten, sodass der Gasaustausch nicht gewährleistet ist.

Intrahepatische Schwangerschaftscholestase

- Gallensäureanstieg im dritten Trimenon
- Generalisierter Pruritus und Ikterus
- Ätiologie unklar.

Systemischer Lupus erythematodes

- Intervillöse Durchblutungsstörungen der Plazenta möglich
- Gehäuft Früh- und Spätaborte.

Infektionen

Eine Infektion der Fruchthöhle und des Fetus kann über zwei Wege erfolgen.

Aszendierende Infektionen

- Am häufigsten
- Erreger: meist Bakterien
- Gelangen per continuitatem über die Vagina und Zervix in die Fruchthöhle
- Verursachen eine **Chorioamnionitis** → granulozytäre Entzündung der Eihäute und der Deckplatte
- Die Chorioamnionitis kann auch über die Nabelschnur (**Funisitis**) auf den Fetus übergreifen und eine konnatale Sepsis auslösen
- Hauptkomplikation ist die Auslösung der Wehen. Das Überleben des Fetus hängt dabei wesentlich vom Gestationsalter ab.

> Manche fetale Komplikationen wie z. B. Hirnblutungen sind nicht auf die Erreger selbst zurückzuführen, sondern auf die übermäßige Ausschüttung inflammatorischer Zytokine: **Fetal Inflammatory Response Syndrome, FIRS.**

Hämatogene Infektionen

- Die Erreger stammen aus dem Blutkreislauf der Mutter und manifestieren sich als **Villitis**, also der Entzündung der Chorionzotten
- In den meisten Fällen handelt es sich um Viren, die Fetopathien auslösen
- Manchmal lassen sich spezifische Erreger nachweisen
- Wenn dies nicht gelingt, spricht man von einer **Villitis of unknown etiology, VUE**
- Das Abortrisiko ist erhöht
- Manche Erreger können auch sub partu (während der Geburt) auf das Neugeborene übertragen werden.

Erreger

Die wichtigen Infektionen während der Schwangerschaft werden unter dem Akronym STORCH zusammengefasst:

S Syphilis
T Toxoplasmose
O Others: HIV, Virushepatitiden, Varicella-Zoster, Masern, Mumps, Ringelröteln, B-Streptokokken, Chlamydien, Gonokokken, Listerien
R Röteln
C CMV
H Herpes simplex

Neoplastische Erkrankungen

- Insgesamt sehr selten und schwangerschaftsassoziiert
- Gehen meist von **trophoblastären Zellen** aus, die die Chorionzotten umgeben:
  - **Zytotrophoblast**: innen dem Zottenstroma anliegend
  - **Synzytiotrophoblast**: außen in Kontakt mit dem mütterlichen Blut.

Blasenmole

- Überschießende, trophoblastäre Proliferation (Mehrschichtigkeit und Ausbildung von pseudopapillären Formationen)
- Mit hydropischer Schwellung des Zottenstromas.

Morphologische Abgrenzung von zwei Typen:

Partialmole.

- Stellenweise „normale“ Chorionzotten
- (Dystropher) Fetus kann vorhanden sein.

Komplette Blasenmole.

- Fetus nicht vorhanden
- Alle Chorionzotten sind wie oben beschrieben verändert.

Die Abgrenzung ist wichtig, da bei einer kompletten Blasenmole ein höheres Risiko besteht, ein Chorionkarzinom zu entwickeln.

Ursache.

Zugrunde liegt ein fehlerhafter Chromosomensatz der befruchteten Eizelle:

- Partialmole: Triploidie mit einem maternalen und zwei paternalen Chromosomensätzen
- Komplette Blasenmole: Diploider Chromosomensatz, der allerdings ausschließlich vom Vater stammt, da eine „leere“ Eizelle befruchtet wurde.

Klinik.

- Für die Schwangerschaftswoche zu großer Uterus
- Ultrasonografisch zeigt sich bei einer kompletten Mole ein charakteristisches Bild, das als „Schneegestöber“ beschrieben wird
- Nach einer therapeutischen Uterus-Kürettage werden die Frauen nachkontrolliert, v. a. β-HCG im Serum.

> Eine **invasive Blasenmole** liegt vor, wenn die atypischen Zotten das Myometrium infiltrieren.

Tab. 37.1 Infektionen während der Schwangerschaft.

Bakterielle Infektionen	
Syphilis (Treponema pallidum)	Hämatogen: Lues connata oder Abort
Chlamydia trachomatis	Sub partu: Einschlusskörperchen-Konjunktivitis, Pneumonie beim Fetus
Gonokokken	Sub partu: Ophthalmia neonatorum
Listerien	Infektion der Mutter über kontaminierte Lebensmittel (Rohmilchprodukte) und hämatogene Übertragung mit Villitis, Chorioamnionitis und fetaler Sepsis
Campylobacter jejuni	Infektion der Mutter über kontaminierte Lebensmittel (rohes Fleisch) und hämatogene Übertragung mit granulozytärer Villitis und intrauterinem Fruchttod
B-Streptokokken	Aszendierend oder sub partu: Neugeborenensepsis mit Pneumonie und schwerer Meningitis
Virale Infektionen	
Röteln	Infektion im ersten Trimenon: Röteln-Embryopathie mit Herzfehler, Innenohrschwerhörigkeit, Mikropthalmie und kongentialer Katarakt
Zytomegalie: CMV	Hämatogen: plasmazelluläre Villitis mit fetaler Virämie und Gefahr des intrauterinen Fruchttods
Herpes simplex: H. genitalis	Sub partu: Herpes neonatorum mit ZNS-Beteiligung und hoher Letalität
Ringelröteln: Parvovirus B19	Hämatogen mit Villitis, Erythroblastose (unreife fetale Erythrozyten mit Kerneinschlüssen), Hämolyse und Hydrops fetalis
Hepatitis B und C	Hämatogene Übertragung auf den Fetus möglich
HIV	Infektion in 25 % sub partu ohne Prophylaxe < 1 % Risiko bei Sectio und retroviraler Therapie
Mumps, Masern	Hämatogen oder sub partu: neonatale Mumps oder Maserninfektion
Varizellen	Bei Infektion im ersten Trimenon: kongenitales Varizellensyndrom mit Wachstumsretardierung, ZNS-Defekten und hypoplastischen Extremitäten Infektion im letzten Trimenon: neonatale Varizelleninfektion. Gute Prognose, außer bei peripartaler Infektion, < 5 Tage vor Geburt
Protozoen und Pilze	
Toxoplasmose	Infektion der Mutter über kontaminierte Lebensmittel oder Kontakt zu Haustieren (v. a. Katzen) und hämatogene Übertragung: Wachstumsretardierung, Chorioretinitis, Hepatomegalie, mentale Retardierung
Candida	Aszendierende Infektion oder sub partu extrem selten, neonatale Sepsis

Die Blasenmole ist von einer **einfachen Molenschwangerschaft**, auch Windmole, abzugrenzen: keine Neoplasie.

- Hier bestehen die Chorionzotten und Eihöhlen noch, aber die Embryoanlage ist zugrunde gegangen („missed abortion") → etwa bei der Hälfte der Spontanaborte
- Kein erhöhtes Risiko für die Entwicklung eines Chorionkarzinoms.

Gestationsbedingtes Chorionkarzinom

- Maligner Tumor
- Bestehend aus neoplastischen Zytotrophoblast und Synzytiotrophoblast
- Bilden keine Zottenstrukturen, sondern wachsen solide und aggressiv
- Komplette Blasenmole gilt als Risikofaktor
- Zum Zeitpunkt der Diagnose zeigen sich meist Fernmetastasen, insbesondere in der Lunge
- Klinisch fallen uterine Blutungen und hohe β-HCG-Titer auf

- Dank Chemotherapie auch im metastasierten Stadium gute Remissionschancen
- Nicht gestationsbedingte Chorionkarzinome, z. B. des Ovars, haben eine schlechtere Prognose.

Chorangiom

- Hamartomatöser Gefäßtumor der Chorionzotten
- Meist Zufallsbefund und harmlos.

CHECK-UP

- ☐ Welche Komplikationen während der Schwangerschaft kennen Sie?
- ☐ Was ist eine Blasenmole?

Pädopathologie

Kongenitale Fehlbildungen

- Etwa 3 % der Neugeborenen kommen mit Fehlbildungen zur Welt, die äußerlich ersichtlich sind oder funktionelle Störungen verursachen
- Manche Fehlbildungen manifestieren sich erst im späteren Lebensalter
- Drei Faktoren spielen eine wichtige Rolle bei der Entstehung von Fehlbildungen:

1. Genetische Ursachen
2. Umweltbedingte Einflüsse wie Strahlung, Chemikalien, Medikamente, Infektionen (s. o.), maternale Grunderkrankungen wie Diabetes
3. Multifaktorielle Ursachen.

Systematik kongenitaler Fehlbildungen

Fehlbildungen treten auf:

- Isoliert
- Kombiniert mit anderen Fehlbildungen im Rahmen von Syndromen, Sequenzen oder Assoziationen.

Syndrom

- Die zugrunde liegende Ätiologie ist bekannt
- Pathogenese der einzelnen Symptome ist unklar, z. B. Down-Syndrom oder Trisomie 21: Zugrunde liegt das dreifach vorkommende Chromosom 21. Wie dadurch der klassische Phänotyp zustande kommt, ist aber unklar.

Trisomie 21.
Synonym: **Down-Syndrom**.

- Inzidenz 1:600 – häufigste Trisomie
- Kinder sind lebensfähig
- Breites flaches Gesicht, schräge Lidspalte und Epikanthus (schräge Lidfalte)
- Vierfingerfurche
- Muskuläre Hypotonie
- Herzfehler und Stenosen im Gastrointestinaltrakt
- Mentale Retardierung und Kleinwuchs.

Trisomie 18.
Synonym: **Edwards-Syndrom**.

- Inzidenz 1:3.000
- Kinder versterben im ersten Lebensjahr
- Mikrozephalie und intrauterine Wachstumsretardierung
- Muskuläre Hypertonie und Fehlstellung der Gelenke (z. B. „Wiegenkufenfüße")
- Hufeisenniere, Herzfehler und andere innere Fehlbildungen.

Trisomie 13.
Synonym: **Patau-Syndrom**.

- Inzidenz 1:8.000
- Kinder versterben in den ersten Lebensmonaten
- Schwere ZNS-Fehlbildungen
- Lippen-Kiefer-Gaumenspalte
- Kardiale und urogenitale Fehlbildungen.

Monosomie X.
Synonym: **Turner-Syndrom.**

- Karyotyp ×0
- Weiblicher Phänotyp
- Primäre Amenorrhö
- Pterygium colli
- Kleinwuchs
- **Keine** mentale Retardierung.

Klinefelter-Syndrom.
- Karyotyp XXY
- Männlicher Phänotyp
- Kleine Gonaden und Sterilität
- Hochwuchs.

Sequenz
- Die Ätiologie ist unklar
- Die Pathogenese der einzelnen Fehlbildungen ist nachvollziehbar.

Beispiel **Amnionstrang-Sequenz**: in utero amputierte Gliedmaßen sind auf Amnion-Bänder zurückzuführen, die sich um Extremitäten schlingen und diese abtrennen können. Wie es aber zu Amniongsträngen kommt, ist unklar.

Oligohydramnion-Sequenz.
- Verminderung des Fruchtwassers, z. B. wegen Nierenfehlbildungen führen zu
- Gesichtsdeformitäten und Extremitätenfehlstellungen und zur
- Lungenhypoplasie (Aspiration von Fruchtwasser ist wichtig für die Lungenentwicklung).

Prune-belly-Sequenz.
- Praktisch nur männliche Feten betroffen
- Massive Dilatation der Harnblase mit grotesk vergrößertem Abdomen bei Urinabflusshindernis im Bereich der Urethra (Prostataaplasie)
- Aufstau führt zu Megaureteren und Hydronephrose mit zystischer Nierendysplasie.

Assoziation
- Gleichzeitiges Auftreten von verschiedenen Fehlbildungen
- Weder Ätiologie noch Pathogenese sind bekannt.

VACTERL-Assoziation

V Vertebrale Fehlbildungen
A (Anal-)Atresie
C Kardiale Fehlbildungen
TE Tracheo-Ösophageale Fisteln
R Renale Fehlbildungen
L „limbs“: Fehlbildungen der Extremitäten (z. B. Radiusaplasie).

Kein Wiederholungsrisiko.

Neonatologie

Das Patientengut der Neonatologen umfasst:
- Termingeborene (Gestationsalter 37–42 Wochen) mit angeborenen Erkrankungen oder mit Adaptationsstörungen, z. B. nach schwierigem Geburtsverlauf
- Frühgeborene (Gestationsalter < 37 Wochen).

Die Erkrankungen des Neugeborenen sind häufig auf die Umstellung des fetalen auf den normalen Kreislauf zurückzuführen und betreffen demnach Herz-Kreislauf- und respiratorisches System.

Chronische Lungenerkrankung des Neugeborenen
Synonym: bronchopulmonale Dysplasie, hyaline Membranen-Krankheit.
- Ursache: Lungenunreife und Surfactant-Mangel
- Betroffen sind Frühgeborene < 28 Wochen, Geburtsgewicht < 1.000 g
- Morphologie: **Atelektasen** (nicht entfaltetes und nicht belüftetes Lungengewebe), hyaline Membranen kleiden die Alveolen aus
- Klinik: Atemnotsyndrom mit respiratorischer Insuffizienz (Hypoxie, Hyperkapnie und Azidose)
- Sterblichkeit: 25–30 %.

Intrakranielle Blutungen und anoxische Enzephalopathie
- Überwiegend sind Frühgeborene betroffen
- Asphyxie führt zur Nekrosen von Ganglienzellen
- Bei schweren Formen große Infarkte
- Unreife des Gewebes mit Fragilität der Kapillaren und hypoxischer Schädigung → subependymale, peri- und intraventrikuläre Blutungen
- Prognose je nach Ausdehnung: minimale Schäden bis Exitus letalis.

Nekrotisierende Enterokolitis
- Überwiegend bei Frühgeborenen
- Asphyxie und über Nahrung aufgenommene Bakterien → ausgedehnte transmurale, gangränöse und nekrotisierende Enterokolitis mit Perforation und eitriger Peritonitis
- Chirurgische Sanierung kann notwendig sein.

Icterus neonatorum
Synonym: **Hyperbilirubinämie**.
- Abbau des fetalen Hämoglobins
- Ikterus bei Anstau der Abbauprodukte
- Bei raschem Anstieg Gefahr des Kernikterus mit schweren Zerebralschäden
- Fototherapie hilft beim Abbau des Bilirubins.

Tab. 37.2 Inzidenzrate maligner Tumoren im Kindesalter (0–14 Jahre). Jährliche Neuerkrankung pro 1 Million Kinder (USA, 1973–1988).

Malignomtyp	Knaben	Mädchen
Alle Malignome	125,6	117,4
Leukämien	35,9	32,9
• Akute lymphatische Leukämie	25,2	22,5
• Akute nichtlymphatische Leukämie	4,9	6,4
Hirntumoren	23,7	23,2
• Astrozytom	10,8	10,6
• Medulloblastom	6,1	4,5
Lymphome	17,3	8,8
• Hodgkin-Lymphome	7,0	3,9
• Non-Hodgking-Lymphome	5,4	2,2
Tumoren des sympathischen Nervensystems	11,4	11,7
• Neuroblastom	11,1	11,6
Nierentumoren	9,7	11,8
• Nephroblastom	8,9	11,2
Knochentumoren	4,8	5,1
• Osteosarkom	2,7	3,3
• Ewing-Sarkom	1,4	1,4
Weichteiltumoren		
• Rhabdomyosarkom	5,1	3,1
• Fibrosarkom	2,1	2,4
Retinoblastom	4,3	4,9
Stroma- und Keimzelltumoren	3,8	4,7
• Keimzelltumoren	2,0	2,2
• Stromatumoren	1,6	2,1
Epitheliale Tumoren	3,7	4,8
• Nebennierenrindenkarzinom	0,3	0,2
• Schilddrüsenkarzinom	0,6	1,7
• Nasopharyngeales Karzinom	0,8	0,1
• Melanom	0,6	0,8
Lebertumoren	1,6	1,4
• Hepatoblastom	1,1	0,9

Neoplasien im Kindesalter

Auch wenn Tumoren bei Kindern sehr selten auftreten (1–2 % aller Malignome), machen sie doch die zweithäufigste Todesursache nach Unfällen bei Kindern aus.

Besonderheiten. Im Vergleich zu Neoplasien des Erwachsenenalters ergeben sich wichtige Unterschiede:

- Benigne Tumoren betreffen v. a. Weichteile und die Haut: Hämangiome, Lymphangiome, Fibromatosen und Neurofibrome
- Lymphome und Leukämien, Hirntumoren, Weichteiltumoren und so genannte embryonale Tumoren sind die häufigsten malignen Tumoren im Kindesalter. Karzinome sind im Kindesalter eine Rarität
- Grundsätzlich wird eine kurative Therapie angestrebt
- Prognose insgesamt etwas besser als bei Tumoren des Erwachsenenalters.

Embryonale Tumoren:

- Gekennzeichnet durch die Endung -blastom
- Rekapitulieren morphologisch das unreife Gewebe des jeweiligen Organs während der Organogenese
- Imponieren morphologisch als kleine, blaue und rundzellige Tumoren mit einer hohen Proliferationsrate.

Pathogenese kindlicher Tumoren.

- Können im Rahmen von Syndromen auftreten, z. B. Leukämien und Retinoblastome bei Trisomie 21
- Können angeboren sein, z. B. Steißbeinteratom.

→ Tabelle 37.2 illustriert die Häufigkeit der einzelnen Tumortypen, die im jeweiligen Organkapitel beschrieben werden.

CHECK-UP

- ☐ Erläutern Sie die Begriffe Syndrom, Sequenz und Assoziation und nennen Sie Beispiele.
- ☐ Was sind Unterschiede zwischen Tumoren im Kindesalter und im Erwachsenenalter?

38 Mamma

Grundlagen

- Die Brustdrüse der geschlechtsreifen Frau besteht aus 15–20 Drüsenlappen
- Die Drüsenlappen sind von Fett und Bindegewebe umgeben und gliedern sich in Drüsenläppchen
- Ein Läppchen bildet zusammen mit dem distalen zuführenden Gangabschnitt die **Terminal ductulo-lobular Unit, TDLU**
- Die Drüsenepithelien sind von einer Myoepithelschicht umgeben
- Die Mamma ist hormonabhängigen Schwankungen unterlegen:
  - Zyklusabhängige und schwangerschaftsbedingte Proliferation und Ausdifferenzierung
  - Postmenopausale lipomatöse Atrophie.

Polythelie
Zusätzliche Brustwarzen.

Polymastie
Zusätzliche Brustdrüsen.

Mikromastie
Zu kleine Mamma.

Makromastie
Zu große Mamma.

Fibrozystische Mastopathie
- Kommt sehr häufig vor
- Zystisch-fibrotische Umwandlung der TDLU mit unterschiedlichem Ausmaß
- Oft sind die Epithelien eosinophil-granulär umgewandelt (apokrine Metaplasie) und weisen luminale Mikroverkalkungen auf
- Es können Spannungsschmerzen auftreten
- Kleine, nicht immer tastbare Verhärtungen und Verkalkungen imponieren als Schrotkugelbrust in der Mammografie.

Diabetische Mastopathie
- Sklerosierende, lymphozytäre Lobulitis und Vaskulitis
- Keloidartige Stromafibrose.

CHECK-UP

- [ ] Was versteht man unter fibrozystischer Mastopathie?

Mastitis

Infektiöse Mastitis

- Schmerzhafte, von Rötung begleitete Entzündung der Brust
- Meist durch Staphylokokken, z. B. bei Mastitis puerperalis in der Stillperiode, oder Streptokokken hervorgerufen
- Mastitis außerhalb der Stillperiode →Abklärung mit Karzinomausschluss.

Periduktale Mastitis

- Chronische, plasmazellreiche Entzündung
- Ursache ist ein intraduktaler Sekretstau.

Fettgewebenekrose

- Meist traumatisch bedingte Fettgewebsuntergänge
- Imponieren z. T. als schmerzhafter Knoten.

Histologie.
- Einblutungen
- Fettfressende Makrophagen: Lipophagen oder Schaumzellen
- Fibrose
- Bei größeren Läsionen: Zystische Kolliquationsnekrosen, Ölzysten.

CHECK-UP

- ☐ Was sind Ursachen einer Mastitis?
- ☐ Wie kommt es zu Ölzysten?

Proliferative Läsionen der Mamma

Gewöhnliche duktale Hyperplasie

Akronym: **UDH** von Usual ductal hyperplasia.
- Intraluminale, meist gefensterte Epithelproliferation im Bereich der TDLU
- Die unauffälligen Zellen zeigen oft eine zugartige Ausrichtung (streaming) und bestehen aus luminalen und myoepithelialen Zellen
- Diese Mischung lässt sich durch ein mosaikartiges Muster in der CK5/6- und Östrogenrezeptor-Immunhistochemie darstellen und ist wichtig in der Abgrenzung zum Low-grade DCIS (CK5/6 negativ, Östrogenrezeptor 100 % positiv).

Adenose

Epitheliale und myoepitheliale Proliferation von Drüsenstrukturen.
- Proliferation der Läppchendrüsen bei weitgehend erhaltener Architektur
- Mikrokalk kommt vor
- Die sklerosierende Adenose kann durch Fibrose und Hyalinose radiologisch karzinomverdächtig wirken
- Der Nachweis von Myoepithelzellen (CK5/6 oder p63) schließt Malignität aus.

Radiäre Narbe

- Sternförmige Anordnung von Drüsenproliferaten mit zentraler Fibrose und Elastose, die karzinomverdächtig aussehen können (→ Abb. 38.1)
- Wenn ein Durchmesser von 3 cm überschritten wird, spricht man von **komplexer sklerosierender Läsion.**

Papillom

- Papilläre intraduktale Neoplasie
- Luminale Epithelschicht mit darunterliegender Myoepithelschicht und fibrovaskulärem Stiel
- Zentrale, submamilläre Papillome sind meist solitär
- Periphere, TDLU-assoziierte Papillome sind meist multipel.

Sonderform: **Juvenile intraduktale Papillomatose**. Hier imponieren neben Papillomen vor allem makroskopisch zystische Gangerweiterungen → **Swiss cheese disease**.

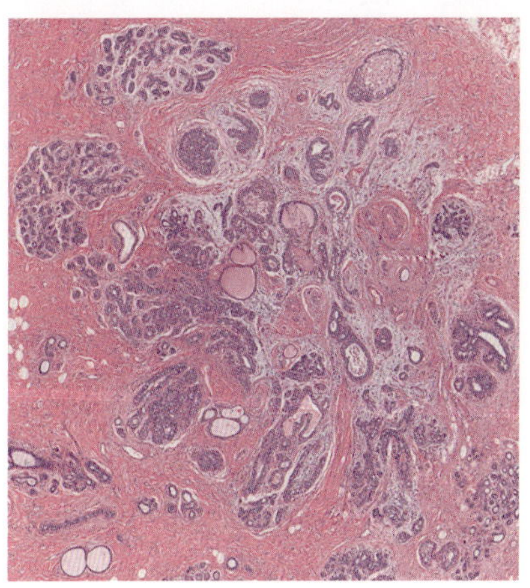

Abb. 38.1 Radiäre Narbe [O521].

Fibroadenom

- Mischtumor aus Drüsen und Bindegewebe
- Häufigster gutartiger Tumor der Mamma
- Meist bei jüngeren Frauen, ~ 30 Jahre
- Runder, scharf begrenzter, derb-elastischer, verschieblicher Tumor mit weißlicher Schnittfläche
- Das Stroma ist eher zellarm
- Die Drüsenproliferate sind typischerweise hirschgeweihartig verzweigt (→ Abb. 38.2).

Phylloidestumor

- Meist gut begrenzter Mischtumor aus Drüsen und Bindegewebe

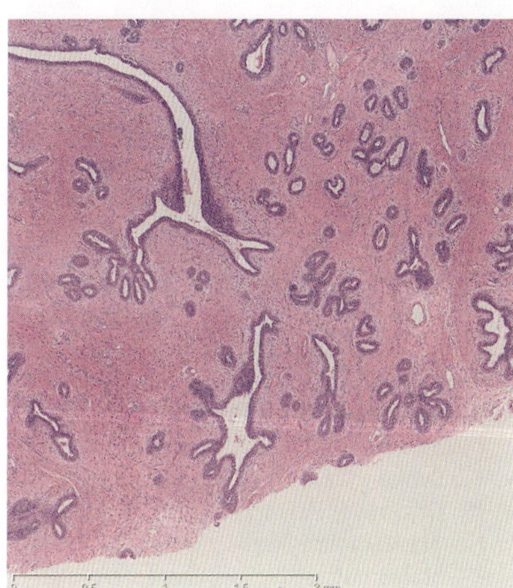

Abb. 38.2 Fibroadenom [O521].

- Anders als beim Fibroadenom steht ein zellreiches und unterschiedlich stark proliferierendes und atypisches Stroma im Vordergrund
- Der Epithelanteil weist oft blattartige Strukturen auf
- Anhand von Atypien, Mitosen und infiltrativem Wachstum werden benigne, Borderline- und maligne Formen unterschieden
- Rezidivneigung.

CHECK-UP

- ☐ Wie stellt sich morphologisch und immunhistologisch die UDH dar?
- ☐ Welches ist der häufigste Tumor der Mamma?
- ☐ Erklären Sie Unterschiede zwischen Fibroadenom und Phylloidestumor.

Maligne Tumoren der Mamma

- Das Mammakarzinom ist der häufigste Tumor der Frau: jede 8.–10. Frau
- Einer der am häufigsten zum Tod führenden Tumoren der Frau
- Typische Lokalisation ist der obere äußere Quadrant.

Risikofaktoren.

- Positive Familien- oder Eigenanamnese
- Frühe Menarche und späte Menopause
- Nullipara oder späte Erstgeburt
- Adipositas
- Höheres Alter

- Erhöhter Östrogenspiegel
- Genmutationen (z. B. BRCA1 oder BRCA2)
- Carcinoma in situ (DCIS/LCIS)
- Hochgradige proliferierende Mastopathie (Grad II–III)
- Vorhergehende benigne Mammatumoren.

Klassifikation.
Bei der histologischen Beurteilung von Mammastanzbiopsien hat sich die B-Klassifikation des britischen National Health Service (NHS) durchgesetzt.

- B1: Normalgewebe, nicht passend zu klinischem oder radiologischem Befund
- B2: Benigne Läsion, z. B. Fibroadenom
- B3: Unsicheres Potenzial, z. B. ADH, papilläre Neoplasie, radiäre Narbe
- B4: Malignitätsverdächtig, aber Interpretation nicht eindeutig möglich
- B5: Malignom
  - B5a: In-situ-Karzinom
  - B5b: Invasives Karzinom
  - B5c: Fraglich invasives Karzinom
  - B5d: Nicht primäres Mamma-Malignom.

Für zytologische Feinnadelpunktate wird die weitgehend analoge C-Klassifikation verwendet.

Duktales Carcinoma in situ

Akronym: **DCIS**.

- Intraduktale Proliferation maligner Zellen vom duktalen Typ, E-Cadherin positiv
- Meist im Bereich der TDLU
- Basale Myoepithelzelllage vorhanden
- Deutlich häufiger als das LCIS
- Die Ausbreitung folgt entlang der Gangstrukturen.

Morphologie.

- Oft makroskopisch schlecht abgrenzbar
- Oft mit Mikrokalk assoziiert.

Unterscheidung.
Unterscheidung anhand der Tumorzellpleomorphie und dem Vorhandensein von zentralen intraluminalen Nekrosen (Komedonekrosen):

- DCIS non high-grade
- DCIS non high-grade mit Komedonekrosen
- DCIS high-grade mit/ohne Komedonekrosen
- Zusammen mit der DCIS-Größe und dem Exzisionsrandabstand werden diese Angaben zur Berechnung des **Van-Nuys-Prognose-Index** (optionale Therapieempfehlungshilfe) herangezogen (→ Abb. 38.3)
- Das DCIS kann in unterschiedlichen **Architekturmustern** vorliegen: Papillär, flach, solide, brückenbildend, kribriform.

Lobuläre Neoplasie

Akronym: **LN,**
Synonym: **Lobuläres Carcinoma in situ, LCIS**.

- Intralobuläre Proliferation maligner Zellen vom lobulären Typ: Verlust des Adhäsionsmoleküls E-Cadherin
- Im Bereich der TDLU

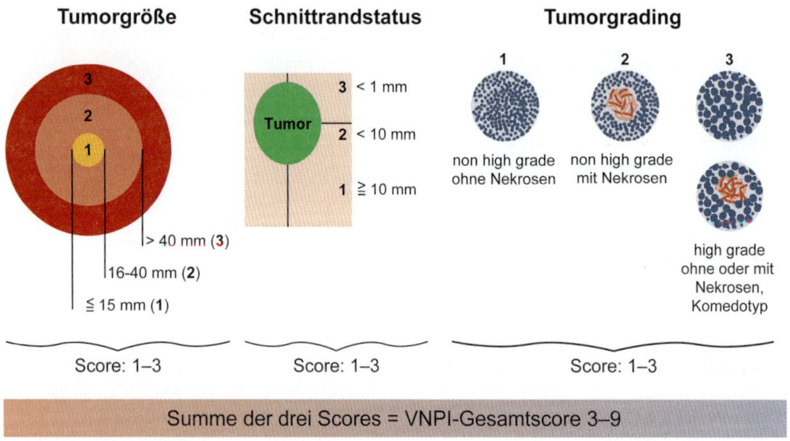

Abb. 38.3 Van-Nuys-Prognose-Index [V485].

- Basale Myoepithelzelllage vorhanden
- Oft multifokal und bilateral
- Erhöhtes ipsi- und kontralaterales Krebsrisiko
- Gradierungssystem (nach Läppchendistension) vorhanden, aber nicht durchgehend gebräuchlich
- Makroskopisch nicht erkennbar und somit oft zufällig entdeckt
- Histologisch häufig monomorphe, wenig atypisch wirkende Tumorzellen in lockerer, nestartiger Anordnung in den ektatischen Azini der TDLU.

Morbus Paget der Mamille

Tumorinfiltration der Mamillenepidermis durch Paget-Zellen.

- Meist findet man begleitend ein DCIS oder ein invasives Karzinom
- Einseitig gerötete, nässende Mamille mit Schuppenbildung
- Die pleomorphen Tumorzellen liegen als einzelne, hell erscheinende Zellen eingestreut in der Epidermis und exprimieren typischerweise CK7 und HER2
- Tokerzellen sind weniger pleomorph, nicht maligne und exprimieren kein HER2.

Invasive Mammakarzinome

- Infiltrativ wachsendes Karzinom der Mamma
- Im Unterschied zum DCIS fehlt hier die umgebende Myoepithelschicht vollständig
- Beim Mann sind Mammakarzinome äußerst selten, 1 %.

Gradierung, Prognose und Prädiktion

- Der **Tumorgrad** („BRE" nach Bloom, Richardson und Elston) wird anhand folgender drei Merkmale bestimmt:
  - Anteil tubulärer Tumordrüsen in Prozent
  - Kernpleomorphie
  - Mitosenanzahl pro 10/HPF
- Weitere **prognostisch und therapeutisch relevante Faktoren** sind:
  - TNM-Status
  - Vorhandensein einer Gefäßinvasion
  - HER2- und der Hormonrezeptorstatus. Beim Hormonrezeptorstatus wird immunhistologisch die Quantität nukleär Östrogen- oder Progesteronrezeptor exprimierender Tumorzellen bestimmt
- Gebräuchliche **Scoringsysteme** für Quantität und Intensität von Hormonrezeptorimmunfärbungen sind der IRS, der Allred-Score oder der H-Score
- Der HER2-Rezeptor-Status (ca. 15 % der Karzinome sind positiv) kann immunhistologisch, oder genauer per In-situ-Hybridisierung FISH, SISH oder CISH, bestimmt werden.

Die genannten Untersuchungen geben prädiktiv Aufschluss über ein Ansprechen des Tumors auf eine Therapie mit Hormonrezeptorblockern oder HER2-Rezeptor-Antikörpern.

DNA-Array-Studien

Karzinomeinteilung anhand von Genexpressionsmustern.

- Östrogenrezeptor positiv:
  - Luminal-A: geringe Proliferationsrate (Ki-67), eher gute Prognose
  - Luminal-B: aggressiver, meist geringere Östrogenrezeptorexpression. Entweder hohe Proliferationsrate (Ki-67), HER2-amplifiziert oder beides
- Östrogenrezeptor negativ: meist schlechtere Prognose
  - HER2-Typ: HER2-amplifiziert
  - Basal-like-Type: meist negativ für ER, PR und HER2 („triple-negative") und Expression von Basalzellmarkern (CK5/6 und CK17). Schlechte Prognose
  - Normal-breast-like-Type: triple-negative ohne Expression von Basalzellmarkern.

Morphologie

- Makroskopisch meist derber weißlicher, teilweise strahlig auslaufender Tumor (→ Abb. 38.4)
- Umgebendes Fettgewebe ist oft orange verfärbt.

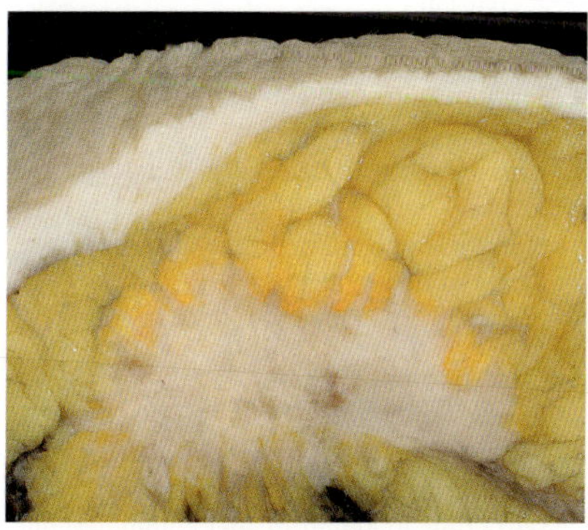

Abb. 38.4 Mammakarzinom Makroskopie [O521].

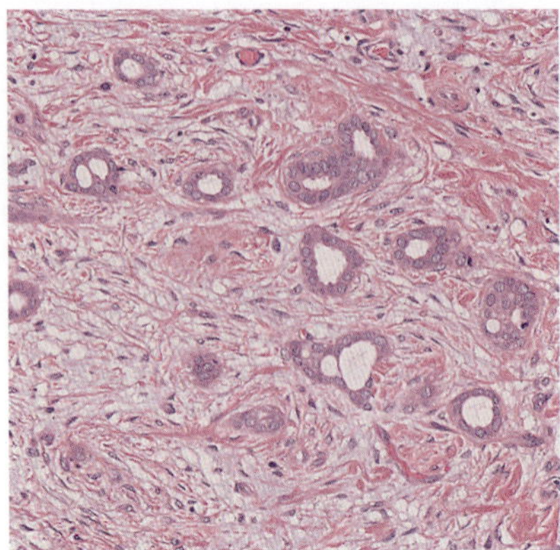

Abb. 38.5 Mammakarzinom IDC G1 tub [O521].

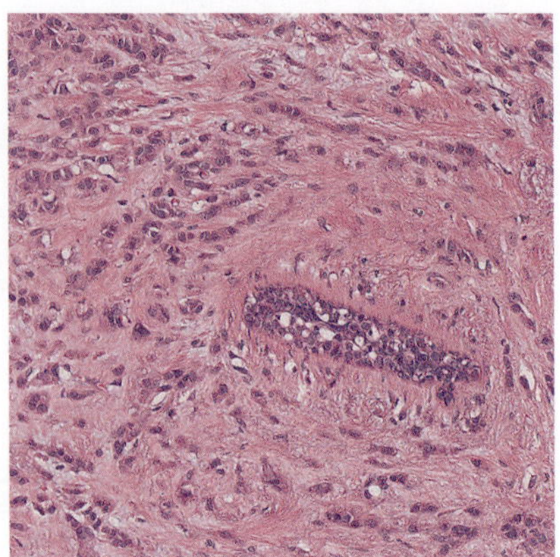

Abb. 38.6 Invasives lobuläres Karzinom [O521].

Histologische Unterscheidung

Invasives duktales Karzinom.
Akronym: **IDC**.

- Auch als NOS (not otherwise specified) bezeichnet
- Häufigster Subtyp
- Klassisches Adenokarzinom mit tubulo-glandulärem oder solidem Wachstumsmuster (→ Abb. 38.5)
- Positivität für E-Cadherin.

Invasives lobuläres Karzinom.
Akronym: **ILC**.

- Zweithäufigster Subtyp
- Typisch einzelzelliges, schießscheibenartiges oder gänsemarschartiges Wachstumsmuster (→ Abb. 38.6)
- Meist E-Cadherin negativ
- Makroskopisch und bildgebend schlechter abgrenzbar.

Medulläres Karzinom.

- Seltener Subtyp mit guter Prognose
- Scharf begrenzter Tumor
- Histologisch synzytiale, flächig angeordnete Tumorzellen
- Starke Kernpleomorphie und ausgedehnte Lymphozytenaggregate
- Meist jüngere Frauen mit BRCA1-Mutation.

Metaplastisches Karzinom.

- Seltenes Karzinom
- Plattenepitheliale, spindelzellige oder mesenchymale (z. B. Knorpel oder Knochen) Differenzierung in Reinform oder kombiniert mit Adenokarzinomkomponente
- Prognose sehr variabel, je nach Metastasierungsstatus.

Tubuläres Karzinom.
Hochdifferenziertes Karzinom mit kantig tubulären Tumordrüsenformationen und sehr guter Prognose.

Papilläres intrazystisches Karzinom.

- Papillärer Aufbau ohne Myoepithelzellschicht
- Da es wie seine intraepitheliale Vorstufe (papilläres DCIS) auch in Papillomen entstehen kann, sollten diese vollständig entfernt werden.

Mikropapilläres Karzinom.

- Mikropapilläre Histoarchitektur
- Inverse EMA Immunhistochemie: basale anstatt luminale Expression
- Schlechte Prognose.

Muzinöses Karzinom.

- Gallertiges Karzinom mit im Schleim schwimmenden Tumorzellverbänden (→ Abb. 38.7)
- Gute Prognose.

Inflammatorisches Karzinom.
Karzinom mit entzündlich geröteter Haut und meist zahlreichen Gefäßeinbrüchen.

Metastasierung

- Zum Teil recht früh lymphogen und hämatogen:
  - Lymphogen meist in die axillären Lymphknoten der Level 1 bis 3 (→ Abb. 38.8)

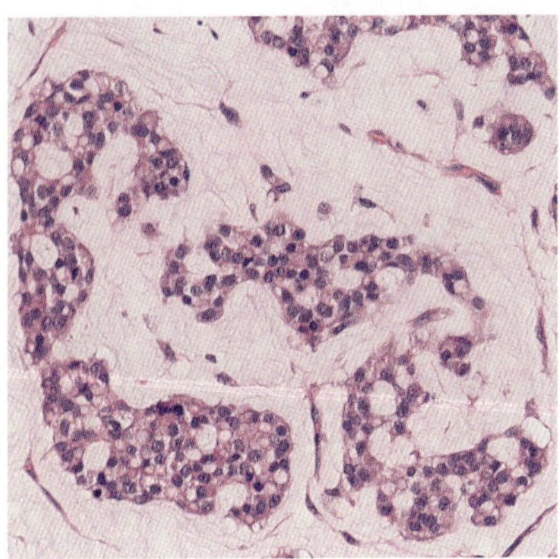

Abb. 38.7 Muzinöses Mammakarzinom [O521].

- – Seltener in die retrosternalen Lymphknoten
- Der erste erreichte Lymphknoten, der durch Radioisotope lokalisierbar ist, wird als Sentinellymphknoten bezeichnet (vgl. → Kap. 1)
- Lymphknotenmetastasierung ist der wichtigste Prognosefaktor
- Hämatogene Metastasen finden sich typischerweise in Skelett, Lunge, Leber und Gehirn.

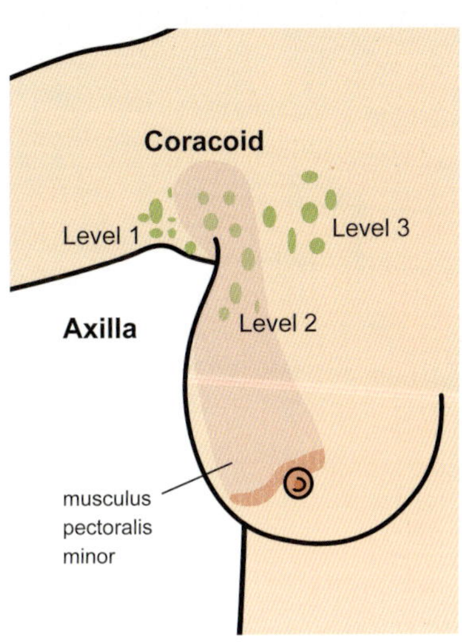

Abb. 38.8 Axilläre Lymphknoten [FRI].

Angiosarkom

- Hoch maligner Tumor schon bei jüngeren Frauen
- Oft nach adjuvanter Radiotherapie.

CHECK-UP

- ☐ Wie unterscheiden sich DCIS und LCIS?
- ☐ Was ist ein Morbus Paget der Mamille und womit ist er assoziiert?
- ☐ Welche Risikofaktoren des Mammakarzinoms kennen Sie?
- ☐ Welche Arten von Mammakarzinomen kennen Sie? Erklären Sie Morphologie und Häufigkeitsverteilung.
- ☐ Wohin metastasieren Mammakarziome?
- ☐ Erklären Sie Unterschiede zwischen UDH und Low-grade-DCIS.
- ☐ Welches Sarkom kommt in der Mamma am häufigsten vor und womit ist es assoziiert?

Gynäkomastie

- Vergrößerung der männlichen Brust mit Drüsengewebe
- Meist durch Hyperöstrogenismus, z. B. bei Adipositas oder Anabolikaeinnahme
- Oft mit pseudoangiomatöser Stromahyperplasie (PASH) assoziiert.

CHECK-UP

- ☐ Was ist eine Gynäkomastie?

39 Haut

Aufbau

Die Haut umfasst:
- Epidermis (→ Abb. 39.1)
- Dermis
- Subkutanes Fettgewebe
- Hautanhangsgebilde.

Epidermis

Die Epidermis besteht aus vier Schichten:
- Stratum basale
- Stratum spinosum
- Stratum granulosum
- Stratum corneum
- Basal in der Epidermis befinden sich Melanin produzierende Melanozyten.

Die **Junktionszone** verbindet Epidermis und Dermis.

Dermis

- Die obere papilläre Dermis enthält Gefäße
- Die darunterliegende retikuläre Dermis vor allem kollagenes Bindegewebe, Haare und Schweißdrüsen.

CHECK-UP

☐ Aus welchen Schichten besteht die Epidermis?

Intoleranzreaktionen

Ekzem

- Überwiegend epidermale Reaktion auf meist äußere Noxen
- Akute Formen sind scharf, chronische meist unscharf begrenzt.
- Die Reaktion verläuft sequenziell: Rötung → Bläschenbildung → Nässen (nach Bläschenruptur) → Verkrustung → Abschuppung
- Bei chronischen Formen kommt eine Lichenifizierung (Vergröberung der Hautstruktur) hinzu.

Toxisches Kontaktekzem

Durch Laugen, Säuren oder redoxaktive Chemikalien.

Allergisches Kontaktekzem

T-Lymphozyten-vermittelte Reaktion auf inkomplette Antigene (Haptene) aus Stoffen wie Nickel oder Chromaten.

Atopisches Ekzem

- Generalisiertes Ekzem bei Kindern mit erblicher polyklonaler IgE-Überproduktion

Tab. 39.1 Nomenklatur der Epidermisveränderungen.

Primäreffloreszenzen	
Makel, Makula, Fleck	reine Farbveränderung ohne Konsistenzänderung
Quaddel, Urtika, Nessel	flüchtige, unscharf begrenzte Erhabenheit
Papel, Papula, Knötchen	kleine (< 5 mm) Erhabenheit
Nodus, Knoten	große (> 5 mm) Erhabenheit
Vesicula, Bläschen	kleine (< 5 mm) seröse Flüssigkeitsansammlung
Bulla, Blase	große (> 5 mm) seröse Flüssigkeitsansammlung
Pustel, Pustula, Eiterbläschen	oberflächliche Ansammlung von Eiter
Sekundäreffloreszenzen	
Squama, Schuppe	mechanisch abhebbare Hornvermehrung
Crusta, Kruste	an der Oberfläche eingetrocknetes Serum, Blut oder Eiter
Erosion	Substanzdefekt der Epidermis
Exkoriation	Substanzdefekt bis in das Stratum papillare der Dermis
Ulkus, Geschwür	Substanzdefekt bis in die tiefe Dermis oder Subkutis
Atrophie	Gewebeschwund ohne vorangegangenen Gewebedefekt
Narbe, Cicatrix	narbiger Gewebeersatz nach Gewebedefekt

- Assoziiert mit anderen allergischen Erkrankungen.

Erythema multiforme

Zytotoxische T-Lymphozyten reagieren auf antigenexprimierende Keratinozyten. Es entsteht ein kreisrundes Erythem mit konzentrischer Ringbildung.

- Ursachen: Herpesvirus- und mykoplasmenassoziiert
- Lokalisation: Gesicht und Extremitäten-Streckseiten
- Rezidivierend und mit Häufung im Frühling und Herbst
- Innere Organe nicht betroffen.

Stevens-Johnson-Syndrom und toxisch epidermale Nekrolyse

- Stevens-Johnson-Syndrom: SJS. Toxisch epidermale Nekrolyse: TEN
- Überempfindlichkeitsreaktionen, typischerweise induziert durch:
  - Medikamente, z. B. Sulfonamide, Antibiotika und NSAR
  - Viren: EBV, HSV
- Bei Kindern auch mit Mykoplasmeninfektionen assoziiert
- Dermatologischer Notfall mit Befall von < 10 % (SJS) bzw. > 30 % (TEN) der Haut, inklusive Schleimhäute durch Epidermisnekrosen und Exantheme
- Komplikationen: Schock, Sepsis. Oft tödlich
- **Nikolski-Zeichen**: Die Haut lässt sich durch Fingerdruck ablösen.

Differenzialdiagnose: Das selbstlimitierend verlaufende **Staphylococcal-scaled-skin syndrome** (SSSS), das nicht die Schleimhäute befällt. Es tritt fast ausschließlich bei Neugeborenen und Kindern auf. Unterscheidung im Schnellschnitt durch intraepidermale (SSSS) versus subepidermale (TEN) Blasenbildung.

Urtikaria

- Häufige Hautkrankheit
- Definiert durch Quaddeln

- Histamin und andere Mediatoren aus Mastzellen erhöhen die Gefäßpermeabilität
- Auslöser der Mastzelldegranulation:
  - Mechanische oder thermische Reize
  - Autoantikörper gegen Mastzellrezeptoren
  - Unspezifische exogene Degranulatoren
  - IgE-Quervernetzung auf der Mastzelloberfläche
  - Komplementaktivierung
- Die Urtikaria ist Komponente des anaphylaktischen Schocks und kann in Form eines Larynxödems zur Erstickung führen.

Das verwandte **Quincke-Ödem** weist typischerweise eine Schleimhautbeteiligung (Augenlider, Lippen) auf.

Erythema nodosum

- Prototyp der septalen Pannikulitis
- Selbstlimitierende, meist jüngere Frauen betreffende, schmerzhafte, knötchenbildende Erkrankung des Fettgewebes der Extremitätenstreckseiten
- Vermutete Auslöser:
  - Infektionen, z. B. Staphylokokken, Chlamydien, Mykobakterium
  - Medikamente, z. B. Kontrazeptiva, Antibiotika
  - Chronisch entzündliche Darmerkrankungen
- Tiefe Biopsien notwendig, da subkutanes Fettgewebe für die Diagnose essenziell.

Leukozytoklastische Vaskulitis

- Granulozytäre kutane Vaskulitis
- Im Rahmen von allergischen Reaktionen auf bakterielle oder medikamentöse Antigene
- Zum Teil auch bei systemischen Vaskulitiden
- Bei Kindern sekundär Purpura Schoenlein-Henoch durch zirkulierende IgA-Immunkomplexe mit der Trias: Bauchschmerz, Gelenkschmerz und gesäß- und hüftbetonter palpabler Purpura möglich.

CHECK-UP

- ☐ Was sind Ekzeme und welche Formen kennen Sie?
- ☐ Was ist das Stevens-Johnson-Syndrom und was ist das Nikolski-Zeichen?
- ☐ Wodurch kann eine Urtikaria ausgelöst werden?
- ☐ Beschreiben Sie die leukozytoklastische Vaskulitis und deren Ursachen.

Dermatosen unklarer Ursache

Psoriasis vulgaris

Synonym: **Schuppenflechte**.

- Manifestiert sich symmetrisch an den Streckseiten der Extremitäten
- Runde, weißlich schuppende Herde mit:
  - Akanthose
  - Hyper- und Parakeratose
  - Epidermalen **Munro'sche Mikroabszessen**
  - Dermalem leukozytärem Infiltrat, oft nur solitäre Herde
- **Kerzentropfphänomen**: Die Schuppen können in toto abgenommen werden
- Finger- und Zehennägel sind oft betroffen, und auch Gelenkbeteiligungen kommen vor.

Lichen (ruber) planus

- Häufige, vermutlich autoimmun bedingte, meist selbstlimitierende Dermatose
- Betroffen sind die Beugeseiten der Extremitäten sowie Mund- und Genitalschleimhaut
- Makroskopisch pyramidenstumpfartige rötliche Papel und weiße netzartige Linien (Wickham-Zeichnung).

Histologie.

- Hyperkeratose
- Fokale Basalzelldegeneration
- Bandartiges, so genanntes **lichenoides** dermales Lymphozyteninfiltrat.

■ CHECK-UP

- ☐ Was bezeichnet das Kerzentropfphänomen und wo treten die Läsionen bei der Psoriasis vulgaris typischerweise auf?
- ☐ Wo findet man den Lichen ruber planus?
- ☐ Was ist ein lichenoides Infiltrat?

Autoimmunerkrankungen

Alle unten genannten Erkrankungen weisen Autoantikörper gegen Hautstrukturen auf. Zur Antikörperdiagnostik sollte das Material daher nativ oder in Michel'scher Lösung eingesandt werden.

Pemphigus vulgaris

- **Suprabasale/intraepidermale** Akantholyse der Epidermis durch Anti-Desmosomen-Autoantikörper, die eine blasenartige proteolytische Ablösung der Epidermis hervorrufen
- Positives Nikolski-Zeichen
- Primär Mundschleimhaut betroffen, Ausbreitung auf Gesicht, Kopfhaut, Axilla, Leistengegend
- Die chronisch-progrediente Erkrankung neigt zur Generalisierung. Vor Kortikosteroid-Ära oft letal.

Pemphigus foliaceus

- Seltener als der vulgaris mit subkornealer Akantholyse
- Meist Nikolski negativ
- Erytheme, Schuppen und Krusten an Stamm und Kopfhaut
- Pemphigus erythematosus als eine Unterform.

Paraneoplastischer Pemphigus

- Ähnlich dem Pempigus vulgaris
- Meist im Rahmen von Lymphomen
- Schwerer Verlauf mit Beteiligung des Respirationstrakts.

Bullöses Pemphigoid

- Überbegriff für mukosale und kutane, lokalisierte und disseminierte Subtypen
- Die beteiligten Autoantikörper richten sich gegen Basalmembrananteile → dies erklärt die direkt **subepidermale** Spalt- und Blasenbildung (→Unterschied zu Pemphigus!).

Dermatitis herpetiformis (Duhring)

- Hauterkrankung mit hoher Verwandtschaft und Assoziation zur Zöliakie (→ Kap. 26)
- Meist Männer betroffen
- Zahlreiche, gruppierte (= herpetiforme) Bläschen und Papeln an Extremitätenstreckseiten, Rücken, Nacken und Gesäß
- Starker Juckreiz
- Histologisch an den Papillenspitzen Mikroabszesse und selektive IgA-Ablagerungen, später auch subepitheliale Bläschenbildung
- Therapeutisch: Dapson (auch diagnostisch angewendet) und glutenfreie Diät.

Diskoider Lupus erythematodes

- Häufigste Form des Lupus erythematodes
- Lokalisierte oder generalisierte schubartige Erkrankung lichtexponierter Haut bei jungen Frauen. Oft faziales Schmetterlingserythem mit Schuppung und Atrophie
- Seltenere kutane und systemische Formen (systemischer Lupus erythematodes, SLE): aufgrund der assoziierten Vaskulitis kann quasi jedes Organsystem befallen sein.

Histologie.

- Hyperkeratose
- Basalzellendegeneration
- Bandartiges, dermales Lymphozyteninfiltrat
- Immunfluoreszenzoptisch: IgG-Ablagerungen.

Cave: Lupus vulgaris → Hauttuberkulose.

■ CHECK-UP

- ☐ Nennen Sie Unterschiede zwischen Pemphigus vulgaris und bullösem Pemphigoid.
- ☐ Was charakterisiert den diskoiden Lupus erythematodes?

Granulomatöse und infektiöse Hauterkrankungen

■ Granulomatöse Hauterkrankungen

Granuloma anulare

- Meist solitäre, selbstlimitierte Dermatose bei Kindern und jungen Frauen
- Typisch an Hand- oder Fußgelenken
- Histologisch Granulome mit zentraler Muzineinlagerung.

■ Infektiöse Hauterkrankungen

- Auf der Haut finden sich überwiegend apathogene oder nur ausnahmsweise pathogene residente Keime
- Externe Umweltkeime, die nicht typischerweise auf der Haut leben, werden als **transient** bezeichnet. Diese sind häufiger pathogen.

Streptokokkeninfektion

- **Impetigo contagiosa**: kleinblasig verkrustend und oberflächlich
- Meist nach Mikrotraumen
- Im Kindesalter
- Das **Erysipel** reicht tiefer und breitet sich lokal begrenzt entlang von Lymphgefäßen aus
- Die **Phlegmone** breitet sich diffus in den tiefen Hautschichten aus. Sie ist schmerzhaft und kann zu Nekrosen und Sepsis führen.

Staphylokokkeninfektion

- Oft sind einzelne oder mehrere Haarfollikel teilweise oder komplett betroffen, was entsprechend aufsteigend als **Follikulitis**, **Furunkel** oder **Karbunkel** bezeichnet wird
- Analog zur Impetigo contagiosa der Streptokokken, jedoch deutlich massiver, können Staphylokokken die **bullöse Impetigo** hervorrufen → Extremform **Staphylococcal scalded skin syndrome**, SSSS. Das SSSS (s. Differenzialdiagnose oben) betrifft vor allem Neugeborene und Kinder
- Das staphylokokkeninduzierte **toxische Schock-Syndrom, TSS,** wird typischerweise mit infizierten Vaginaltampons assoziiert.

Lyme-Borreliose

Nach Zeckenbiss durch Borrelia burgdorferi hervorgerufenes **Erythema chronicum migrans.**

Folgen. Gelenk- und Nervenbeteiligung, atrophische Akrodermatitis, Pseudolymphom der Haut und Myokarditis.

Humane Papillom-Virus-Infektion

Akronym: **HPV**.
Häufigste kutane Virusinfektion mit typischer Warzenbildung:

- **Verruca vulgaris**
- **Verruca plantaris**
- **Condyloma acuminatum.**

Histologisch charakteristisch:

- Papillomatose
- Akanthose
- Hyperkeratose
- Koilozytäre Zellen: rosinenartige Zellkerne mit irregulärer Kernkontur, Kernhyperchromasie, teils vergrößerten Kernen und perinukleär hellem Hof
- Oft doppelkernige Zellen (→ Abb. 39.1).

Die Viren bleiben latent im Körper und können Krebserkrankungen induzieren.
Unterscheidung zwischen Haut- und Schleimhaut-Viren sowie Low- und High-risk-Viren.

Molluscum contagiosum

- Selbstlimitierende, kontagiöse Erkrankung
- Läsion: **Dellwarze**
- Hervorgerufen durch ein Pockenvirus
- Überwiegend bei Kindern
- Sehr charakteristische Histologie mit großen eosinophilen Einschlusskörpern (→ Abb. 39.2)
- Therapie: Keine oder z. B. Exzision, Vereisung, Verätzung.

Herpes-Simplex-Virus-Infektion

Akronym: **HSV**.
Typ 1: **Lippentyp.**
Typ 2: **Genitaltyp.**

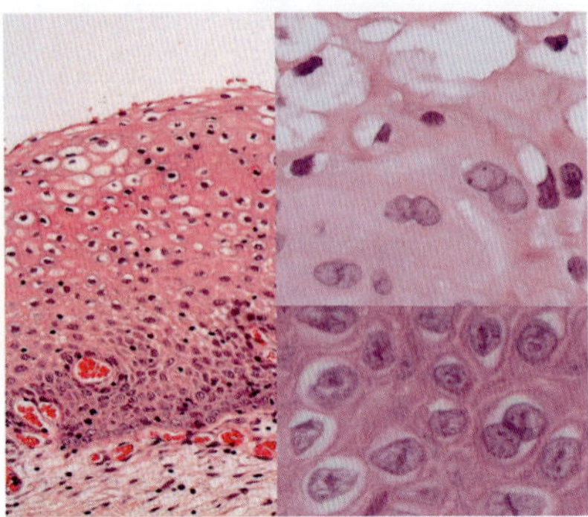

Abb. 39.1 HPV im Plattenepithel mit Koilozyten und Doppelkernen [O521].

- Die Durchseuchung liegt bei ca. ¾ der Bevölkerung
- Kennzeichnend sind gruppiert angeordnete Bläschen
- Nach oft klinisch apparenter Erstinfektion verbleiben die Viren latent in Haut und Spinalganglien
- Teilweise kommt es zu rezidivierenden, bläschenartigen Manifestationen an oralen und genitalen Haut-Schleimhaut-Übergängen
- Bei Immunsupprimierten kann es zu gefährlichen systemischen Erkrankungen kommen.

Varicella-Zoster-Virus-Infektion

Akronym: **VZV.**

- Läsion: Windpocken und Gürtelrose
- Erstinfektion in Form der etwa 14 Tage dauernden Kinderkrankheit Windpocken
- Die latent überlebenden Viren können je nach Immunabwehrlage mit zunehmendem Alter als **Herpes Zoster** (Gürtelrose) rezidivieren
- Die Entzündung manifestiert sich entlang eines Nervensegments als schmerzhaftes blasiges Erythem
- Auch hier besteht die Gefahr einer systemischen Erkrankung.

Dermatophyteninfektion

- Läsion: Dermatomykose
- Dermatophyten: keratinabbauende Pilze
- Kommen üblicherweise im Erdreich vor:
  - Mit Erregerreservoir Mensch: Anthropophil
  - Mit Erregerreservoir Tier: Zoophil. Sehr infektiös, akut entzündlich, aber selbstlimitierend.

Tab. 39.2 HPV-Typen und assoziierte Läsionen.

HPV Typ	Läsion
HPV 1, 2 und 4	• Plantare Warzen • Palmare Warzen • Gewöhnliche Warzen
HPV 6 und 11 (low risk)	• Orale Tumoren (Papillome) • Genitale Warzen (Kondylome)
HPV 16, 18, 31, 33, 35 und 45 (high risk)	• Genitale Tumoren →CIN →Zervixkarzinom (→ Kap. 36) • Peniskarzinom

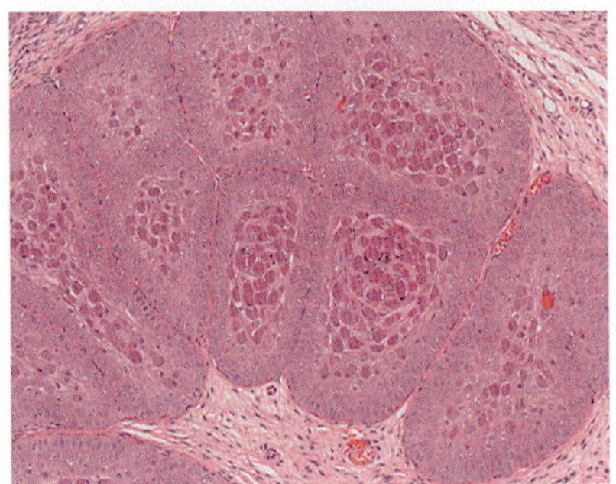

Abb. 39.2 Molluscum contagiosum [USZ].

Unterscheidung nach Prädilektionsort:

- Epidermomykosen: Antropophile Pilze, oberflächlich, meist Fingerzwischenräume oder inguinal
- Onychomykosen: Finger- und Zehennägel
- Trichomykosen: Zoophile Pilze, Haarfollikel betroffen, schwere Fälle führen zu Narben.

Candidainfektion

- Candida-Mykose
- Hauttyp: leicht platzende Pusteln auf geröteter Haut
- Schleimhauttyp: typische wegwischbare, weiße Beläge.

Candida ist nur fakultativ pathogen, sodass meist eine Immunschwäche vorliegt.

■ CHECK-UP

- ☐ Mit welchen Erregern sind folgende Erkrankungen assoziiert: Impetigo contagiosa, Furunkel, Karbunkel, Erythema chronicum migrans, Dellwarze, Verruca vulgaris
- ☐ Welche Herpesvirentypen gibt es und wie ist der Verlauf der Infektion?
- ☐ Was unterscheidet Windpocken von der Gürtelrose?
- ☐ Welche HPV-assoziierten Erkrankungen kennen Sie und wie lässt sich die Gefährlichkeit der vorliegenden Form abschätzen?
- ☐ Wonach lassen sich Dermatomykosen unterscheiden?

Tumoren der Haut

Seborrhoische Warze

- Häufiger, benigner pigmentierter papillomatöser Tumor
- Meist ältere Menschen
- Histologie: epidermale Hyperkeratose mit charakteristischen intraepithelialen Hornzysten und Papillomatose.

Epidermale Zyste

Klinisch: **Atherom**.

- Benigner Tumor
- Mit Hornmaterial gefüllt
- Von Plattenepithel ausgekleidet
- Meist ältere Menschen
- Meist Gesicht, Nacken, Oberkörper oder Genitale
- Bei der trichilemmalen Zyste (meist Kopfhaut) fehlt abweichend von der epidermalen Zyste das Stratum granulosum.

Aktinische Keratose

- Häufigste obligate Präkanzerose der Haut
- Ursächlich: UV-Licht bedingte Schäden
- Histologie: Verhornungsstörungen (Hyperkeratose, Dyskeratose), basale Kernatypien, Mitosen
- Die umgebende Haut weist eine für UV-Schäden typische Elastose der Dermis auf
- Steigerung: **Carcinoma in situ** (veraltetes Synonym: Morbus Bowen) →Epidermale Schichtung durch die atypischen Zellen aufgehoben.

Plattenepithelkarzinom

- Überwiegend bei älteren Männern
- An sonnenexponierten Stellen nach UV-Schaden
- Meist aus Vorläuferläsionen: Aktinische Keratose oder in situ Karzinom
- Wächst relativ langsam
- Metastasierungsrate (lymphogen) niedrig. Ausnahmen: Lippe und Ohr > 10 %.

Morphologie

Wachstum:

- Exophytisch
- Ulzerös
- Diffus infiltrierend.

Die Differenzierung richtet sich im Wesentlichen nach dem Verlust der Verhornungsfähigkeit und zellulären Atypien
Immunhistologie: p63 und CK5/6-positiv.

Verruköses Karzinom

Sonderform des Plattenepithelkarzinoms, HPV-assoziiert.

- Hochdifferenziertes Karzinom
- Ausgeprägte papillomatos-verruköse Verhornung
- Histologisch meist nur schwer nachvollziehbare Invasion
- Sehr geringe Metastasierungstendenz
- Häufiger im Mund oder Genitalbereich, hier als **Riesenkondylom Buschke-Löwenstein**.

Basalzellkarzinom

- Maligner Tumor mir Basalzellmorphologie
- Nur ausnahmsweise vorkommende Metastasierung bei lokal destruierendem Wachstum → wird auch als „semimaligne" bezeichnet.

Zur besseren Abgrenzung gegen gutartige Läsionen wird die frühere Bezeichnung des Basalioms nicht mehr verwendet.

- Das Basalzellkarzinom ist der häufigste „maligne" Hauttumor
- Kommt meist bei älteren Menschen und fast nur im Bereich der behaarten Haut vor
- Hauptrisikofaktor ist UV-Licht, selten auch nach Arsenexposition.

Das autosomal-dominate **Gorlin-Goltz-Syndrom** führt zu Hunderten von Basalzellkarzinomen.

Morphologie.

- Makroskopisch typische derbe, teils ulzerierte Knötchen mit zentraler Ulzeration und Randwall
- Histologisch meist noduläres Wachstum der Tumorzellen von der Hautoberfläche aus in die Tiefe (→ Abb. 39.3)
- Die basaloiden Tumorzellen weisen eine typische palisadenartige Abschlusszellreihe auf
- Oft Spaltbildungen zwischen den Tumorzellnestern und dem umgebenden Gewebe
- Man unterscheidet solide (noduläre), adenoidzystische (teils pigmentiert), diffus infiltrative (sklerodermiforme) und multifokal-oberfächliche Wachstumsmuster
- Multifokal-oberflächliche Basalzellkarzinome und diffus infiltrative werden oft nicht in sano entfernt, da diese makroskopisch schwierig abzugrenzen sind.

Merkel-Zell-Karzinom

- Seltener maligner Tumor der neuroendokrinen Merkel-Zellen der Haut
- Meist schnell zum Tod führendes Karzinom
- Bei älteren Menschen
- Beruht überwiegend auf einer Infektion mit dem Merkel-Zell-Polyomavirus und UV-Licht Schädigung.

Morphologie.

- Solider, trabekulär oder glandulär wachsender, oft klein-blau-rundzelliger Tumor („Kleinzeller der Haut")
- Exprimiert neuroendokrine Immunmarker: Synaptophysin, Chromogranin

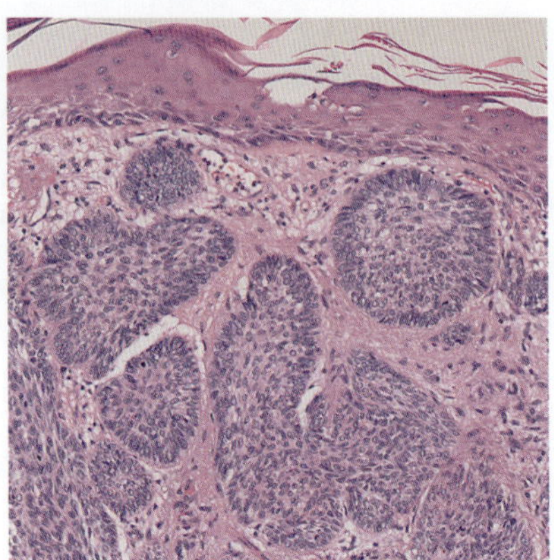

Abb. 39.3 Basalzellkarzinom [O521].

- Wichtig in Abgrenzung zu Metastasen eines kleinzelligen Lungenkarzinoms: Exprimiert auch CK20 in einem dot-like Muster, während das kleinzellige Lungenkarzinom meist CK7-positiv, aber CK20-negativ ist.

Adnexale Tumoren

- Meist benigne, kommen aber auch selten als maligne Formen vor
- Entstammen Haaren, ekkrinen oder apokrinen Schweißdrüsen
- Entscheidend für die Malignitätsdiagnose ist ein invasives, destruierendes Wachstum.

Beispiele für benigne Adnextumoren sind:

- **Syringom**
- **Trichoepitheliom**
- **Zylindrom** (→ Abb. 39.4)
- **Hidradenoma papilliferum**
- **Pilomatrixom** (→ Abb. 39.5).

Mesenchymale Tumoren

Benigne:

- Lipom
- Dermatofibrom. Synonym: fibröses **Histiozytom**.

Maligne: **Dermatofibrosarcoma protuberans**, DFSP.

- Wächst in der Dermis und Subkutis infiltrativ
- Zeigt neben einem charakteristischen wirbeligen Zellwachstum eine Expression von CD34 (→ Abb. 39.13)

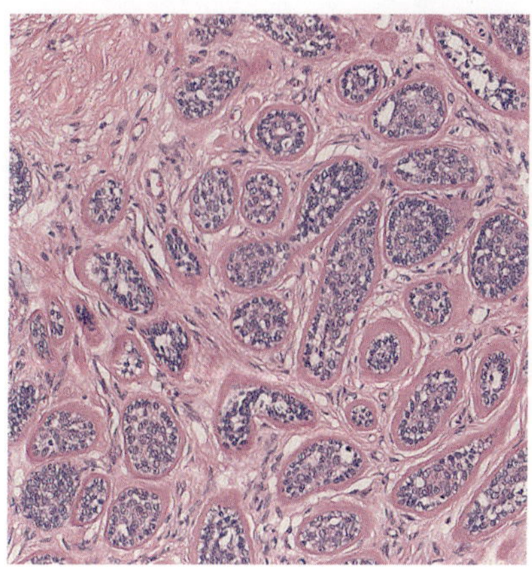

Abb. 39.4 Zylindrom [O521].

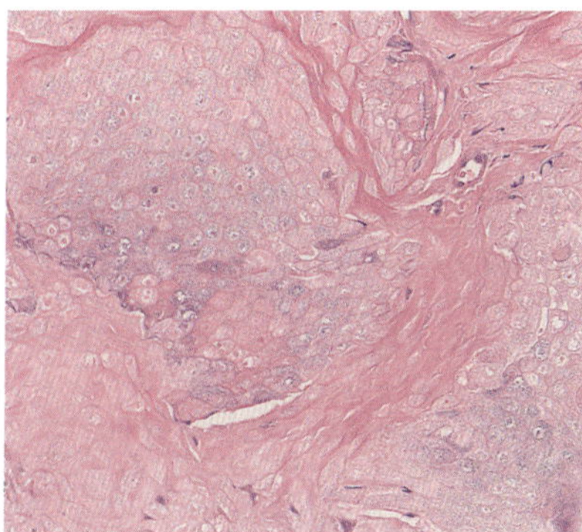

Abb. 39.5 Pilomatrixom [O521].

- Klinisch: typisch rot-bläuliche multinoduläre Hautläsionen an Stamm und Hüften bei 20- bis 30-Jährigen. Metastasen sind äußerst selten.

Lymphome

Primäre B- oder T-Zell-Hautlymphome sind oft lokalisiert und zum Teil über lange Zeit indolent. DD ist eine sekundäre Manifestation eines Lymphoms anderer Lokalisation abzugrenzen, von dem sich primäre Hautlymphome oft genetisch, prognostisch und therapeutisch unterscheiden.

Mycosis fungoides, MF:

- Klassischer Vertreter immer primär kutaner T-Zell-Lymphome
- Bei älteren Menschen
- Entwickelt sich langsam: symptomlose Flecken → Plaques → Nekrosen
- Typisch sind **Pautrier Mikroabszesse**: kleine intraepidermale Tumorzellinseln
- Die generalisierte Form mit Leukämie wird als **Sézary-Syndrom** bezeichnet.

Morphologie.

- Anfangs recht unspezifische T-lymphozytenartige Tumorzellen in der Dermis und Epidermis
- Typischerweise gyrierte Zellkerne (Lutzner- oder Sézary-Zellen).

Pigmentnävi

- Benigne Melanozytentumoren.
- Teils angeboren, teils erworben.

Morphologie.

- **Angeborene Nävi:** Reichen meist tief entlang von Adnexstrukturen in die Dermis hinein. Häufig groß und behaart, z. T. als Tierfell-Nävi
- **Erworbene Nävi**: Meist kleiner, nicht behaart, überwiegend oberflächlich im Bereich der Junktionszone zwischen Epidermis und Dermis
- Erworbene Nävi in beiden Kompartimenten: **Compound-Nävi** (→ Abb. 39.7)
- **Spitz-Nävus**: Schnell wachsend, meist bei Kindern und Jugendlichen auftretend. Muss vom Melanom abgegrenzt werden
- **Blauer Nävus**: Kennzeichnend sind in tieferen Dermisschichten gelegene Melanozytenansammlungen.

Malignes Melanom

Maligner Hauttumor der Melanozyten mit steigender Inzidenz.

- UV-Licht ist, mit Berücksichtigung des Hauttyps, der wesentliche Risikofaktor. Ausnahme: akrale und mukosale Melanome
- Mögliche Vorläuferläsionen: dysplastische Nävi oder große, angeborene Nävi
- Die Metastasierung erfolgt meist lymphogen, wobei Metastasen noch Jahrzehnte nach Exzision des Primärtumors auftreten können.

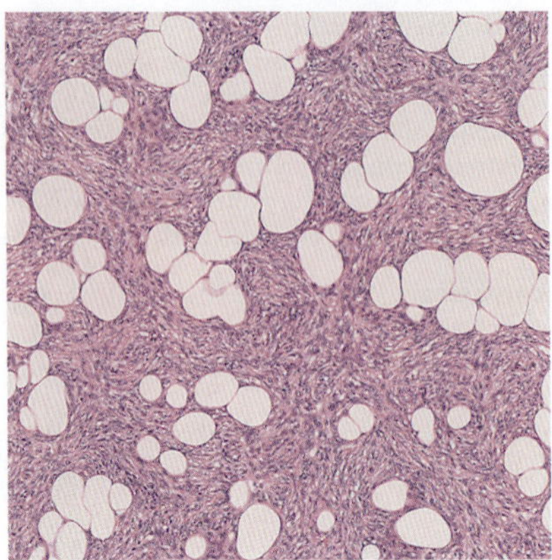

Abb. 39.6 Dermatofibrosarcoma protuberans [O521].

> Genetisch weisen Melanome auf nicht chronisch sonnengeschädigter Haut oft BRAF-Mutationen, jedoch keine KIT-Mutationen auf. Melanome auf sonnengeschädigter Haut hingegen zeigen in 20 % KIT-, aber keine BRAF-Mutationen. Derartige genetische Einteilungen stellen aktuell die gängige morphologische Klassifikation in Frage und ermöglichen möglicherweise neue Therapien (Kinase-Inhibitoren und BRAF-Inhibitoren).

Morphologie

- Melanome sind morphologisch extrem heterogen. Dadurch können sie viele Malignome imitieren
- Melaninpigment ist diagnostisch, kann aber auch fehlen (amelanotisches Melanom)
- Zytologisch erinnert das blasse Zytoplasma manchmal an blickdichte Strumpfhosen
- Hilfreich ist die meist vorhandene Expression von so genannten Melanommarkern: HMB-45, Melan-A, MUM1 und S100.

Melanoma in situ

Lentigo maligna oder auch die Frühform des superfiziell spreitenden Melanoms. Kennzeichen:

- Vermehrte, basal gelegene, atypische intraepidermale Melanomzellen
- Das Wachstum ist horizontal
- Keine Invasion.

Lentigo maligna Melanom

- Mit Durchbruch der Basalmembran

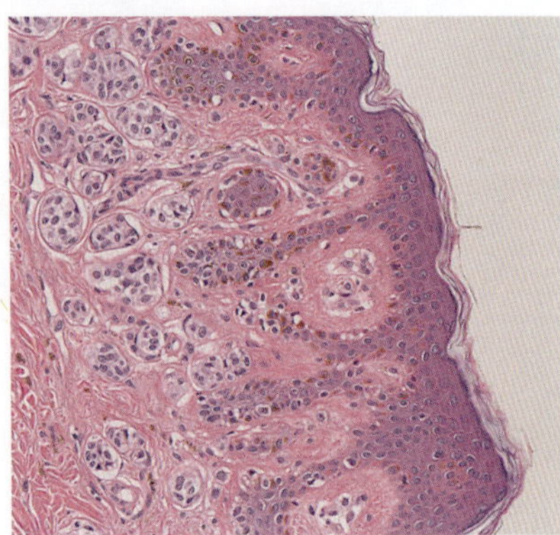

Abb. 39.7 Nävuszellnävus [O521].

- Assoziiert mit jahrelanger chronischer Sonnenexposition
- Selten BRAF- und häufiger KIT-Mutationen.

Superfiziell spreitendes Melanom

- Etwa 50 % alle Melanome
- Wächst sowohl infiltrativ in der Junktionszone und Dermis als auch typischerweise pagetoid aufsteigend in der Epidermis
- Assoziiert ist es mit isolierten starken Sonnenbrandereignissen in der Kindheit
- Oft BRAF-Mutationen.

Noduläres Melanom

Dominierendes vertikales Tiefenwachstum (→ Abb. 39.8).

Akrolentiginöses Melanom

- Melanome im Bereich der Akren: Finger, Zehen
- Histologisch gleich dem superfiziell spreitenden Typ, aber recht bald Übergang in noduläres Wachstum
- Jedoch selten BRAF- und häufiger KIT-Mutationen.

Amelanotisches Melanom

Reduzierte oder fehlende Melaninpigmentbildung.

Klinik

Der wichtigste Prognosefaktor ist die primär radikale Entfernung mit einem Sicherheitsabstand von 1 cm. Entscheidend für das Auftreten von Metastasen, was die Prognose drastisch verschlechtert, ist die Tiefenausdehnung. Einteilung:

- Nach **Breslow** in Millimetern, oberste Granularzellschicht bis tiefste Tumorinvasion.

Fünf-Jahres-Überleben bei < 1 mm zwischen 95–100 % und bei > 4 mm ca. 50 %.
- **Clark-Level** I–IV: Tiefenausdehnung an Hautschichten orientiert, wird nur bei dünner Haut, z. B. im Gesicht, angewendet
- Ulzerationen sind ungünstig →im TNM mit dem Suffix „b" codiert.

Vorsorge und Früherkennung

- **ABCD-Parameter** zur makroskopischen Malignitätsabschätzung:
  - A: **A**symmetrie?
  - B: **B**egrenzung unscharf?
  - C: **C**olour – dunkle oder heterogene Farbe?
  - D: **D**urchmesser > 0,5 cm und Wachstums-**D**ynamik?
- Die Auflicht-Mikroskopie hat sich als Hilfsmittel bewährt
- Endgültige diagnostische Klarheit schafft die histologische Untersuchung
- Bei der Melanomtherapie hat sich, ähnlich wie bei Mammakarzinomen, die Sentinel-Lymphknoten-Technik durchgesetzt.

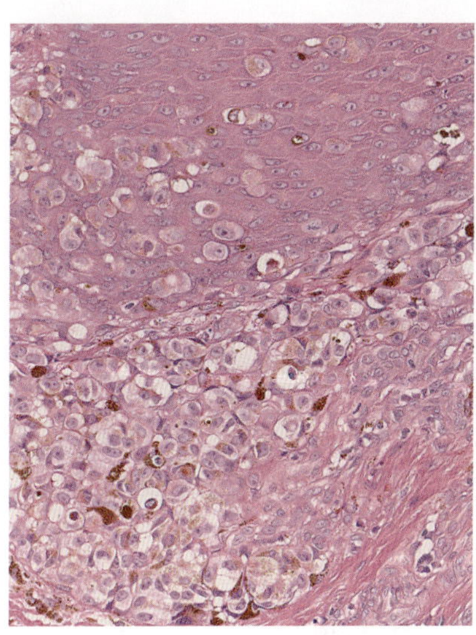

Abb. 39.8 Melanom high power [O521].

CHECK-UP

- ☐ Wodurch wird die aktinische Keratose hervorgerufen?
- ☐ Was zeichnet das Basalzellkarzinom morphologisch und bezügliche seiner Dignität aus und wo entsteht es?
- ☐ Nennen Sie eine Ursache des Merkel-Zell-Karzinoms und eine Unterscheidungsmöglichkeit zum pulmonalen Kleinzeller.
- ☐ Woran erkennen Sie ein Dermatofibrosarcoma protuberans?
- ☐ Um was handelt es sich bei der Mycosis fungoides und dem Sézary-Syndrom?
- ☐ Welche Melanomformen kennen Sie? Was sind immunhistologische Marker des Melanoms?
- ☐ Wie wird die prognostisch relevante Tumordicke bestimmt? Was sind die ABCD-Parameter?

40 Knochen

Normale Struktur und Funktion

- Das menschliche Skelett umfasst über 200 Knochen
- Je nach Funktion unterschiedliche Formen und Größen.

Aufgaben

- Stützgerüst und Schutz (Thorax und Schädel)
- Involviert im Kalzium-Phosphathaushalt
- Vor allem flache Knochen wie die Beckenschaufel enthalten das blutbildende Knochenmark
- Hoch spezialisierte Knochen sind die Gehörknöchelchen, die essenziell für das Hören sind.

Knochengewebe gehört histologisch zum **mesenchymalen** Gewebe, weil Osteoblasten Osteoid als Matrix bilden. Osteoklasten als Mitglieder des Makrophagensystems bauen die Matrix wieder ab und sind wichtig für die Umstrukturierung des Knochens.

Kalziumstoffwechsel

- **Parathormon** stimuliert indirekt den Knochenabbau und erhöht die Kalziumrückresorption in den Nierentubuli → Serumkalziumspiegel steigt
- **Calcitonin** hemmt Osteoklasten, Knochenabbau blockiert → Serumkalziumspiegel sinkt
- **Vitamin D** stimuliert die Kalziumresorption im Darm und die PTH-vermittelte Kalziumfreisetzung aus dem Knochen.

CHECK-UP

- ☐ Nennen Sie Aufgaben der Knochen!

Kongenitale Knochenerkrankungen

- Skelettfehlbildungen: vielgestaltig, häufig assoziiert mit anderen Fehlbildungen, z. B. im Rahmen der VACTERL-Assoziation
- Spektrum: banale Formen wie Syndaktylien oder Polydaktylien bis hin zu schweren Fehlbildungen wie Sirenomelie
- Können auch letal sein, z. B. thanatophore Dysplasie.

Ursachen. Meist im molekularen Bereich, umfassen:

- Strukturelle Proteindefekte

- Defekte im Signaltransduktionssystem
- Enzymdefekte
- Stoffwechselstörungen, z. B. Mukopolysaccharidosen.

Achondroplasie und thanatophore Dysplasie

Störungen in der Wachstumsfuge aufgrund von Mutationen im FGFR3-Gen (Fibroblast growth factor Receptor).

Achondroplasie

- Autosomal-dominant vererbt
- Jedoch in 80 % der Fälle Spontanmutationen verantwortlich
- Veränderungen betreffen lediglich das Skelettsystem
- Äußern sich als dysproportionierter Zwergenwuchs mit verkürzten Extremitäten, normalem Stamm und vergrößertem Kopf.

Thanatophore Dysplasie

- Im Gegensatz zur Achondroplasie nicht mit dem Leben vereinbar
- Der Thorax ist klein mit konsekutiver Lungenhypoplasie
- Die Kinder versterben rasch nach der Geburt an akuter respiratorischer Insuffizienz.

Osteogenesis imperfecta

- Gruppe von hereditären Erkrankungen
- Störung in der Kollagensynthese liegt zugrunde
- Unterschiedliche Typen sind bekannt

Tab. 40.1 Typen der Osteogenesis imperfecta.

Subtypen der Osteogenesis imperfecta	
Typ I	• Lebensfähig • Erhöhte Frakturanfälligkeit • Zahndeformitäten • Schwerhörigkeit • Blaue Skleren
Typ II	• Letal • Bereits in utero Skelettdeformitäten aufgrund von Frakturen • Blaue Skleren
Typ III	• Ähnlich wie Typ I, nur mit Wachstumsretardierung
Typ IV	• Milde Symptomatik mit mäßiger Frakturanfälligkeit • Minderwuchs

- Je nach Mutation sind die Symptome stärker oder schwächer ausgeprägt
- Allen gemeinsam ist eine Frakturanfälligkeit der Knochen → daher auch **Glasknochenkrankheit.**

Osteopetrose

- Hereditäre Erkrankung
- Dysfunktion der Osteoklasten.

Symptome.

- Ausgeprägte Sklerose der Knochen
- Erhöhte Frakturanfälligkeit
- Verschluss des Markraums
- Extramedulläre Hämatopoese (Hepatosplenomegalie).

CHECK-UP

☐ Welche angeborenen Erkrankungen des Skelettsystems kennen Sie?

Metabolische Knochenerkrankungen

Osteoporose

- Verlust an Knochenmasse mit rarefizierten Knochenbälkchen und erhöhter Frakturanfälligkeit → z. B. Kompressionsfrakturen der Wirbelkörper, Schenkelhalsfraktur
- Am häufigsten ist die senile Form der Osteoporose, analog zur Atrophie anderer Organe im Alter
- Andere Formen sind:
  - Steroidosteoporose (iatrogen oder Morbus Cushing)
  - Osteoporose bei Hyperthyreose
  - Immobilisationsosteoporose (Atrophie bei Inaktivität).

Vitamin-D-Osteopathie

Rachitis

- Verminderte Vitamin-D-Zufuhr oder Beeinträchtigung der Vitamin-D-Synthese in der Haut bei fehlender Sonneneinstrahlung
- Krankheit der ersten Lebensmonate.

Symptome.

- Rachitischer Minderwuchs
- Kyphoskoliose
- O-Beine
- Unvollständig mineralisierter Schädel (Kraniotabes).

Osteomalazie

- Verminderte intestinale Vitamin-D-Resorption bei Malassimilation oder Leber- und Nierenerkrankungen
- Generalisierte Erkrankung nach Abschluss des Skelettwachstums.

Symptome.

- Glockenthorax
- Kyphoskoliose
- Ermüdungsfrakturen.

Parathormonabhängige Osteopathie

Siehe → Kapitel 13.

CHECK-UP

- ☐ Welche metabolisch bedingten Knochenerkrankungen kennen Sie?

Entzündliche Knochenerkrankungen

Osteomyelitis

Sammelbegriff für Knochen- und Knochenmarkentzündungen.

- **Endogene oder hämatogene** Osteomyelitis
- **Exogene** Osteomyelitis: Nach offenen Frakturen, Weichteilentzündungen oder nach chirurgischen Eingriffen (Endoprothesen)
- Morphologische Unterscheidung in eitrige und granulomatöse Osteomyelitis.

Eitrige Osteomyelitis

- Meist Kinder und Jugendliche betroffen
- Häufigster Erreger ist Staphylococcus aureus
- Zu 80 % sind Röhrenknochen betroffen
- Je nach Stadium:
  - Akute Osteomyelitis, z. B. Nekrosen, Abszesse
  - Chronische Osteomyelitis, z. B. Sequesterbildung, Markraumfibrose
- DD bei Kindern: Ewing-Sarkom.

Granulomatöse Osteomyelitis

- Bei Tuberkulose
- Schleichend verlaufend
- Typisch ist der so genannte Gibbus, Buckel bei Sinterung der Wirbelkörper.

Osteitis deformans

Synonym: **Morbus Paget**.

- Im strengen Sinne keine Entzündung, sondern eine Störung der Knochenbildung und -resorption
- Ursache unbekannt, Paramyxoviren werden diskutiert
- Anfangsstadium: lytische Phase
- Spätphase: übermäßige Knochenbildung mit Sklerose im Endstadium
- Symptome von stummem Verlauf bis hin zu Skelettschmerzen, Deformierungen und Frakturen.

CHECK-UP

- ☐ Welche entzündlichen Knochenerkrankungen kennen Sie?

Aseptische Knochennekrosen

Meist ischämisch bedingte Nekrosen.
- Bei Frakturen, Steroidtherapie, Thrombembolien, Vaskulitis
- Nach Strahlentherapie.

Juvenile Knochennekrose
Morbus Perthes

Betroffen ist die Epiphyse des Femurkopfs bei Kindern zwischen 4–12 Jahren.

Osteochondrosis dissecans

Meist nach Trauma mit Absprengung eines Knochen- oder Knorpelfragments aus der Gelenkfläche („Gelenkmaus" = freier Gelenkkörper).

Im Erwachsenenalter

- Idiopathisch: z. B. Femurkopfnekrose
- Sekundär
  - Im Rahmen einer Steroidtherapie, auch häufig Femurkopf betroffen
  - **Morbus Caisson**, Taucher-Krankheit: Gasembolien bei zu schnellem Auftauchen.

CHECK-UP

- ☐ Was sind aseptische Knochennekrosen?

Frakturen

Knochenbruch.
- Traumatisch bedingt
- **Ermüdungsfraktur** nach rezidivierenden Mikrotraumen, z. B. Marschfraktur der Metakarpalknochen
- **Pathologische Fraktur** nach inadäquater Gewalteinwirkung oder spontan, z. B. bei Osteoporose, Knochenzysten, Osteomyelitis, Metastasen oder Primärtumoren → bei Vorliegen einer pathologischen Fraktur muss unbedingt Gewebe zur histopathologischen Untersuchung zum Ausschluss einer Metastase eingesandt werden. Außerdem Anamnese: Bekannte maligne Vorerkrankungen?

Frakturheilung

Primär: Bei Kontakt oder schmalen Spalt ohne Kallusbildung: 3–4 Wochen.
Sekundär: breiter Frakturspalt mit Kallusbildung. Hämatom → Granulationsgewebe, bindegewebiger Kallus → Knochenkallus 4–6 Wochen.

Komplikationen

- Bakterielle Superinfektion
- Pseudarthrosen
- Knochennekrosen
- Überschießende Kallusbildung – kann einen Tumor vortäuschen.

CHECK-UP

- ☐ Was ist eine pathologische Fraktur? An welche Abklärungen müssen Sie denken?

Knochentumoren

Unterschieden werden Primärtumoren (seltener) und Metastasen (häufiger).

Primärtumoren. Unterscheidung in:
- Benigne und maligne
- Knorpelbildende und knochenbildende.

Klinik.
- Schmerzen. **Cave**: bei Kindern häufig als Wachstumsschmerzen verkannt
- Evtl. pathologische Fraktur.

Diagnose. Die Korrelation von Klinik und Alter, Röntgenbild, Lokalisation und Histologie ist entscheidend.

Knochenbildende Tumoren

Überwiegend sind Kinder und Jugendliche betroffen.

Osteoidosteom

- Häufigster benigner Tumor
- Charakteristischer Röntgenbefund: Nidus
- Typische Klinik: nächtliche Schmerzen, die sehr gut auf Azetylsalizylsäure ansprechen.

Osteosarkom

- Häufigster primär maligner Knochentumor
- Prädilektionsstelle ist die Knieregion
- Klinik: belastungsunabhängige Schmerzen, die medikamentös nicht ansprechen
- Häufigster Subtyp: **hochmalignes Osteosarkom**. Wird typischerweise neoadjuvant chemotherapiert und danach reseziert
- Histologisch wird der vitale Resttumor im Operationspräparat bestimmt, was Auswirkung hat auf die Prognose:
  - < 10 % vitaler Tumor: Responder
  - > 10 % vitaler Tumor: Non-Responder.

Knorpelbildende Tumoren

Osteochondrom

- Häufigster benigner Knochentumor
- Jugendliche und junge Erwachsene sind betroffen
- Charakteristisch pilzförmig mit knöchernem Stil und knorpeliger Kappe.

Enchondrom

- Erwachsene
- Typische Lokalisation im Markraum der kleinen Röhrenknochen der Hände
- Wichtigste Differenzialdiagnose: hoch differenziertes Chondrosarkom
- Multiple Enchondrome bei **Morbus Ollier**.

Chondrosarkom

- Zweithäufigster Knochentumor mit destruierendem Wachstum
- Ältere Erwachsene
- Prädilektionsstellen Beckenschaufel und proximaler Femur
- Chemotherapie oder Radiotherapie wirkungslos
- Einzige kurative Option ist die vollständige Resektion.

Andere primäre Knochentumoren

Ewing-Sarkom

- Dritthäufigster Knochentumor
- Überwiegend Jugendliche und junge Erwachsene
- Prädilektionsstellen: Diaphysen der langen Röhrenknochen und Becken
- Wahrscheinlich neuroektodermalen Ursprungs
- Charakteristischen Translokation mit Beteiligung des EWS-Gens t(11;22)
- Hoch aggressiver Tumor mit kleiner, blauer, rundzelliger Morphologie und CD99-Expression
- Prognose: 5-JÜR maximal 60 % bei prä- und postoperativer Chemotherapie. Ohne Therapie infaust.

Skelettmetastasen

- Dritthäufigste Lokalisation der hämatogenen Metastasierung nach Lunge und Leber
- Häufige Primärtumoren: Mamma, Prostata, Lunge, Niere und Schilddrüse
- Osteoblastische Metastasen: Knochenbildung wird von den Tumorzellen induziert. V. a. beim Prostatakarzinom
- Osteolytische Metastasen: Knochensubstanz wird abgebaut. V. a. beim Mammakarzinom.

Klinik: Schmerzen, pathologische Fraktur.

CHECK-UP

- ☐ Welche knochenbildenden Tumoren kennen Sie?
- ☐ Welche knorpelbildenden Tumoren kennen Sie?

Tab. 40.2 Synopsis der primären Tumoren des Knochens*.

Tumor M : F mittleres Durchschnittsalter Ø	Hauptlokalisation	Dignität	Charakteristika Makroskopisch	Histologisch	Radiologisch	Therapie
Osteoidosteom M : F = 2 : 1 ø-Alter: 19 J. 80 % < 20. LJ	• Femur • Tibia • Hände und Füße (kl. Röhrenknochen)	Benigne	Bräunlicher spongiöser Herd, sklerosierte Kortikalis	Osteoblasten, Faserknochen, Riesenzellen	Sklerose, Nidus (Schaftende der Röhrenknochen)	Nidusentfernung
Osteosarkom M : F = 1,1 : 1 ø-Alter: 20 J.	• Femur • Tibia (60 % in Knieregion) • Humerus	Hoch maligne	Grauweißer Tumor	Atypische Osteoid bildende Zellen	**Metaphysäre** unscharfe Sklerose und/oder Osteolyse, Periostreaktion (Spiculae)	• prä- und postoperative Chemotherapie • Resektion
Osteochondrom M : F = 2 : 1 ø-Alter: 17 J. 70 % bis 30. LJ 50 % 10.–20. LJ	• Femur • Tibia • Humerus	Benigne	Knochensporn mit Knorpelkappe	Aufbau aus drei Zonen: • Hyaliner Knorpel • Verzerrte endochondrale Ossifikation • Spongiöser Knochen	**Metaphysäre** gestielte oder breitbasige, in den ortsständigen Knochen übergehende Formation	chirurgische Abtragung an der Ansatzstelle
Enchondrom M : F = 0,9 : 1 ø-Alter: 38 J. ~60 % 20.–50. LJ	• Hände und Füße (kl. Röhrenknochen ~60 % aller E.) • Femur • Humerus	Benigne	Glasig	Reifes Knorpelgewebe	Lobulierte Osteolysen mit ringförmigen Verkalkungen im Schaftbereich	• Lange Röhrenknochen: bei Beschwerden Kürettage, besser En-bloc-Resektion; sonst nur Kontrolle • kleine Röhrenknochen: Kürettage
Konventionelles Chondrosarkom M : F = 1,4 : 1 ø-Alter: 46 J. ~60 % 20.–60. LJ	• Femur • Becken • Humerus	Meist niedrig maligne	Grauweiß, glasig, Verkalkungen	Zelldichtes Gewebe mit je nach Malignitätsgrad zunehmenden Atypien bei abnehmender Differenzierung der Knorpelmatrix	Expansive bis mottenfraßartige **metadiaphysäre** Osteolysen mit Verkalkungen und Kompaktdestruktion	Resektion

Tab. 40.2 Synopsis der primären Tumoren des Knochens*. (Forts.)

Tumor M : F mittleres Durchschnittsalter Ø	Hauptlokalisation	Dignität	Charakteristika Makroskopisch	Histologisch	Radiologisch	Therapie
Dedifferenziertes Chondrosarkom M : F = 1,8 : 1 Ø-Alter: 55 J. 65 % › 50. LJ	• Femur • Becken	Hoch maligne	Lobuliertes Knorpelgewebe neben grauweißen bis rotbräunlichen fischfleischartigen Arealen	Gut differenziertes Chondrosarkom getrennt von anderer, hoch maligner Sarkomkomponente	Gut begrenzte Osteolyse mit stippchenartiger Verkalkung, übergehend in unscharf begrenzte Osteodestruktion	• Resektion • Chemotherapie • Sehr schlechte Prognose
Riesenzelltumor M : F = 1 : 1 Ø-Alter: 31 J. 55 % 20.–40. LJ	• Femur • Tibia • Wirbelsäule • Becken	Intermediär (Lungenmetastasen möglich)	Braunes, weiches, blutig imbibiertes Gewebe	Riesenzellen mononukleäre Histiozyten, Siderin	Exzentrische, unscharfe Osteolyse **epimetaphysär**	• Kürettage • Knochenzementplombe
Ewing-Sarkom/peripherer neuroektodermaler Tumor des Knochens, PNET M : F = 1,5 : 1 Ø-Alter: 17 J. 50 % 10.-20. LJ 90 % ‹ 30. LJ	• Becken • Femur • Schultergürtel	Hoch maligne	Weich, bräunlich, blutig	Zytoplasmaarme Rundzellen mit kleinen Nukleolen und Glykogenablagerungen, keine Faserbildung PNET: Rosetten	**Diaphysär** gelegene mottenfraßartige Osteolyse mit Abheben des Periosts und mehrschichtiger periostaler Ossifikation (Zwiebelschalenbild)	• Prä- und postoperative Chemotherapie • Resektion • Evtl. Bestrahlung
Fibröse Dysplasie M : F = 1,2 : 1 ø-Alter: 24 J. 60 % ‹ 30. LJ	• Femur • Humerus • Schädel	Benigne	Grauweiß, weich, z. T. körnig	Bindegewebe mit irregulär verteilten Faserknochenbälkchen **ohne** Osteoblastensäume	Expansive Osteolyse mit milchglasartiger Verschattung, verdünnte Kortikalis	• Kürettage • Evtl. modellierende Chirurgie (polyosteolytische Formen)
Aneurysmatische Knochenzyste M : F = 1,3 : 1 ø-Alter: 19 J. ~80 % ‹ 30. LJ	• Femur • Humerus • Tibia • Becken	Benigne	Septiert, bräunlich, Blutkoagel	Pseudoendothelialisierte Hohlräume, Septen mit Makrophagen, Riesenzellen, Fibroblasten und reaktiver Osteoidbildung	Expansiv-exzentrische, scharf begrenzte **metaphysäre** Osteolyse mit Kompaktpenetration („blow-out lesion")	• Kürettage • Evtl. En-bloc-Resektion

* basierend auf den Daten des Basler Knochentumor-Referenzzentrums

5

41 Gelenke

- Knochenverbindungen
- Bestehen aus von Knorpel überzogenen Knochenenden und einer innenseitig von der Synovialmembran ausgekleideten Gelenkkapsel
- Im Gelenk dient die Synovialflüssigkeit als Schmiermittel
- Weiterhin können hier z. B. Bänder oder Menisken vorkommen.

Entzündliche Gelenkerkrankungen

Infektiöse Arthritiden

- Ursächlich sind meist Bakterien, z. B. Staphylokokken, Streptokokken, Hämophilus oder Borrelien (bei der Lyme-Borreliose)
- Auch bei vielen viralen Infektionen sind Gelenkbeteiligungen möglich.

Kristallablagerungs-Arthritiden

Ausgefallene Kristalle wie Urat, Kalziumpyrophosphat oder Oxalat lagern sich im Gelenk ab und führen zu entzündlichen Reaktionen.

Gicht

- Ablagerungen von Uratkristallen im Gewebe und in Gelenken
- Meist Männern ab 30 Jahren
- Auslöser: Erhöhung des Harnsäurespiegels im Serum
- Urat entsteht beim Abbau von Purinen
- Der akute Gichtanfall äußert sich oft durch nächtlichen Schmerz mit Rötung des betroffenen Gebiets
- Histologisch: büschelförmige Kristalle mit umgebender histiozytärer und riesenzell-haltiger Entzündung nachweisbar: Gichttophus (→ Abb. 41.1).

Primäre Hyperurikämie.
- Meist liegt eine autosomal dominant vererbte Störung der renalen Uratausscheidung vor
- Deutlich seltener ist eine X-chromosomal vererbte Uratüberproduktion: **Lesch-Nyhan-Syndrom**.

Sekundäre Hyperurikämie.
- Durch z. B. Tumorerkrankungen oder proteinreiche Ernährung fällt vermehrt Urat an oder die Urat-Ausscheidung ist aufgrund einer Niereninsuffizienz vermindert
- Betroffen sind meist Großzehengrundgelenke (Podagra), Sprung-, Finger- oder Kniegelenke (Gonagra).

Pseudogicht

Synonym: **Chondrokalzinose.**
- Abgelagertes anorganisches Kalziumpyrophosphatidhydrat → mit mehreren Stoffwechselstörungen assoziiert, z. B. Hyperparathyreoidismus oder Hämochromatose
- Meist sind die großen Gelenke betroffen
- Ablagerungen sind radiologisch nachweisbar.

Histologie.
- Polarisationsoptisch doppelbrechende Kristalle in blauvioletten, ovalären Aggregaten

- Umgeben von einer gichtähnlichen Entzündungsreaktion.

Oxalose

Oxalatablagerungen im Rahmen der primären oder sekundären Oxalose.

Chronische Polyarthritis

Synonym: **Rheumatoide Arthritis**.

- Chronische Gelenkerkrankung
- Kann alle Gelenke betreffen
- Meist Frauen im mittleren bis höheren Alter
- Bei 80 % der Patienten finden sich im Blut die nicht sehr spezifischen Rheumafaktoren (Autoantikörper gegen den Fc-Teil von IgG).

Morphologie.

- Gelenke, Sehnen und periartikuläre Weichteile sind betroffen.
- Die typischen histologischen Veränderungen in der Synovialmembran umfassen eine Hyperplasie der Deckzellschicht, ein lymphofollikuläres Infiltrat, Fibrinablagerungen und Granulationsgewebe
- Bei einem Drittel der Betroffenen finden sich subkutane oder viszerale Rheumaknoten → Knötchen mit zentraler fibrinoider Nekrose mit einzelnen neutrophilen Granulozyten und umgebendem Histiozytenwall (→ Abb. 41.2).

Klinik.

- Morgendliche Gelenksteifigkeit
- Fingerfehlstellungen der proximalen (PIP) und distalen Interphalangealgelenke (DIP):
  - Knopflochdeformität: Beugung PIP, Überstreckung DIP
  - Schwanenhalsdeformität: Überstreckung PIP, Beugung DIP.
- Ulnardeviation der Finger
- Symmetrischer Befall mehrerer Gelenkregionen unter Einschluss der Handgelenke (→ Abb. 41.3)
- Systemische Manifestationen im Sinne einer Perikarditis, Splenomegalie, Anämie und interstitiellen Pneumonie sind möglich
- **Caplan-Syndrom**: Kombination aus Quarzstaublunge und rheumatoider Arthritis.

Sonderformen

Morbus Still.

Juvenile Form ohne Rheumafaktoren.

Felty-Syndrom.

Schwere Verlaufsform mit Splenomegalie und Neutropenie.

Morbus Bechterew

Synonym: **Spondylitis ankylosans**.

- Betrifft typischerweise die Wirbelsäule
- Bei Männern im frühen bis mittleren Erwachsenenalter
- Typische Folgen:
  - Kyphose und Ankylose der Wirbelsäule
  - Verknöcherung der Wirbelkörperverbindungen → Bambuswirbelsäule
- Auch Iridozyklitis und Aortitis können vorkommen.

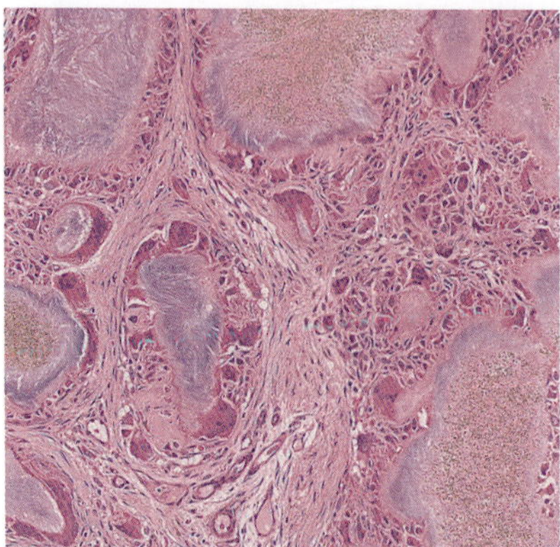

Abb. 41.1 Gichttophus [O521].

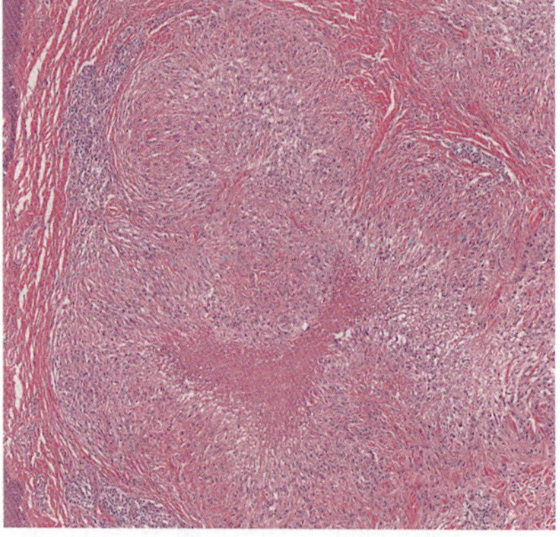

Abb. 41.2 Rheumaknoten [O521].

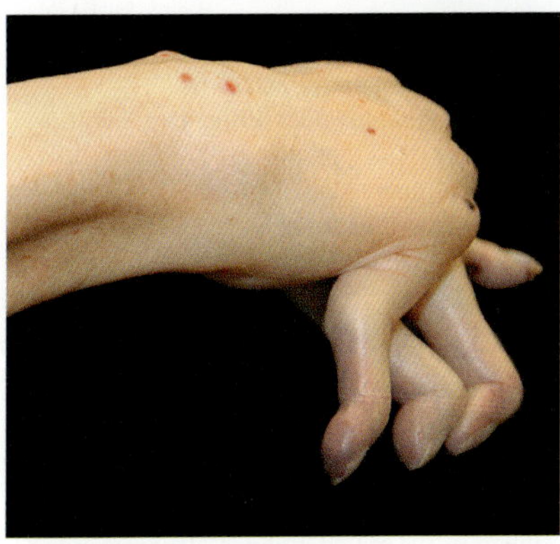

Abb. 41.3 Polyarthritis [O521].

Psoriatische Arthritis

- Gelenkbeteiligung im Rahmen einer Psoriasis
- Hauptbefund in den distalen Interphalangealgelenken von Händen und Füßen
- Typische Osteoperiostitis der Großzehe.

Reiter-Syndrom

- Gelenkerkrankung der unteren Extremitäten
- Vermutlich entzündlich durch Chlamydien, Shigellen oder Yersinien bedingt
- Meist junge Männer betroffen
- Kein Nachweis von Rheumafaktoren
- Definierende Symptomtrias: Arthritis, Urethritis und Konjunktivitis.

CHECK-UP

- ☐ Welche infektiösen Ursachen von Arthritiden kennen Sie?
- ☐ Was sind Ursachen von Kristallablagerungs-Arthropathien und was sind typische Gichtmanifestationsorte?
- ☐ Beschreiben Sie Ursachen, Morphologie und Klinik der rheumatoiden Arthritis. Welche Gelenke sind betroffen?

Degenerative Gelenkerkrankungen

Osteoarthrose

Synonym: **Arthrosis deformans.**

- Fortschreitender Verlust des Gelenkknorpels
- Im späteren Verlauf Bildung von Knochenauswüchsen oder Osteophyten an den Gelenkrändern
- Primäre, idiopathische Form
- Sekundäre Form. Ursachen sind:
  - Gelenkbelastungen durch Übergewicht, Fehlbelastungen, Leistungssport
  - Gelenkschäden durch Traumen, Infektionen, Gelenkeinblutungen
- Sonderformen
  - **Heberden-Arthrose**: Befall der DIP
  - **Bouchard-Arthrose**: Befall der PIP.

Morphologie.
Betroffen sind vor allem die großen, stark belasteten Gelenke
Typische Befunde:

- Knorpelschwund
- Osteophytenbildung
- „Brutkapseln“ aus regenerierend-proliferierenden Chondrozyten
- Selten auch „Gelenkmäuse“, freie Knorpelstücke im Gelenk (typisch bei der Osteochondrosis dissecans des Kniegelenks jüngerer Menschen).

Bandscheibenvorfall

- Verlagerung von Nucleus pulposus und Teilen des Anulus fibrosus nach:
  - Kranial oder kaudal in den Knochen hinein → **Schmorl-Knötchen**
  - Ventral
  - Dorsal
- Besonders ein Vorfall nach dorsal kann zu Schmerzen und Lähmungen durch Druck auf die Nervenwurzeln und das Rückenmark führen.

Ochronose

- Fehlen der Homogentisinsäureoxidase → Homogentisinsäure fällt vermehrt an → verfärbt sich durch Polymerisierung schwarz → Schwarzfärbung des Bindegewebes und Knorpelschädigung
- Ausscheidung schwarzen Urins: **Alkaptonurie**.

Meniskusläsion

- Häufig traumatische Schäden
- Selten: Mukoide oder fettige Degenerationen
- Häufig: Innere Menisken betroffen, dabei meist Längs- oder Korbhenkel-Risse.

Sehnenerkrankungen und Bursen

Karpaltunnelsyndrom

- Kompression des N. medianus im Karpalkanal → Schmerzen, Parästhesien und Daumenmuskelatrophie
- Frauen häufiger betroffen
- Ursachen für die Kompression sind vielfältig, z. B. Schwangerschaft, manuelle Arbeit, Diabetes mellitus und Amyloidose.

Bursen

Schleimbeutel mit oder ohne Gelenkverbindung.

- Nach Trauma zystische Schwellung: **Hygrom**
- Im Rahmen von Entzündungen infektiöser oder nichtinfektiöser Genese: **Bursitiden**
- Die **Baker- Zyste** ist ein Hygrom des Kniegelenks, das chirurgisch entfernt wird.

CHECK-UP

- ☐ Was findet man morphologisch bei einer Osteoarthrose?
- ☐ Welche Menisken sind am häufigsten von Rissen betroffen?
- ☐ Was bezeichnet das Karpaltunnelsyndrom?

Tumoren und tumorähnliche Läsionen mit Gelenkassoziation

Ganglion

- Mehrkammerige Pseudozyste in Gelenknähe, meist im Bereich der Handgelenke
- Vermutlich degenerativer Ursprung
- Muzinöser Inhalt: Alzianfärbung.

Synoviale Chondromatose

- Kleine, metaplastisch synovialisierte Knorpelstückchen
- Schwimmen frei in der Synovialflüssigkeit großer Gelenke.

Pigmentierte villonoduläre Synovialitis

Akronym: **PVNS**, Synonym: Tenosynovialer Riesenzelltumor vom diffusen Typ.

Diffuse PVNS

- Betrifft das ganze Gelenk, meist große Gelenke wie Knie und Hüfte
- Oft zottige Hyperplasie des gesamten Synovialgewebes, auch als periartikuläre Knoten im Weichgewebe möglich
- Typischerweise finden sich mononukleäre Zellen, schaumzellige Histiozyten, mehrkernige Riesenzellen und eisenspeichernde Makrophagen → daher pigmentiert
- Gutartig, aber Rezidive möglich
- Als Neoplasie angesehen, da mononukleäre Zellen genetische Aberrationen aufweisen.

Solitäre PVNS

Gebräuchlicheres Synonym: **Tenosynovialer Riesenzelltumor vom lokalisierten Typ**.

- Bekapselter Knoten
- Intra- und extraartikulär
- Gleicher histologischer Aufbau.

CHECK-UP

- ☐ Was ist PVNS und was sind typische histologische Komponenten?
- ☐ Was ist ein Ganglion?

42 Weichteiltumoren

Grundlagen

Nichttumoröse Veränderungen der Weichteile wie Entzündungen (Phlegmone, Abszesse), Kreislaufstörungen (Muskelatrophie bei Arteriosklerose) und angeborene Erkrankungen (Muskeldystrophien, Stoffwechselerkrankungen) werden an anderer Stelle besprochen. Folgendes Kapitel behandelt nur die Weichteiltumoren.

- Mesenchymale Tumoren
- Weichteiltumoren unterscheiden sich z. B. von den Karzinomen dadurch, dass ein bestehendes Gewebe nicht entdifferenziert (wie bei Adenom-Karzinom-Sequenz), sondern eine „Tumorstammzelle" eine bestimmte Differenzierung einschlägt
- Beispielsweise entsteht ein Rhabdomyosarkom nicht aus bestehender Skelettmuskulatur, der Tumor zeigt vielmehr eine Differenzierung in Richtung Skelettmuskulatur
- Die unterschiedlichen Differenzierungen können immunhistochemisch mit den entsprechenden Markern untersucht werden, was wichtig ist für die Diagnostik und die Subtypisierung.
- Bei den Weichteiltumoren gibt es **keine Präkanzerosen**.

Terminologie

Das Präfix zeigt die Differenzierung an. Beispiele:
- Lipo-: Fettgewebe
- Rhabdomyo-: Skelettmuskulatur
- Angio-: Gefäße.

Das Suffix zeigt die Dignität an:
- -om → benigne
- -sarkom →maligne.

Beispiele: Lipom und Liposarkom, Rhabdomyom und Rhabdomyosarkom.

Epidemiologie

- Gutartige Weichteiltumoren sind schätzungsweise 100-mal häufiger als maligne Weichteiltumoren
- Sarkome machen etwa 0,8 % der malignen Erkrankungen aus
- In der Todesstatistik der Tumorerkrankungen machen sie jedoch 2 % der verstorbenen Patienten aus, was ihr aggressives Verhalten widerspiegelt.

Lokalisation

Weichteiltumoren können überall auftreten, am häufigsten sind jedoch:
- Untere Extremitäten: 40 %
- Stamm und Retroperitoneum: 30 %
- Obere Extremitäten: 20 %
- Kopf-Hals-Bereich: 10 %.

Ätiologie

Größtenteils unbekannt. Sarkome sind beschrieben:

- Nach Radiotherapie
- Bei HHV8-Infektion → Kaposi-Sarkom
- Im Rahmen von Syndromen, z. B. Li-Fraumeni-Syndrom, Neurofibromatose
- Chromosomale Translokationen sind bei Sarkomen häufig, was diagnostisch genutzt werden kann.

Prognose

Prognose abhängig von:

- Lokalisation: oberflächlich günstiger als tief gelegen
- Staging: Fernmetastasen (v. a. Lunge). Sarkome metastasieren höchst selten in Lymphknoten
- Grading: High-grade-Sarkome sind pleomorph, zeigen Nekrosen und reichlich Mitosefiguren →aggressiver Verlauf
- Tumortyp nach WHO-Klassifikation.

CHECK-UP

- [ ] Was sagt die Suffix „-sarkom" über einen Tumor aus?
- [ ] Welches ist die häufigste Lokalisation von Weichteiltumoren?
- [ ] Was unterscheidet Sarkome von Karzinomen oder Lymphomen?
- [ ] Wie werden Weichteiltumoren subtypisiert?

Lipomatöse Tumoren

Lipom

- Die häufigsten Weichteiltumoren überhaupt
- Bestehen aus Fettgewebe, das von einer bindegewebigen Kapsel umgeben ist
- Klinisch imponieren sie als weiche, verschiebbare, schmerzlose Knoten (Ausnahme: Angiolipom → schmerzhaft)
- Therapie: Exzision.

Liposarkom

- Liposarkome sind die häufigsten malignen Weichteiltumoren
- Vier Subtypen mit unterschiedlichen Phänotypen, klinischen Befunden und Verlauf (→ Tab. 42.1).

Tab. 42.1 Subtypen des Liposarkoms.

	Hochdifferenziertes Liposarkom	Dedifferenziertes Liposarkom	Myxoides Liposarkom	Pleomorphes Liposarkom
Anteil der Liposarkome	40–50 %	5 %	30–40 %	5 %
Alter	Mittleres Alter	Mittleres Alter	Junge Patienten	Alte Patienten
Lokalisation	• Extremitäten (Synonym: atypischer lipomatöser Tumor) • Retroperitoneum	Retroperitoneum	Oberschenkel	Extremitäten
Histologie	Wie reifes Fettgewebe mit atypischen Adipozyten	• Entsteht aus einem hochdifferenzierten LS • Spindelzellige Morphologie	Myxoide Matrix mit kleinen, uniformen Spindelzellen	Sehr pleomorphe Zellen mit wenigen Lipoblasten
Zytogenetik	MDM2-Amplifikation	MDM2-Amplifikation	Translokation t(12;16)	Komplexer Karyotyp
Prognose	• Extremitäten sehr gut • Retroperitoneal Lokalrezidive	• Lokalrezidive • Fernmetastasen möglich	Abhängig vom Grading	Infaust

■ CHECK-UP

- ☐ Welche Subtypen des Liposarkoms kennen Sie? Wie unterscheiden sie sich in Histologie und Prognose?
- ☐ Welches ist der häufigste Weichteiltumor überhaupt?

Fibröse Tumoren

Tumoren mit fibroblastischer oder myofibroblastischer Differenzierung und unterschiedlichem Anteil an Kollagen.

Fibrom ist eine klinische Diagnose, mit der häufig Hautanhängsel beschrieben werden. Meistens handelt es sich dabei pathologisch um fibroepitheliale Polypen, papillomatöse Nävuszellnävi oder anderes. Die WHO-Klassifikation der Weichteiltumoren kennt die Diagnose „Fibrom" nicht.
Ähnliches gilt für den Begriff **Fibrosarkom**, mit dem manchmal maligne spindelzellige Weichteiltumoren beschrieben werden. Dabei handelt es sich in den meisten Fällen um spindelzellige Karzinome, Melanome, Liposarkome (s. o.) oder andere Sarkome.

Benigne Tumoren

- Die WHO-Klassifikation beschreibt in dieser Kategorie auch pseudosarkomatöse Veränderungen
- Übergänge zwischen reaktiven und echten neoplastischen Veränderungen können fließend sein, z. B. Fasciitis nodularis, ischämische Fasziitis.

Noduläre Fasziitis

- Innerhalb weniger Wochen wachsender, oberflächlich gelegener Tumor
- Alle Lokalisationen sind möglich
- Die Größe beträgt wenige Zentimeter
- Histologisch buntes Bild aus plumpen Fibroblasten, Entzündungsinfiltrat und Kollagenbändern
- Reichlich Mitosefiguren → Kann deswegen mit Sarkomen verwechselt werden
- Prognose: spontane Regression.

Myositis ossificans

- Meistens nach Trauma bei jungen Patienten
- Intramuskulär gelegener Tumor mit steinharter Konsistenz wegen metaplastischer Knochenbildung
- Histologie ähnlich wie bei Fasciitis nodularis
- Prognose sehr gut nach Exzision
- Differenzialdiagnostisch muss ein extraskelettales Osteosarkom abgegrenzt werden, welches aber üblicherweise bei alten Patienten auftritt.

Fibromatosen

- Klinisch imponieren sie als knotige unscharf begrenzte Tumoren
- Histologisch zeigt sich eine myofibroblastäre Proliferation, die charakterisiert ist durch ein faszikuläres Wachstum.

Oberflächliche Fibromatose

- Palmare Form vom Typ **Dupuytren**
- Plantare Form vom Typ **Ledderhose**
- Penile Fibromatose → Peyronie-Erkrankung.

Tief gelegene Fibromatose

Synonym: **Desmoid-Tumoren**.

- Intra- oder extraabdominale Lage
- Bilden große Tumoren, die invasiv wachsen, aber nicht zur Metastasierung neigen
- Aufgrund der diffusen Infiltration ist die komplette Resektion schwierig → hohe Lokalrezidivrate
- Bestandteil des **Gardner-Syndroms**.

Maligne Tumoren

- Die WHO-Klassifikation kennt die Diagnose „Fibrosarkom" nicht. Maligne spindelzellige Sarkome sind eine sehr heterogene Gruppe und sind immer durch ein Attribut gekennzeichnet, z. B. Low grade myofibroblastisches

Sarkom, Myxofibrosarkom, Low grade fibromyxoides Sarkom oder sklerosierendes epithelioides Fibrosarkom

- Insgesamt selten
- Prognose und Verhalten hängen vom Subtyp ab.

CHECK-UP

- ☐ Was ist die Besonderheit von Desmoid-Tumoren?
- ☐ Gibt es Fibrome und Fibrosarkome?
- ☐ Muss eine noduläre Fasziitis reseziert werden?

Fibrohistiozytäre Tumoren

Diese Tumoren enthalten Elemente, die morphologisch an Fibroblasten und Histiozyten erinnern. Ein histiozytärer Ursprung der Tumorzellen wurde jedoch widerlegt.

Benigne Tumoren

- Benignes fibröses Histiozytom, auch: Dermatofibrom (→ Kap. 39).
- Riesenzelltumor der Nervenscheiden.

Maligne Tumoren

Gemäß der WHO-Klassifikation: **Malignes fibröses Histiozytom**, Akronym: **MFH**.
Sehr umstrittene Entität: In retrospektiven Studien ließen sich die meisten als MFH diagnostizierten Tumoren anderen Sarkom-Subkategorien zuordnen.

CHECK-UP

- ☐ Welche gutartigen fibrohistiozytären Tumoren kennen Sie?

Glattmuskuläre Tumoren

Histologisch handelt es sich um spindelzellige Tumoren, die Aktin und Desmin exprimieren.

Benigne Tumoren

Leiomyom

- In den Weichteilen selten
- Unterscheiden sich morphologisch von den Leiomyomen des Uterus.

Angioleiomyom

Häufigster Subtyp.
Charakteristisch:

- Oberflächliche Lage
- Größe: meist unter 2 cm
- Schmerzhaft.

Maligne Tumoren

Leiomyosarkom: etwa 10–20 % der Weichteiltumoren.
Lokalisation:

- Haut: günstige Prognose
- Tiefe Weichteile der Extremitäten und Retroperitoneum: schlechter Verlauf.

CHECK-UP

- ☐ Beschreiben Sie den häufigsten benignen glattmuskulären Tumor mit seiner typischen Charakteristik.

Skelettmuskuläre Tumoren

Morphologie.
- Typischer Bestandteil sind Rhabdomyoblasten
- Mehrkernige Tumorzellen, die ein exzentrisch gelegenes, leuchtend rotes Zytoplasma mit manchmal erkennbarer Querstreifung aufweisen.

Immunhistochemie. Exprimieren Desmin und Myogenin.

Rhabdomyom
- Benigne Tumoren
- Bei Kindern: fetale Rhabdomyome
- Bei Erwachsenen: adulte Rhabdomyome
- Lokalisation im Herz, Kopf-Hals-Bereich und genital bei Frauen: Vagina und Zervix.

Rhabdomyosarkom
Akronym: **RMS**.
- Hochmaligne Tumoren
- Häufigste Weichteiltumoren im Kindes- und Jugendalter: 50 %
- Häufigste Lokalisationen sind Kopf-Hals-Bereich und Urogenitaltrakt
- Bei Mädchen: **Sarcoma botryoides** der Vagina mit relativ guter Prognose.

Embryonales RMS.
- 70 %
- Spindelzellige Morphologie mit Rhabdomyoblasten
- Keine charakteristische Translokation.

Alveoläres RMS.
- 20 %
- Kleine runde blaue Zellen teilweise alveolär angeordnet
- Hoch aggressiv mit der schlechtesten Prognose der RMS
- Charakteristische Translokation t(1;13) oder t(2;13).

CHECK-UP

- [ ] Welche Subtypen des Rhabdomyosarkoms kennen Sie? Welche klinische Relevanz hat die Unterteilung?

Gefäßtumoren

Tumoren, die Gefäßhohlräume bilden und sich mit den endothelialen Markern CD31 und CD34 immunhistochemisch darstellen lassen.

Benigne Gefäßtumoren
- Hämangiome und Lymphangiome
- Imponieren klinisch als leuchtend rote Knoten oder Flecken, z. B. Naevus flammeus.

Angiosarkom
- Maligne Gefäßtumoren
- Können lange nach einer Strahlentherapie auftreten
- Kommen im Kopf-Hals-Bereich, aber auch in Organen vor: Leber, Schilddrüse, Mamma
- Die Prognose ist generell schlecht.

Kaposi-Sarkom
- Besonderer Gefäßtumor: kommt in Assoziation mit AIDS vor
- Aggressiver Verlauf
- Ein Zusammenhang mit dem HHV8 konnte gezeigt werden.

Nicht AIDS-assoziierte Form des Kaposi-Sarkoms:
- Betrifft ältere Männer
- Manifestiert sich an den distalen Extremitäten
- Verläuft nur langsam fortschreitend.

CHECK-UP

- [ ] Was ist die Besonderheit von nicht AIDS-assoziierten Karposi-Sarkomen?

Tumoren ohne sichere Differenzierung

- In dieser Kategorie werden Tumoren zusammengefasst, die keine Differenzierung erkennen lassen
- Beispiel für einen benignen Tumor: **intramuskuläres Myxom**
- Maligne Tumoren überwiegen in dieser Kategorie, wobei das häufigste das Synovialsarkom darstellt.

Synovialsarkom

- Ein Zusammenhang zwischen dem Synovialsarkom und der Tunica synovialis wurde nicht nachgewiesen → Die wenigsten Tumoren haben Kontakt mit der Gelenkkapsel
- Lokalisation im ganzen Körper möglich, häufig ist jedoch die untere Extremität
- Vor allem junge Erwachsene sind betroffen
- Histologie: biphasisches Muster aus Spindelzellen und epithelial imponieren Zellen, die auch tubuläre Strukturen ausbilden können
- Sie lassen sich auch immunhistochemisch in einer Zytokeratinfärbung darstellen
- Viele Synovialsarkome wachsen monophasisch nur mit Spindelzellen. Sie müssen differenzialdiagnostisch vom malignen peripheren Nervenscheidentumor (→ Kap. 7) abgegrenzt werden
- Diagnostisch beweisend ist die charakteristische Translokation t(X;18)
- Die Prognose ist trotz Chirurgie und Chemotherapie eher schlecht → Häufig Lungen- und Skelettmetastasen.

CHECK-UP

- ☐ An welchen Lokalisationen kommt das Synovialsarkom vor?
- ☐ Was ist für die Diagnose eines Synovialsarkoms entscheidend?

43 Stoffwechselerkrankungen

Genetische und umweltbeeinflusste Stoffwechselerkrankungen

- Die meisten Stoffwechselerkrankungen werden autosomal rezessiv vererbt
- Meist ist nur ein Gen betroffen: Monogen
- Zum Gendefekt treten oft noch Umwelteinflüsse hinzu: Ernährung oder Toxine. Diese beeinflussen die Ausprägung der Erkrankung (→ Tab. 43.1).

Diabetes mellitus

- Insulinproduktion und/oder Insulinwirkung gestört
- Eine der häufigsten Stoffwechselerkrankungen in Industrienationen
- Diagnostisch ist der erhöhte Blutzuckerspiegel
- Ätiologisch werden Typ I und Typ II unterschieden.

Typ-I-Diabetes

- Genetisch und exogen bedingte Zerstörung der β-Zellen der pankreatischen Inselzellen durch Autoantikörper
- Junge Patienten
- Glutamat-Decarboxylase-Antikörper und Inselzell-Autoantikörper sind in der Frühdiagnostik hilfreich.

Morphologie.
- Kleines Pankreas: Insulin ist auch Wachstumsfaktor
- Meist keine oder nur wenige β-Zellen.

Komplikationen.
- Symptomatik erst, wenn > 80 % der β-Zellen zerstört sind:
  - Hyperglykämie
  - Später Nierenversagen
  - Ketoazidose mit typischer Kussmaul-Atmung.

Typ-II-Diabetes

- Insulinresistenz der Peripherie: Fett, Muskulatur
- Häufigste Form: 85 %
- Meist ältere Menschen mit Übergewicht und Bewegungsarmut
- Erst kompensatorische Insulinüberproduktion, dann β-Zell-Verlust und Insulinspiegelabfall
- Andere genetische Defekte der β-Zell-Funktion:
  - **Maturity onset diabetes of the young, MODY**
  - **Medikamentöser oder krankheitsbedingter Diabetes**
  - **Schwangerschaftsdiabetes** (→ Kap. 37).

Morphologie. Amyloidablagerungen um die pankreatischen Inselzellen.

Komplikationen.
- Hyperglykämie
- Dyslipidämie und Gerinnungsstörungen mit Mikroangiopathie
- Gangrän
- Arteriosklerose
- Polyneuropathie
- Niereninsuffizienz
- Immunschwäche
- Ketoazidose.

Tab. 43.1 Wichtige Stoffwechselerkrankungen.

Erkrankung	Enzym-/Gendefekt	Symptome
Mukopolysaccharidosen (Insg. sieben Subtypen)		
Typ I–H Pfaundler-Hurler	α-L-Iduronidase	• Dermatansulfat-Anhäufung mit Knochen- und Gesichtsdeformierungen (Gargoylismus) • Hepatosplenomegalie • ZNS-Symptome • Kardiomyopathie • Tod im Kindesalter
Sphingolipidosen		
Morbus Gaucher	Glukozerebrosidase	• Lysosomale Speicherung von Glukozerebrosid • Gaucher-Zellen (Makrophagen) mit schaumigem, knitterpapierartigem Zytoplasma, schwach PAS-positiv • Hepatosplenomegalie • Anämie • Gelenkschmerzen • Neuromuskuläre Schäden
Glykogenosen (Insg. sieben Subtypen)		
Typ I: Von-Gierke	Glukose-6-Phosphatase	Glykogenspeicherung mit Hepatomegalie und Hypoglykämie
Typ II: Pompe	αa-1,4-Glykosidase	• Lysosomale Glykogenspeicherung mit Hypoglykämie und generalisiertem Organbefall • Tod im ersten Lebensjahr
Typ III: Forbes	Amlyo-1,6-Glukosidase	• Zytoplasmatische Glykogenspeicherung in Leber und Muskeln • Hepatomegalie • Hypoglykämie
Hyperlipidämien	• Primär durch Defekt von Lipasen oder Apolipoproteinen • Auch sekundär bei anderen Erkrankungen möglich	
Typ I	Lipoproteinlipasedefekt	• Chylomikronen und Triglyzeride vermehrt • Abdominalschmerzen • Xanthome • Atherosklerose
Typ IIa	Familiäre Hypercholesterinämie	• Cholesterin und LDL erhöht • Xanthome • Atherosklerose
Typ IIb	Familiäre Hyperlipidämie	• Cholesterin, Triglyzeride, LDL und VLDL erhöht • Herzinfarkt • Atherosklerose
Typ III	Familiäre Hyperlipidämie	• Triglyzeride und Remnants erhöht • Xanthome • Xanthelasmen • Abdominalschmerzen • Atherosklerose

Tab. 43.1 Wichtige Stoffwechselerkrankungen. (Forts.)

Erkrankung	Enzym-/Gendefekt	Symptome
Typ IV	Familiäre Hypertriglyzeridämie	• Triglyzeride und VLDL erhöht • oft Glukoseintoleranz und Gicht
Typ V	Familiäre Hypertriglyzeridämie	• Triglyzeride, Cholesterin, VLDL und Chylomikronen erhöht • Glukoseintoleranz • Gicht • Xanthelasmen
Andere Erkrankungen		
Oxalose	Alanin-Glyoxylat-Aminotransferase, AGT	• Oxalatablagerungen in Geweben, z. B. Herz • Vor allem als Kalziumoxalatsteine in der Niere: Nierenversagen
Zystinose	Defekt des Zystinosins (lysosomales Transportprotein)	• Zystinkristalle in allen Geweben abgelagert • Nierenversagen • Therapie mit Zysteamin
Porphyrie-Formen: z. B. cutanea tarda (häufigste) und akut intermittierend	• Mehrere Enzyme • Autosomal dominant oder erworben, z. B. durch Alkohol oder Medikamente	• Anhäufung von Häm-Syntheseprodukten • Abdominale Schmerzen • Kutane Blasenbildung
Phenylketonurie, PKU	Phenylalaninhydroxylase-Mangel	• Diagnose mit Guthrie-Test bei Neugeborenen • Unbehandelt mentale Retardierung • Diätetisch therapierbar
Homocystinurie	Zystathionin-Synthetase-Defekt → aus Methionin kann kein Cystein synthetisiert werden	• Anhäufung von Homocystein im Blut und Homocystin im Urin • Trias: Thromboseneigung, Linsenektopie, marfanoider Habitus • Therapie: cystinreiche Diät, Vitamin B_6, B_{12} und Folsäure

Amyloidosen

Proteinstoffwechselstörungen.

- Äußern sich als lokalisierte oder generalisierte Ablagerungen von Proteinen, die in β-Faltblattstruktur vorliegen
- Die betroffenen Organe werden in ihrer Funktion eingeschränkt, je nach Ausmaß der Amyloidose.

Unterscheidung.

- Hereditäre Amyloidosen
- Primäre Amyloidosen: meist bei multiplem Myelom
- Sekundäre Amyloidosen: Bei verschiedenen Erkrankungen, z. B. chronische Darmerkrankungen.

Die zugrunde liegenden Proteine werden unterschieden in:

- **AA**: **A**kute-Phase-Proteine bei chronischen Entzündungen
- **AL**: **L**eichtketten bei multiplem Myelom. Im Serum als **Bence-Jones-Proteine** bezeichnet
- **ATTR**: **Tr**ans**th**yretin. bei der häufigeren, nichtgenetischen Form im Herzen (so genanntes Altersamyloid) und bei der selteneren, genetischer Form in Nerven und Nieren
- **Aβ2M**: **β2-M**ikroglobulin bei chronischer Nierenerkrankung. Nicht dialysierbar
- **AE**: Proteine aus **e**ndokrinen Zellen
- **Aβ**: Durch Spaltung aus **Amyloid-Precursor-Protein** (erfolgt durch β- und γ-Sekretasen) entstanden. Typisches Alzheimer-Amyloid.

Morphologie.

Charakteristisch ist die wachsartige Konsistenz und der histologische Nachweis **rötlich** amorpher Ablagerungen in der **Kongorot-Färbung** (→ Abb. 43.1), die im polarisierten Licht **grünlich** leuchten.

Adipositas

Vermehrter Körperfettanteil.

- Wird meist über den **Body-Mass-Index** (BMI) annähernd ermittelt → Adipositas beginnt bei einem BMI von 25. Formel:

$$\text{BMI} = \frac{\text{Körpergewicht in kg}}{\text{Körpergröße in m}^2}$$

- Typische Fettverteilungsmuster werden unterschieden:
  - Rubens-Typ bei Frauen: Gesäß, Oberschenkel, Oberarme
  - Falstaff-Typ bei Männern: Bauch, Nacken, Rücken.

Ursachen.

- Genetische Faktoren
- Falsche Nahrungszusammensetzung und -menge.

Komplikationen.

- Metabolisches Syndrom mit Diabetes mellitus, Hypertonie und Hyperlipidämie
- Atherosklerose
- Lungenhypoventilation
- Thrombosen und Embolien
- Arthrose, aber nicht Osteoporose
- Gicht, Gallensteine.

Auszehrung

Marasmus

Nahrungsmangel, der zu körperlicher Auszehrung führt.

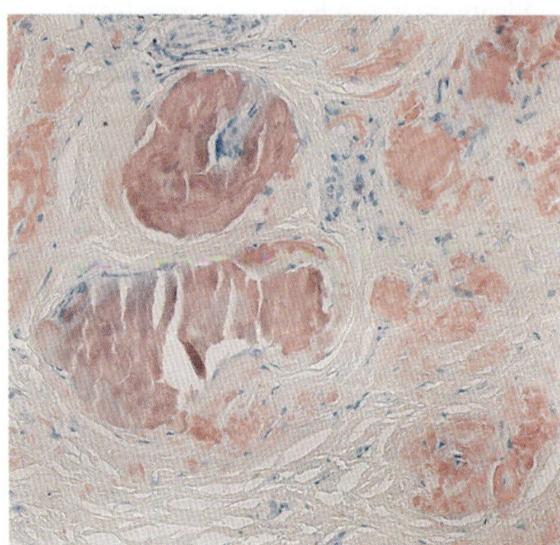

Abb. 43.1 Amyloidose [O521].

Kwashiorkor

- Nahrungsmangel, insbesondere Proteinmangel
- Führt durch Apoproteinmangel zu Ödemen und Fettleber.

Kachexie

Extreme Abmagerung meist durch Stoffwechselstörungen oder Tumoren.

Tab. 43.2 Vitamine, Metalle und Spurenelemente.

Substanz	Symptome
Vitamin A	• Nachtblindheit • Xerophthalmie
Vitamin B_1, Thiamin	• Polyneuropathie • Enzephalopathie • Herzinsuffizienz • Einblutungen in Corpora mamillaria
Vitamin B_2, Riboflavin	• Dermatitis • Neuropathie • Schleimhautentzündungen
Vitamin B_6, Pyridoxin	• Neuropathie • Schleimhautentzündungen
Vitamin B_{12}, Kobalamin	• Perniziöse Anämie • Rückenmarksdegeneration
Nikotinamid	Pellagra: Dermatitis, Diarrhö, Demenz
Vitamin C	• Skorbut: Kollagensynthese-Störungen • Immunschwäche
Vitamin D	• Rachitis • Osteomalazie
Vitamin K	Blutungsneigung
Eisen (→ Kap. 18)	• Anämie • Immunschwäche
Kalzium	• Wachstumsstörungen • Tetanie: Erhöhte neuromuskuläre Erregbarkeit
Magnesium	Tetanie: Erhöhte neuromuskuläre Erregbarkeit
Kupfer	• Anämie • Immunschwäche • ZNS-Störungen
Zink	• Wachstumsstörungen • Wundheilungsstörungen
Selen	Myopathien

CHECK-UP

- [ ] Welchem Erbgang folgen die meisten Stoffwechselerkrankungen?
- [ ] Zu welcher Gruppe zählen die Typen von Gierke, Pompe und Forbes?
- [ ] Nennen Sie Typen des Diabetes mellitus und deren Unterschiede.
- [ ] Was definiert Amyloidosen und welche Formen kennen Sie?
- [ ] Was definiert Adipositas? Nennen Sie Ursachen und Komplikationen.
- [ ] Nennen Sie Ursachen für Xanthome?
- [ ] Was unterscheidet Marasmus und Kachexie und was ist Kwashiorkor?
- [ ] Welche Vitaminmangelerscheinungen kennen Sie?

5

44 Transplantationspathologie

Arten von Transplantationen

Autologe Transplantation
Transplantation von Zellen und Geweben desselben Individuums.

Syngene Transplantation
Transplantation zwischen genetisch weitgehend identischen Individuen, z. B. monozygote Zwillinge.

Allogene Transplantation
Transplantation zwischen Individuen derselben Spezies → Mensch zu Mensch.

Xenotransplantation
Transplantation zwischen unterschiedlichen Spezies → Tier zu Mensch.

CHECK-UP

☐ Welche Arten der Transplantation kennen Sie?

Komplikationen

Abstoßung

Abstoßungsreaktion der körpereigenen Immunabwehr, wenn die Antigene des Transplantats als fremd erkannt werden.

- Meist werden dabei die Antigene direkt und ohne vorherige Prozessierung von den Immunzellen erkannt: Direkte Allogenerkennung
- Bei der Transplantation von hämatopoetischen Zellen (Knochenmark) kann es zur **Graft-versus-Host-Disease** (GvHD) kommen, wenn die Immunabwehrzellen des Spenders die Antigene des Empfängers als fremd ansehen.

Um Abstoßungen zu vermeiden, werden üblicherweise Spender gewählt, deren Antigen profil dem des Empfängers möglichst ähn lich ist. Zudem kann durch **Immunsuppressiva** die Abwehrreaktion gegen das Transplantat oder gegen den eigenen Körper (bei GvHD) abgemildert werden.

Hyperakute Abstoßung
- Zeitraum: innerhalb von Stunden bis Tagen
- Ursache: vorbestehende Antikörper beim Empfänger
- Folge: Transplantatverlust.

Akute Abstoßung
- Häufigste Form
- Zeitraum: Wochen nach Transplantation
- Abstoßung primär T-Zell-vermittelt (Typ-IV-Reaktion), antikörpervermittelt oder Kombination.

Chronische Abstoßung

- Zeitraum: Monate bis Jahre nach Transplantation
- Zellulär-, Antikörper- und Antikörper/Antigenkomplex-vermittelt
- Der Verlauf ist langsam und geht oft mit Fibrose und Gefäßverschlüssen einher.

Allgemeine Komplikationen bei Transplantationen

Zirkulatorische Störungen

Das Transplantat kann während der Zeit zwischen Ex- und Implantation oder bei bzw. kurz nach der Implantation Schaden nehmen, z. B. Ischämie, Reperfusionsschaden.

Infektionen

Die Immunsuppression bedingt eine Schwächung gegenüber Erregern.
Typische Infektionen:

- Pilze: Candida, Aspergillus, Pneumocystis jirovecii
- Viren: Herpesviren, Cytomegalieviren, Polyomaviren.

Neoplasien

Mit Transplantationen assoziierte Neoplasien:

- Lymphome: **Posttransplantations-Lymphoproliferative Erkrankung, PTLD**. Oft mit Epstein-Barr-Virus assoziiert
- Plattenepithelkarzinome
- Basalzellkarzinome
- Kaposi-Sarkome, assoziiert mit humanen Herpesvirus 8, HHV8.

Organspezifische Transplantationskomplikationen

Niere

Gradierung der Abstoßung nach **Banff-Kriterien** → Beurteilt werden:

- Tubulitis
- Interstitielle Entzündung
- Arteriitis
- IgM-, IgG-, CI- oder C4d-Immunfluoreszenz kann abgelagerte Antikörper und Komplement-Komponenten bei einer Antikörpervermittelten Abstoßung nachweisen
- Differenzialdiagnostisch zur Abstoßung können Calcineurin-Inhibitoren, z. B. Ciclosporin, die Tubuluszellen schädigen.

Leber

Die Abstoßung wird nach dem **Rejektions-Aktivitäts-Index** (RAI) gradiert → Beurteilt werden:

- Portale Entzündung
- Gallengangsläsionen
- Endothelitis.

Lunge

- Gradierung nach der **International Society of Heart and Lung Transplantation** (ISHLT)
- Die akute Abstoßung kann anhand von lymphozytären Infiltraten in transbronchialen Lungenbiopsien diagnostiziert werden.

Herz

- Gradierung nach der **ISHLT** an Endomyokardbiopsien
- Dabei werden die lymphozytäre Entzündung und das Ausmaß der Kardiomyozytenschädigung/-nekrose beurteilt.

Quitly-Läsion: Endokardiales Lymphozyteninfiltrat mit geringer oder fehlender Myokardbeteiligung. Wird nicht als Abstoßung gewertet, Bedeutung noch unklar.

Knochenmark

- Die Grunderkrankung aus dem meist hämatopoetischen Bereich, die beim Empfänger vorlag, soll eliminiert werden durch:
  - Vorausgehende Chemotherapie oder kombinierte Radiochemotherapie
  - Gespendete Lymphozyten: Graft-versus-Leukämie-Effekt (**Cave:** nicht bei autologen Transplantationen)
- GvHD kompliziert allogene Transplantationen, autologe nicht.

Typische GvHD-Manifestationen:

- Haut: Apoptosen, Fibrose
- Gastrointestinaltrakt: Apoptosen → Klinik: Diarrhö
- Leber: Ikterus
- Später auch Speichel- und Tränendrüsen: Sicca-Syndrom.

CHECK-UP

- ☐ Nennen Sie die Formen der Abstoßung und deren Charakteristika.
- ☐ Was unterscheidet die Organtransplantation von der Knochenmarktransplantation?
- ☐ Wie werden Abstoßungsreaktionen in den verschiedenen Organen gradiert?
- ☐ Was sind Komplikationen nach Organ- oder Knochenmarktransplantationen?

Register